電子回路
入門講座
アナログ・ディジタルからセンサ・制御回路まで

見城尚志・高橋 久 [著]

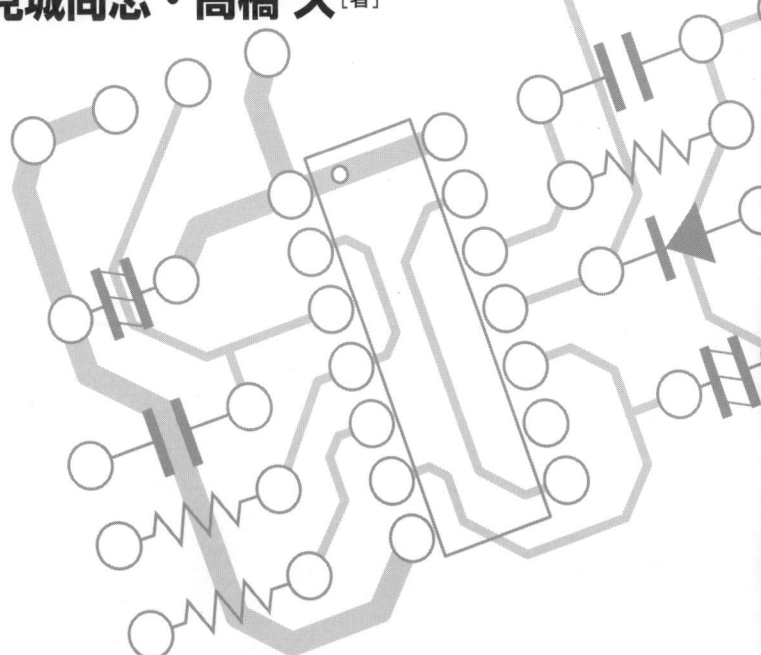

電波新聞社

まえがき

　本書は電子回路の教科書であると同時に，実際の回路設計にすぐに役立つ内容を扱ったものである。電気・電子工学のカリキュラムには，もっと基礎的な電気回路学がある。多くの電子回路のテキストはこれとのつながりを不明瞭にしている。そのために電気回路は得意だったが電子回路になるとわからなくなるという学生がいる。反対に，電子回路は見様見真似でよく作るが，回路計算は苦手という若者も多い。ここで，電気回路の理論は今後変わることはないが，電子回路は確実に変わっていくことに注意しなくてはならない。なぜか，電子工学のいろいろな部門での進歩によって新しいデバイスができて，その応用技術が多くの人によって研究されていくからだ。こういう状況の中にあって本書は，電気回路論とのつながりをしっかりとつけながら電子回路の基礎を語り，応用へとつながることを目指した。

　筆者らは電子回路そのものの専門家ではない。電子回路の専門家は，おそらくアナログ回路，ディジタル回路あるいはパワーエレクトロニクスの特定の領域に深い知識はあっても，システムとしての電子回路全体を語ることは不得意かもしれない。筆者らは電子回路全般をスコープに入れて，メカトロニクス方面から回路を設計し使うことを日頃の仕事にしてきた。本書はそのバックグラウンドをもちながら編集執筆した。内容とレベルは，大学なら電気・電子工学科の学生が卒業研究を始めるまでにひととおり勉強して欲しいものを選定した。あるいは電気系以外の新卒者が，企業のR&Dをスタートする直前に習得することが期待される内容ともいえる。

　本書は13の章と付録から構成されている。第1章は電圧・電流とは何かという設問から電子・電気の本質的な性質を説明している。第2章は電気回路の基本となるオームの法則とキルヒホッフの法則に焦点をあてている。ここでは，小形直流モータを電圧源と電流源を内蔵した複合素子として捉え，抽象的な電気回路論を具体的に展開してみた。しかし，オームの法則を超えることが電子回路の出発であることを指摘して次章へ橋渡しをしている。

　第3章は電子の性質を使ったデバイスとして真空管，半導体ダイオード，電界効果トランジスタ，バイポーラ・トランジスタの順で解説している。これらの中でも単純なダイオードが意外にもいろいろなことに使える。第4章はそのことに

焦点をあてて，電気回路から電子回路への考え方の転換を促している．

　第5章はアナログ回路の導入として，トランジスタ類の基本的な使い方と負帰還増幅器について具体的に論じている．第6章はスイッチング回路・パルス回路を主題として，トランジスタとダイオードの使い方と回路設計の考え方を解説している．本書では，ここがアナログからディジタルへの橋渡しになっている．

　第7章は場面を変えてディジタル回路と論理素子の基本概念を説明し，アナログとの違いや関連を明らかにしている．第8章は前章を受けてディジタル回路の高度な技術に対応するための章であり，カウンタの設計を解説している．

　第9章は再び場面を変えてオペアンプ（演算増幅器）回路を論じている．オペアンプは第5章で見てきた帰還増幅器の半導体技術によって完成させた素子であり，現代のアナログ回路はこれなくしては設計できない．

　ここまでで，読者は電子回路の3要素（アナログ，ディジタル，パワーエレクトロニクス）の基本を習得できたことになる．以降は応用であり，制御システムの電子回路設計の重要なツールを提供している．第10章はディジタルLSIとして広い用途をもっているMPU（micro-processor unit）を使いこなすためのインタフェース回路，ディジタル-アナログ変換のハードウェアを解説し，さらにディジタル信号の運用に関する必須知識を語っている．

　第11章は正弦波や方形波その他の波形の発振，周波数から電圧への変換など電子回路のテクニックの基本要素を学ぶ．第12章はセンサ回路を展開し，最後の第13章はモーションコントロールの電子回路をテーマとする．ここではアナログを主体とするDCモータと，ディジタルの応用であるステッピングモータを主要題材とする．

　付録には，電子回路のために必要になる電源回路や便利な電源という意味をこめて具体的な形をあげて最小限の解説を加えた．なお，電子回路のいろいろな規格や型式名の法則や慣習などは本文中の適当な場所と付録にちりばめている．

　読者には，完読の暁に，電子回路設計の大海原への出港に備えた基礎知識を得ることを期待する．

　最後に本書の出版にあたり，（株）電波新聞社の鈴木紀氏には企画の段階から大変お世話になり，厚くお礼申し上げる．

　2003年　盛夏

見城尚志

高橋　久

電子回路入門講座

まえがき　Ⅲ
コラム目次　XVI

第1章　起電力，電圧，電流　　1

1.1 電気利用の起源は直流から ──── 2
　1.1.1 電池：複雑な物質構造が起電力を発生する ……2
　1.1.2 起電力を発生する仕掛け ……3
1.2 電流は電子の大群の動き ──── 4
　1.2.1 電流の正体 ……4
　1.2.2 電流が流れやすい金属，流れにくい金属，そして絶縁体 ……5
1.3 起電力と電流を水圧と水流にたとえる ──── 6
　　◆電池の直列モデルと並列モデル ……6
1.4 記号を使った電気回路の表現 ──── 8
　1.4.1 電源記号 ……8
　1.4.2 結線(接続)記号 ……9
1.5 金属や抵抗器におけるオームの法則 ──── 10
　1.5.1 電気回路の基本則としてのオームの法則 ……10
　1.5.2 オームの法則の解釈 ……11
　1.5.3 抵抗器と抵抗 ……11
1.6 起電力，逆起電力，電圧 ──── 12
　1.6.1 モータの発電作用と逆起電力 ……12
　1.6.2 逆起電力の概念を拡大する ……13
1.7 電流の微分は電圧を発生する：微分をするコイル ──── 14
　1.7.1 コイルの電磁現象 ……14
　1.7.2 コイルの性質 ……15
1.8 電流の積分も電圧を発生する：積分をするコンデンサ ──── 16
　1.8.1 コンデンサの構造 ……16
　1.8.2 コンデンサの数学現象 ……17
　1.8.3 電荷と電流の関係 ……18
　1.8.4 直流電圧を印加したとき ……19
　1.8.5 受動素子の機能を総括する ……19
1.9 微分と積分が作用して交流が発生 ──── 20
　1.9.1 パソコンで実験しよう ……21

V

	1.9.2 数学理論から計算式へ	22
	1.9.3 電流とコンデンサ電圧の数値計算式	23
	1.9.4 最後は Microsoft Excel を使って数値計算	23
	第1章のまとめ	24

第2章 オームの法則とキルヒホッフの法則を洞察する　25

2.1	電圧，電界，電流，電力そしてエネルギー	26
2.2	回路網の計算原理	27
	2.2.1 キルヒホッフの第1法則	27
	2.2.2 キルヒホッフの第2法則	28
	2.2.3 電子回路におけるキルヒホッフの法則	28
	2.2.4 直列抵抗と並列抵抗	29
	2.2.5 複数電源回路での電圧計算	30
2.3	電界と電位勾配	32
2.4	意味深いブリッジ回路	34
	重要用語	35
2.5	グランド GND とは何か	36
2.6	止まっているモータはオーム法則に従い，動いているモータはそれを破る	38
	2.6.1 拘束状態ではオームの法則に従う	38
	2.6.2 無負荷運転の場合	38
2.7	電流源(∞インピーダンス)の組み込み	40
	2.7.1 電流源記号	40
	2.7.2 電流源と電圧源の更なる洞察	40
	2.7.3 電流源を電圧源と高い内部抵抗で近似する	42
2.8	電源と抵抗網による表現	43
2.9	重ね合わせの理と利用上の注意	44
	2.9.1 キルヒホッフの法則をあてはめる	44
	2.9.2 電流源で表した場合	45
	2.9.3 重ね合わせの理との対比	47
	2.9.4 重ね合わせの理の意味するもの	48
2.10	実回路と等価回路	49
	第2章のまとめ	50

第3章 回路素子の基本 －金属から真空管を経て半導体へ－　51

3.1	熱によって金属から飛び出す電子	52
3.2	熱電子を利用した真空管ダイオード	54
	重要用語	55

3.3	金属，絶縁体，そして半導体	56
3.4	PN接合によるダイオード	58
	◆半導体ダイオードの特性	59
3.5	真空と固体内の電子現象	60
	3.5.1　2次電子(secondary electron)	60
	3.5.2　半導体の中のブレークダウン	60
3.6	定電圧ダイオード(ツェナーダイオード)	62
3.7	光に関係するダイオード	63
	3.7.1　フォトダイオード(photo-diode)	63
	3.7.2　光を発生する半導体(発光ダイオード)	63
3.8	三極真空管による信号増幅	64
3.9	接合型電界効果トランジスタ(Junction-type field-effect transistor)	66
3.10	MOSFET，CMOS，NMOS	68
3.11	バイポーラトランジスタ	70
	3.11.1　基本構造と端子名	70
	3.11.2　共通ベース接続での原理説明	71
	3.11.3　よく使われる共通エミッタ接続	72
	3.11.4　電流増幅係数 h_{FE}, h_{fe}	73
	3.11.5　コンプリメンタリ型トランジスタ	74
3.12	半導体素子の型式番号	75
	第3章のまとめ	76

第4章　ダイオード回路　77

4.1	電力・電源用ダイオード回路	78
	4.1.1　単相交流からの整流	78
	4.1.2　3相整流回路	78
	4.1.3　倍電圧整流	79
4.2	平滑化回路	80
	4.2.1　計算理論	80
	4.2.2　Visual Basicで計算	81
4.3	定電圧回路	82
4.4	定電流回路(電流源)	84
	◆Excelで計算する	85
4.5	アナログスイッチ回路	86
	4.5.1　ダイオードスイッチ回路構成	86
	4.5.2　ディジタル信号の発生	86
4.6	LED(発光ダイオード)回路	88

4.7	PN接合を補償するためのダイオード利用	89
4.8	フォトトランジスタとフォトカプラ回路	90
4.9	信号の精密整流回路	92
4.10	保護回路へのダイオード利用，繊細な素子の破損回避	94
	4.10.1 たった1個のダイオードが保険になる	95
	4.10.2 高速ダイオード	95
	第4章のまとめ	96

第5章 アナログ信号増幅　97

5.1	トランジスタ類の使用目的	98
	5.1.1 電子回路の目的	98
	5.1.2 電子素子の使い方	99
5.2	電気信号とは何か？	100
5.3	バイポーラトランジスタの使い方	102
	5.3.1 コレクタ特性と負荷線	102
	5.3.2 入出力の関係とゲイン(増幅率)	103
	5.3.3 動作点と電流増幅係数 h_{fe}	104
5.4	出力端子への接続	106
	5.4.1 直結方式	106
	5.4.2 コンデンサを介する接続	107
5.5	コレクタホロワ(共通エミッタ)とエミッタホロワ	108
5.6	ダーリントン結合による h_{fe} の増大テクニック	109
5.7	コンプリメンタリ回路 push-pull エミッタホロワ	110
	5.7.1 PN接合を補償するためのダイオード利用	111
5.8	負帰還とバイアスとは何か	112
	5.8.1 安定動作のために	112
	5.8.2 エミッタホロワ効果の利用	113
5.9	NPNとPNPを利用する直流増幅回路	114
	5.9.1 不均衡型直流増幅	114
	5.9.2 プッシュプル・エミッタホロワによって均衡型にする	115
5.10	ベースブリーダ方式	116
	5.10.1 直流動作点と直流負荷線	116
	5.10.2 交流負荷線	117
	◆ベースブリーダ方式の電圧ゲイン	119
	重要用語	119
5.11	電界効果型トランジスタの使い方	120
	5.11.1 接合型電界効果トランジスタで考察する	120

	5.11.2 バイアス回路 ……………………………………………………… 121
	第5章のまとめ ……………………………………………………………… 122

第6章 スイッチング回路の基本　　123

6.1	信号増幅からスイッチングへ －情報伝達とパワーのスイッチング－ ── 124
6.2	基本になる信号反転ディジタルのHL ─────────── 126
	6.2.1　ON/OFF とディジタルの H/L の関係 ……………………… 126
	6.2.2　ON/OFF と H/L の違い ……………………………………… 126
6.3	バイポーラトランジスタの使い方 ─────────────── 128
	6.3.1　NPN 型と PNP 型 ……………………………………………… 128
	6.3.2　バイポーラトランジスタの入力回路 ………………………… 128
	重要用語 ………………………………………………………………… 129
	6.3.3　バイポーラトランジスタの多段増幅 ………………………… 130
	6.3.4　ダーリントントランジスタの使用に関する問題点 ………… 130
	6.3.5　フォトカプラによる信号絶縁 ……………………………… 131
6.4	MOSFET とバイポーラとの比較 ─────────────── 132
	6.4.1　特性カーブと端子名 …………………………………………… 132
	6.4.2　ON 特性のパラメータ ………………………………………… 132
	6.4.3　コンプリメンタリ MOS の利用 ……………………………… 133
6.5	電流の ON/OFF と通電方向の切り替え ─────────── 134
	6.5.1　電流の反転 ……………………………………………………… 134
	6.5.2　フライバックダイオード …………………………………… 135
6.6	インバータと3相ブリッジ回路 ─────────────── 136
6.7	パルス幅変調（PWM）による電圧・電流調整 ─────────── 138
6.8	ステップダウン，ステップアップ，極性反転 ─────────── 140
	6.8.1　ステップアップの基本形 …………………………………… 140
	6.8.2　極性反転（正電圧源から負電圧源へ） ………………………… 141
6.9	スイッチングによる損失 ───────────────── 142
6.10	スイッチング回路の保護対策 ─────────────── 144
	6.10.1　デッドタイムと誤信号による短絡防止 …………………… 144
	6.10.2　電流制限 ……………………………………………………… 144
	第6章のまとめ ……………………………………………………………… 146

第7章 ディジタル入門　　147

7.1	ON/OFF をパワーから信号へ ─────────────── 148
7.2	2入力の論理 ───────────────────── 150
	7.2.1　真理値表 ……………………………………………………… 150

IX

	7.2.2 ゲート(gate)	151
	7.2.3 バイト(byte)とビット(bit)	151
7.3	多入力論理	152
7.4	数値演算	154
	7.4.1 半加算器(ハーフアダー：Half adder)	154
	7.4.2 全加算器(フルアダー：Full adder)	154
	7.4.3 4ビットデータの加算	156
	7.4.4 4ビットデータの減算	157
	7.4.5 4ビットデータの加算・減算	158
7.5	ダイオードやトランジスタで作る論理回路	159
7.6	さまざまなディジタルIC	161
	◆ディジタル論理素子の総括	163
7.7	テキサス・インスツルメンツ TTL	164
	7.7.1 TTLの入力回路	164
	7.7.2 TTLの出力方式	165
	7.7.3 オープンコレクタの利用法	166
7.8	CMOSとその特徴	168
	7.8.1 TTLとCMOSの違い	168
7.9	Flip-Flop(フリップフロップ) ―情報の記録の基礎―	171
	7.9.1 RS-FF	171
	7.9.2 JK-FF	172
	◆JK-FFとRS-FFの違い	172
	7.9.3 T型フリップフロップ	173
	7.9.4 D型フリップフロップ(Delay flip-flop)	173
	◆エッジトリガとレベルトリガ	174
	◆シュミットトリガ(Schmitt trigger)	174
	第7章のまとめ	176

第8章 カウンタとディジタル演算回路　177

8.1	非同期カウンタと同期カウンタ	178
	◆非同期カウンタの信号遅れ	180
8.2	Up/Downカウンタ	182
8.3	非同期カウンタの設計法	183
	8.3.1 2^nカウンタ	183
	◆2^n進非同期カウンタ設計(続き)	184
	8.3.2 10進カウンタ	185
	8.3.3 BCDカウンタ	188

8.4	同期カウンタと設計法 −7進カウンタを事例として−	190
	8.4.1 同期カウンタ設計上のポイント ……………………… 190	
	8.4.2 論理解析 …………………………………………………… 192	
	8.4.3 カウンタの完成 …………………………………………… 194	
	8.4.4 リングカウンタ ……………………………………………… 194	
	8.4.5 インバータ駆動信号の発生 …………………………… 195	
8.5	同時に発生した信号の分離	196
8.6	信号の同期化	198
8.7	表示回路	199
	8.7.1 16進表示回路 ……………………………………………… 200	
	8.7.2 BCDカウンタ ………………………………………………… 200	
	第8章のまとめ ……………………………………………………… 202	

第9章 オペアンプ回路　203

9.1	オペアンプの中身は差動増幅器	204
9.2	オペアンプの端子と電源への接続	206
	9.2.1 基本的な端子と接続 ……………………………………… 206	
	9.2.2 オペアンプのオフセット(offset)とは？ ……………… 207	
9.3	オペアンプによる増幅回路	208
	9.3.1 差動増幅回路 ……………………………………………… 208	
	9.3.2 反転増幅回路 ……………………………………………… 210	
	9.3.3 非反転増幅回路 …………………………………………… 210	
	9.3.4 ボルテージホロワ ………………………………………… 211	
9.4	演算回路としての利用	212
	9.4.1 微分回路 ……………………………………………………… 212	
	9.4.2 積分回路 ……………………………………………………… 214	
	9.4.3 加算回路 ……………………………………………………… 215	
	9.4.4 減算回路 ……………………………………………………… 216	
9.5	フィルタ回路	217
	9.5.1 1次形ローパスフィルタ (First-order low-pass filter) ……… 217	
	9.5.2 カットオフ周波数 …………………………………………… 218	
	9.5.3 パッシブからアクティブへ ………………………………… 218	
	9.5.4 ボード線図 …………………………………………………… 219	
	◆ゲイン ……………………………………………………… 219	
	◆位相 ………………………………………………………… 219	
	9.5.5 2次形ローパスフィルタ …………………………………… 220	
	9.5.6 ローパスフィルタの効果 ………………………………… 221	

9.5.7　ハイパスフィルタ ……………………………………………222
　　9.5.8　バンドパスフィルタ …………………………………………223
9.6　アナログ計算機とシミュレーション ────────────── 224
9.7　代表的なオペアンプ素子 ─────────────────── 228
9.8　コンパレータ回路 ────────────────────── 229
　　9.8.1　コンパレータとしての使い方………………………………229
　　9.8.2　コンパレータ専用素子の利用 ……………………………230
　　9.8.3　ヒステリシスコンパレータの設計(不安定ディジタル現象の解消) ………230
　　第9章のまとめ ……………………………………………………232

第10章　マイクロコントローラ関連回路　　233

10.1　マイクロコントローラ用インタフェース回路 ──────────── 234
　　10.1.1　電源との接続 ………………………………………………234
　　10.1.2　クロック信号 ………………………………………………235
　　10.1.3　リセット信号の発生回路 …………………………………236
　　　　◆電源投入リセット ………………………………………236
　　　　◆押しボタンリセット ……………………………………236
10.2　入出力ポート ──────────────────────── 237
　　10.2.1　ソフトウェアによって入力用か出力用かを決定 ………237
　　10.2.2　出力ポートおよび入力ポートとしての機能 ……………238
　　10.2.3　オープンドレイン出力とシュミットゲートのポート………239
　　10.2.4　入力ポート・出力ポート事例………………………………239
10.3　ディジタル制御のための数値の扱い方 ──────────── 240
　　10.3.1　アナログ量とディジタル量 ………………………………240
　　10.3.2　整数データの構造と数値 …………………………………241
　　10.3.3　符号付き整数の扱い ………………………………………242
　　10.3.4　整数データの演算 …………………………………………243
　　10.3.5　実数型の構造と数値 ………………………………………244
　　10.3.6　浮動小数点の表現法 ………………………………………245
10.4　ディジタルからアナログへの変換 ─────────────── 248
　　10.4.1　D-A変換 ……………………………………………………248
　　10.4.2　電流出力方式 ………………………………………………250
　　10.4.3　D-Aコンバータの電圧出力形式 …………………………251
　　　　(1)ユニポーラ出力形式 ……………………………………251
　　　　(2)バイポーラ出力方式 ……………………………………252
10.5　アナログからディジタルへの変換 ─────────────── 253
　　10.5.1　追従比較型 …………………………………………………254
　　10.5.2　逐次比較型 …………………………………………………255

第10章のまとめ ……………………………………………………………256
　　　重要用語 ……………………………………………………………………256

第11章　発振と変換　　　257

- 11.1 無安定マルチバイブレータの基本 −トランジスタを用いた方形波発振回路− — 258
  - 11.1.1　R-C 発振回路 …………………………………………………258
  - 11.1.2　マルチバイブレータの基本的形式 ………………………………258
  - 11.1.3　立ち上がりを改善し周波数を安定化する ………………………259
  - 11.1.4　マルチバイブレータのパラメータと素子の決定法 ……………260
- 11.2 正帰還による発振のしくみ ——————————————————— 262
- 11.3 ウィーンブリッジ型発振回路 ——————————————————— 264
  - 11.3.1　ウィーンブリッジ(Wien bridge)の原理 ………………………264
  - 11.3.2　正帰還との組み合わせ ……………………………………………264
  - 11.3.3　最初の条件はどのようにしてできるのか？ ……………………265
- 11.4 ターマン発振回路とブリッジT型発振回路 —————————————— 266
  - 11.4.1　ターマン発振回路 …………………………………………………266
  - 11.4.2　ブリッジT型発振回路 ……………………………………………266
  - 11.4.3　正弦波と方形波の違いはなぜ起きる ……………………………267
  - 重要用語 ………………………………………………………………………267
- 11.5 高周波発振回路 ——————————————————————————— 268
  - 11.5.1　水晶発振回路 ………………………………………………………268
  - 11.5.2　セラミック発振子とセラミック発振回路 ………………………269
- 11.6 L-C 発振回路 ——————————————————————————— 270
- 11.7 方形波と三角波を同時に発振させる ———————————————— 272
- 11.8 タイマーICを用いたマルチバイブレータ —————————————— 274
- 11.9 電圧-電流変換 ——————————————————————————— 275
- 11.10 抵抗-電圧変換 ——————————————————————————— 276
- 11.11 周波数-電圧変換(F-V 変換) ——————————————————— 277
  - 第11章のまとめ ………………………………………………………………278

第12章　センサ回路　　　279

- 12.1 電圧センサ ———————————————————————————————— 280
  - 12.1.1　交流電圧の検出 ……………………………………………………280
  - 12.1.2　直流電圧の検出 ……………………………………………………282
- 12.2 電流の検出 ———————————————————————————————— 284
  - 12.2.1　電流検出器 …………………………………………………………284
  - 12.2.2　抵抗を用いた検出回路 ……………………………………………285

	12.2.3　抵抗を用いたDCモータの電流検出回路	286
	12.2.4　ホール素子を用いた電流検出回路	287
	12.2.5　電流センサを用いたDCモータの電流検出回路例	288
12.3	温度センサ	289
	12.3.1　LM35を用いた温度検出回路(精度±0.75°C)	290
	12.3.2　温度検出回路(精度±4°C)	291
12.4	速度検出器・位置検出器	292
	12.4.1　タコジェネレータ(tachogenerator)	292
	12.4.2　ポテンショメータ(potentiometer)	293
12.5	音センサ	294
	12.5.1　ダイナミック・マイクロフォン	294
	12.5.2　コンデンサ・マイクロフォン	296
	第12章のまとめ	298
	重要用語	298

第13章　モーションコントロール回路とシステム　299

13.1	モーションコントロール全体像	300
	13.1.1　電子回路の役割	300
	13.1.2　閉ループ制御と開ループ制御	301
13.2	電圧・電流のON/OFF	302
	13.2.1　形状記憶合金	302
	13.2.2　ソレノイド	303
13.3	電子部品としてのDCモータ	304
	13.3.1　DCモータに関する法則	305
	13.3.2　トルク定数と逆起電力定数	306
	13.3.3　時定数	306
	13.3.4　DCモータの電流は直流ではない	307
13.4	正転・逆転駆動 ―ブリッジの利用―	308
	13.4.1　ロボットの手の制御への適用例	309
13.5	リニアかPWMか	310
13.6	電圧制御から電流制御へ	312
13.7	速度センサと回路	314
	13.7.1　簡単な実験のために	314
	13.7.2　負帰還(negative feedback)の意味	315
	13.7.3　微分補償	315
13.8	ポテンショメータを使った位置制御	316
	13.8.1　原理を考える	316
	13.8.2　速度フィードバックの必要性	317

13.9　オペアンプを利用したシステム設計 ────── 318
13.9.1　練習問題による制御回路の設計学習 ……………318
13.9.2　設計計算続き ……………………………………320

13.10　電子部品としてのステッピングモータ ────── 322
13.10.1　ハイブリッド(Hybrid)型 ………………………323
13.10.2　クローポール(Claw-pole)型 …………………324
13.10.3　パルス間隔の制御 ………………………………324

13.11　2相ステッピングモータの結線 ────── 325
13.11.1　結線とリード線 …………………………………325
13.11.2　電子回路と結線図の描き方 ……………………326

13.12　ステッピングモータの回転原理 ────── 327

13.13　ステッピングモータ駆動回路 ────── 328
13.13.1　実際に使われる2相励磁駆動 …………………328
13.13.2　マイクロコントローラとの結線 ………………328
13.13.3　専用回路の利用法 ………………………………329
13.13.4　専用システムの利用法 …………………………330
重要用語 ……………………………………………………330
第13章のまとめ ……………………………………………331

付録　電源回路　333

A.1　3端子レギュレータを使った両極定電圧電源 ────── 334
A.2　トランジスタを用いた定電圧電源回路 ────── 334
A.3　オペアンプを用いた定電圧電源回路 ────── 335
A.4　オペアンプを用いた定電流電源回路 ────── 335
A.5　オペアンプを用いた定電圧・定電流電源回路 ────── 336
A.6　昇圧回路-チャージポンプ ────── 337
A.7　負電圧発生回路 ────── 338

エピローグ　340
索引　341

コラム目次

- 豆電球の記号 ……………………………………………………………… 9
- 電解コンデンサ …………………………………………………………… 18
- メータ ……………………………………………………………………… 26
- 大文字と小文字 …………………………………………………………… 42
- レジスタンスとインピーダンス ………………………………………… 49
- 基本単位を補うための単位の倍数 ……………………………………… 50
- トランジスタの語源 ……………………………………………………… 55
- 電源記号 …………………………………………………………………… 74
- トランジスタの端子名の由来 …………………………………………… 76
- デシベル[dB]について …………………………………………………… 101
- NPNとPNPについてもう一度 …………………………………………… 122
- h_{fe} と h_{FE} …………………………………………………………………… 124
- IGBT (insulated-gate bipolar transistor) ……………………………… 125
- 寄生ダイオード …………………………………………………………… 146
- ロジックデバイス ………………………………………………………… 149
- ビット数と扱える数字 …………………………………………………… 156
- 音の大きさを調整する電子ボリューム ………………………………… 163
- 最近のディジタルオシロスコープ ……………………………………… 167
- ラッチアップとは ………………………………………………………… 170
- ロジックICの電源電圧 …………………………………………………… 181
- パスコンの挿入 …………………………………………………………… 185
- 同期化とは ………………………………………………………………… 196
- 7セグメントLED …………………………………………………………… 199
- オペアンプのスルーレート ……………………………………………… 227
- ディジタル-アナログ変換に関するデータ事例 ………………………… 247
- オペアンプを使った R-C 発振 …………………………………………… 261
- レジスタの読み方と公称値 ……………………………………………… 263
- 振幅変調(amplitude modulation)と復調(demodulation) ……………… 271
- パルス幅変調(pulse-width modulation) ………………………………… 273
- マルチバイブレータの種類 ……………………………………………… 276
- センサに求められる性質 ………………………………………………… 297
- パワーオペアンプの昔と今 ……………………………………………… 317

第1章
起電力，電圧，電流

　電子機器を使うためには電源が必要である。電源には乾電池などの直流電源と，部屋の壁にあるコンセントから得られる 100V 交流などの交流電源がある。本章ではまず，直流の電源の意味から始めて，基本的な物理量である起電力，電圧，電流について学ぶ。ついで，電気回路の要素である抵抗，コイル，コンデンサの働きについて調べる。

　最後に，コイルとコンデンサから交流が発生する原理を学びながら，電気・電子回路の実験をパソコンで行ってみるテクニックの入口まで進んでみよう。

第1章 起電力，電圧，電流

1.1 電気利用の起源は直流から

私たちの身近の電気製品や電気器には乾電池を使うものと，100ボルトのコンセントから電気を得て使うものがある。自動車の中の電気設備は鉛バッテリーを使って機能している。乾電池やバッテリーは直流の電源であり，100ボルトのコンセントは交流電源である。

電気の利用が歴史的にどんなプロセスをとってきたのか，これを調べてみると，最初は電気化学方面の研究が重要だった。たとえば，電気物理学で大きな業績を築いたマイケル・ファラディ（Michael Faraday, 1791〜1867）は化学

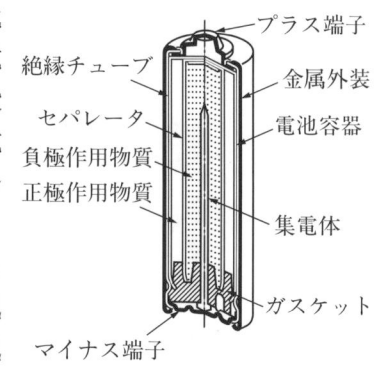

図 1-1 乾電池の断面

の専門家であった。物質の化学的性質によって電気が発生する装置が電池である。電池は直流を発生する。

ファラディは1831年に有名な電磁誘導の公開実験を行った。それは交流発電やトランスの原理であったが，交流発電機ができてロンドンの夜の闇を照らすアーク灯の電源となるまでに，40年の歳月が流れている。ファラディの生きたのは，直流の時代であった。

1.1.1 電池：複雑な物質構造が起電力を発生する

ほとんどの電子回路は直流電源で機能する。本書で学ぶ電子回路の電源は直流である。ただし，第13章で学ぶように，直流を得るための電源回路の電源が100 Vの交流である。ここでは直流電源の基本であり実際によく使われる乾電池の話から始めよう。日常よく使う乾電池にマンガン電池と呼ばれるものがある。それらの断面構造は**図1-1**のようなものである。どのような仕掛けで電気が起きるのだろうか？　それは物質の化学的性質を利用しているからである。電気を起こす要因となっているのは，物質の化学的性質である。二種類以上の物質が接触すると，物質の分子構造の仕組みによって，電流を外部に流し出そうとする作用が起きる。ここでいう物質の化学的性質とは，物質が，自分自身の分子構造の仕組みのために，他種の物質と接触するときに，電流を分子外部へ流し出そうとする

性質のことを指している。そして，物質の起こすこのような作用によって電気の流れができ，電流が発生する。このときの，電流を流そうとする作用の強さを起電力と呼ぶ。起電力の単位はボルトであり記号としてVを用いる。ボルトは電池の研究で業績をあげたイタリアの物理学者カウント・ボルタ(Count A.Volta, 1745〜1827)に由来する。

どんな物質をどのように配置するかによって，さまざまな電池がある。詳しいことは専門書に譲ることにするが，代表的な電池と電圧は次のようになる。

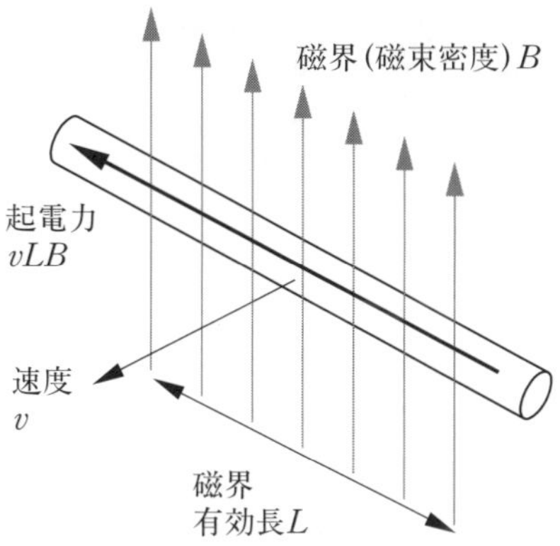

- マンガン乾電池，アルカリ電池……1.5V
- 鉛蓄電池……………………………2.0V
- ニッケルカドミウム電池……………1.2V

図 1-2 導体が磁界を切ることによって発生する起電力

またあとで説明するように，ボルトは電圧の単位でもある。起電力と電圧はよく似ている概念であり，同じ単位を用いるが意味が微妙に異なることは本書を読み続けると気づいていただけると思う。

1.1.2 起電力を発生する仕掛け

化学的な仕掛けのほかにも，起電力を発生する原理がある。それらを**表 1-1**にまとめた。現代社会の営みに不可欠な電力は，導体が磁界を切ることによって発生する起電力を利用している(**図 1-2**参照)。これがファラディが発見した電磁誘導の利用であり，発電機と呼ばれるものがそれである。

表 1-1 起電力の原理

	原理分類	説　　明	電子回路との関連／積極的利用と副作用
1	化学的	化学的な電気現象	電源として（乾電池）
2	熱起電力	熱と電気の基本現象	熱のセンサとして
3	摩擦	固体(絶縁体)同士，固体と気体，固体と液体，気体と液体の摩擦によって静電気として電圧が発生	MOSFETなどの静電破壊への対処，回転中のモータに発生する静電気による，回路の静電破壊
4	2枚の金属板に蓄えられた電荷	静電気現象の基本	コンデンサとして利用
5	導体が磁界を切る	電磁現象の基本	モータ内部の逆起電力
6	上記原理の組み合わせ	(1)と(4)の組み合わせ効果の利用	電解コンデンサ：電子回路においては，電源電圧の平滑化に利用される

1.2 電流は電子の大群の動き

起電力は電流を流そうとする作用であると述べた。たとえば **図1-3** のように電池のプラス電極とマイナス電極に電線を使って豆電球を接続すると点灯する。これは電線と電球のフィラメントに電流が流れていることを示すものである。この図では電流の大きさを正確に知るために電流計を使う様子を示している。

1.2.1 電流の正体

このように、起電力によって発生した電流とはいったい何であろうか？

電流とは **図1-4** に描いているように、小さな電子の大群である。電子はマイナスの電荷をもっている。電子の電荷のことを素電荷というのだが、その大きさは 1.602×10^{-19} クーロンである。クーロンは電荷の単位で、記号はCである。素電荷はわずかなものであるが、大群になると大きな作用を発揮する。1秒間に1Cの電荷が流れるとき、1アンペア(記号A)の電流が流れるという。

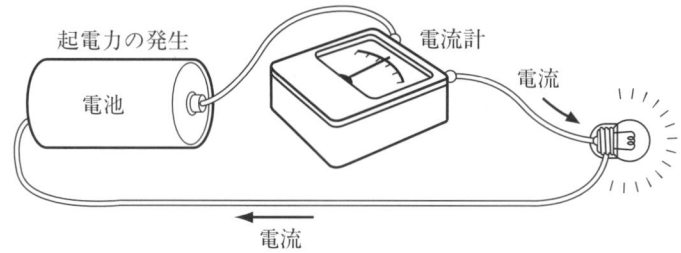

図1-3 電池に豆電球を接続すると点灯する。そして電線と豆電球に流れる電流を見る

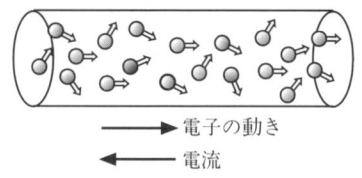

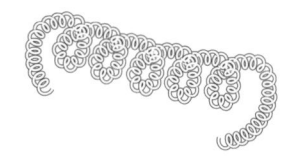

(a) 電線や抵抗器の中では、電子の大群が激しく振動しながら動いている

(b) フィラメントは細いタングステンなどで作られている。ここを電子の大群が通過するとき、原子核とのぶつかり合いで熱が出て光る

図1-4 金属の中の電流は電子の大群によって運ばれる

1.2.2 電流が流れやすい金属, 流れにくい金属, そして絶縁体

金属には電流が流れやすい。なかでも銀や銅の中は電流が流れやすい。それに対してタングステンやニクロムは流れにくい金属の代表である。また細い電線よりも太い電線の方が流れやすいのだが，それは直感的にもわかりやすい。

なぜ流れやすい金属と流れにくい金属があるのかの説明はなかなか難しい。ここでは，定性的で直感的な説明で満足してもらうしかない。金属を構成する原子の中心には原子核があってその周辺には数多くの電子がある。原子核にはプラスの素電荷をもった陽子という粒子がある。陽子は近くの(マイナス電荷をもった)電子を適当な距離を保ちながら引きつけている。陽子から一番遠くにある電子は，原子核の束縛を受けにくくて自由に動くことができる。これらの電子は電界がかかると，電界の逆向きに自由に移動することができる。

このように電子が移動することによって金属内に電流が流れる。しかし，その移動の際に原子核や束縛された電子によって自由な動きのじゃまをされる。これが流れにくさ(流れに対する抵抗)である。固有の抵抗が金属によって異なるといえる。

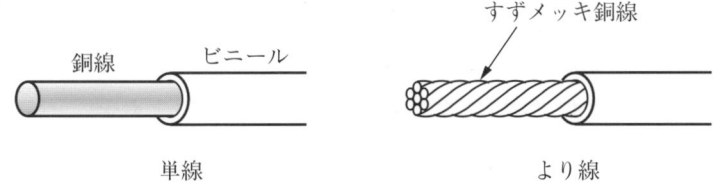

図 1-5 電線は細い銅(中には錫メッキしたものもある)を
絶縁体の皮覆でカバーしている

カーボン(炭素)にも電流が流れる。電流が流れないのが絶縁体である。絶縁体と金属の中間の性質をもっているのが半導体であり，状況によって電流が流れたり流れにくくなったりする。金属やカーボンの中の電子の動きは決して直進的なものではなくジグザグ運動である。細いところを電子の大群が通るときには原子核は電子の激しい衝突を受けて熱を発生する。流れにくい金属においては衝突が激しいので発生する熱も多い。代表例としては，白熱化する電球のタングステンフィラメントがあげられる。

実際の電線は図 1-5 のように銅線と絶縁皮膜によって作られる。

金属, 半導体および絶縁体の関係と違いの詳細については第3章で学ぶ。

第1章 起電力，電圧，電流

1.3 起電力と電流を水圧と水流にたとえる

さきに図1-3で見たような，起電力と電流の関係を私達は直接見ることができないが，水をモデルにして語ることができる。起電力は水流を発生する装置にたとえられ，それには図1-6(a)のようなコップあるいはビーカのようなものと(b)の発電機のようなプロペラポンプが考えられる。コップのたとえを使うと，水面の高さが起電力の強さである電圧に対応する。

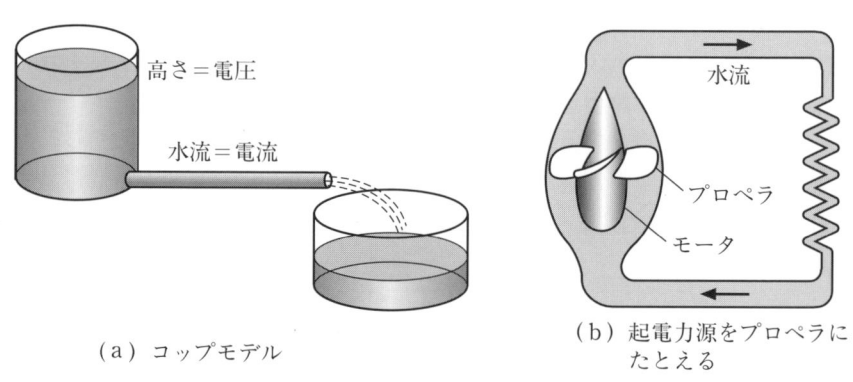

(a) コップモデル

(b) 起電力源をプロペラにたとえる

図1-6 起電力と電流の関係を水圧と水流にたとえる

当然，水の流れが電流に対応することになる。図(b)では電流はプラス電極から流れ出て，マイナス電極に戻る。ポンプのモデルはこれを説明しやすい。この場合には電球のフィラメントの高い抵抗に相当するのがジグザグ部分である。(a)ではコップの底から出ている細い管がフィラメントにあたる。

◆電池の直列モデルと並列モデル

1.5Vの電池を2個縦(直列)に接続すると起電力の強さが2倍の3Vになる。これをコップモデルで表そうとすると図1-7のように水位が2倍のコップになる。同じ豆電球を3Vの電池で点灯すると先ほどよりはずっと明るい。高い起電力のためにより多くの電流がフィラメントに流れるからである。

電池を横(並列)に並べて接続したとき，起電力は変わらない。これをコップモデルで表すと図1-8のようなものである。これに豆電球を点灯してみると，明るさは1個の場合に比べてほとんど同じである。

単独か2個並列かの違いは，単1電池か単2電池かの違いに似ている。2個の

並列は太い電池に相当し，長持ちする。ここで「長持ち」という言葉を使ったので，これについてもう少し語る必要がある。乾電池や鉛バッテリーは電流を流し続けていると電圧が徐々に下がっていく。そしてある電圧以下になると電気を受けていた機器が作動しなくなる。それが並列接続のときには，そのようになるまでの時間が伸びる。これが長持ちである。

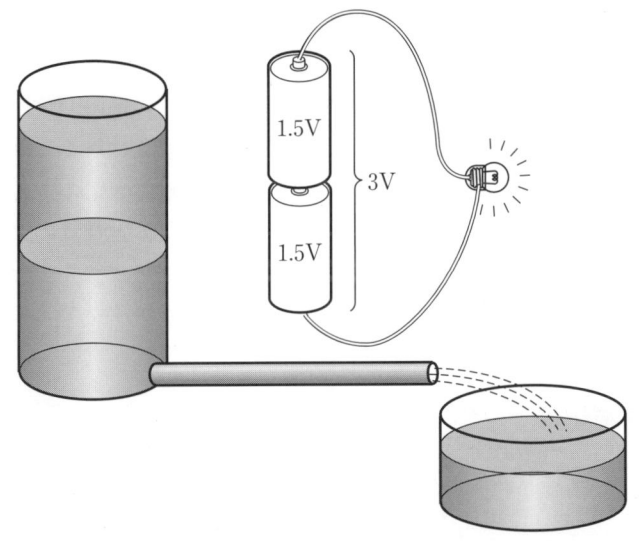

図 1-7　電池の直列接続によって豆電球は明るくなる

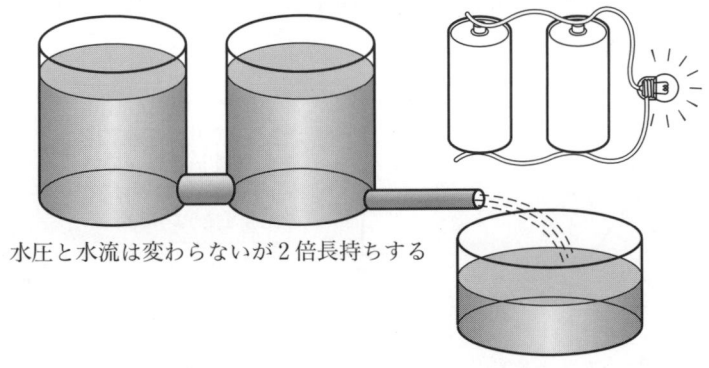

水圧と水流は変わらないが 2 倍長持ちする

図 1-8　電池の並列接続は電圧を変えないので明るさは図 1-6 と同じ

　乾電池の使い方として連続的に使うと早く消耗する。ところが断続的に使って，電流と時間の積を調べると長持ちする。これはコップの水のモデルでは説明できない。電池の中の現象はそれほど単純ではない。

第1章 起電力，電圧，電流

1.4 記号を使った電気回路の表現

　ここまで，電池や電球そして電線を表すのに実際の形を絵によって示してきた。このような表現法を実体配線図という。実体配線図は電気や電子に縁遠い機械技術者には歓迎されることがあるが，電子回路の専門家にとっては煩雑である。そこで発達したのが記号を使った回路図である。この種の回路図にもいろいろの流儀があって，国によっても少しずつ異なる。本書では日本で使われている回路図の標準と考えられる方式を使うことにする。外国の方式はどうかというと，筆者のような専門家がよく見る機会が最も多いのがアメリカのテキストであるが，ここに見られるアメリカの方式は日本のものと少し違う。またドイツの回路図にも独特なところがある。日本とほとんど同じなのがイギリスのテキストや専門書の回路図である。

1.4.1 電源記号

　電池の記号は図1-9(a)である。電池を従属接続すると電圧が加算されて高くなるので(b)のように電圧の高さを表そうとすることがある。本書では標準として記号とする。次章で解説するように，この記号は正確には直流の電圧源である。交流あるいは変動する電圧の記号は図1-10に示すように⊖を使う。なお，次章では電流源として記号◇が出てくる。

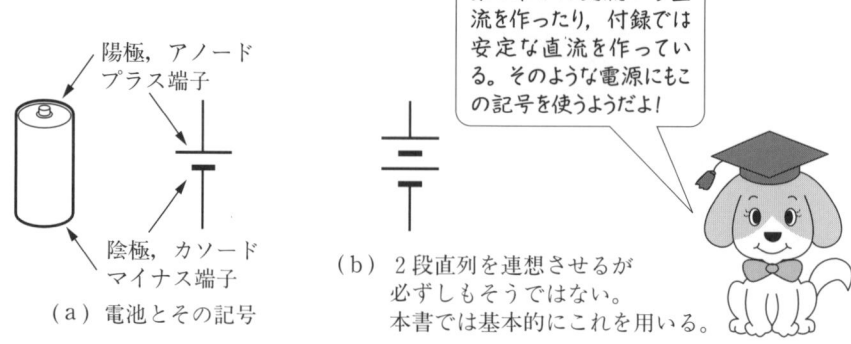

図1-9　電池や直流電源の記号

1.4 記号を使った電気回路の表現

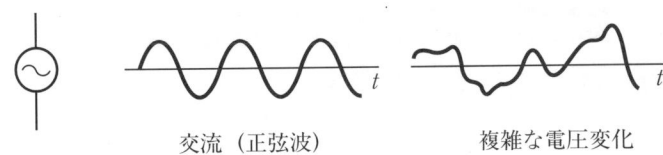

交流（正弦波）　　　　複雑な電圧変化

図 1-10　交流や時間的に複雑に変化する電圧源の記号

1.4.2　結線（接続）記号

素子を接続する電線は直線で描く。複雑な配線が交差するとき，それが結線されているのか離れているのかを示す方式として本書では図1-11(a)のように，
- 接続されている所には黒丸(•)を付す。
- 接続されていない所は，そのままにする。

この方式は簡単でよいのだが，最大の欠点は誤植によるエラーである。接続を忘れた誤植が大変に多くて読者に迷惑をかけることがある。著者とエディタの取り組みがしっかりしているとこの種の誤植は避けられる。

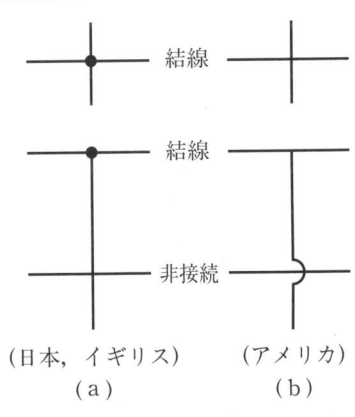

図 1-11　結線図のいろいろ

同図(b)には，アメリカの教科書に使われる方式ではあるが，接続されていない部分の別表現を示している。

Column　豆電球の記号

本書の最初に出てきた電球を表す記号については，標準のものが決まっているわけではないが，本書では図1-12とする。

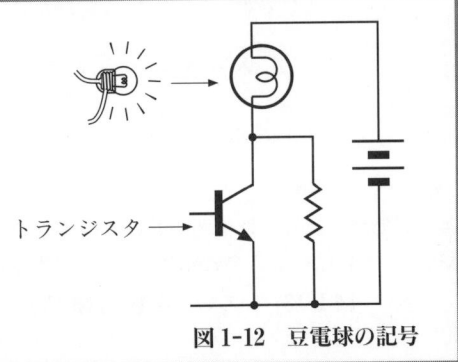

図 1-12　豆電球の記号

第1章 起電力，電圧，電流

1.5 金属や抵抗器におけるオームの法則

電気・電子現象には多くの法則があるが，基本になるのがオームの法則である。ここでオームの基本則について学び，次章でそれをさらに深める準備をしよう。

1.5.1 電気回路の基本則としてのオームの法則

針金やカーボンに印加した電圧 v と流れる電流 i の間には比例関係がある。つまり電圧 v と電流 i は次式で関係づけられる。

$$v = Ri \tag{1.1}$$

ここで比例係数 R はレジスタンスと呼ばれる。図 1-13 はそれを示したものである。この法則はオームの法則として知られている。ちなみに，この図にはオームの法則に従う素子としてよく用いられる抵抗器の絵を添えている。回路図上での記号は ─\/\/\/─ である。

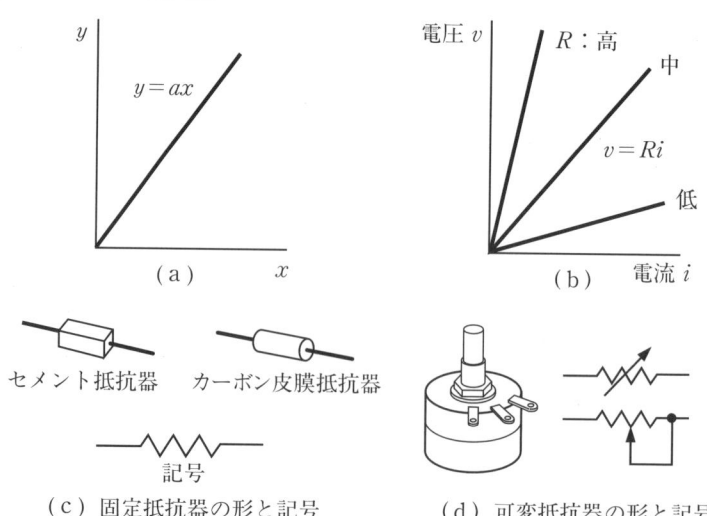

数学的関数のうちで，最も簡単なのが比例で（a）のように変数 y が x に比例するとき $y=ax$ で表される。抵抗器における電圧 v と電流 i の関係が比例である。比例係数 R を抵抗値あるいはレジスタと呼び $v=Ri$ で表される。ここでは時間 t が無関係である。

図 1-13　いろいろな形の抵抗器と，抵抗器における電圧電流の関係

1.5.2 オームの法則の解釈

オームの法則の解釈はいろいろある。たとえば，レジスタンスとは電流の流れにくさのことだとする解釈がある。たとえば 10V の電圧を印加して 0.5A の電流が流れたとき，レジスタンスは

$$r = V/i = 10 \div 0.5 = 20\,\Omega$$

であると考える。

別の針金などに取り替えてみたときに，もし 1A の電流が流れたとしたら，$R=10\,\Omega$ でありレジスタンスが低いということになる。つまり流れにくさが小さくなり電流が増えたと考える。しかし，この考えはレジスタンスの一つの解釈にすぎないかもしれない。なぜなら，ここでは始めに電圧があってそれを印加したらどのぐらいの電流が流れるかという設問において，電流の関所のような意味で抵抗という概念を持ち出しているからである。

それとは違って，レジスタンス $20\,\Omega$ のニクロム線があってそれに 0.5A の電流が流れているとき，ニクロム線の両端の電圧は何 V か？の設問がある。これははじめに電流がありその結果として電圧が計算されるとする発想である。第2章で再び取り上げるように，オームの法則には時間的な要素がなく，どちらが先かの問いかけが不自然である。つまり結論として，電圧と電流が比例関係にあると考えるのが最も安全である。

1.5.3 抵抗器と抵抗

オームの法則が成り立つように作られた素子を抵抗器という。しかし，「器」がつくとがっちりした大きな素子思い浮かべる人がいるかもしれない。実際は炭素を主成分として作られた小さな抵抗器を単に抵抗と呼ぶことが多い。つまり「$10\,\Omega$ の抵抗」は正式には「$10\,\Omega$ の抵抗器」なのである。

レジスタンスの日本語は電気抵抗あるいは抵抗値であるが，普通は単に抵抗と呼ぶ。ところが抵抗器のことも抵抗という。そのために不便や誤解が生じることは実際には少ないのは，実務に携わっている同士のあうんの呼吸によるものである。しかし初心者の教育においては言葉の定義が重要であり，あいまいなままでいろいろな技術用語を使うのは好ましくない。抵抗器は英語では resistor である。本書ではこの用語の片仮名表記として，**レジスタ**も用いる。

1.6 起電力,逆起電力,電圧

電気回路を記号で描きながら議論するときに,電圧の釣り合いということがよくいわれる。そこで乾電池によって DC モータを回す場合を例にとってみる。**図1-14(a)** のような実体配線図は初心者にはわかりやすい。しかし技術者仲間では(b)のような記号による回路図表記の方がわかりやすい。ここから考察を始める。

1.6.1 モータの発電作用と逆起電力

図(b)は単に DC モータを記号で表したものである。(c)はモータの中身を巻線の抵抗成分と発電機の成分に分解している。発電機の成分というのは **表1-1** の5番目の原理の起電力のことである。

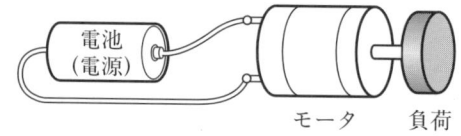

(a) 実体配線図

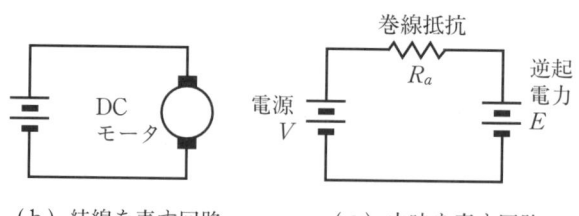

(b) 結線を表す回路　　(c) 中味を表す回路

図1-14　DC モータを電池で駆動するときの表し方

モータの中には永久磁石があって,回っている巻線が磁界を切るために電磁誘導が起こり発電している。巻線では交流の起電力であるが,ブラシと整流子という機械的な整流(交流を直流にすること)機構によって端子からは直流になって見える。この起電力は電池の電流に逆らって電流を押し戻そうとする作用を示す。そのために逆起電力と呼ばれる。理論的には,モータが空回しのときには電池の起電力とモータの逆起電力とが釣り合って電流が流れないはずである。しかし,実際には少しの電流が流れることについては,次章で考察する。

1.6.2 逆起電力の概念を拡大する

逆起電力という概念を抵抗にもあてはめることができる。3 Ω の抵抗に電池から 0.5 A の電流が供給されているとすると,そこに発生している電圧は 1.5 V であり電池の起電力と釣り合う。そこで抵抗には 1.5 V の逆起電力が発生していると解釈する。

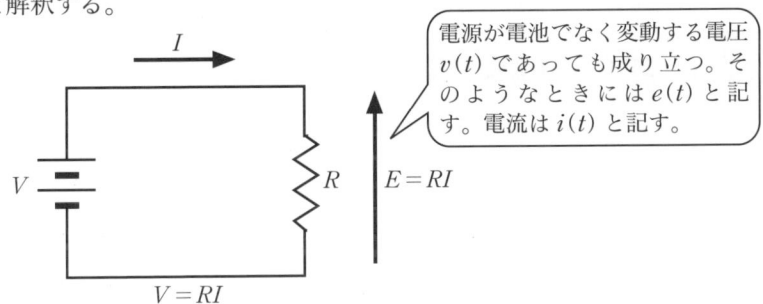

図 1-15 抵抗 R に現れる逆起電力

モータの場合に戻る。指でシャフトをつまむと速度が下がる。モータの逆起電力は速度に比例して下がる。電池の電圧とモータの発電作用の電圧(逆起電力)の差の電圧が巻線抵抗にかかって,それに相当する電流が流れる。これを数式で表すと次のようになり,起電力と逆起電力のバランスで説明される。

$$V = R_a I + E \tag{1.2}$$

あるいは

$$\underset{\substack{\text{印加電圧}\\ \text{(電池の起電力)}}}{V} = \underset{\text{抵抗の逆起電力}}{R_a I} + \underset{\text{回転による逆起電力}}{K_E \omega} \tag{1.3}$$

ただし,記号は図中に説明している。

V, v = 電池電圧
R_a = 巻線の電気抵抗
E, e = $K_E \omega$ (逆起電力)
K_E = 逆起電力定数(カタログなどに示されている)
ω = モータの角速度(秒速の回転数に6.28倍を掛けたもの)

逆起電力の概念は次節以降で述べるように,コイルの両端の電圧やコンデンサの両端の電圧にもあてはめることができる。

第1章 起電力，電圧，電流

1.7 電流の微分は電圧を発生する：微分をするコイル

電線をコイル状（巻いた状態）にしたものが電子機器に使われている。これは電流が磁界を発生することを利用するものである。コイルの性質を見よう。

1.7.1 コイルの電磁現象

コイルの記号とその意味を **図 1-16** に示している。磁界を必要とするためのコイルとしてはトランスやモータの巻線がある。磁界自体よりも，磁界の性質を利用してある効能を目的としているコイルもある。このようなものはインダクタとも呼ばれる。インダクタの機能の大きさはインダクタンス L と呼ばれ，単位はヘンリー（記号はH）である。インダクタンスの意味は，鎖交磁束 $N\phi$ と電流 i の間の比例係数である：

$$N\phi = Li \tag{1.4}$$

図 1-16(b) はコイルが紙かプラスティックのチューブに巻かれた様子を描いているが，このようにして空中に発生する磁束 ϕ は大きくない。実際のインダクタは **図 1-17(a)(b)** のように鉄心を使うものが多い。

インダクタの効能は，次の二つの数式で記述できる（**図 1-18(a)** 参照）。

・電圧 v_L は電流 i の微分に比例する。

$$v_L = L\frac{di}{dt} \tag{1.5}$$

・これを積分して左右入れ替えると，電流は印加電圧の積分に比例する。

$$i = \frac{1}{L}\int v_L dt \tag{1.6}$$

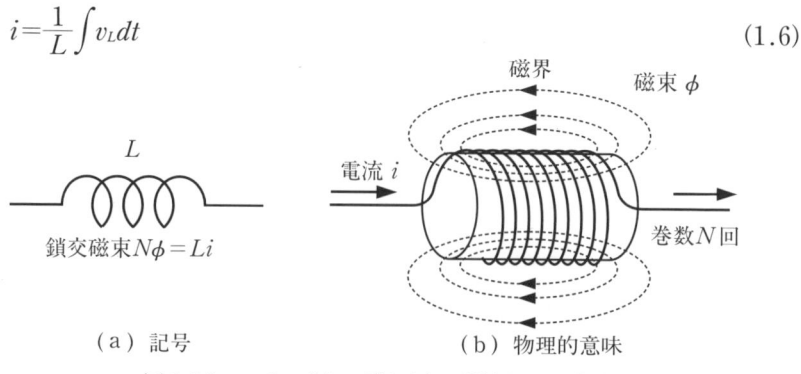

（a）記号　　　　　　　　　（b）物理的意味

図 1-16　コイル(インダクタ)の記号とその意味

1.7.2 コイルの性質

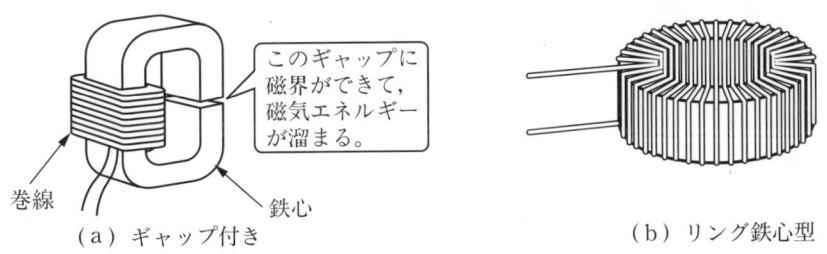

(a) ギャップ付き　　　　　(b) リング鉄心型

図 1-17　鉄心を使ったインダクタ

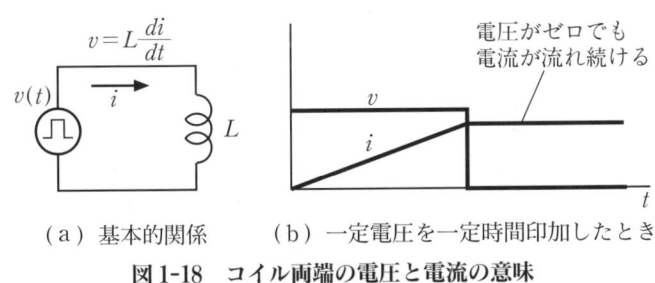

(a) 基本的関係　　　(b) 一定電圧を一定時間印加したとき

図 1-18　コイル両端の電圧と電流の意味

抵抗（resistor）においては，印加電圧が変化しないときは抵抗値で決まる一定の電流が流れるのだが，図 1-18（b）に示すように印加電圧が変化するコイルにおいては，電流は一定の変化率で上昇する。たとえば，1H のコイルに 1V の電圧を印加すると 1 秒ごとに 1A ずつ増加する。10 秒後には 10A になる。このように電流はどんどん増加する。実際には電線やコイルの電気抵抗があるためにこの電流によって大きな熱が発生する。そのためにコイルに直流の電圧を印加するようなことはめったにしないものだ。

コイルの性質としておもしろいのが，電圧がゼロでも電流を流そうとする性質があることだ。先の例で 10 秒後に 10A 流れているときに，図 1-18 でコメントしているように電圧をゼロにすると，その後はずっと 10A の電流が流れようとする。一定電流のとき，電流の微分はゼロであり，それが印加電圧に等しいからだ。しかし実際には，普通の電線で作ったコイルでは，電線が抵抗をもっているのでこのようにならない。超電導材料のコイルでは電流は流れ続ける。

コイル（インダクタ）の効能とは，電流が変化し過ぎないで穏やかに変動させる効果をもつことである。

1.8 電流の積分も電圧を発生する：積分をするコンデンサ

電子回路で，抵抗についでよく用いられるのがコンデンサである。コンデンサの構造と機能を見てみよう。

1.8.1 コンデンサの構造

コンデンサの構造は原理的には**図 1-19**のように，金属の広い板が互いに接触しないで狭い距離で対面しているだけである。たとえば，2 枚のアルミニウム箔に薄いマイラーフィルムをはさんで巻いたものである。フィルムは，電気を流さないので絶縁体であるが，コンデンサの目的のときには誘電体と呼ぶ。

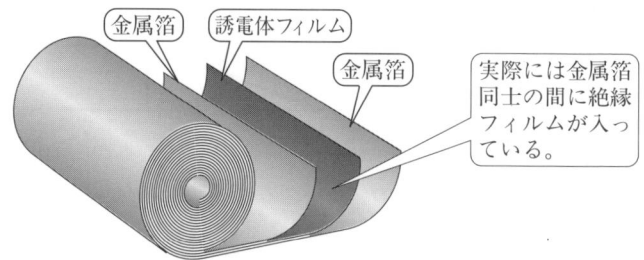

図 1-19 フィルムコンデンサの内部

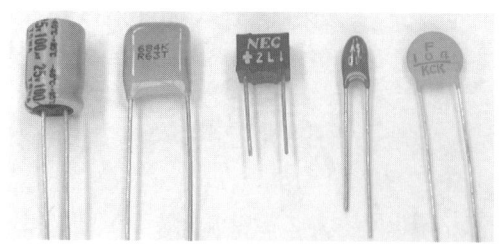

（a）左からアルミ電解コンデンサ，フィルムコンデンサ，タンタル電解コンデンサ（2個），右端がセラミックコンデンサ

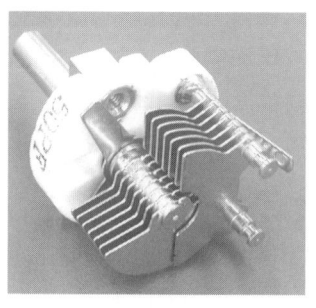

（b）可変コンデンサ（バリコン）

（イ）固定コンデンサ　（ロ）電解コンデンサ　（ハ）可変コンデンサ　（ニ）半固定コンデンサ

図 1-20 実際のコンデンサと記号：電解コンデンサには電解質の斜線と極性を記す

実際のコンデンサには，**図 1-20** に示すようにいろいろなタイプがある。この図には，コンデンサの記号も添えている。

1.8.2 コンデンサの数学現象

コンデンサの端子間電圧 v_C と電流 i は，次式で与えられる。

$$v_C = \frac{1}{C} \int_0^t i \, dt \tag{1.7}$$

あるいは，両辺を微分して左右を入れ替えると

$$i = C \frac{dv_C}{dt} \tag{1.8}$$

このように，ここでも微分や積分が現れる。(1.8)式でいえば，C は比例係数であり，静電容量あるいはキャパシタンス(capacitance)と呼ばれる。この式と(1.5)式を比べると，電圧・電流の関係がコイルの場合と逆になっていることがわかる。このことを理解するために，コンデンサとはどんな物理的な意味をもった素子なのかを考察しておこう。コンデンサとは蓄電器と呼ばれたこともあるように，電荷を蓄える素子(装置)である。2枚の金属板の一方に電子が集まってマイナスに帯電すると，反対側はプラスに帯電する。プラスの帯電とは電子と陽子の数のバランスが崩れて電子が少なくなった状態をいう。電荷は端子間電圧に比例する。電荷を Q として数式で表すと

$$Q = C \cdot v_C \tag{1.9}$$

となる。電圧 v_C が同じであれば，静電容量 C が大きいほど多くの電荷を蓄えることができる。その単位はファラッド(記号 F)である。ちなみに，電荷 Q が同じなら C が大きいほど電圧は低い。

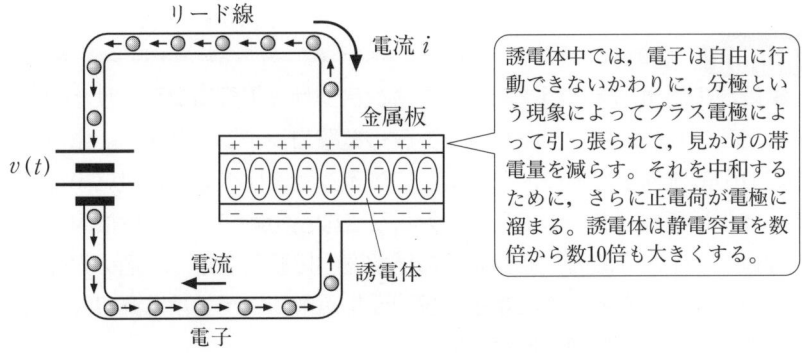

図 1-21　コンデンサにおける誘導体の働き

1.8.3 電荷と電流の関係

電荷 Q と電流 i の関係を見ておこう。コンデンサを構成する2枚の金属板の間には絶縁体が入っているのに，なぜ電流が流れるのかの疑問を解消しなくてはならない。金属板の間に絶縁体があるのだから電子がここを通過することはできない。だから，電流が流れること自体が理にかなわないように思われるからだ。ところが，図1-21に描いているように，コンデンサのリード線には電流が流れ，金属板を帯電させるのだ。帯電というのは，電子が集まることである。電子が集まった所はマイナスに帯電しているという。コンデンサの一方の板がマイナス（−）帯電したときには，反対側はプラス（＋）に帯電しているという。プラスというのは，電子が少なくなっている状態である。

コンデンサに充電された電荷とは電流の時間的な蓄積量である。つまり，数式で表せば次のような積分になる。

$$Q = \int_0^t i \, dt \tag{1.10}$$

あるいは，この式の両辺を時間で微分して

$$i = \frac{dQ}{dt} \tag{1.11}$$

としてもよい。つまり，電流は電荷を増加させる割合を表している。

コンデンサの電極が帯電している状況は，専門用語としては充電されているともいう。マイナスに帯電した電子は，絶縁物という障害を乗り越えて，プラスに帯電した向かい側に流れ込みたいのだが，それができないでいる。このように電子が一方に集中して溜まった状態は，電圧が発生していると解釈される。

Column　電解コンデンサ

電解質の電気化学作用を利用したコンデンサを電解コンデンサと呼ぶ。アルミニウム電解コンデンサとタンタル電解コンデンサがある。単位面積あたりの静電容量が高く，フィルムコンデンサに比べると格段に小型である。ただし極性があるので注意。アルミニウム電解コンデンサはアルミ箔を陽極とし，ホウ酸アンモンなどの電解液中に直流を通じて箔の表面に酸化皮膜を形成して誘電体とする。タンタル電解コンデンサは漏れ電流が少なく安定しているがコストが高い。

1.8.4 直流電圧を印加したとき

直流電圧をコンデンサに印加すると，最初の短い時間だけは充電のために電流が流れるが，充電してコンデンサ電圧が印加電圧と等しくなると，それ以上は流れない。ではどのぐらいの短時間か，それは簡単な計算式でわかる。コンデンサの端子は電線であり，わずかだが抵抗をもっている。あるいは抵抗器を端子に接続して抵抗値を大きくしておいてもよい。それらの抵抗が R で静電容量が C のとき，R と C の積（これを時定数という）のほぼ3倍の時間で充電が終わる。R が 1Ω で C が $1\mu F$ なら $3\mu s$（マイクロ秒）ぐらいの短い時間である。

1.8.5 受動素子の機能を総括する

乾電池による豆電球の点灯の例から電子回路の話を始めたが，そこでは起電力が電流の発生要因と考えた。次に逆起電力という概念を学んだ。抵抗に電流が流れるのは電池などの電源のためではあるが，見方を変えると電池の起電力と抵抗に発生した電圧が釣り合うと解釈する。こう考えると，電流があって起電力（電圧）が発生することになる。

原因と結果を議論するときにはどちらが先に起きるのかの時間の問題がある。コイルに流れる電流はコイルに印加した電圧に追随するように電流が流れる。

ところが，コンデンサの電圧と電流の関係はそうだとはいえない。なぜかというと，コンデンサの電圧は流れ込んだ電流の蓄積量に比例する。つまり，電流の変化が先にあってそれに対して電圧が変化する。

以上のことを淡々とまとめたのが **図 1-22** である。電圧と電流の間の比例，積分，微分の関係が基本的素子とよく関連している。

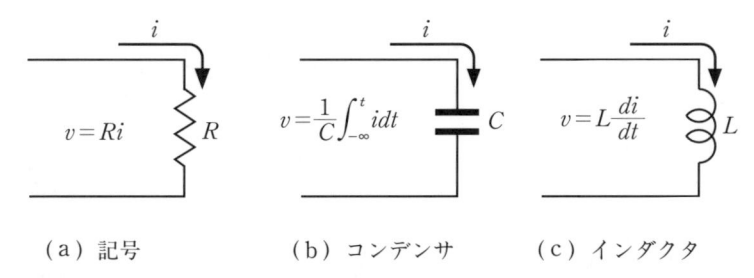

(a) 記号　　　$v = Ri$，R

(b) コンデンサ　　　$v = \dfrac{1}{C}\int_{-\infty}^{t} i\,dt$，$C$

(c) インダクタ　　　$v = L\dfrac{di}{dt}$，L

図 1-22　電子回路の基本的な3パーツの記号と機能：電子回路ではインダクタンスの単位であるH(ヘンリー)は大きすぎるので，mH(ミリヘンリー)が用いられる。静電容量の単位としては，μF(マイクロファラッド)が標準である。

第1章 起電力，電圧，電流

1.9 微分と積分が作用して交流が発生

Microsoft Excelを使ってコンピュータ実験しよう

ここで電池を使わない電気回路の不思議を見ることにしよう。充電したコンデンサとコイルを図1-23のように接続すると，正弦波の交流電流が電線に流れる。コイルとコンデンサの電圧は交流電圧になる。交流の1周期 T_0 は，コンデンサの静電容量 C とコイルのインダクタンス L に関係して次式で与えられる。

$$T_0 = 2\pi\sqrt{LC} \tag{1.12}$$

ここになぜ π (＝3.1416) が現れるのかについては，参考書 [1] を参照してほしい。この逆数が周波数 f である。周波数に 2π を掛けた値を角周波数と呼ぶのだが，電子回路の周波数特性などを論じるときには角周波数が基本になる。角周波数 ω_0 は次式で与えられる。

$$\omega_0 = 1/(\sqrt{LC}) \tag{1.13}$$

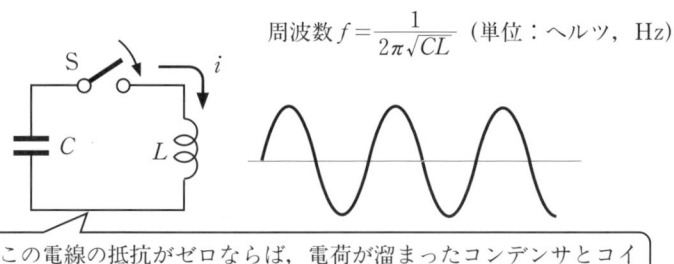

周波数 $f = \dfrac{1}{2\pi\sqrt{CL}}$ （単位：ヘルツ，Hz）

この電線の抵抗がゼロならば，電荷が溜まったコンデンサとコイルをこの図のように直列すると，交流が発生する。

(a)

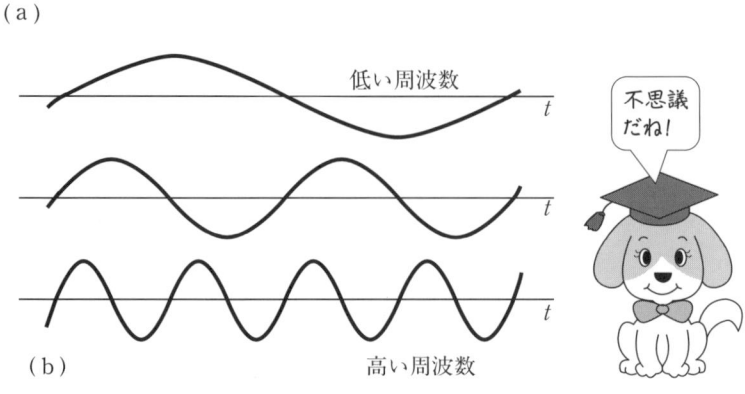

低い周波数

高い周波数

不思議だね！

(b)

図1-23　コンデンサとコイルによって直流から交流が発生する

1.9.1 パソコンで実験しよう

　このように，コイルとコンデンサによる正弦波発振を簡単な実験で確かめることができるだろうか？　結論をいうと難しい．理由はこの実験では電線にもコイルにも抵抗があってはいけないからだ．では抵抗があったらどうなるかの問題だが，**図 1-24** のように，発生した交流は短い時間で減衰してしまうので，これをみるためには高級な計測機器が必要になる．

　抵抗のない電線とは超伝導体である．金属を絶対零度近くに冷やすと抵抗がゼロになることが知られているが，それを使って実験できるかというと，それもできない．その理由を説明しようとすると結構高度な物理学を引用しなくてはならないので，割愛せざるを得ない．

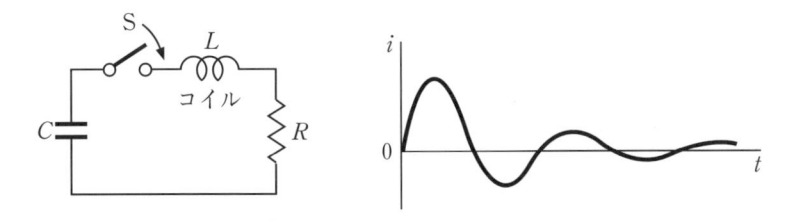

図 1-24　抵抗があると振動が減衰する

　では，なぜ交流発生のこの原理をここでいうのか？　電子回路にはこの現象がノイズとして付きまとうからである．予期しないところで（実質的な抵抗がゼロに近くなり）邪魔になる交流が発生して複雑なノイズに変化することが頻繁に起きるからである．この現象の理解は電子回路の専門家になろうとする者には必要である．

　超伝導を使った実験をする代わりにパソコンによる実験が容易にできるので，それを第 1 章の最後として語ろう．多くの人が日常的に使う表計算ソフト Microsoft Excel を実験ツールとしてみよう．電子回路のソフトウェアとしては PSpice が有名で，多くの人が使っているが，どんな原理で計算をしているのか知って使っている人はほとんどいない．ここに例示する計算原理と Excel を使うと，自前で回路計算ができるスキルを身に付けることになり，大きな自信がつく．

　まず計算の原理から始めよう．一見ややこしい数式が出てくるが決してびっくりしないでほしい．実際の計算式は案外に簡単だ．回路に抵抗があっても計算は同じようなものだから，そうしてみる．

1.9.2 数学理論から計算式へ

電気現象を数学(微分方程式)を使って記述する訓練から始める。

図1-24の回路には電池が接続されていないので，コイル，抵抗，コンデンサの電圧の和はゼロである：

$$L\frac{di}{dt} + Ri + \frac{1}{C}\int_{-\infty}^{t} i\,dt = 0 \tag{1.14}$$

ここで記号の意味は，次の通りである。

i ＝電流
L ＝コイルのインダクタンス
R ＝抵抗のレジスタンス
C ＝コンデンサの静電容量

ここで頭の体操をしよう。コンデンサ電圧の計算のための積分の下限を $-\infty$ としている。これはコンデンサが太古の昔からあったようで謎であるが，スイッチが入るまでの電流の積分の結果として電荷 Q_0 が溜まっていることを意味する。

すると

$$\int_{-\infty}^{0} i\,dt = Q_0 \tag{1.15}$$

この電荷による電圧を V_0 とする。V_0 は Q_0/C である。すると(1.14)式は次式になる。

$$L\frac{di}{dt} + Ri + \frac{1}{C}\int_{0}^{t} i\,dt = -V_0 \tag{1.16}$$

コンピュータで計算するために，微分と積分を次のようにする。

$$\frac{di}{dt} \simeq \frac{i_n - i_{n-1}}{\Delta t} \tag{1.17}$$

$$\int_{0}^{t} i\,dt \simeq i_0 + i_1 + i_2 + \cdots\cdots + i_{n-1} = \sum_{m=0}^{n-1} i_m \tag{1.18}$$

(ただし，最初の電流はゼロであるから $i_0 = 0$ とする。)

すると(1.16)式は，次のようになる。

$$L\frac{i_n - i_{n-1}}{\Delta t} + Ri_n + \frac{\Delta t}{C}\sum_{m=0}^{n-1} i_m = -V_0 \tag{1.19}$$

1.9.3 電流とコンデンサ電圧の数値計算式

前ページの(1.19)式の両辺に Δt を掛けて整理すると次式が得られる。

$$(L+R\Delta t)i_n - Li_{n-1} = -\left\{V_0 + \frac{\Delta t}{C}\sum_{m=0}^{n-1} i_m\right\}\Delta t \tag{1.20}$$

これは時間を Δt で区切った差分方程式と呼ばれるものである。この式から電流の n 番目の値 i_n を求める式として、次式が得られる。

$$i_n = \frac{Li_{n-1} - \Delta t\left\{V_0 + \frac{\Delta t}{C}\sum_{m=0}^{n-1} i_m\right\}}{L+R\Delta t} \tag{1.21}$$

なおコンデンサの電圧は、この計算に含まれている次式の部分である。

$$v_C = \frac{\Delta t}{C}\sum_{m=0}^{n-1} i_m \tag{1.22}$$

ちなみに、この式や(1.18)式では、積分を累算で近似するときに i_{n-1} までとしている。説明は割愛するが、ていねいに計算としようとして i_n までにすると、ややこしくなるだけでなく不正確になる。

1.9.4 最後は Microsoft Excel を使って数値計算

このように、時間的に変化する電流や電圧計算には累算を使うのだが、コンピュータが得意とするのがこれである。次ページの**図1-25**は、Excelで(1.21)式の電流計算をしているところである。計算式が次のように記述されている。

$$\text{E4} = (\text{L} * \text{E3} - (\text{V} + \text{Dt/C} * \text{F3}) * \text{Dt}) / \text{Bunbo} \tag{1.23}$$

ここに現れる E3、E4 および F3 はセル番号である。またここでは V_0 を V として -10V にとっている。

ここでは $R=0$ とすると正弦波が現れることを見ている。さらにおもしろいのは、R にマイナスの値を入れると正弦波が時間とともに増大することである。これが電子回路による発振の基礎原理でもあり、ノイズの発生の基本的な原因でもある。実際にはマイナスの抵抗はないが、第11章で学ぶ正帰還というテクニックによって、あたかもマイナス抵抗のようなものを電子回路に形成することができる。

第1章 起電力，電圧，電流

◆第1章のまとめ

　本章では，電気回路や電子回路の基本を学んだ。この基礎の上に次章ではオームの法則の意味を洞察して，電気回路のプロフェショナルな考え方を学ぶ基盤ができたことになる。

　なお，電子現象など物理学の側面から書いている参考書[1]と電子部品の実際の形などを豊富なイラストレーションで説明している姉妹書として，参考書[2]とをあげることにする。

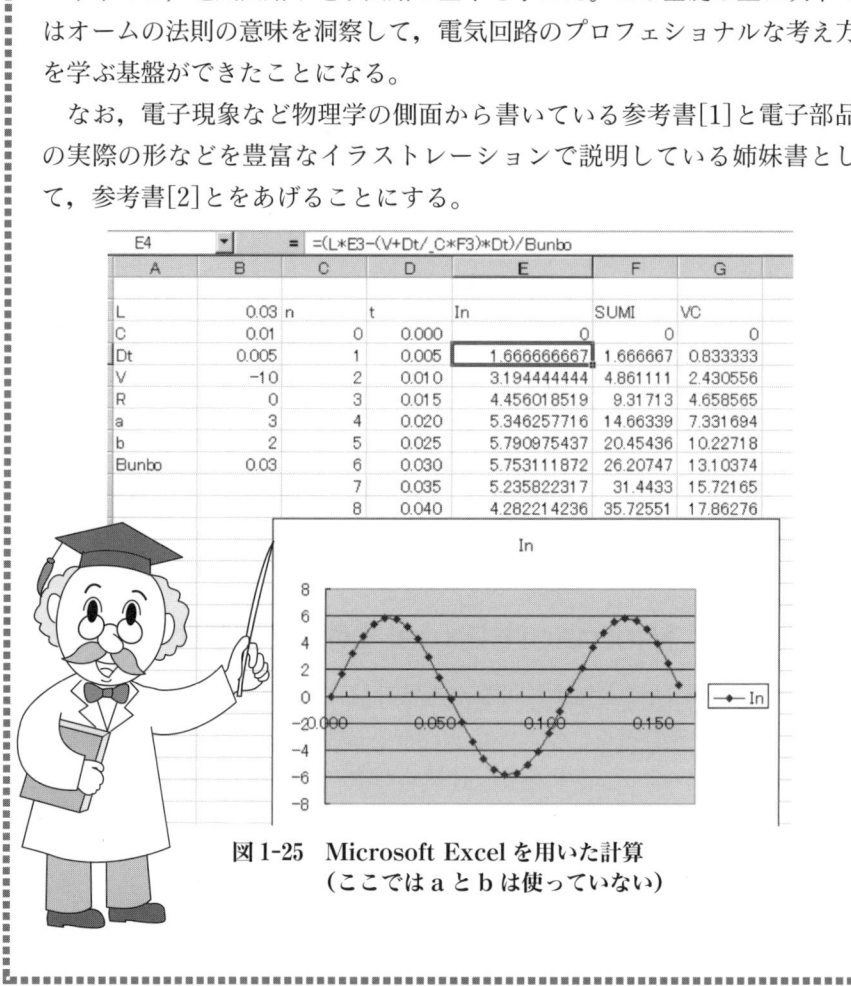

図1-25　Microsoft Excel を用いた計算
（ここではaとbは使っていない）

参考文献

[1] 見城尚志：「図解・わかる電気と電子」，講談社ブルーバックス
[2] 加藤・見城・高橋：「図解・わかる電子回路」，講談社ブルーバックス

第2章
オームの法則とキルヒホッフの法則を洞察する

　前章では，起電力，電圧，電流について学び，電気・電子回路の表現法を学び始めた。本章ではまず，電力とエネルギーと呼ばれる物理量を学ぶ。そしてキルヒホッフの法則を導入して電気回路に関する有用な計算法を習得する。その過程で，オームの法則をもう一度見直してみる。

　DCモータの電圧・電流の関係がオームの法則に従わないように見えるが，電源を含めた回路網の形にしてみることによって，この法則の深遠さが見えてくる。しかし，オームの法則を超えるデバイスの出現によって電子回路がおもしろくなることを最後に示唆する。

第2章 オームの法則とキルヒホッフの法則を洞察する

2.1 電圧,電界,電流,電力そしてエネルギー

　電気・電子の勉強において,用語の意味を確実に理解することがまず必要である。ここでは電気回路を語るときに最も重要な物理量である電圧,電流,電力,エネルギーの関係を明確しておこう。前章では電圧と電流の関係を見たので,それをさらに深めることに心がけよう。

　電力とは電圧と電流を掛けたものである。電力は単位時間あたりのエネルギーであり,その解釈,あるいは物理的意味はその状況によって微妙に異なるので注意する必要がある。電力に時間をかけたものは電力量と呼ばれ,エネルギーの次元をもつ。表 2-1 に電気の量,記号,単位などを示している。

表 2-1　基本的な電気の量と単位

物理量	English	記号	単位	コメント
電圧,電位	voltage, potential	V	ボルト[V]	age は数,voltage はボルト数の意味
電　流	electric current	I	アンペア[A]	1秒間に1Cの電荷が移動する量
電　力	electric power	P	ワット[W]	電圧と電流の積
エネルギー	energy	P, W	ジュール[J]	電力と時間の積

※本書では,物理量の記号はイタリック体,その単位はローマン体で表す。

Column　メータ

　電圧,電流,電力の計測のためにはさまざまなメータがある。基本的なメータとしては昔からの可動線輪型や可動鉄片型がある。これは針の触れを目視によって読むものである。

　電圧計と電流計には直流用と交流用があり,適切な計測範囲があるので,回路の計測において使用するときは注意しなくてはならない。精度は高くないが,抵抗値の計測も含めて多用途のメータをテスタと呼ぶことが多いが,英語では multimeter という。

　複雑な波形の電圧,電流の計測にはオシロスコープを使わなくてはならない。回路計測の詳細は,専門書を参照してほしい。

2.2 回路網の計算原理

オームの法則と並んで重要なのが，キルヒホッフ(Kirchhoff)の法則である。これは第1法則と第2法則からなっている。

複雑な電気回路は回路網と呼ばれる。電子回路が複雑でも回路網と呼ばれることが少ない。電気回路の回路網の計算は，必要性よりも基本の理解のためによく問題となる。ここでも必要最小限に見ておこう。

2.2.1 キルヒホッフの第1法則

第1章で，電流を水流にたとえた。図2-1は水が分流したり合流したりする様子である。電線に流れる電流をこの様子にたとえる。たとえば3Aの電流が二つの電流路に分流したとき，一方の分岐路に2Aだったら他方に流れる電流は1Aである。このことを一般的な法則にしたのが，キルヒホッフの第1法則と呼ばれるもので，図2-2のような接点(ノード)に入ってくる電流の和は，ゼロであると考える。この場合にはノードに向かう電流をプラスとし，ノードから離れる電流はマイナス電流とみなす。

キルヒホッフの第1法則は，n本の電線が共通のノードに向かう電流に下ツキ番号を付けたとき，次式のように書かれる。

$$I_1 + I_2 + I_3 \cdots + I_n = 0 \tag{2.1}$$

この法則は，オームの法則と並んで電気・電子回路の設計において，抵抗値を決定したり電流の範囲を計算したりするのに基本法則となり，また別の便利な計算法則が導かれる。

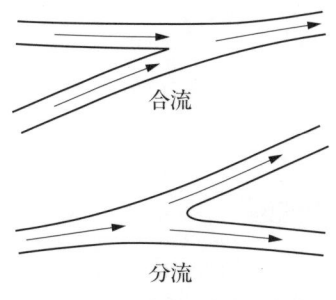

図2-1　水流の分流と合流

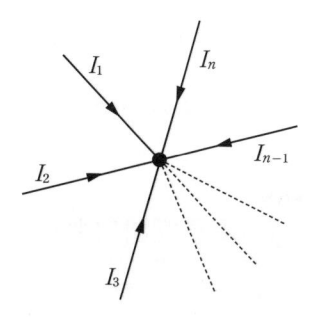

図2-2　キルヒホッフの第1法則

2.2.2 キルヒホッフの第2法則

図2-3(a)は，複数の抵抗と起電力源によって構成される回路網の中の，ある閉ループに注目している。各抵抗に流れる電流には向きと番号を添えている。このとき，閉ループに沿って次の関係が成り立つ。

$$E_1+E_2+\cdots E_n=R_1I_1+R_2I_2+\cdots R_nI_n \tag{2.2}$$

ただし，この式では E_n は電池や電磁誘導（導体が磁界を切る効果）による起電力を意味する。

ところが，第2法則の別形式として**同図(b)**を使って次式を提示している資料が多い。

$$E_1+E_2+\cdots E_n=0 \tag{2.3}$$

この表現における E_n は，起電力から逆起電力を差し引いたものである。逆起電力とは，抵抗に流れる電流の場合には抵抗の両端に現れる逆起電力である。第1章の1.6.2項を参照してほしい。(2.3)式の場合には抵抗だけでなくコンデンサやコイルを含む回路にも適用できる。

第1法則と第2法則から回路網の各部分の電圧と電流が計算できる。それらの積がその部分で消費されたり，蓄えられたりする電力である。抵抗の場合，この電力は消費されて熱になる。よって，抵抗のサイズは電力に関係して決定することが多い。

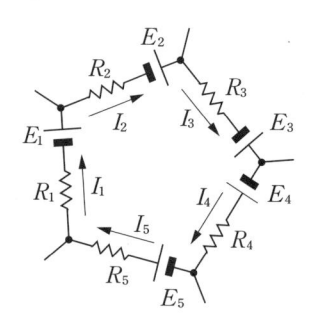

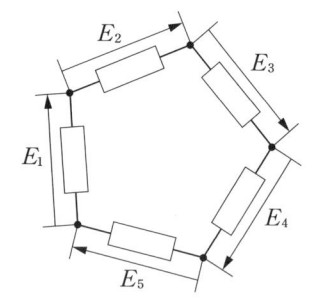

（a）起電力源と抵抗網　　　　（b）(起電力－逆起電力) 網で表す

図2-3　キルヒホッフの第2法則

2.2.3 電子回路におけるキルヒホッフの法則

多くの電気回路の教科書では，キルヒホッフの法則が説明されている。しかしトランジスタやオペアンプを使った電子回路の教科書では，この法則のことをあ

まりいわない。第1法則は電子回路でも成り立つ。説明が少し複雑になるのは第2法則である。それは、(2.2)式の第2法則は電池や電磁誘導などによる起電力と、オームの法則に従う抵抗からなる回路網について、記述しているからである。電子回路は、オームの法則には従わない素子を含むのがごく普通である。しかし(2.3)式で表される物理的な意味は、電子回路でも変わらない。電子回路では、この法則よりも別の原理が重要であるために、回路の計算法や説明法がそれなりに発達して、第2法則をあらわに引用しないと考えられる。

2.2.4 直列抵抗と並列抵抗

二つの抵抗の接続法として、**図 2-4** に示すように直列接続と並列接続がある。このとき、全体としての抵抗（レジスタンス）は直列では大きくなり、並列では低くなる。その計算法は次式による。

直列接続レジスタンス

$$R_{\text{series}} = R_1 + R_2 \tag{2.4}$$

並列接続レジスタンス

$$R_{\text{parallel}} = R_1 R_2 / (R_1 + R_2) \tag{2.5}$$

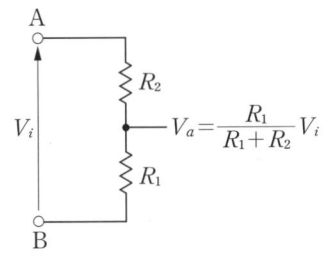

端子A，Bから見た合成レジスタンス $= R_1 + R_2$

(a) 直列

合成レジスタンス $= \dfrac{R_1 R_2}{R_1 + R_2}$

(b) 並列

図 2-4　抵抗の直列接続と並列接続

直列に接続する抵抗の組み合わせによって、必要な電圧を得るテクニックがある。**図 2-4(a)** では R_1，R_2 に流れる電流は同じであるから、A点の電圧は抵抗値の比率に関係して次式で表される。

$$V_a = \frac{R_1}{R_1 + R_2} V_i \tag{2.6}$$

電圧の調整のためには可変抵抗器というものを使う。可変抵抗器はレオスタットとも呼ばれるが、その他にいろいろな呼び名がある。

第2章 オームの法則とキルヒホッフの法則を洞察する

2.2.5 複数電源回路での電圧計算

図 2-5 の二つの回路において，それぞれの④点の電位(電圧)を計算しよう。それぞれの公式を先に記すと

回路（a）では

$$V_o = \frac{V_1 R_b + V_2 R_a}{R_a + R_b} \tag{2.7}$$

回路（b）では

$$V_o = \frac{V_1 R_b R_c + V_2 R_c R_a + V_3 R_a R_b}{R_a R_b + R_b R_c + R_c R_a} \tag{2.8}$$

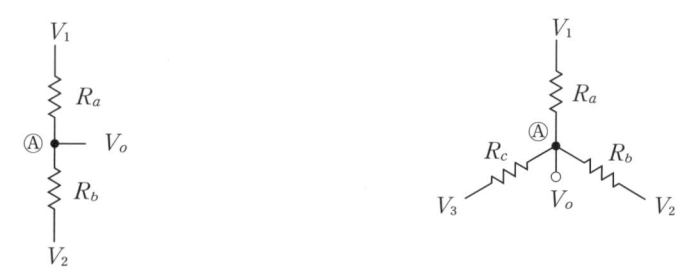

（a）2個の抵抗と2個の電源における電位計算　　　　（b）3個の場合

図 2-5　複数電源回路での電位(電圧)計算例

問題 2-1　上の2式を証明せよ。

解答　まず，回路（a）において V_2 を基準にする。V_1 と V_2 の電位差は $(V_1 - V_2)$ である。R_b にかかる電圧はこの電位差を抵抗分割したものであり $(V_1 - V_2) R_b / (R_a + R_b)$ になる。よってこれに V_1 を加算したものが出力電圧 V_o である。つまり

$$V_o = V_1 + \frac{V_1 - V_2}{R_a + R_b} R_b \tag{2.9}$$

これは少し変形すると(2.7)式になる。

次に回路（b）において，R_a，R_b，R_c に流れる電流を I_1，I_2，I_3 とする。それぞれは次式で与えられる：

$$I_1 = \frac{V_1 - V_o}{R_a}, \quad I_2 = \frac{V_2 - V_o}{R_b}, \quad I_3 = \frac{V_3 - V_o}{R_c} \tag{2.10}$$

これら三つの電流の和は 0 であるから

$$\frac{V_1-V_o}{R_a} + \frac{V_2-V_o}{R_b} + \frac{V_3-V_o}{R_c} = 0 \qquad (2.11)$$

左辺の分母をそろえると

$$\frac{V_1 R_b R_c + V_2 R_c R_a + V_3 R_a R_b - V_o(R_a R_b + R_b R_c + R_c R_a)}{R_a R_b R_c} = 0$$

(2.12)

となり，これより(2.8)式が得られる．

問題 2-2 図 2-5(b) の回路において3個の抵抗値がいずれも20Ωのとき，$V_1=10V$，$V_2=5V$，$V_3=3V$ のとき，ノードの電圧とそれぞれの電流を求めよ．

解答 任意の2個の抵抗値(レジスタンス)の積は，すべて同じであるから(2.8)式より，出力電圧は3個所の電圧(10V, 5V, 3V)の平均になることがわかる．つまり6Vである．よって電流は：

$I_1=(10-6)/20=0.2A$, $I_2=(5-6)/20=-0.05A$, $I_3=(3-6)/20=-0.15A$

問題 2-3 オペアンプ(第9章で扱う)を使うと，図 2-6 のように電圧 V_2 を反転(極性を逆に)することができる．反転してから，この図の回路のように接続すると出力電圧はどうなるか？

解答 オペアンプの出力電圧は $-V_2$ であり，しかも $R_a=R_b$ であるから，

$$V_o = \frac{V_1 R_a - V_2 R_a}{R_a + R_a}$$

$$= \frac{V_1 - V_2}{2} \qquad (2.13)$$

となる．これは，電圧差をとるのに便利な方法である．

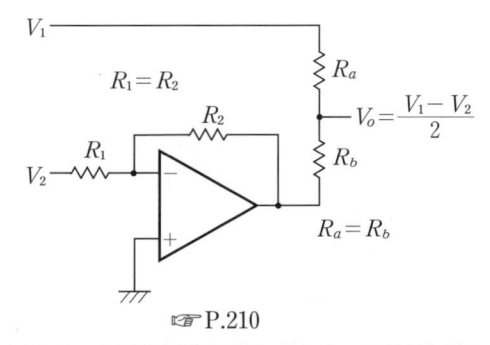

引き算のツールかな！

☞P.210

図 2-6 電圧を極性反転してから，平均値回路に接続すると比較回路になる．ただしオペアンプを使う場合には，ほかの回路形式もあるので第9.4節を参照

第2章 オームの法則とキルヒホッフの法則を洞察する

2.3 電界と電位勾配

　電子回路のテキストでは，電界(electric field)とか，磁界(magnetic field)をあまり議論しない．それは電磁気学の問題だからだろうか？　電子回路といっても，トランジスタなどの素子の内部の問題となると，電界の計算やその側面からの検討が重要である．これは，素子を設計する人の問題であることに疑いない．しかし，それを使う立場の技術者は，素子の組み合わせテクニックと思われる回路設計においても，性能の追求を目指すときには電界の意味などを知っておくのがよい．

　電界強度とは1mあたりの電圧の違いのことであり，単位はV/mである．電子回路のような小型の機器を語るときに1mというのは大きいが，(SI)単位であるから仕方がない．10cmと50Vであるとすると，1mあたり500Vであり500V/mの電界強度である．

　電界強度のことを，電位勾配(potential gradient)ともいう．

(1)　1本のレジスタで

　電位勾配のことを具体的に見るために，図2-7のように，長さがX_0のレジスタ(細い針金でもよい)に電池で一定の電圧(たとえば10V)がかかっている状態を考えてみよう．両端の電圧は0(GND)と10Vである．では途中の部分はどんな電圧だろうか？　そこでこのレジスタ(抵抗器)を任意の場所xで二つに切ってまた接続したものと考えてみよう．そして接続部分の電圧を考える．

　先に見たように電圧の比率は2個の抵抗値の比率に等しい．0に近い部分では左側の抵抗値がかなり低く右側の抵抗値は高い．よってその部分の電位は10Vよりはかなり低い．仮想上の接続点xを右にずらしていくと，そこの電圧は0から10Vに向かって一様に高くなっているはずだ．このレジスタの長さが仮に5cmだとすると，1cmあたり2Vである．つまり電界強度は2Vcm^{-1}あるいは200V/mである．

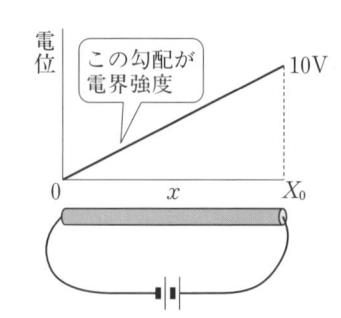

図2-7　1本の長いレジスタに一定の電圧を印加したときの電界（電位勾配）

2.3 電界と電位勾配

(2) 3本のレジスタで電位勾配を考える

次に，**図2-8(a)** のように3本のレジスタを接続して，1本のレジスタを構成したものを考える。

やはり電池で一定の電圧(たとえば10V)を印加する問題を考える。中央の抵抗値が，ほかの二つよりは10倍ぐらい高い場合を考えることにして両端の抵抗は1Ωとする。中央は8Ωとする。

先に調べたように，同じ電流が流れるときには，抵抗の両端の電圧は抵抗値に比例するので，それぞれには1V，8V，1V がかかる。

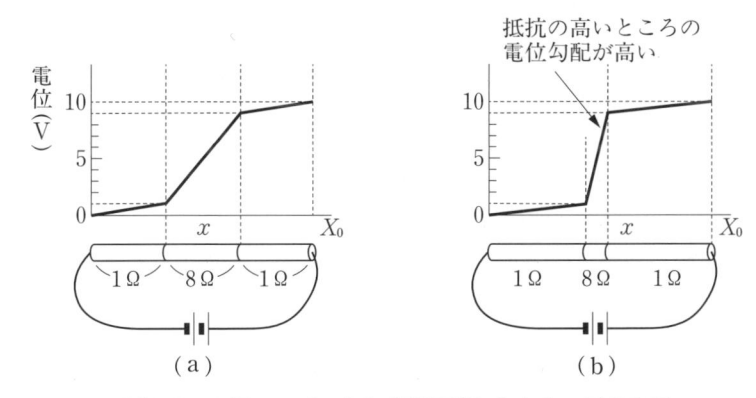

図2-8　3個のレジスタを直列接続したときの電位勾配

この図は，高い抵抗の内部の電位勾配は低い抵抗よりは高いことを示している。もし中央のレジスタがかなり短いものであると，電位は**図2-8(b)**のようになり，中央では電位勾配がかなり高い。

さらに，両端が銅の棒のような素材であれば，抵抗はかなり低いので，金属部分の電位勾配はほとんど平らになる。この考察は，後にトランジスタ類の機能を理解して正しく使うための準備である。

ここで見たように，電気・電子回路において電位勾配は抵抗の高い所に現れる。逆にいうと，抵抗の低いものと高いものが混在していると，低い素材のところでは電位勾配が小さい。この後で解説するように，プリント基板のGNDになる部分はどこでも同じ電位であることが望ましい。そのためには銅板の量(幅)が大きくて，抵抗が低いことが望ましい。

ここに述べていることは，電気工学としてはあたり前のように思われるかもしれないが，電子や電気工学の専門家としての思考を身に付けようと思ったら，あたり前のことを一歩立ちとどまって考えてみる心がけが肝要である。

2.4 意味深いブリッジ回路

図2-9(a),(b)はブリッジ回路と呼ばれる形である。これは4個のレジスタと2個の要素A,Bからなっている。(a)図ではAとBは何か？ の設問に対して、一つはAが電圧源でBが負荷とすると(b)図になる。Bが電源でAが負荷とするのが(c)である。

ここで負荷と呼んでいるのは回路の目的とする物であって、ランプだったりモータだったり、あるいは電子回路かもしれない。場合によっては充電を受けているバッテリーであってもよい。ここでは、それを単なるレジスタ R_L とする。

ここで電源から見た全体の抵抗がどうなるのかというのは、練習問題としては面白いかもしれないが、実用的な意味は小さい。むしろ、負荷に電流が流れないように $R_1 \sim R_4$ を決定する問題は実用性に富む。

回路(a)の場合には、①点と②点の電圧が同じであればよいので、

$$\frac{R_1}{R_2} = \frac{R_3}{R_4} \tag{2.14}$$

がその条件となる。

あるいは、次のように記すことができる。

$$R_1 R_4 = R_2 R_3 \tag{2.15}$$

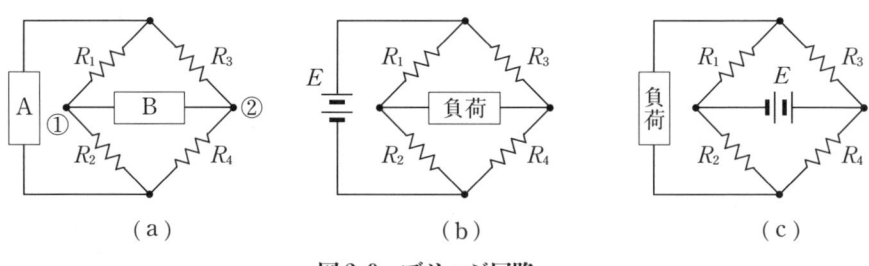

(a)　　　　　　　(b)　　　　　　　(c)

図2-9　ブリッジ回路

ブリッジ回路の $R_1 \sim R_4$ をトランジスタやダイオードの組み合わせで置き換え、少し手を加えることによって意外な機能をもつ電子回路を作ることができる。それについては第6章以降で学ぶことになる。ブリッジ回路は簡単に見えて奥の深い回路である。

2.4 意味深いブリッジ回路

問題 2-4 図 2-9 の回路において，$R_1=100\,\Omega$，$R_2=200\,\Omega$，$R_3=300\,\Omega$ である。①，②間を $500\,\Omega$ の抵抗で接続したときにその抵抗に電流が流れないためには R_4 は何 Ω であればよいか？

解答 (2.11)式が成り立てば A，B 間の抵抗がどんな値であっても電流は流れない。

$$R_4 = R_2 R_3 / R_1 = 200 \times 300 \div 100 = 600\,\Omega \quad \text{とする}.$$

重要用語

- Kirchhoff's law　キルヒホッフの法則
- Ohm's law　オームの法則
- back-e.m.f.　逆起電力
- bridge circuit　ブリッジ回路
- comparator　比較器
- current source　電流源
- voltage source　電圧源
- electric field　電界
- electric circuit　電気回路
- friction　摩擦
- input　入力
- output　出力
- internal impedance　内部インピーダンス
- internal resistance　内部抵抗
- high resistance　高抵抗
- low resistance　低抵抗
- load　負荷
- lock-load test　拘束試験
- magnetic field　磁界
- no-load current　無負荷電流
- no-load test　無負荷試験
- potential gradient　電位勾配
- power supply, power source　電源
- printed board　プリント基板
- principle of superposition　重ね合わせの理
- reference point　基準点
- resistor network　抵抗網
- shorting　短絡
- short circuit　短絡回路
- torque　回転力，トルク
- vacuum　真空
- variable resistance　可変抵抗
- rheostat　可変抵抗器
- V-I characteristics　電圧・電流特性
- wire　電線
- magnetic wire　エナメル線

回路..........
- electronic circuit　電子回路
- equivalent circuit　等価回路
- parallel circuit　並列回路
- series circuit　直列回路
- virtual circuit　仮想回路

2.5 グランド GND とは何か

電気回路の専門書と電子回路の専門書は類似のことを扱っていながら，回路の表現において大きく異なることが一つある．それはグランドである．記号として ⏚ や ⏚ を使ったり GND と記すこともある．漢字では接地ともいう．接地とは，元来は地球の地面のことであり地球の電位のことに由来する．

電子回路では，プリント基板の配線の中で主たる電源のマイナス端子（側）に接続されることを意味する．これを図で示しているのが図 2-10 の写真である．また，GND について注意しなくてはならないことを描いている．

図 2-11 は実際には同じ回路の異なる表記法を示している．(a) は電気回路風のもので，(b) は記号 ⏚ を使った方式である．本書では初めは (a) と (b) を併用しているが，第 3 章からは基本的には (b) 方式を採ることにする．ただし電力変換のための回路の場合には，電流路を明確にするために (a) 方式を採ることもある．さらなる詳細や注意事項は，そのつど必要なところで解説する．

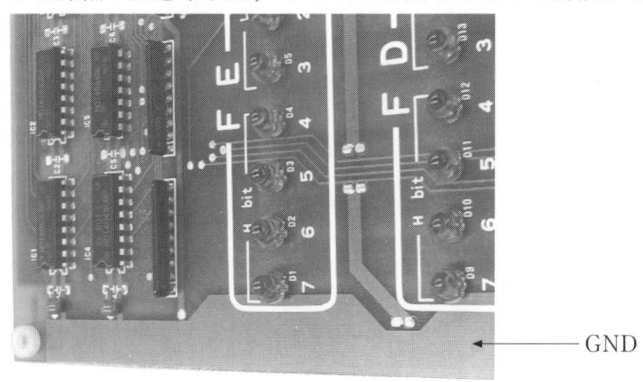

図 2-10　実際の GND 事例

◆アイソレーション（isolation）がある場合

電気回路・電子回路では「絶縁」という言葉が二つの意味で使われる．第 1 章でも述べたように電線の被覆は絶縁のためであるというときには，電流が流れないような手段として絶縁体の皮膜を使うことを意味している．

もう一つが，図 2-12 の回路図で示すようにトランスの 1 次側（primary side）と 2 次側（secondary side）とが，電気的には絶縁されているという場合である．その内意としては磁気的には結合されている意味が宿されている．1 次

側の電圧は，2次側に影響するので電気的に完全に無関係ではない．これは，交流成分に関しては1次と2次は結合しているが，直流的には分離できるのがトランスである．このような場合に英語では isolation という用語を使う．一般的な意味での絶縁の英語は insulation である．

トランスを使った電気的なアイソレーションの場合には1次側と2次側のGNDは同じレベルにする必要がない．その場合に回路記号としては ⏦ と ⏚ の2種類を使って混乱を回避することがある．

アイソレーションは結果として発生する場合と，目的をもって利用する場合がある．フォトカプラ（4.8節参照）は，アイソレーションを目的として利用することが多い．この場合の用語としては入力側に対して出力側という．

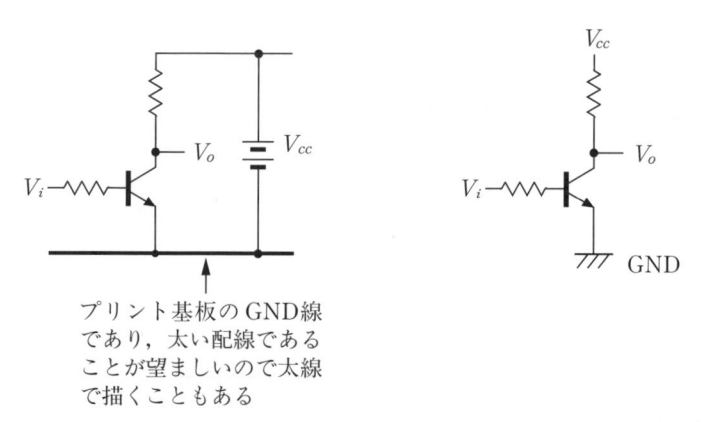

(a) 電流路をすべて線で表す形式　　(b) グランド（GND）記号を使う形式

図 2-11　電子回路の表現法

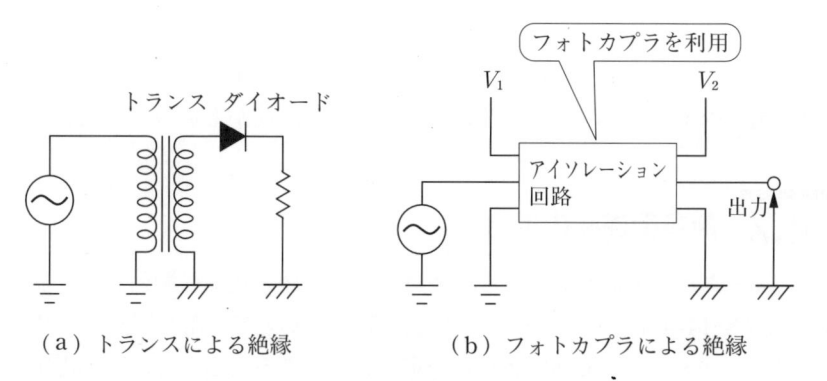

(a) トランスによる絶縁　　(b) フォトカプラによる絶縁

図 2-12　電気的に絶縁された回路の GND

2.6 止まっているモータはオームの法則に従い，動いているモータはそれを破る

　前章の1.6節において，直流モータを乾電池で回すことを取り上げた。ここで，もっと詳しく考えてみる。もし読者の手元におもちゃのモータでもよいし，精密モータとしてのDCモータがあれば，**図2-13**のような設定で電圧と電流の関係（V-I特性）を測ってみてほしい。モータシャフトには，円盤あるいは円筒状の金属を取り付けて回す状態ができれば最高である。ここに使う電圧計と電流計は，古典的なアナログ方式のメータがよい。

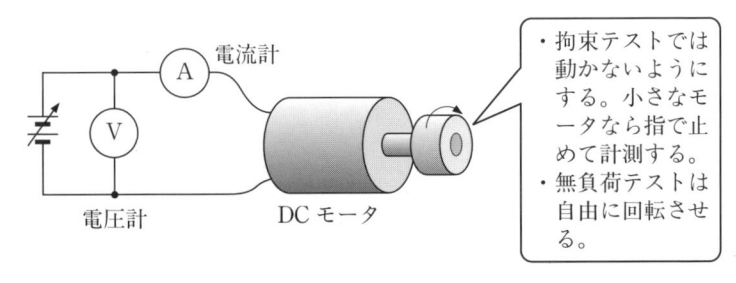

・拘束テストでは動かないようにする。小さなモータなら指で止めて計測する。
・無負荷テストは自由に回転させる。

図2-13　小型DCモータのV-I特性の計測：電圧を変化させて電流をプロットする。拘束テストは低い電圧範囲で行う。

2.6.1 拘束状態ではオームの法則に従う

　モータのシャフトをしっかりと1箇所に固定して，電圧と電流の関係を手早く計測してみると**図2-14(a)**のようなグラフになる。電圧と電流がほぼ比例している。これはオームの法則にあてはまっていることを示すものである。ただし，電流が流れやすく，そのために巻線を焼損する可能性があるので注意して実験しよう。

2.6.2 無負荷運転の場合

　次にモータが自由に回転できる状態にして，電圧と電流の関係をプロットしてみると**図2-14(b)**のような結果になる。電圧を変えても電流があまり変化しないのだ。モータによってはほとんど一定の電流である。しかも，印加電圧の極性を反転すると特性が不連続になる。この特性はオームの法則にはあてはまらない。しかし，ここでオームの法則がおかしいという前になぜだろうか考えてみる

止まっているモータはオームの法則に従い，動いているモータはそれを破る **2.6**
ことが重要である．この考察から**電流源**という考えが出てくるからである．

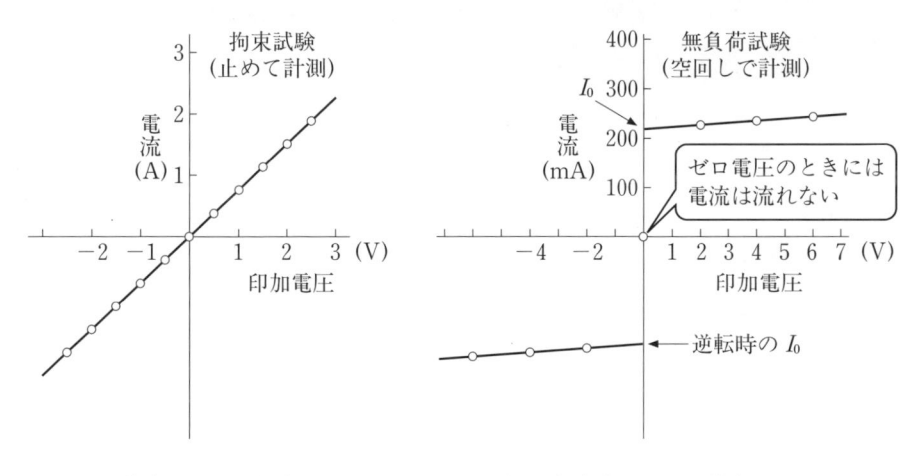

（a）拘束テストの場合　　　　　（b）無負荷テストの場合

図2-14　DCモータの V-I 特性の計測結果事例

第1章(1.6節)で，DCモータが回っているときには発電作用によって逆起電力が発生していることを説明した．また無負荷運転のときには，印加電圧と逆起電力が釣り合って電流が流れないはずだとも述べた．無負荷運転とは，この実験のように自由に回る状態のことである．しかし，わずかな電流が流れる．電圧がほとんどゼロでモータが辛うじて回っているときの電流を I_0 と記し，これをシンク電流と呼ぶ．

本章の最初に電圧と電流の積が電力であると述べた．一方，モータの動力という物理量があって，それは回転力(トルク)と回転速度の積である．動力は電力と同じ次元の物理量(ワット)である．無負荷運転とは，回転力がゼロの状態で回っていることである．モータは電力を動力に変換するデバイス(装置)である．無負荷のときに流れる電流と電圧の積は，動力に変換されないでモータ内部で消耗する電力である．

内部消耗の原因としては，シャフトとベアリングの摩擦がある．もっと大きな摩擦が磁気的現象によって起きている．磁気的摩擦の大きさは機械的摩擦と同じように，速度に無関係である．電圧がかかってモータが回っているとき，摩擦に打ち勝つためにほぼ一定の電流が消費されると考えられる．オームの法則に従わないのは，このためだと考えられる．

2.7 電流源（∞インピーダンス）の組み込み

　DCモータの性質を，回路図として示すと図2-15のようになる。ここには新しい記号によって電流源が現れているので，その意味を深く考えてみる。

2.7.1 電流源記号

　記号 ◇ は，ここには常に一定の電流が流れていることを意味する。電圧に依存しないで一定の電流が流れる要素を電流源と呼ぶ。◇ は，電流源を現す記号である。

　また，モータの空回り状態は，逆起電力源 E には電流が流れないものとする。よって図2-13の電流計で計測しているのは，◇ に流れる電流である。

　多くの教科書が電流源を抽象的な概念として導入しているので，読者の理解を困難にする。実際に遭遇する回路，あるいは回路設計において電圧源 ⊫ は頻繁に現れるが，電流源が出てくることはずっと少ない。

　内部インピーダンス，あるいは内部抵抗という用語を使って二つの電源の区別は，次のように定義されている。

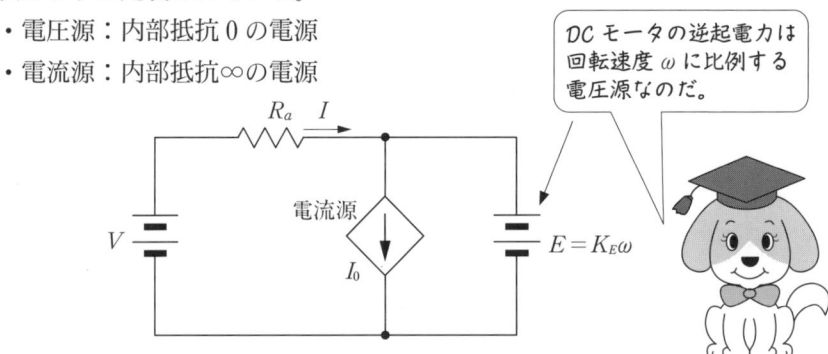

- 電圧源：内部抵抗 0 の電源
- 電流源：内部抵抗 ∞ の電源

図 2-15　DCモータの性質を表すために電流源を組み込む

（吹き出し：DCモータの逆起電力は回転速度 ω に比例する電圧源なのだ。）

回路要素：R_a，I，V，電流源 I_0，$E = K_E \omega$

2.7.2 電流源と電圧源の更なる洞察

　電源の性質を考察すると，電圧源と電流源という二つのコンセプトがあることがわかったが，そのことをもっとよく考えてみよう。さらに内部抵抗とは何かについても洞察しておこう。

2.7 電流源(∞インピーダンス)の組み込み

電圧源と電流源の特性は**図 2-16**のような直線関係で表すことができる。この図には特性の異なる二つの直線(a)と(b)を示しているが,いずれも勾配は正であり

(a)は縦軸切点が正で,横軸切点が負:$V=V_0+R_II$ と表してみる。(2.16)

(b)は縦軸切点が負で,横軸切点が正:$I=I_0+V/R_I$ と表してみる。(2.17)

ここで R_I は電源の内部抵抗である。

(a)の特性の $R_I=0$ の特別な場合が電圧源であり,(a′)のように水平な直線である。これが内部抵抗0の意味である。

一方,(2.17)式を書き改めて次式にしてみる。

$$V=-R_II_0+R_II \tag{2.18a}$$
$$V=R_I(I-I_0) \tag{2.18b}$$

ここで電圧 V が有限であり,内部抵抗(電源に内在する抵抗成分)R_I が∞の場合が電流源である。このとき数学的に $I=I_0$ でなくてはならず,電流が電圧に関係なく一定である。これが(b′)の垂直線である。

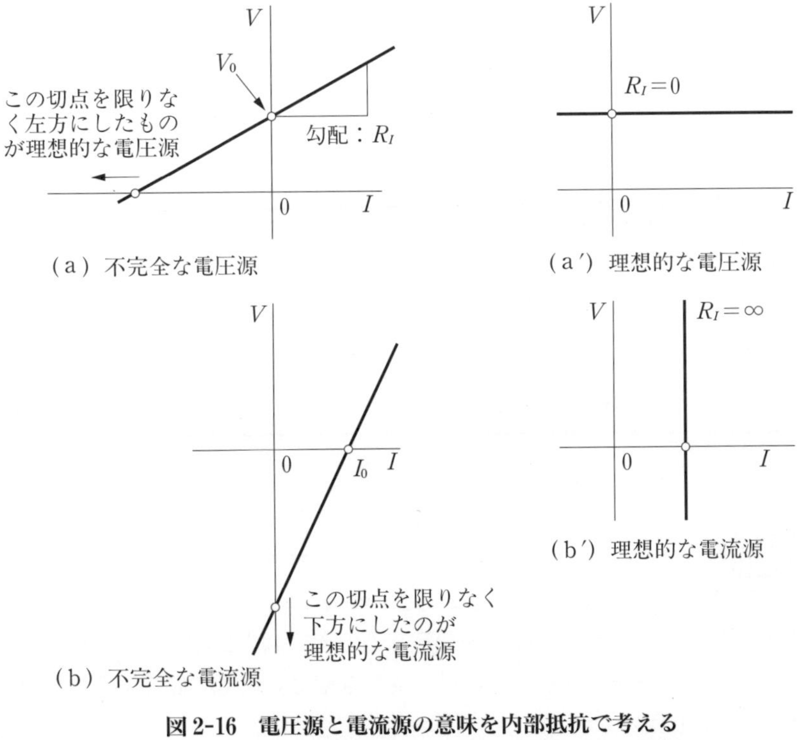

(a) 不完全な電圧源

(a′) 理想的な電圧源

(b) 不完全な電流源

(b′) 理想的な電流源

図 2-16 電圧源と電流源の意味を内部抵抗で考える
(*V-I* 特性としての電圧源と電流源の意味)

2.7.3 電流源を電圧源と高い内部抵抗で近似する

R_I を ∞ とする代わりにかなり大きい値とすると，先の図 2-15 の回路は図 2-17 に示すように電流源は高い電圧の電池と，大きなレジスタの直列接続されたものを使って近似的に表すことができる。このとき，(2.18a)式からいえるようにこの電源の起電力は $R_I I_0$ と見なせる。

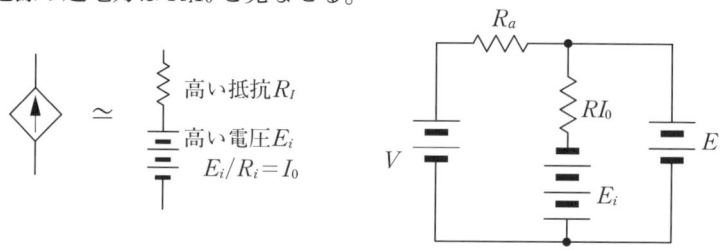

図 2-17　電流源を高い電圧と高い内部抵抗によって表した等価回路

以上のことを総括すると，電圧源と電流源の関連と相違を表 2-2 のように整理することができる。DC モータの場合に現れる電流源は電流を消費する要素であって，そこから電流がはき出てくる意味での電源ではない。しかし概念としては，電流源である。

表 2-2　電圧源と電流源比較

	記号	基本概念	補足説明
電圧源	⊥T	内部抵抗 $R_I=0$ の電源	基本的に，一定の電圧 E から $R_I I$ を引いた電圧，$E-R_I I$ を発生する。実際には内部抵抗 R_I はかなり低くできても，完全にゼロの電源は困難なことが多い。
電流源	◇	内部抵抗 $R_I=\infty$ の電源	電圧の極性に依存しないで一定の電流を発生する電源は実際には簡単ではない。実際にはいろいろな条件が加わる。

Column　大文字と小文字

電圧を V や v で表し，電流を I あるいは i で表すことが多いが，一般的な傾向として，主として直流を想定するときには大文字として，時間的に変化することを強調するときには小文字を使う。起電力についても同様に E と e を使う。

2.8 電源と抵抗網による表現

　回っているDCモータの性質はオームの法則から外れていると述べたが，実はそのようにいいきれるかどうか疑問が残る．DCモータには発電機の作用が含まれている．発電機は電圧源である．また磁気的な摩擦（専門用語でいうと磁気ヒステリシスによる力の作用）の性質は電流源と見なすことができた．

　上に見たように電流源は，高い電圧の電圧源と高い抵抗との組み合わせによって表現できる．そこで，DCモータを抵抗と電源で表すと **図 2-18(a)** の等価回路になる．これは先の **図 2-15** の形に抵抗 R_e を加えたものである．

　R_e は **図 2-14(b)** の直線の勾配の逆数であり，これはロータの鉄心に発生する熱損失や電流の変動成分による巻線での損失など，いろいろな物理現象を包含している．電源 E_2 は回転速度に比例した電圧を発生する特性電源である．このように考えてくると，DCモータは電源を含む複合素子であると解釈して，回路網でモータの性質を表すことができる．

　さらに，**同図(b)** のように表現するとDCモータをもっと正確に捉えることができる．このモータが何かを動かして速度が変化している状態（専門用語では dynamic behavior）を表すには E_2 をコンデンサに置き換えるだけでよい（参考文献[1]参照）．

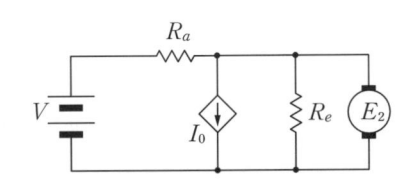

（a）定常状態の場合

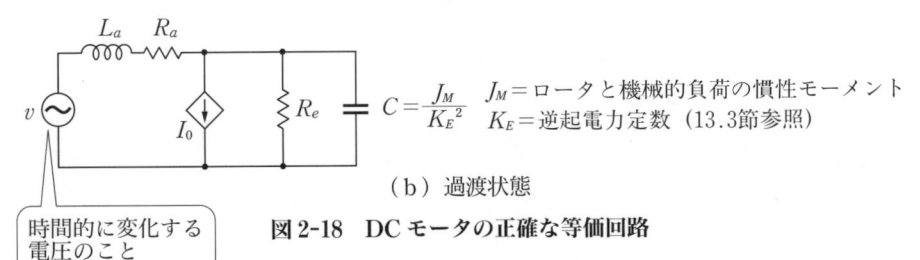

（b）過渡状態

$$C = \frac{J_M}{K_E^2}$$

J_M ＝ロータと機械的負荷の慣性モーメント
K_E ＝逆起電力定数（13.3節参照）

時間的に変化する電圧のこと

図 2-18　DCモータの正確な等価回路

第 2 章 オームの法則とキルヒホッフの法則を洞察する

2.9 重ね合わせの理と利用上の注意

電気回路における重ね合わせの理という法則がある。それはオームの法則とキルヒホッフの法則を基盤とした回路網計算の一つの手法である。これを電子回路計算にあてはめることができるかどうかについて考察しておこう。抽象的に一般論を展開するよりも，**図 2-19** の具体的な回路の場合で見てみよう。これは DC モータの回路表現に近いものである。電圧源と抵抗の回路網である。ここで $-E_2$ は高い電圧で R_2 は高い抵抗であり，電流源の等価表現である。

2.9.1 キルヒホッフの法則をあてはめる

この図では，第 1 法則によって R_3 に電流を (I_1+I_2) としている。同様に R_5 に電流を $(I_1+I_2+I_3)$ としている。

①印のループに第 2 法則をあてはめる。

$$R_1 I_1 + R_3(I_1+I_2) + R_5(I_1+I_2+I_3) = E_1 \tag{2.19a}$$

②印のループに第 2 法則をあてはめる。

$$R_2 I_2 + R_3(I_1+I_2) + R_5(I_1+I_2+I_3) = -E_2 \tag{2.19b}$$

③印のループに第 2 法則をあてはめる。

$$R_4 I_3 + R_5(I_1+I_2+I_3) = E_3 \tag{2.19c}$$

これらは，次のように整頓することができる。

$$(R_1+R_3+R_5)I_1 + (R_3+R_5)I_2 + R_5 I_3 = E_1 \tag{2.20a}$$

$$(R_3+R_5)I_1 + (R_2+R_3+R_5)I_2 + R_5 I_3 = -E_2 \tag{2.20b}$$

$$R_5 I_1 + R_5 I_2 + (R_4+R_5)I_3 = E_3 \tag{2.20c}$$

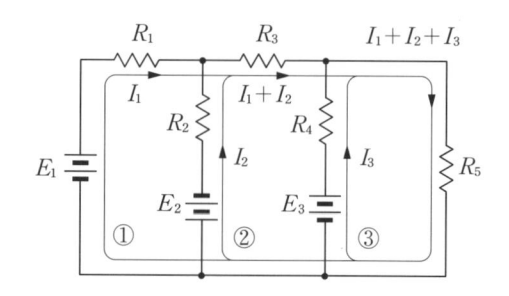

図 2-19　電圧源と抵抗だけで表した回路網の事例

これを行列で表現することによって，電流 I_1, I_2, I_3 と電源電圧 E_1, E_2, E_3 の関係は次式になる．

$$\begin{pmatrix} R_1+R_3+R_5 & R_3+R_5 & R_5 \\ R_3+R_5 & R_2+R_3+R_5 & R_5 \\ R_5 & R_5 & R_4+R_5 \end{pmatrix} \begin{pmatrix} I_1 \\ I_2 \\ I_3 \end{pmatrix} = \begin{pmatrix} E_1 \\ -E_2 \\ E_3 \end{pmatrix} \quad (2.21)$$

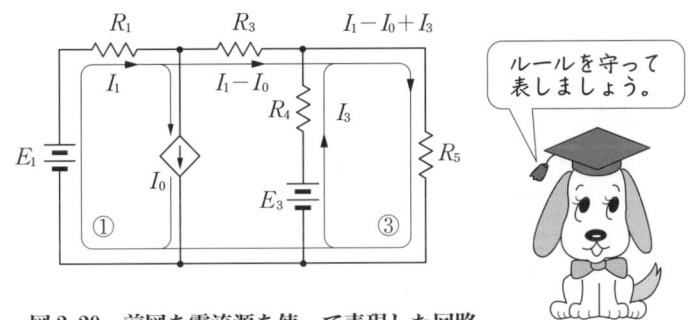

図 2-20　前図を電流源を使って表現した回路

2.9.2 電流源で表した場合

キルヒホッフの第2法則を記述する，(2.2)式および(2.3)式は電流源について何もいっていない．回路網計算においては，これらの式は電流源を含むループには適用しない．電流源の両端電圧は周囲の状況によって変化するものであってこの法則の対象とはしない．

そこで，前図を電流源を使って正確に表したものが**図 2-20**であり，これに第2法則を適用してみると簡単になることが次のようにわかる．つまり，電流源の入った②のループには第2法則を適用しないので，①と③のループに対して次のようになる．

$$R_1 I_1 + R_3(I_1 - I_0) + R_5(I_1 - I_0 + I_3) = E_1 \quad (2.22\text{a})$$
$$R_4 I_3 + R_5(I_1 - I_0 + I_3) = E_3 \quad (2.22\text{b})$$

ただし，ここでは I_2 は $-I_0$ であることがわかっていることを織り込んでいる．

これを整頓して次式とする．

$$(R_1 + R_3 + R_5) I_1 + R_5 I_3 = E_1 + (R_3 + R_5) I_0 \quad (2.23\text{a})$$
$$R_5 I_1 + (R_4 + R_5) I_3 = E_3 + R_5 I_0 \quad (2.23\text{b})$$

これをマトリックスの形にすると，次ページのようになる．

第2章 オームの法則とキルヒホッフの法則を洞察する

◆図 2-20 の回路における電流と電源電圧（起電力）の関係

$$\begin{pmatrix} R_1+R_3+R_5 & R_5 \\ R_5 & R_4+R_5 \end{pmatrix} \begin{pmatrix} I_1 \\ I_5 \end{pmatrix} = \begin{pmatrix} E_1+(R_3+R_5)I_0 \\ E_3+R_5I_0 \end{pmatrix} \tag{2.24}$$

これらの式からの電流計算する場合，(2.21)式では E_1，E_2，E_3 を与えて電流を求める計算は，マトリックス計算のルールに従って計算できる。

問題 2-5 図 2-18(a) の等価回路で表される DC モータにおける電流を，マトリックスと行列式の計算から求めよ。

解答 DC モータの巻線抵抗 R_a をここでは R_1 と見なす。また R_e を R_5 と見なす。また V を E_1 とみなし，E を E_3 とする。R_3 と R_4 は 0 である。すると，上の式は次のようになる。

$$\begin{pmatrix} R_1+R_5 & R_5 \\ R_5 & R_5 \end{pmatrix} \begin{pmatrix} I_1 \\ I_3 \end{pmatrix} = \begin{pmatrix} E_1+R_5I_0 \\ E_3+R_5I_0 \end{pmatrix} \tag{2.25}$$

行列式を使って未知の電流 I_1，I_3 を求める方法は，次のようなものである。計算原理の復習のために線形代数学の教科書を参照してほしい。

$$I_1 = \frac{\begin{vmatrix} E_1+R_5I_0 & R_5 \\ E_3+R_5I_0 & R_5 \end{vmatrix}}{\begin{vmatrix} R_1+R_5 & R_5 \\ R_5 & R_5 \end{vmatrix}} = \frac{R_5(E_1+R_5I_0)-R_5(E_3+R_5I_0)}{R_5R_1}$$

$$= \frac{E_1-E_3}{R_1} \tag{2.26}$$

$$I_3 = \frac{\begin{vmatrix} R_1+R_5 & E_1+R_5I_0 \\ R_5 & E_3+R_5I_0 \end{vmatrix}}{\begin{vmatrix} R_1+R_5 & R_5 \\ R_5 & R_5 \end{vmatrix}} = \frac{(R_1+R_5)E_3-R_5E_1+R_5R_1I_0}{R_5R_1}$$

$$= \frac{E_3-E_1}{R_1} + \frac{E_3}{R_5} + I_0 \tag{2.27}$$

この計算の検算をしておこう。**図 2-18(a)** の等価回路の目視で，$R_1(=R_a)$ の両端の電圧差は (E_1-E_3) であることが明確であり，電流はこれを R_1 で割ったものであるから，(2.26)式は上のような煩雑な手続きなしに出てくる。I_3 について，これは I_1，I_0 および R_5 に流れる電流 (E_3/R_5) の総和であるが，→の向きから符号反転と判断すると上の(2.27)式であることがわかる。

2.9.3 重ね合わせの理との対比

回路網計算の手法の一つに**重ね合わせの理**がある。それがどんなものかを上の計算によって見ておこう。重ね合わせの理によると，**図 2-19** の場合は

- E_1 はそのままにして，$E_2=0$，$E_3=0$ としたときの電流を求め，次に
- E_2 はそのままにして，$E_1=0$，$E_3=0$ としたときの電流を求め，次に
- E_3 はそのままにして，$E_1=0$，$E_2=0$ としたときの電流を求め，これらを合算してもよいということである。

図 2-20 の場合には，

- E_1 はそのままにして，$I_0=0$，$E_3=0$ としたときの電流を求め，次に
- E_3 はそのままにして，$I_0=0$，$E_1=0$ としたときの電流を求め，次に
- I_0 はそのままにして，$E_1=0$，$E_3=0$ としたときの電流を求め，これらを合算したのが求める電流であるというものである。

図 2-21 は重ね合わせの理を使った計算をテーブルにしたものである。上に提示した計算結果と一致していることはいうまでもない。

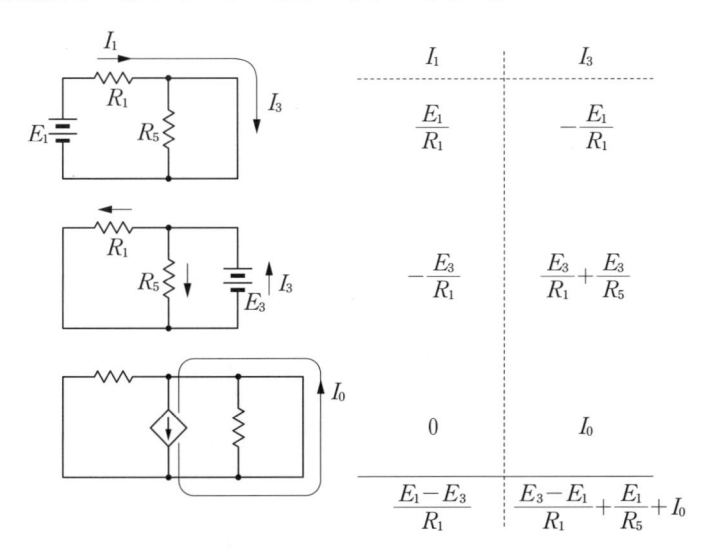

	I_1	I_3
	$\dfrac{E_1}{R_1}$	$-\dfrac{E_1}{R_1}$
	$-\dfrac{E_3}{R_1}$	$\dfrac{E_3}{R_1}+\dfrac{E_3}{R_5}$
	0	I_0
	$\dfrac{E_1-E_3}{R_1}$	$\dfrac{E_3-E_1}{R_1}+\dfrac{E_1}{R_5}+I_0$

電圧源と電流源をもつ回路の重量の理による計算

図 2-21　重ね合わせの理による計算テーブル

第2章 オームの法則とキルヒホッフの法則を洞察する

2.9.4 重ね合わせの理の意味するもの

　重ね合わせの理が成り立つというのは意義深いことである。モータのように複雑な素子ではオームの法則が本来の形では成り立たないのだが，ここに電圧源と電流源という要素が内在しているのだと考えると，オームの法則が大きな形で活きてくるのだ。

　しかし注意しなくてはならないのは，いずれの計算法でも電流源が成立する電圧範囲が実用上の意味のない領域になったときには，計算結果が正しいとは限らないことである。たとえば，DCモータのような非線形特性の要素が回路中に組み込まれている場合を考える。その特性は**図 2-22** のようになるものとする。これが折れ線になっているのは，先に**図 2-14(b)**で見たように電流源のシンク電流がモータの回転方向によって異なるためである。CCW を想定した計算において○印が動作点になった場合には，計算が正しいとはいえない。その場合には，CCW を想定したパラメータで計算し直す必要がある。

　電子素子の中には，同**図(b)**のように，一定の範囲で理想的な電流源の特性を示すものがある。回路計算の結果で動作点が点線領域に入ったら，計算結果にも回路の構成も無意味になる。

　トランジスタなど(能動素子)を使った回路では，重ね合わせの理は一般的に成り立たないのだが，条件付きで成り立つことがあり，その場合には回路計算や考察がしやすくなる。

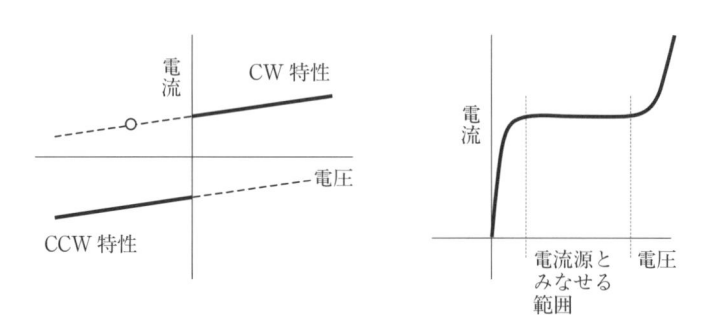

（a）DC モータの特性上で　　（b）電流源特性をもつ非線形素子の場合

図 2-22　注意を要する電流源特性

2.10 実回路と等価回路

　実用的な電子回路の専門書では，実際の回路の形と設計を題材とする。ところが電子回路の学習の過程では，等価回路という仮想回路がよく話題になる。

　たとえばトランジスタの機能を説明したり解析したりするのに，電流源を想定した仮想的な回路を取り上げることがある。この手法は計算法や学習法として流行したことがあるが，今日ではコンピュータによる計算が便利になったために，計算法としてのツールの意義は薄れている。

　むしろ，複雑な制御対象を電気回路や電子回路のツールによって表現したり解析したりするときに，仮想的な回路による解釈が都合が良いことがある。DCモータがその典型である。モータがほかのコンポーネントと比べて決定的に異なるのが，回転運動を伴うことである。しかし，慣性モーメントをコンデンサで表したり，バネのように変形する部分（シャフトと負荷の結合部分など）をインダクタ（コイル）で的確に表すことができる。

　電子回路によって，DCモータを駆動・制御しようとするとき，このような知識があると明快なマインドで対処できる。

　しかし本書では次章から，等価回路はできる限り避けて実回路の訓練を目指す。第13章ではDCモータの駆動回路をもう少し詳しく扱う。そこでは，トランジスタやオペアンプという電子素子と回転角センサを使って，このような回路網特性のメカニズムを制御する工学を学ぶのである。

Column　レジスタンスとインピーダンス

　電気抵抗の英語はresistanceである。同義語にimpedanceがある。ちなみに動詞のimpedeは阻止するという意味をもっている。インダクタンス L のインピーダンスは $2\pi f L$ であり，容量 C コンデンサのインピーダンスは $1/(2\pi f C)$ である。電子回路では電源や回路の内部抵抗を内部インピーダンスということが多い。同様にオペアンプの端子から見た内部の抵抗要素を入力インピーダンスとか出力インピーダンスと呼ぶことが多い。ここで，特段インダクタンスやコンデンサの作用をもっていることを内意としてわけではない。本書でもしばしばインピーダンスという単語を用いる。

第2章 オームの法則とキルヒホッフの法則を洞察する

◆第2章のまとめ

　本章では，オームの法則とキルヒホッフの法則を基本とした，回路計算の法則とテクニックを学んだ。また，DCモータを再度取り上げて，オームの法則に単純には従わない素子が身近にあることを知った。モータは電気回路の受動素子でもなく電子回路の能動素子でもない。いわば，メカトロ素子である。そして電子回路の制御対象として利用される事例はかなり多い。ここでは，DCモータを抵抗と電源網あるいはコンデンサを含めた電気回路として解釈することによってオームの法則がより大きな意味をもっていることを知った。そしてキルヒホッフの法則で扱えるような工夫を示した。この考察を通して，回路網に現れる電圧源と電流源の考え方を深く学ぶこともできた。

　第1章では，枝分かれのない回路での正弦波の発生という，動的な(dynamic)現象の計算法を学んだのに対して，ここで学んだのは枝分かれのある複雑な回路での，いわば静的(static)な状態の計算テクニックである。実際の回路は複雑な回路網であり，そこでは動的な現象が起きていることを指摘しておこう。

　次章では，ダイオードやトランジスタなどの基本的な電子素子の原理を学ぼう。

Column　基本単位を補うための単位の倍数

記号	読み方	大きさ	記号	読み方	大きさ
M	メガ (mega)	10^6	μ	マイクロ (micro)	10^{-6}
k	キロ (kilo)	10^3	n	ナノ (nano)	10^{-9}
m	ミリ (milli)	10^{-3}	p	ピコ (pico)	10^{-12}

注1：コンデンサ容量の大きさは μF（マイクロファラッド）で表すことが多い。回路図で1.2と記されていたら1.2μFを意味する。
注2：mm は (millimeter) ミリメータ
注3：kΩ はキロオーム（1000Ω）；回路図の抵抗に1.2kとあれば1.2kΩのこと
注4：周波数の単位はHz（ヘルツ，1秒あたりのサイクル数）

参考文献

[1] 見城・ほか：「実験とシミュレーションで学ぶモータ制御」，日刊工業新聞社

第3章
回路素子の基本
―金属から真空管を経て半導体へ―

　第1章の最初に電池によって豆電球を点灯する話をした。これはきわめてあたり前のように思えるが，ここに新しい不思議がある。本章はこのことから熱電子というものを見て真空管の二極管というものを振り返る。そのあとで半導体の二極管ともいえるダイオードの不思議へとエレクトロニクスの世界に入っていく。これは電子回路に使う素子を理解するための基礎である。そして種々のトランジスタの機能の基本原理を学んで行こう。

　電子回路はオームの法則を超えた素子の利用によって大きく発達した。そのストーリーが本章から始まる。

第3章 回路素子の基本——金属から真空管を経て半導体へ

3.1 熱によって金属から飛び出す電子

　電池には二つの電極がある。プラス側を陽極ということがある。マイナス側は陰極である。どちらも金属である。第1章の**図1-3**で見たように，豆電球のリード線の電線をこれらの電極に接続するだけで電流が電線の中を流れる。電流は電子の大群であることも知った。さて，電子は金属同士の接触面を通過することができるのだが，ここで読者は不思議を感じないだろうか？

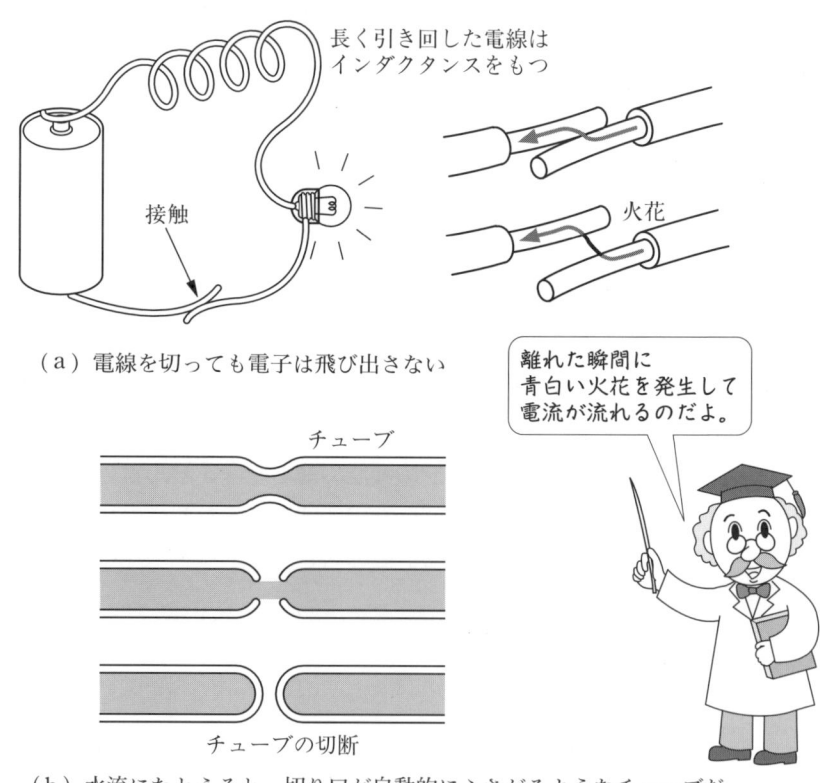

長く引き回した電線はインダクタンスをもつ

接触

火花

（a）電線を切っても電子は飛び出さない

離れた瞬間に青白い火花を発生して電流が流れるのだよ。

チューブ

チューブの切断

（b）水流にたとえると，切り口が自動的にふさがるようなチューブだ

図3-1　電流が流れている電線の接触を離すと電子の流れが止まる

　不思議というのは，**図3-1(a)** のように，電流が流れている電線の接触を離すと電子の流れが止まることについてである。電線の引き回しが長いと，接触が

3.1 熱によって金属から飛び出す電子

切れた瞬間に空中を火花（アーク）となって電流が流れることに注目しよう。つまり電子が金属の表面から飛び出すのだ。

電流をチューブの中の水流にたとえると，図3-1(b)のように切れたチューブが，一時的には水を外へ出してしまうが，その後自然に切り口がふさがり，水を外へ流さなくなるようなものである。なぜだろうか？ こんな疑問を一笑に付すのは簡単であるが，それにこだわってみよう。

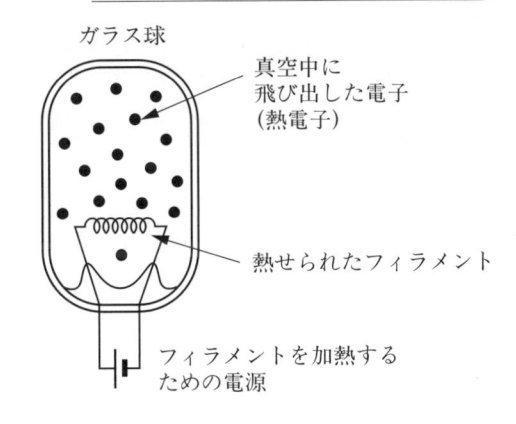

図3-2 真空中で金属を熱すると電子が飛び出す

（ガラス球／真空中に飛び出した電子（熱電子）／熱せられたフィラメント／フィラメントを加熱するための電源）

金属の表面には電子が空中や真空に飛び出さないような障壁がある。しかし，この障壁を破って電子を飛び出させることもできる。それにはいくつかの方法がある。その一つが金属を熱する方法である。金属が熱せられると電子の中には速い速度で動きまわるものが現れて，金属表面の垣根を越えてしまう。この電子は熱電子と呼ばれる（図3-2）。

表3-1 主な電子素子記号表

素子名	記号	素子名	記号
三極真空管		フォトダイオード	
ダイオード（半導体）		J-FET（接合型電界効果トランジスタ）	
定電圧ダイオード		MOSFET	
LED		バイポーラトランジスタ	

注：これらの記号の回転とミラーリング（左右反転，上下反転）も可。

第3章 回路素子の基本——金属から真空管を経て半導体へ

3.2 熱電子を利用した真空管ダイオード

　熱電子は金属の酸化物からも発生する。タングステンでできたフィラメントに酸化バリウムを塗布したものを，真空にしたガラス管で加熱すると，熱電子が出てくる。この電子を利用したデバイスがある。それが真空管である。

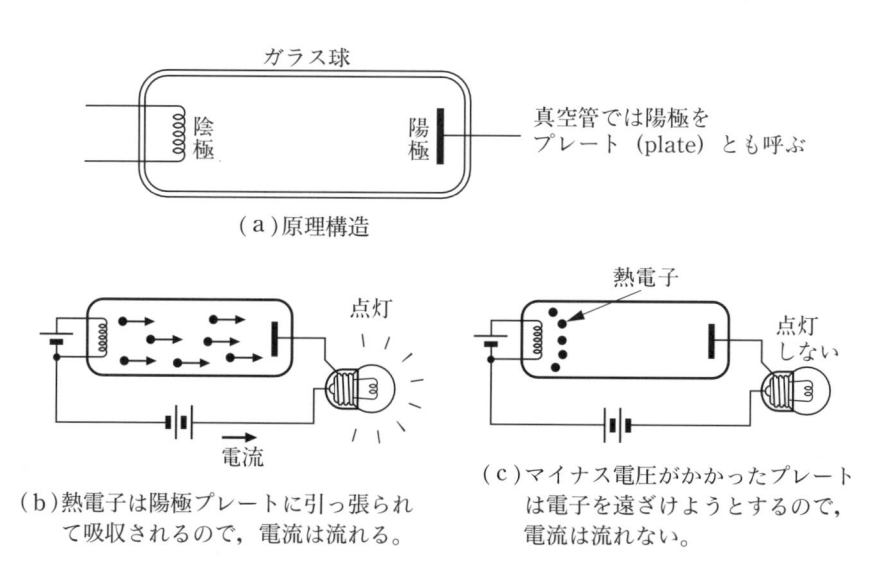

（a）原理構造

（b）熱電子は陽極プレートに引っ張られて吸収されるので，電流は流れる。

（c）マイナス電圧がかかったプレートは電子を遠ざけようとするので，電流は流れない。

図3-3　二極真空管の原理構造と整流作用

　基本になるのが二極真空管である。**図3-3**の真空管には2個の電極があって，一方は加熱されている。これを陰極（カソード）と呼ぶ。他方（これをプレートあるいは陽極（アノード）と呼ぶ）は加熱されていない。ここで2個の電極に電池端子を接続するとどうなるだろうか？　（b）のように，プレートにプラス電圧を，陰極にマイナス極を当てると，真空を飛び出した電子は，プラス電位がかかったプレートに入って電線に引き出すことができる。つまり電流が流れる。
　同図(c) のように印加電圧を反対にするとどうなるだろうか？　冷えているプレートからは，電子が飛び出してこないので真空中の電子の移動が起きない。電線にも電子が流れない。つまりこのような二極真空管では一方向にしか電流が流れない。これを整流作用と呼ぶ。これが電子素子の基本になる。

重要用語

- active element　能動素子
- passive element　受動素子
- anode　陽極
- cathode　陰極
- bipolar transistor　バイポーラトランジスタ
- break down　ブレークダウン，降伏
- collector　コレクタ
- complementary transistor　相補型トランジスタ
- constant-voltage diode　定電圧ダイオード
- Zener diode　ツェナーダイオード
- covalent bond　共有結合
- crystal　結晶
- electrode　電極
- electric current　電流
- emitter　エミッタ
- forward bias　順方向バイアス
- reverse bias　逆方向バイアス
- gas tube　放電管
- hole　ホール，正孔
- intrinsic semiconductor　真性半導体
- maximum ratings　最大定格
- majority carrier　多数キャリア
- metal　金属
- particle　粒子
- periodic table　周期律表
- PN junction　PN接合
- primary electron　1次電子
- secondary electron　2次電子
- rectifier　整流器
- rectifier function　整流作用
- reverse blocking　逆阻止
- signal　信号
- single crystal　単結晶
- source　ソース
- thermo-electron　熱電子
- triode　三極(真空)管
- vacuum　真空
- vacuum tube　真空管

Column　トランジスタの語源

　三極管の英語はtriodeである。接頭辞triは3のことである。抵抗器はresistorである。MOSFET（金属酸化物トランジスタ）は，後の図3-22からも読み取れるように，ゲート電圧によってソース・ドレイン間の抵抗値(resistance)が変化する素子である。

　トランジスタ（transistor）には必ず3本の端子があるが，traは3のことだろうか？　あるいはtransient(変化する)とresistorの語呂合わせだろうか？　定説が何であれ，連想は自由である。語源を正確に知っても回路設計の能力には寄与しない。わかりやすい想像で十分である。

3.3 金属，絶縁体，そして半導体

　真空管には熱したフィラメントが必要である。ところがフィラメントには寿命がある。また衝撃を与えるとガラスが破損する。フィラメントを使わない整流素子として，固体のセレン整流器というものがあった。これは大きさやその他の理由で便利なものではなかった。

　整流特性をもった画期的な素子は不純物半導体が発明されて作られた。そこで半導体とは一体何なのか，どんな原理で整流作用がおきるのか，それを見ることにしよう。

　半導体は金属と絶縁体の中間の元素で作られる。代表的なのがシリコン，ゲルマニウム，カーボンである。これらは，いずれも第IV族元素である（図3-4）。

　カーボンは結晶構造によっていろいろの性質をもつようになるが，真っ黒な黒鉛は金属のように電流を流す。ダイヤモンドは炭素の結晶であるが，これは電気

炭素（カーボン）　　　シリコン　　　ゲルマニウム

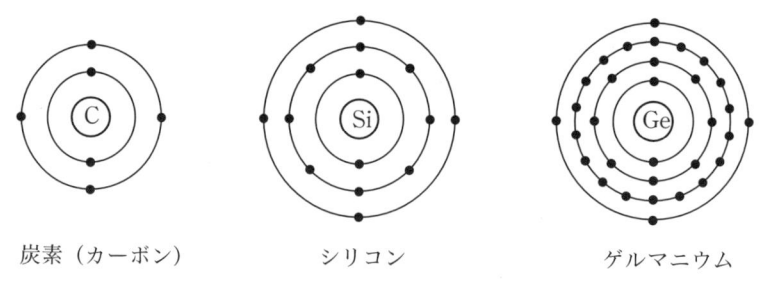

図 3-4　半導体を形成する第IV族元素

ダイヤモンド構造

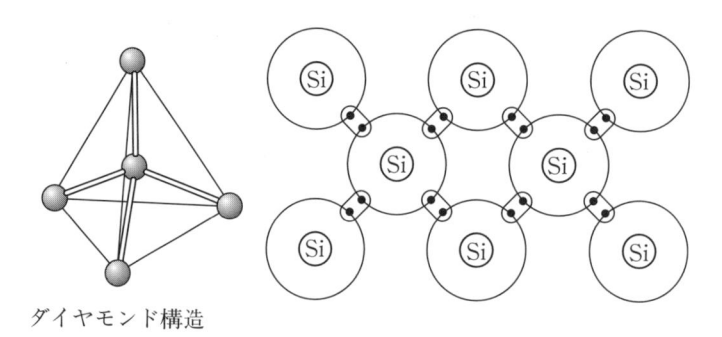

図 3-5　最外殻に4個の電子をもつ元素（第IV族元素：炭素 C，シリコン Si，ゲルマニウム Ge）が作るダイヤモンド構造の結晶

3.3 金属，絶縁体，そして半導体

を通しにくい。半導体素子として使われるのがシリコンであり，ダイヤモンドと同じ結晶構造をしている（**図 3-5**）。

完全なダイヤモンド構造をしている純粋なシリコンは真性半導体と呼ばれ，電気を通しにくい。この結晶状態ではすべての電子が硬い結束を作る共有結合状態であり，電子は原子核に束縛されている。金属では原子核に遠い電子が自由に動き回ることができて，これが電流の運び屋になっている。これが半導体と金属の違いである。

もう一つの違いは不純物による作用である。燐（P）が代表的であるが，第V族元素を混入すると，共有結合に必要な電子が1個余る。そして，この余剰電子が自由に動き回ることができるようになり，そのために電流が流れやすくなる。これを示しているのが**図 3-6(a)**である。これが不純物半導体であり，N型半導体である。しかし，これだけではおもしろくない。

今度はアルミニウムやボロンのように第Ⅲ族元素を結晶のなかに混入すると，硬い共有結合のためには電子が不足して少し不安定になる。不安定というのは，電子が不足しているところが，あたかも正の電荷をもった粒子であるかのような性質を示し，さらに容易に動き回ることができる状態を意味する。このような見かけ上の正の粒子を正孔あるいはホール（hole）と呼ぶ。これをP型半導体という（**図 3-6(b)**）。Nはnegative，Pはpositiveに由来する。

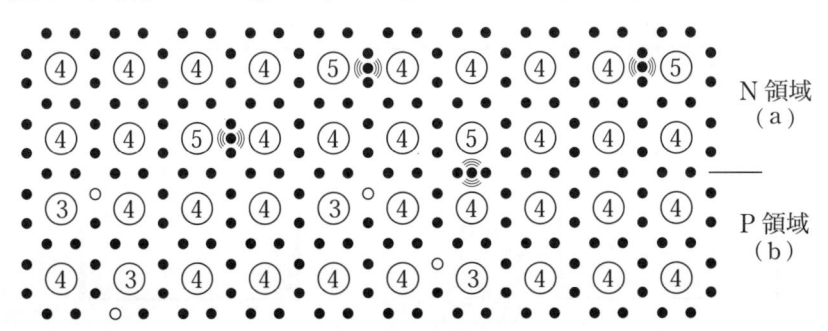

PN接合：シリコン結晶の中で，P型不純物原子がわずかに混入する部分と，N型不純物原子が混入する部分が接近しているのが，PN接合である

○はホール，●は動けない電子，((●))や●は自由電子を表す。

図 3-6　（a）シリコン結晶の中に燐を少し混入するとN型半導体になる
　　　　　（b）アルミニウムやボロンを混入するとP型半導体になる
　　　　　（見城・ほか「図解・わかる電子回路」，講談社 P.116 より転載）

3.4 PN接合によるダイオード

　半導体が真空管と違うのは，P型とN型の不思議な作用である。**図3-7(a)** のように，一つの結晶の中にPの領域とNの領域を作ると，整流作用ができることを図によって説明しよう。PからNに遷移する部分をPN接合と呼ぶ。**(b)** はP型半導体に電池のプラス極を接続し，N型半導体には電池のマイナス極を接続する。するとN領域の電子もP領域の正孔も接合部分に向かって移動する。ホールは電子が欠乏している状態であるから，自由電子と出会うと欠乏が解消されるのでホールと電子は共に消滅する。消滅するために荷電粒子の移動がいつまでも続く。つまり電流が流れ続ける。

　印加電圧を逆転するとどうなるか？　Nの電子はプラス電極に引きつけられ，Pのホールはマイナス電極に引きつけられる。そのあとPにもNにも荷電粒子(電子やホール)が存在しない状態になり，電流が継続できない。これが逆バイアス状態である。

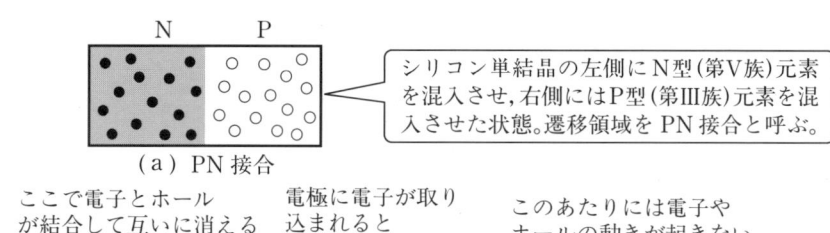

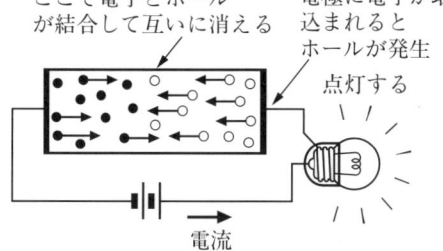

(a) PN接合

シリコン単結晶の左側にN型(第V族)元素を混入させ，右側にはP型(第Ⅲ族)元素を混入させた状態。遷移領域をPN接合と呼ぶ。

(b) 順バイアス状態：P側に電池のプラス端子を，N側にマイナス端子を接続すると電流が流れる。

(c) 逆バイアス状態：N側に電池のプラス端子を，P側にマイナス端子を接続すると電子はアノード側に引き寄せられ，ホールはカソード側に引き寄せられてしまい，電流が流れない。

図3-7　PN接合の整流作用

3.4 PN接合によるダイオード

PN接合を1個もつ半導体に，2本の端子を付けた素子がダイオードである。ダイオードの記号と端子名を説明しているいのが**図3-8**である。

カソード　アノード

カソード側を示すマーク

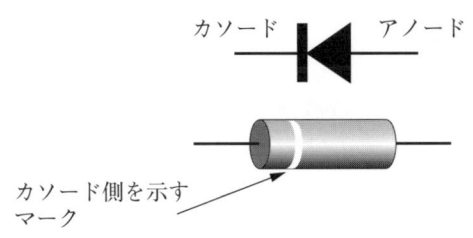

図3-8　ダイオードの記号と端子名

◆半導体ダイオードの特性

上の説明は読者にわかってもらうための定性的なものである。本書は量子統計力学を使った正確な議論はしないで，あくまで定性的で押し通す。

PN接合には実際には電子の移動にとっての障壁がある。それは電圧では0.6Vぐらいである。またダイオードやPN接合について語るときの専門用語に**順方向**（forward）と**逆方向**（reverse）がある。**図3-9**はこれら二つの状態と0.6Vの意味を示している。グラフの第1象限が順方向であり，第3象限が逆方向状態である。**図(a)** は正常な逆方向状態では電流がほとんど流れないが，電圧が限界に達すると電流が急に流れることを示している。**(b)** では正常な逆方向状態を下に拡大し，左には縮小している。

順方向の許容電流と逆方向の耐圧が重要なパラメータである。

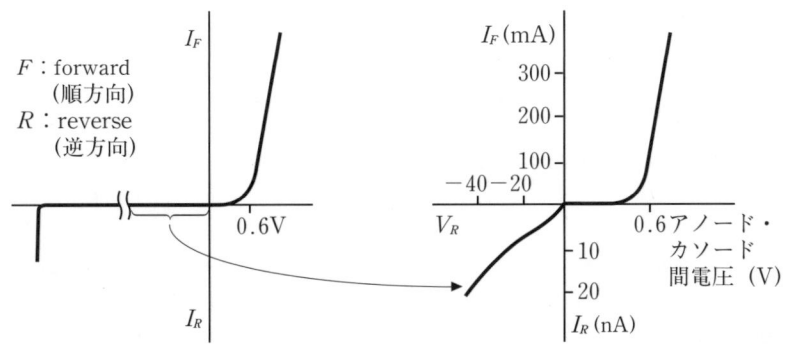

F：forward（順方向）
R：reverse（逆方向）

0.6V

I_F
I_R

$I_F(\mathrm{mA})$
300
200
100
$-40\ -20$
V_R
0.6 アノード・カソード間電圧（V）
-10
-20
$I_R(\mathrm{nA})$

(a) 限界（逆耐圧）以下の負電圧では，ほとんど電流は流れない。限界を超えると，逆向きに電流が流れて破損する。

(b) 順方向と逆方向の目盛りを変えてみる。

図3-9　ダイオードの特性

3.5 真空と固体内の電子現象

電子は単純な粒子のようでありながら複雑で，ときには怪奇な振る舞いをする。その性質を利用していろいろなデバイスが発明されてきた。基本的な電子現象を見ておこう。

3.5.1 2次電子（secondary electron）

真空中の物体に電子が衝突すると，その衝撃によってまた電子が放出される現象がある。衝突した電子を1次電子と呼び，新しく飛び出した電子を2次電子という。1個の1次電子に対して，4〜5個の2次電子が飛び出す金属がある。

また，光の照射や素粒子の衝突によっても物体から電子が飛び出す。この二つの現象を組み合わせ応用した真空管に光電子増倍管（photomultiplier tube）というのがある。普通は微弱な光の検出に利用するものだが，光や宇宙の遠方から飛来してくる素粒子の検出のためにも用いられる。世界一の性能の光電子増倍管の技術は日本のメーカーが築いた。それを使ってニュートリノの検出に成功してノーベル賞に輝いたのが小柴昌俊氏である（図 3-10 参照）。

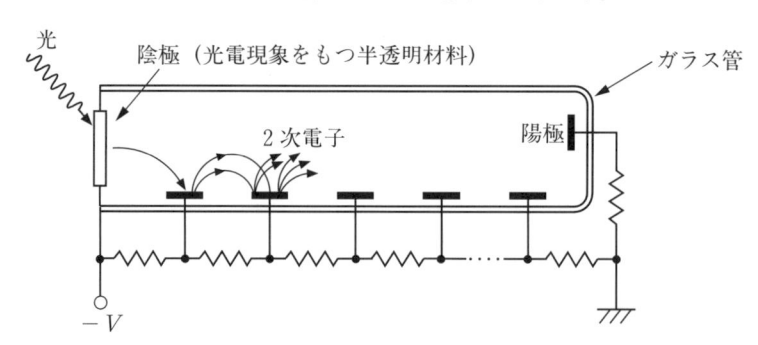

図 3-10 光電子増倍管：微弱な光が光電陰極に当たって飛び出した電子は，10段ほどの2次電子面（dynode）を経て，10^7 倍ぐらいに増大して陽極に到達する。

3.5.2 半導体の中のブレークダウン

真空，あるいはガス中の金属に高い電界を掛けると電子が飛び出す。電界によって引っ張られた電子が金属表面の障壁を超えてしまうのだ。空中でこれが起きると飛び出した電子がガスの分子に衝突してイオンと電子を発生する。これが連

鎖的に起きて火花が発生する。静電気による火花もこれである。電子回路の中でこれが起きると，たいていは素子の破損が起きる。これを防ぐためにダイオードが利用される。

素子の応用に進む前に，半導体 PN 接合の中で起きるブレークダウンという現象を見ておこう。PN 接合を逆バイアスしている状態では電流が流れないと説明したが，この電圧を高くすると電流が流れる。なぜか？　通常の状態では原子核に束縛されている電子が強い電界のために束縛を逃れて動かされ加速し，それが別の原子に衝突して（2 次電子のように），さらに電子が拘束状態から解放されて加速し，という具合に電子が雪崩れのように増大して電流になる。では，どこに電界がかかるのか？　PN 接合の部分である。ここは真性半導体に近い状態であり普通は電流が流れにくい部分である。

ブレークダウンが起きると半導体は破損するかというと，破損することもあるし，しないこともある。ブレークダウンが起きる電圧が高くて，それを超えた電圧によってブレークダウンが起きて大きな電流が流れると，PN 接合の温度が上昇して結晶の状態に異変を起こしてしまうとダメである。

問題 3-1　次の記述のうち正しいものには○を，誤っているものには×を付けよ。
① 半導体素子では PN 接合が重要な役割をし，どんな素子でも P から N に流れる電流を調整あるいは ON/OFF するように機能する。
② PN 接合を電流が流れるとき，必ず P から N に向かって流れる。逆に流れると素子が破損する。
③ ダイオードでは P から N にしか電流が流れないが，バイポーラトランジスタではそうとはいえない。
④ ON 時の電界効果トランジスタでは PN 接合を電流が流れない。
⑤ MOSFET とは金属酸化物電界効果トランジスタのことである。
⑥ MOSFET では PN 接合を電流が流れないが，接合型電界効果トランジスタでは PN 接合に流れる電流を制御する。
⑦ 真空管の中の電流キャリアは熱電子であり，直進運動をするが，MOSFET 内では自由電子でありジグザグ運動をする。
⑧ 半導体には光に感応する素子があるが，真空管ではありえない。

解答　①×　②×　③○　④○　⑤○　⑥×　⑦○　⑧×

3.6 定電圧ダイオード（ツェナーダイオード）

ブレークダウン現象を利用するのが定電圧ダイオードである。PN接合のブレークダウンの研究に寄与したツェナーの名をとって，ツェナーダイオードとも呼ばれる。ブレークダウンが起きる電圧は半導体製造プロセスで制御できるために，2Vから400Vぐらいまでいろいろある。よく使われるのが5.1Vの定電圧ダイオードである。それは図3-11に示すように，ブレークダウン電圧（ツェナー電圧ともいう）が温度による変化を受けにくいからである。

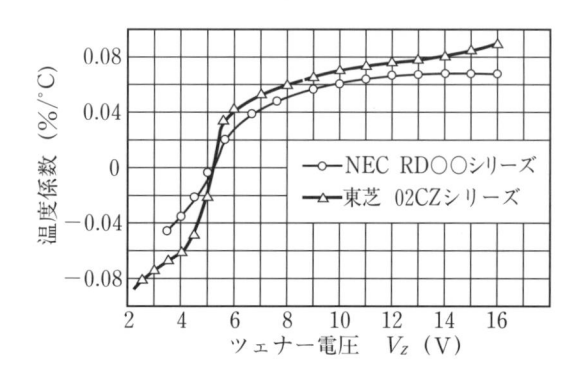

図3-11 5.1Vのブレークダウン特性は温度変化を受けにくい

図3-12は定電圧ダイオードの電流－電圧特性である。順方向特性は通常の整流用ダイオードとほとんど同じだが，逆バイアス状態ではブレークダウンが起きると電圧が電流に依存しないで一定になる。

☞P.82, 84, 334

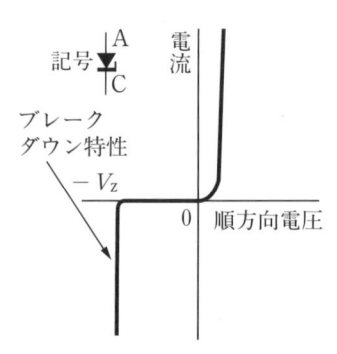

図3-12 定電圧ダイオードの特性

3.7 光に関係するダイオード

半導体の PN 接合には有用な性質が多いのだが，PN 接合と光の作用もその一つである。

ここでは，光を受けて作用をする効果を利用する素子と，光を発生する素子の代表的なものを見ておこう。

3.7.1 フォトダイオード(photo-diode)

先に，真空中に置かれたある金属に光を当てると電子が飛び出すこと，それを利用した光電子増倍管というものがあることを説明した。半導体に光を当てると何か起きるだろうか？ 起きるとするとやはり PN 接合の部分だろう。光によって電流の通り具合（レジスタンスのようなもの）が変化するのがフォトダイオードである（図 3-13）。その機能をさらに高めたのがフォトトランジスタと呼ばれる。

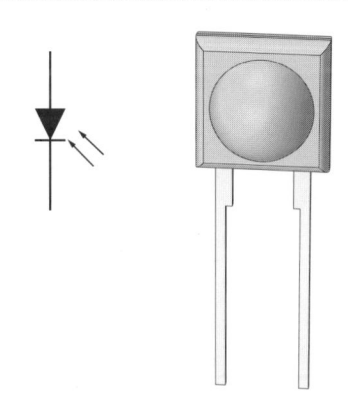

図 3-13　フォトダイオード

3.7.2 光を発生する半導体(発光ダイオード)

順方向に電流が流れることによって，光を発生するダイオードを LED(light-emitting diode) と呼ぶ。

この光は，豆球のように熱せられた金属のためではなく，電子が光子（光の粒のような物）を発生してエネルギーが低くなる現象を利用した物である。光の色は光子の波長によって決まる。光の色として赤色，青色，黄色，緑色などさまざまある（図 3-14）。

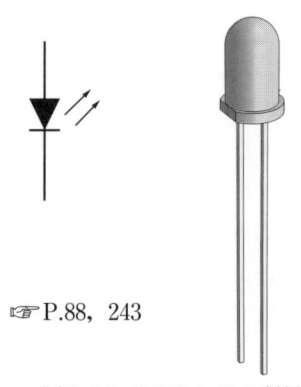

☞ P.88, 243

図 3-14　LED とその記号

3.8 三極真空管による信号増幅

図3-15のように，アノード（プレート，陽極）とカソード（陰極）の間に金属線の格子（グリッド，grid）を置いて電極を3端子にした真空管が三極管（triode）である．この真空管はほとんど姿を消したことがあるが，オーディオ愛好家の要望によって再び脚光をあびている．

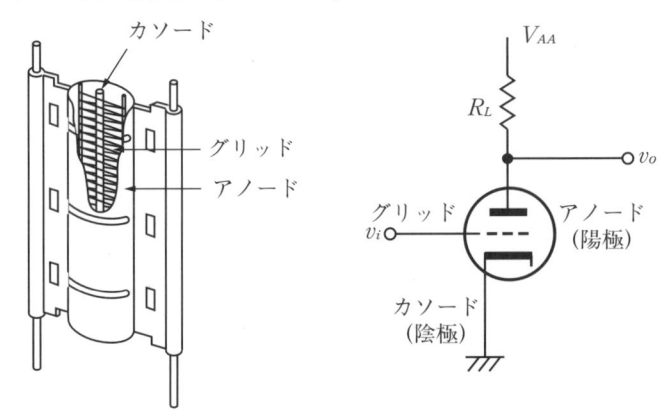

図3-15　オーディオ愛好家が好む三極管の構造と記号：陽極と陰極の間に制御用グリッド（格子）を入れて電子の流れを制御できるようになっている．

図3-16に説明するように，陰極に対してグリッドに低い電圧を印加すると，グリッドを通り抜けて陽極に向かう電子の量を制限できる．マイナスに深く電圧を印加するほど電流が少なくなり，ついにはゼロになる．これはグリッドが真空管内の電界状態に影響を与えて電子の通路（チャネル）を狭くするためである．

図3-17は三極管を使った信号増幅原理を示すものである．ここにはグリッド電圧を可変パラメータとして電流と電圧の関係を示している．グリッドの電圧を一定ではなく，わずかに正弦波で振動させると陽極に流れる電流が大きく変化する．この作用を電界効果という．

この電流と（陽極に接続した）抵抗 R_L の積が出力電圧として取り出される．三極管の特性は直線ではないので，グリッドの印加電圧の振幅が大きいと出力電圧は正弦波から少しずれる．専門用語を使うと偶数次高調波が含まれる．多くの場合には，これが不都合であるために，いろいろな工夫を加えるのだが，オーディオ愛好家は，偶数次高調波が人の音感の快さを感じさせるという．

3.8 三極真空管による信号増幅

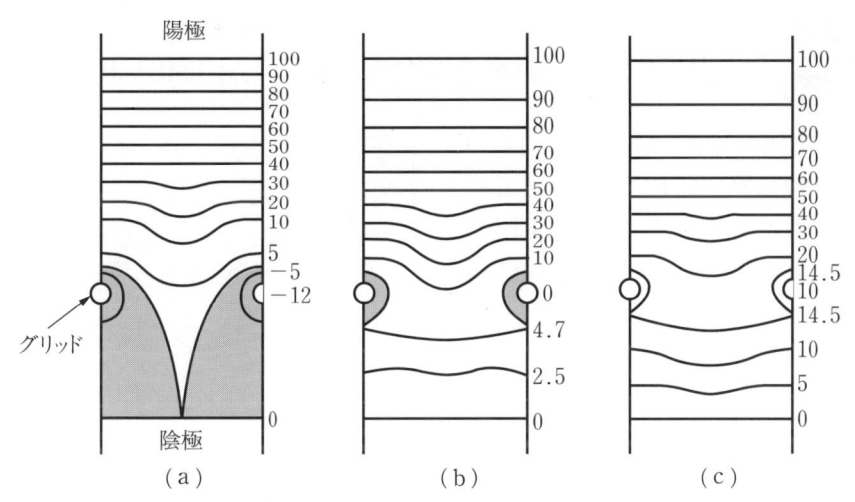

図 3-16　真空管の中の電位分布とグリッドの機能：ここでは陽極に 100 V を印加しているものとする。（a）グリッドに負電圧を深く掛けると 0 電位線が電子の通路をふさぐので陽極電流は流れない。これをカットオフという。（b）グリッド電圧をゼロのとき通路が広くなり陽極電流が流れやすい。通常はカットオフと 0 電圧の領域で使用する。（c）グリッドに正電圧を印加した状態。

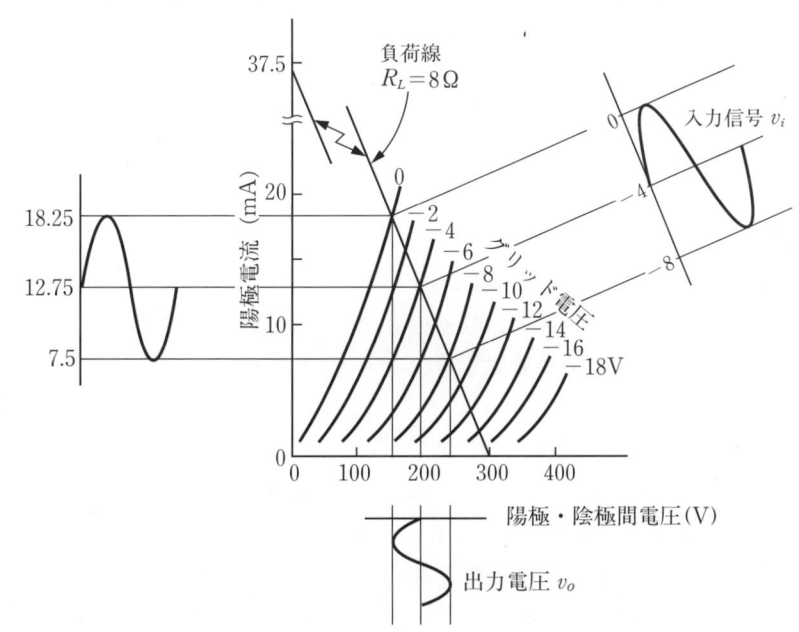

図 3-17　三極管の特性と信号増幅原理

3.9 接合型電界効果トランジスタ(Junction-type field-effect transistor)

半導体を使った素子で三極管に近いのが接合型の電界効果トランジスタである。この素子の名前が長いのでJ-FETと呼ぶことにする。その基本構造は図3-18のようにPN接合を作っている。3つの端子があって，陰極にあたるのがソース，陽極にあたるのがドレイン，グリッドにあたるのがゲートである。ソース(source)は，電子の源でありゲートに接続されたP領域に挟まれたN型半導体のチャネルを通ってドレインに吸収される。電流としてはドレインからソースに流れる。この素子では，ゲートにはマイナス電圧が印加しているので，PN接合は逆バイアス状態である。つまりダイオードのようにPN接合を電流が流れることはない。電子の流れはSからDに向かうだけである。ところがGに印加している負電圧のために，真空管と同じように，チャネルの電界（electric field）が影響(effect)を受けて電子の動きが制限されるのは，真空管の場合によく似ている。

図3-19はJ-FETの典型的な特性であり三極管特性によく似ている。ここに描いているのはNチャネル型であるが，Pチャネル型のJ-FETもある。図3-20にはそれぞれの記号を示している。

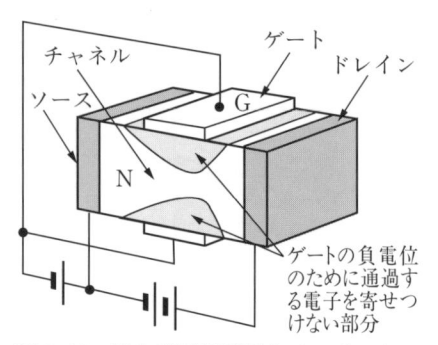

図3-18 接合型電界効果トランジスタの基本構造

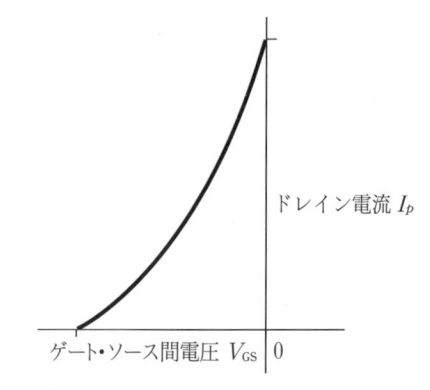

図3-19 接合型電界効果トランジスタの特性

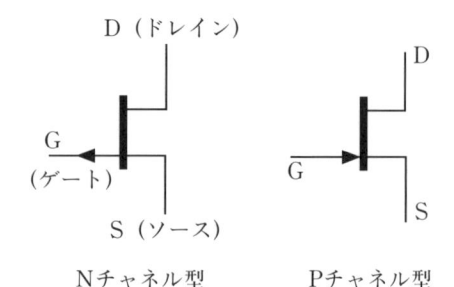

図3-20 J-FETの記号

接合型電界効果トランジスタ(Junction-type field-effect transistor) 3.9

問題 3-2 種々の電気・電子素子の記号表を作成せよ。

解答 P.53，69，70 参照。

問題 3-3 電気・電子素子の日本語と英語の対照表を作成せよ。

解答 P.55 参照。

問題 3-4 電子素子の機能に関する次の文章の ☐ を埋めて明快にせよ。

電気回路の素子としては抵抗，コンデンサ，コイルが主体であり，これらは ① と呼ばれる。これに対して真空管時代には二極管をはじめ三極管，四極管，五極管などの真空管を ② と呼ぶようになった。受動素子は電圧に対して基本的な比例，③，積分などの形で電流が変化する素子を意味する。それに対して能動素子とは，信号の増幅をする素子としての意味をもっている。あるいは受動素子のように，電圧と電流の関係が線形ではなく ④ 関係になる素子というニュアンスもある。半導体の時代に入ると受動素子という言葉があまり使われなくなったのは，あまりにも多くの能動素子が現れて，そういうものがあたり前になったからだといえる。

半導体といっても，電子素子としての半導体の多くは ⑤ の結晶を母体とするものである。ただし純粋の結晶は ⑥ と呼ばれ，これだけでは有用な素子はできない。これにわずかの不純物を添加したものが ⑦ であり，基本的には2種類ある。一つがP型で，もう一つがN型である。P型は周期律表の ⑧ 元素を添加したものであり，N型は ⑨ 元素を添加して作られる。単結晶の中でP型からN型に遷移する部分を ⑩ と呼ぶ。このPN接合のさまざまの性質を利用して多くの今日の電子素子が作られた。

受動素子，能動素子，シリコン，炭素，ゲルマニウム，アルミニウム，反比例，微分，対数，真性半導体，無添加半導体，不純物半導体，活性半導体，ドーピング，第3族，第4族，第5族，第8族，線形，非線形，PN接合，PN接触，純粋域

解答 ①受動素子 ②能動素子 ③微分 ④非線形 ⑤シリコン ⑥真性半導体 ⑦不純物半導体 ⑧第3族 ⑨第5族 ⑩PN接合

第3章 回路素子の基本──金属から真空管を経て半導体へ

3.10 MOSFET，CMOS，NMOS

電界効果トランジスタのもう一つが金属酸化物型である。英語（Metal-Oxide Field-Effect Transistor）の頭文字からMOSFETと呼ばれる。その構造は**図3-21**に示すように，チャネルとゲートは薄い酸化シリコンの層で隔離されている。**図3-22**には動作原理を説明している。接合型と同じように，ゲートに印加された電位の影響を受けて電流路の幅が変化するためにドレイン電流がゲート電圧の関数となる。ただし，MOSFETにはゲートの機能による分類としてデプリーション（depletion）型とエンハンスメント（enhancement）型がある。詳しくは第6章で見るが，MOSFETはスイッチング素子として利用されることが多く，その場合にはenhancement型が標準である。それはソースに対して正の電圧を印加したときにチャネルが開いてON状態になるタイプである。**図3-21，22**の構造と説明は，電流路がNチャネル型でありNMOSと呼ばれる。Pチャネル型MOSFETのものもある。P型（PMOS）では電圧の極性が逆になるように使われる。**図3-23**にはそれぞれのタイプの記号を示している。

基本的な特性が同じで，極性だけが異なるN型とP型はcomplementary型と呼ばれる。N型とP型を組み合わせて半導体ウエーハ上に形成した素子のことをCMOSと呼ぶ。

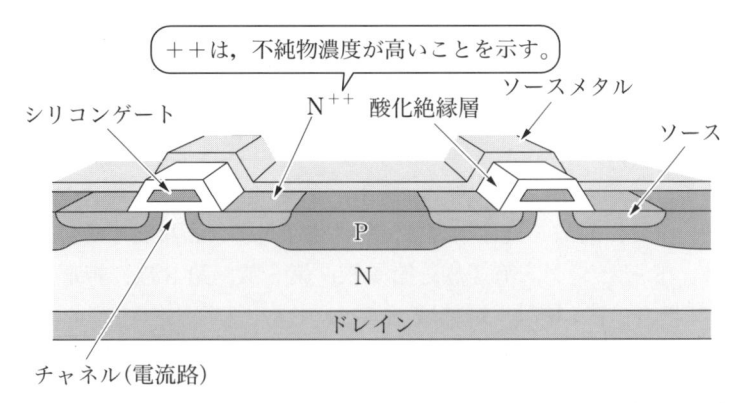

図3-21 NチャネルMOSFETの構造（HEXFETと呼ばれる構造の場合）

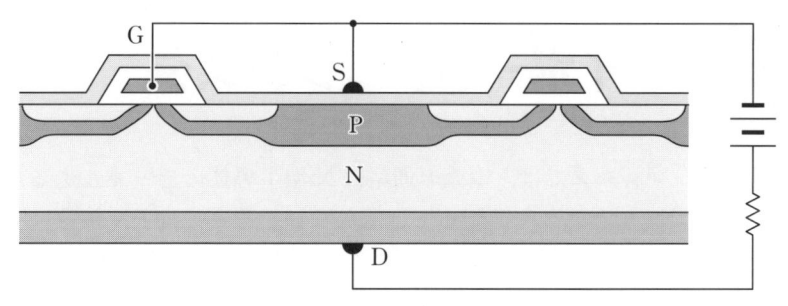

MOSFET, CMOS, NMOS 3.10

（a）ソースに対してゼロ電圧がゲートにかかっている。

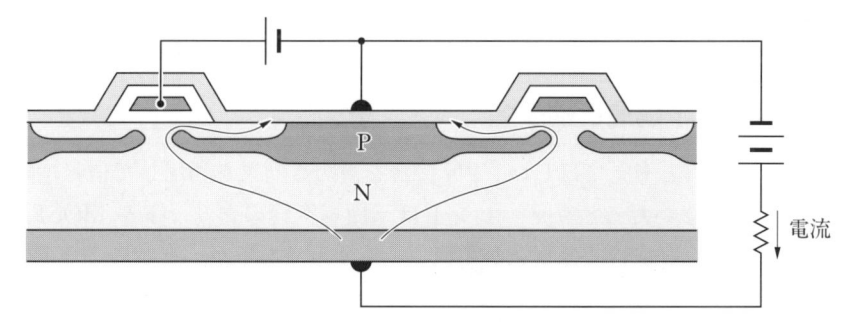

（b）ソースに対して正電圧がゲートに印加されているときにチャネルが開き，電流が流れる。

図 3-22　N チャネル MOSFET の機能原理説明

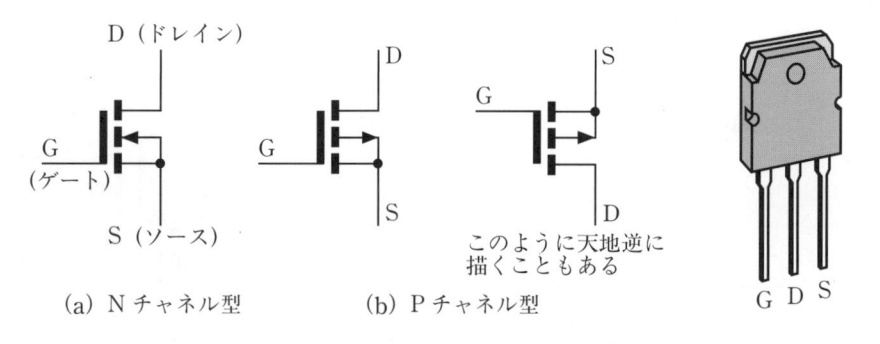

(a) N チャネル型　　(b) P チャネル型

このように天地逆に描くこともある

図 3-23　MOSFET の記号と実際の形（例）

第3章 回路素子の基本──金属から真空管を経て半導体へ

3.11 バイポーラトランジスタ

　電界効果トランジスタでは，電流の通路はN型半導体のチャネルあるいはP型のチャネルであり，接合を横切っては流れない。そこではPN接合はチャネルの太さを制御することに使われ，これによって信号増幅や制御型スイッチができた。

　先にPN接合には整流特性があることを学んだ。そこでは電流が接合をクロスして電流が流れた。この機能を使ったトランジスタがよく使われる。

3.11.1 基本構造と端子名

　読者への問答と考えてほしい。PN接合を横切る効果を利用して信号増幅やスイッチができないだろうか？　ヒントは三極真空管のグリッドやMOSFETのゲートにある。真空管では真空が電流のチャネルであるが，そこにグリッドがあって電流をコントロールした。これをヒントとしてNチャネルを横切って薄いP型の層を形成してみるとどうなるか？　図3-24(a)，(b)がそれである。(a)はNPN構造であり，(b)はPNP構造であり，どちらも3端子になる。これがバイポーラトランジスタである。また，普通にトランジスタといえばバイポーラトランジスタのことを意味する。端子の名前は同図のようにコレクタ，ベース，エミッタとする（P.76コラム参照）。

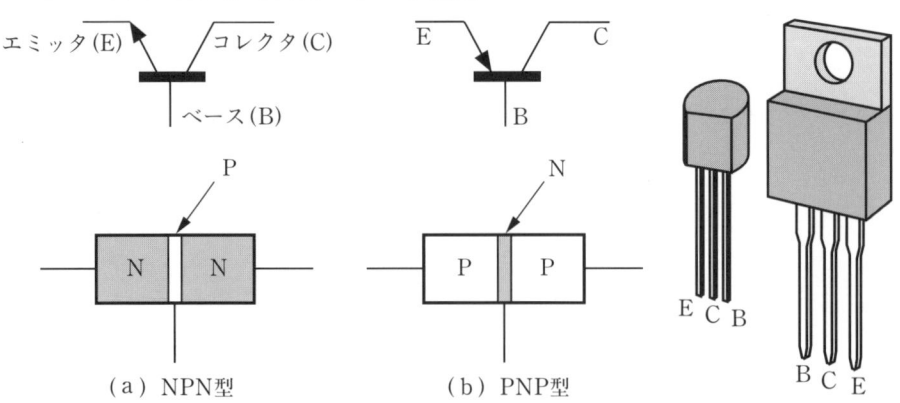

図3-24　バイポーラトランジスタの構造と記号および実際の形状：外見ではNPN型かPNP型かの区別はできない。2SCあるいは2SDという記号があればNPN型。2SAあるいは2SBであればPNP型。

3.11.2 共通ベース接続での原理説明

　3個の端子への電圧の掛け方はいろいろあるかもしれないが，ベース・エミッタ間は順方向にして，ベース・コレクタ間は逆方向バイアスにしてみる。図3-25 に図示しているように，こうするとベースからエミッタには電流が流れるが，コレクタには電流が流れそうにない。しかし，ベースの P 領域が薄いと，エミッタからここに入ってきた電子の多くははホールとお見合いして結ばれるチャンスを逃してコレクタの N 領域に入ってしまう。N 領域の電子はマジョリティキャリアであり大手を振って動き回る。この電子はコレクタ電極のプラスの高い電圧による電界に加速されて，大きな電流となって外のリード線に流れ出して電流となる。

　ここで，次のことをする：

(1) ベース・エミッタ間の順方向電圧の微妙な調整（あるいは小信号の付加）によって，エミッタからベースに入る電子の量が制御できる。図 3-25 では記号 ⌢ が小信号を表している。

(2) P 領域をできるだけ薄くして，ほとんどの電子が通過できるようにする。

　こうすると NPN 構造は信号の増幅や電子的スイッチになる。これがバイポーラ型トランジスタである。bipolar の bi は 2 あるいは双の意味をもち N 型と P 型半導体の接合部分を利用するという内意が感じられる。

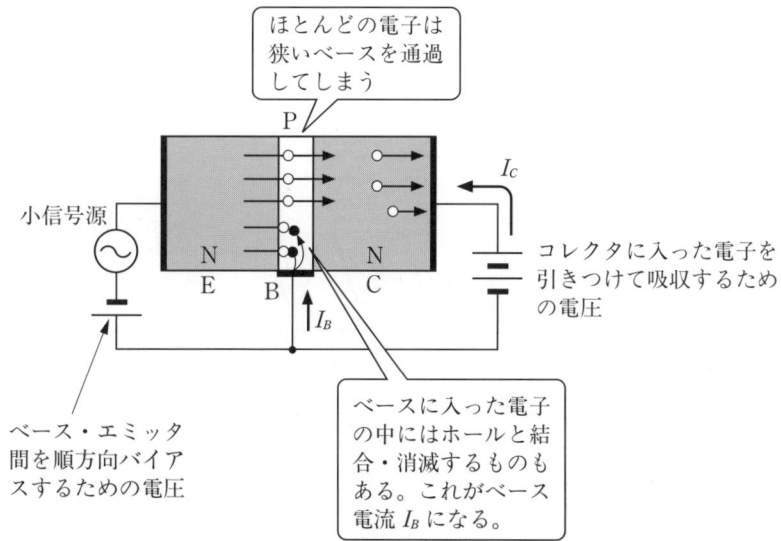

図 3-25　共通ベース型接続されたトランジスタの増幅機能の原理説明

3.11.3 よく使われる共通エミッタ接続

図 3-25 の回路ではベースが左右の共通端子になっている。つまり，左側（エミッタ）が信号の入力で，右側（コレクタ）が出力である。素子を増幅器として使うときの結線法には，いろいろの方式とそれに対する呼び名があるが，バイポーラトランジスタの場合，これを共通ベース型と呼ぶことは先に説明した。この方式は点接触型トランジスタには意味があったが，今日ではあまり使われない。「あまり」といったのは皆無ではないからだ。典型が第 7 章で詳しく解説する。TTL ロジック素子の入力が共通ベース型でありマルチエミッタ入力になっている。ただし，ここで説明しているような使い方とは少し意味が違っている。

今日では，基本的な接続法は共通エミッタ型と呼ばれる **図 3-26** の方式である。エミッタを GND（共通の基準電位に接続すること）にして，ベースを入力端子とする。出力はコレクタ端子であるが，別のいい方をすると**負荷**をコレクタに接続する。

ただし，実際問題として共通エミッタ接続において，ベース電流を制御しようとしてベース・エミッタ間の電圧を直接的に微妙にコントロールするのは難しい。**(b)** には正弦波入力が正弦波に増幅されるように描いているが，**(a)** の原理回路では歪（ひずみ）を伴った正弦波が出力される。そこで，実際の回路においては，**同図(c)** のようにベースに適当なレジスタンスのカーボン抵抗や金属皮膜抵抗を接続して，入力端子の v_i をコントロールするように設計することが多い。

（a）原理回路　　（b）正弦波信号の反転増幅　　（c）実際にはベースに適当な抵抗を接続して，印加電圧とベース抵抗によってベース電流を制御する。

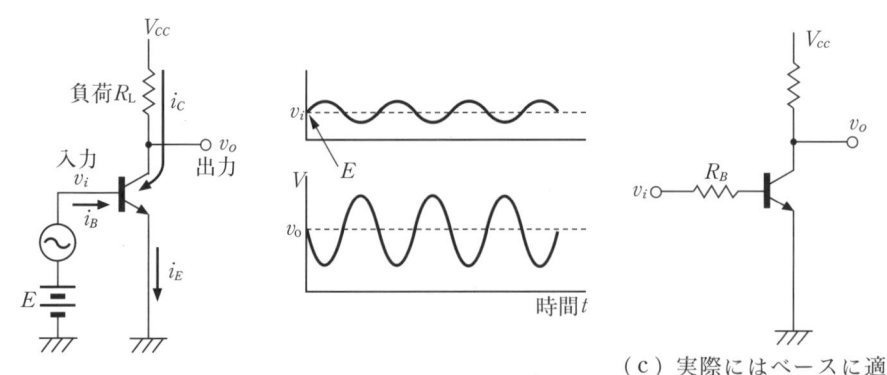

図 3-26　共通エミッタ接続によるバイポーラトランジスタを使った信号増幅の原理

その場合，たとえば，入力端子に3～10Vぐらいの範囲で振れる信号を印加すると，ベース・エミッタ間の電圧は0.6Vぐらいを中心にしてわずかに変化する程度であるからほとんどが抵抗に電圧がかかることになる。大ざっぱには，ベースに入る電流は入力電圧を接続抵抗で割った値であるとすることが多い。

つまり

$$i_B = \frac{v_i - V_{BE}}{R_B} \approx \frac{v_i}{R_B}$$

によってベース電流を計算する。よって，エミッタ電流はこれに次頁で解説する h_{FE} を掛けた $h_{FE}\, v_i/R_B$ である。

また h_{FE} が十分に大きいと，エミッタ電流とコレクタ電流はほとんど同じである。この原理によって小さなコレクタ電流の変化が大きなコレクタ電流として制御されることになる。

バイポーラトランジスタの使い方としては，より実用的な方法を知らなくてはならない。それについては，第5章以降で順次解説していく。

3.11.4 電流増幅係数 h_{FE}, h_{fe}

実際のバイポーラトランジスタで計測をしてみると，PN接合を通過する電子の量とホールと結合する電子の量の割合は，個々のトランジスタごとに，また電圧の掛け方によって変わる。

しかし1個のトランジスタについて調べてみると，この割合はある範囲に入っている。それを表すパラメータとして h_{FE} がある。これはエミッタ電流とベース電流の比であり，100とか300などの値である。

この記号の由来を説明しよう。hは混合（hybrid），Fは順方向（forward），Eはエミッタ（emitter）の頭文字である。トランジスタ回路を使ったアナログ信号の電圧や増幅を議論するときに，オームの法則やキルヒホッフの原理に立脚して回路網という概念が格好よく登場した。その回路網のパラメータとして抵抗（レジスタンス）とコンダクタンスのミックスによって表現しようという概念がいわば hybrid（複合，混合）である。

いくつかのパラメータの中で共通エミッタ接続の順方向に見た無次元のパラメータとして h_{FE} というものが定義された。今日では，下ツキ記号を大文字とする h_{FE} と小文字を使う h_{fe} に使い分けることがある。小文字はアナログの小信号に対する定義であり，大文字の場合はスイッチングに利用するときの大きな信号に対する定義である。詳細は第5章以降で必要なところで再び指摘する。

3.11.5 コンプリメンタリ型トランジスタ

真空管回路ではできなかったことで，トランジスタが現れてからオーディオ回路マニアを喜ばしたのが，コンプリメンタリ・プッシュプル方式という回路ができるようになったことである。詳しくは第5章で説明するが，図3-27の(a)あるいは(b)のようにNPN型とPNP型を組み合わせて使う方式である。コンプリメンタリ（complementary）とは，あい補って完全（complete）になるというニュアンスである。電圧や電流の極性だけが違って同じ特性の素子を，コンプリメンタリ型という。

ただし，電子の動きに対してホールの動きは3倍ぐらい鈍いので，同じ特性のためにはPNP型は半導体の面積比で3倍も必要になる。そのために製造コストが高くなる。PNPトランジスタが少ないのはこのためである。

コンプリメンタリ接続の実際の方法については，第5章と第6章で学ぶことにしよう。

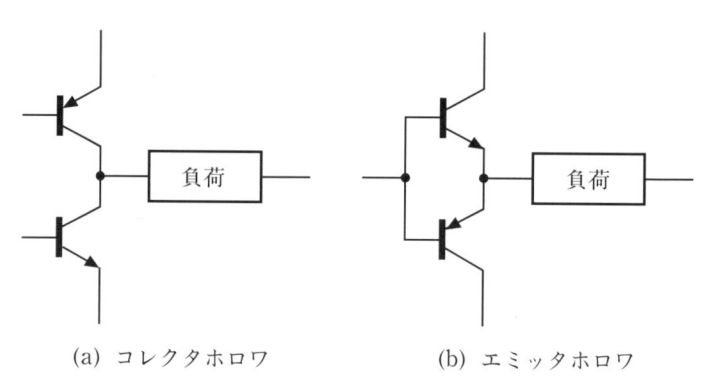

(a) コレクタホロワ　　　　(b) エミッタホロワ

図 3-27　コンプリメンタリ型トランジスタの基本接続：この結線は（コンプリメンタリ型でなくとも），プッシュプルとかカスケードとも呼ばれる。

Column　電源記号

電子回路では，V_{CC} や V_{DD} が電源あるいは電源電圧を表す記号としてよく用いられる。下ツキの記号の C はコレクタであり，V_{CC} はコレクタあるいはコレクタ側に接続する電源電圧を意味する。同様に D はドレインであり，A はアノードである。これらの記号はそれほど厳密なものではなく慣習的なものと理解して大きな問題はない。

3.12 半導体素子の型式番号

半導体素子の型番に関する規格は国によって異なる．付録に詳細を説明しているが，日本で製造された素子には**日本電子機器工業会(EIAJ)**の規格によって次のような型番が付けられている．

|番号| S |記号|番号|記号|　　（例）2SC1815Y

① 最初の番号は端子数から1を引いた値．ダイオードは2端子素子であるから2−1=1となる．トランジスタ類は3−1=2，4端子をもつ複合素子は4−1=3となる．
② Semiconductor（半導体）の頭文字
③ 半導体の種類

◆ダイオードの場合

1SE	エサキダイオード	1ST	なだれ走行ダイオード
1SG	ガンダイオード	1SV	可変容量ダイオード PIN ダイオード スナップオフダイオード
1SS	一般整流用，ビデオ検波用，スイッチング用，マイクロ波用，UHF 用，パルス発生用など		
		1SR	整流用ダイオード
		1SZ	定電圧用ダイオード

ただし，一般用では1S953のように細分記号を省略することが多い．

◆トランジスタ類の場合

2S A：バイポーラ PNP 高周波用　　　2S B：バイポーラ PNP 低周波用
2S C：バイポーラ NPN 高周波用　　　2S D：バイポーラ NPN 低周波用
2S J：P チャネル FET　　　　　　　　2S K：N チャネル FET

だだし，低周波と高周波の明確な区別がないので，選定と指定にあたってはデータシートを参照する必要がある．

④ 4桁までの登録番号
⑤ 最後の記号は改良や外形変更の履歴や細分類

なお，ダイオードや一部の素子については半導体製造メーカーが独自で付けた型番が使われるようになってきた．上の表のダイオードには本書で説明していないダイオードや，今日としては意味のない分類がある反面，発光ダイオードや次章で学ぶショットキーバリアダイオードや高速ダイオードが含まれていない．

また，これらの型式番号からは定格パラメータを読み取ることはできない。扱える最大値電流，印加できる最大電圧や信号増幅に関するパラメータについてはインターネットによってデータシートを検索して調べる必要がある。

♣第3章のまとめ

第1章からここまでに，電子回路の勉強のために必要な基本的な考え方と，基本になる種々の受動素子と能動素子（つまり電子素子）があることを知り，それらの機能を学んだ。特に本章においては，真空中の電子現象を利用する真空管にも触れて，シリコンを使った半導体の基本的な性質と，それを応用したさまざまの半導体素子の分類と特性を知った。

いよいよ第4章からは実際の回路の勉強が始まる。

楽しみだね。

Column　トランジスタの端子名の由来

本書では，三種類のトランジスタを電界効果型，MOSFET型，バイポーラ型の順で解説してきた。歴史的に最初にできたのは点接触型（point-contact type）と呼ばれたものだった。これはゲルマニウム基盤（base）の上に，2本の金属針を近い距離に接触させたものである。電流を注入（to emit）するほうの針をエミッタと呼び，ベースを通過してきた電流を集める（to collect）針がコレクタと命名された。このトランジスタは半導体物性の研究には重要なものだったが，ほとんど実用にはならなかった。これをヒントにまもなくベル研究所のショックレーが考案したのが，バイポーラトランジスタである。点接触型の構造からできた記号を宿しているのが，バイポーラトランジスタである。ベースの役割は全く異なるのに，記号と端子名が踏襲された。

第4章
ダイオード回路

　前章で学んだように，最も簡単な電子素子がダイオードである。ここでは種々のダイオードのいろいろな使い方をみることにしよう。電子回路の目的はいろいろあるが，大きく分けると電力の制御と情報処理・表示の二つがある。また，電気・電子回路を部分的に保護したり，補償したりするためにダイオードが補佐的に利用できる。

　さらにダイオードにまつわる，さまざまな問題処理についてもいくつかの観点から学ぶことによって，電子回路設計の奥の深さを知るきっかけになるに違いない。

第4章 ダイオード回路

4.1 電力・電源用ダイオード回路

交流を直流にすることを整流という。整流回路には整流用ダイオードが使われる。100Vや200Vの交流から直接に直流にする方法よりも，トランス（変圧器）によって，いったん適正な電圧の交流にしてからダイオードを使うことが多い。

4.1.1 単相交流からの整流

単相交流を整流するには半波整流と全波整流があるが，最近はたいてい全波整流を用いる（図4-1参照）。

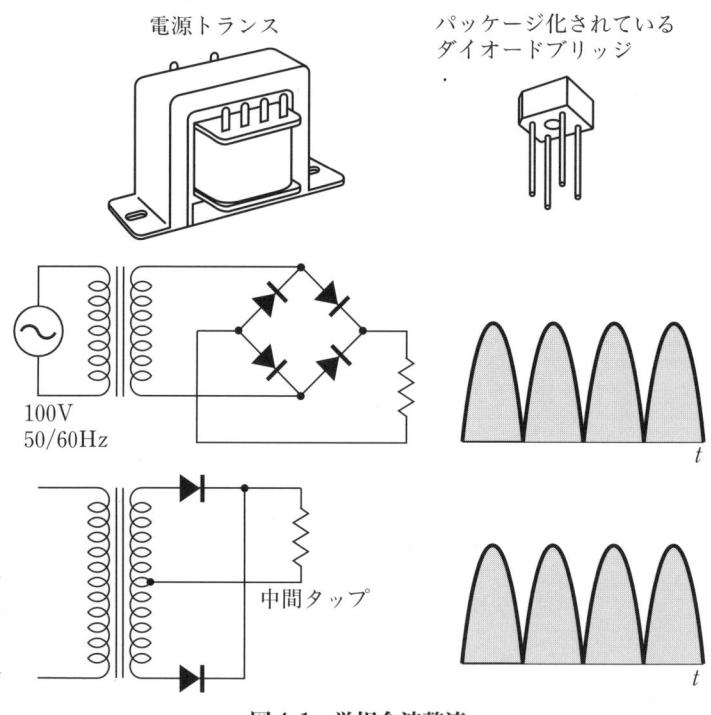

図4-1 単相全波整流

4.1.2 3相整流回路

図4-2は，3相交流から直流を得る方式で，電力を目的にした用途に利用される整流回路である。

電力・電源用ダイオード回路 4.1

3相交流用トランスの接続法としては，デルタ結線（Δ結線）とスター結線（Y結線）があり，電源側をデルタにし，負荷側をスターにする。

また，3相としての半波整流と全波整流がある。全波整流では，脈動（リップル）が少ない。

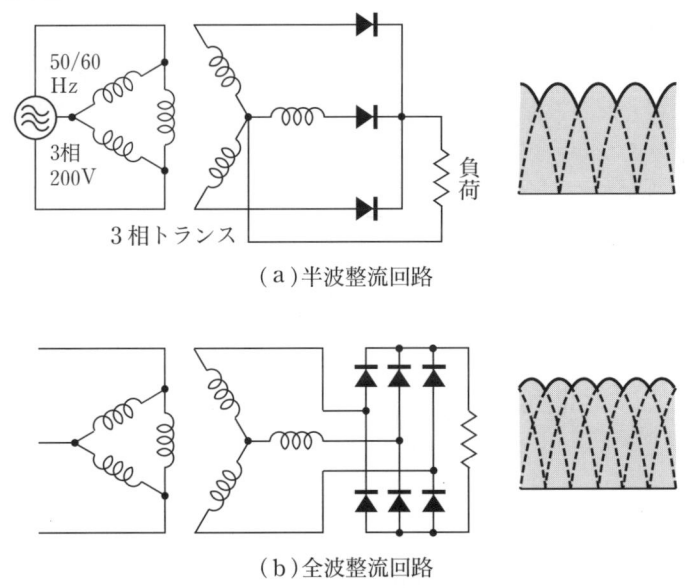

（a）半波整流回路

（b）全波整流回路

図4-2　3相整流回路

4.1.3 倍電圧整流

ダイオードとコンデンサの併用によって，高い電圧に整流することができる。それを示しているのが，図4-3である。

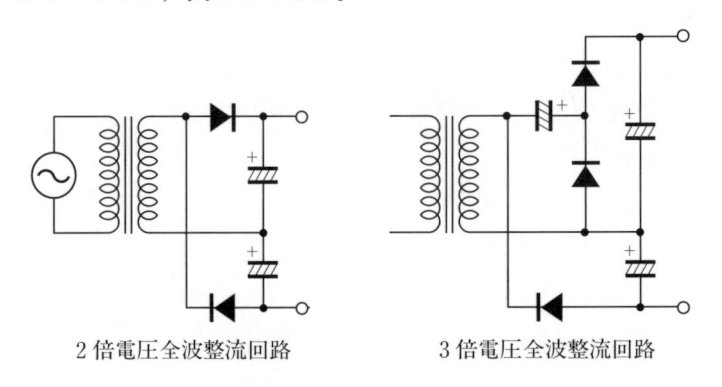

2倍電圧全波整流回路　　　3倍電圧全波整流回路

図4-3　倍電圧整流

第4章 ダイオード回路

4.2 平滑化回路

単相全波整流波形を加工して滑らかな電圧にするために，インダクタとコンデンサ，あるいは図4-4のように適当な抵抗とコンデンサを使うことがよくある。図は出力に得られる波形の事例である。これは出力にどんな負荷を接続するかによって異なるのだが，大体の傾向は負荷を適当な（近似的な）レジスタンスで置き換えて計算することができる。

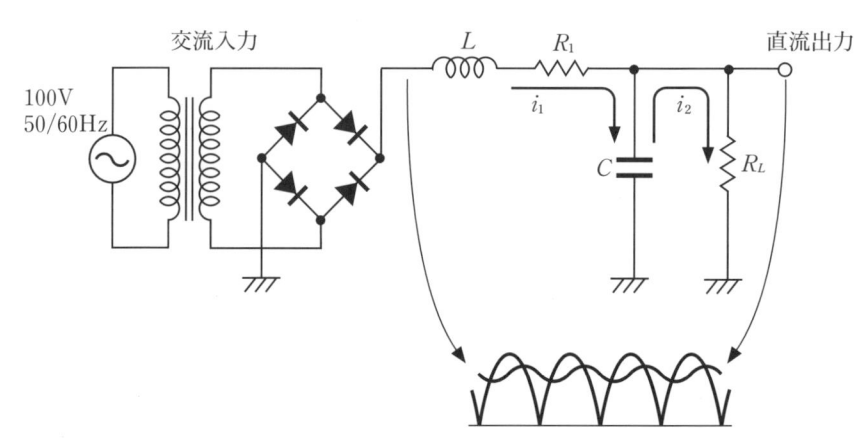

図 4-4　整流後の平滑化回路

4.2.1 計算理論

この計算をしてみよう。それには第1章の最後に学んだ計算法に（第2章で導入した）キルヒホッフの第1法則を取り入れるだけでよい。

まず，全波整流された電圧波形を次のように置いてみる。

$$v = V_M |\sin(2\pi f t)| \tag{2.1}$$

電流計算をするために，図示しているように二カ所を選び i_1, i_2 とする。そして回路を支配する電圧と逆起電力の関係を，次のように記述する。

・電流 i_1 に関する方程式

$$L\frac{di_1}{dt} + Ri_1 + v_C = v \tag{2.2}$$

・（キルヒホッフの第1法則を考慮する）コンデンサ電圧 v_C は電流差の積分に

比例するので

$$v_C = \frac{1}{C}\int_{-\infty}^{t}(i_1-i_2)dt \tag{2.3}$$

・負荷に流れる電流 i_2 は，オームの法則によってコンデンサ電圧を負荷抵抗 R_L で割った値であるから次式になる．

$$i_2 = v_C/R_L \tag{2.4}$$

4.2.2 Visual Basic で計算

ここで，1.10 節で展開した計算法にならって，パソコンを使うだけである．Visual Basic を使う場合のコードを示しているのが，表 4-1 である．また，P.85 に，これに準拠して表計算 Excel での計算法を示している．

表 4-1　パワーフィルタの計算

```
Private Sub Command1_Click()
Picture1.Scale (-1.005, 30)-(0.105, -20)
Picture1.Line (0, 0)-(0.3, 0)
VM=20:R1=0.1:RL=20:C=0.0002:L=0.3:w=314.16
Dt=0.0001:T=0:i1=0:Sum=0
While T<0.1              '0.1秒まで計算
    T=T+Dt               '時間
    V=VM*Abs(Sin(w*T))
    Vc=Dt/C*Sum
    i1=(L*i1+(V-Vc)*Dt)1/(L+R1*Dt)
    i2=Vc/RL
    Sum=Sum+i1-i2        '積分のための累算
    Picture1.PSet (T, V), QBColor(2)
    Picture1.PSet (T, Vc), QBColor(9)
    Picture1.PSet (T, i1*10), QBColor(12)
Wend
End Sub
```

マスターしました。

4.3 定電圧回路

電子回路では，時間的に変動しない電圧源を必要とすることが多い。これが定電圧回路である。ここでは定電圧回路の原理的な方法を呈示する。より進んだ方式は，第13章で述べる。

定電圧ダイオードを使って，負荷の電圧を電流によらずに一定にする原理方式を図4-5に示す。これは，2列の並列回路（定電圧ダイオードと負荷）の電圧（図ではⒶ点）が同じになる原理を使うものである。

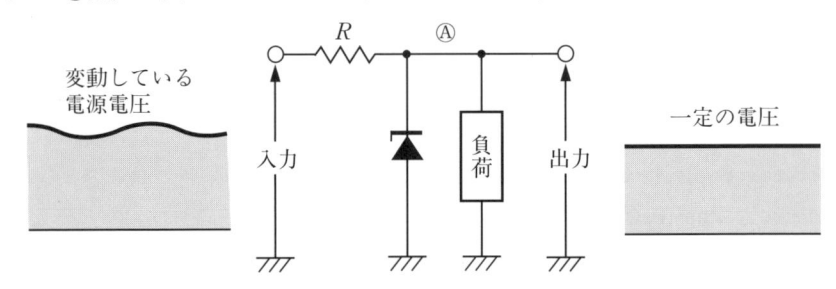

図4-5 定電圧ダイオードを使った簡単な定電圧回路

この回路の用途事例としては，先の整流回路でコンデンサと L あるいは R によって平滑化された電圧を，さらに変動の少ないきれいな直流にする方法である。

ただし，図4-6のように3端子レギュレータと呼ばれる素子を利用してより安定した電圧を得ることができる。

問題 4-1（設計計算）電源電圧（入力）が9から10Vの範囲で変動し，負荷電流が1mAから5mAぐらいの範囲で変動する場合に対して5.1Vの定電圧回路を設計せよ。つまり図4-5の回路の抵抗 R の抵抗値と物理的な大きさ，定電圧ダイオードの選定をせよ。

解答 負荷電流 I_L が最大5mA，定電圧ダイオードに流す電流 I_z を最低5mAとする。これより低い電流では定電圧性の確保が保証できない。無負荷時には，定電圧ダイオードには $I_L + I_z$ の電流（最低10mA）が流れる。

次にこれらのことを念頭において抵抗 R を決定する。電源電圧が9Vであるとき，定電圧ダイオードとの差電圧は3.9Vである。ここに10mAの

4.3 定電圧回路

電流を流すので，抵抗 $R=3.9\div0.01=390\Omega$ となる．次に消費電力を計算する．無負荷時に抵抗を流れる最大電流は，電圧が 10V のときであり，$(10-5.1)\div390=12.56\text{mA}$ である．よって，抵抗で消費される電力は，$(0.01256)^2\times390=0.062\text{W}$ である．これより，1/4W または 1/8W の抵抗を使うことにする．また，定電圧ダイオードの最大損失は $5.1\text{V}\times12.56\text{mA}=64\text{mW}$ である．そこで，東芝の 02DZ5.1 を選定する．

なお，表 4-3 には東芝製定電圧ダイオードの 02DZ シリーズの一部を掲載しているが，これは最大消費電力が 200mW のものである．05 シリーズは 500mW である．

定電圧ダイオードを用いた定電圧回路から取り出せる電流は少ないので，大きな電流を取り出したい場合は付録の図 F-2 に示すように，トランジスタを併用した回路とする．

表 4-2 定電圧ダイオード（東芝）

型名		02DZ2.4	02DZ5.1	02DZ6.2	02DZ7.5	02DZ20	02DZ30
ツェナー電圧	最小	2.28	4.80V	5.80	7.00	18.80	28.00
	最大	2.60	5.40	6.60	7.90	21.20	32.00
最大電流		76mA	37	30	25	9	6

注：ツェナー電圧の細区分として X, Y, Z がある．たとえば 5.1 の場合には，X=4.8−5.07V，Y=4.97−5.24V，Z=5.14−5.40V

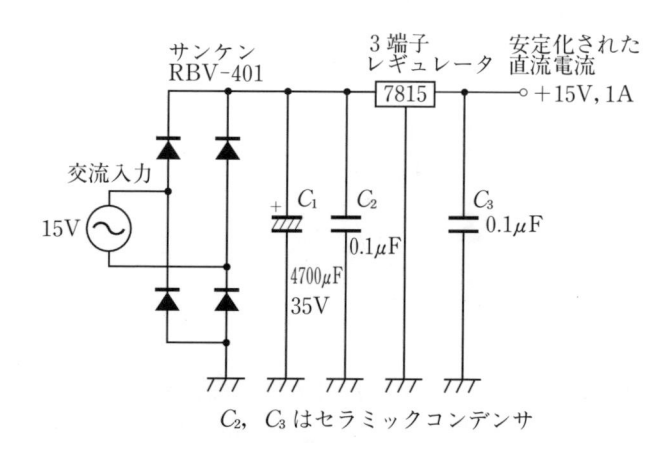

負電圧の発生には 7915 を使い，ダイオードと電解コンデンサの極性を逆にする．正負の電源を同時に欲しいときには，付録 F-1 の回路とする．

図 4-6 3端子レギュレータを用いた定電圧回路

4.4 定電流回路（電流源）

　負荷に一定の電流が流れるようにする回路にはいくつかの方法がある。ここでは，定電圧ダイオードとバイポーラトランジスタを組み合わせて，図4-7のように構成する方法を見ておこう。

　この回路の原理は：
① ベース・エミッタ間の電圧は低い値（0.6V程度）であり，一定電圧になるⒶ点とエミッタ電圧がほぼ等しい。
② エミッタ電流（R_Eに流れる電流）とコレクタ電流（負荷の電流）は，ほぼ等しい。

ことを利用するものである。

　エミッタ電流は，次式で決まるほとんど一定値である。
$$I_E = (V_Z - 0.6)/R_E$$

　この場合，負荷の両端の電圧は負荷の状態によって自動的に定まる。また，この回路は，第9章で詳しく学ぶオペアンプの内部回路として用いられることもある。

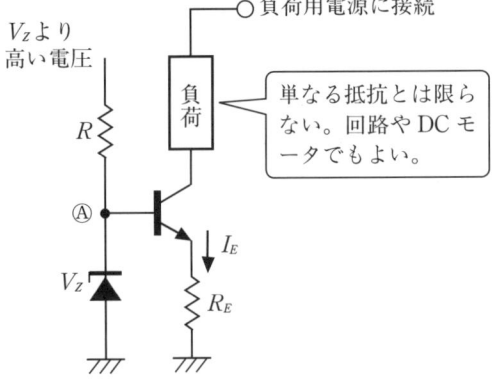

図4-7　ツェナーダイオードを用いた簡易定電流回路

　なお，より正確かつ電流設定値を変えることができる方式を付録の図F-4に掲載している。そこでは第5章で学ぶトランジスタと，第9章で学ぶオペアンプを利用している。

定電流回路(電流源) **4.4**

◆ Excel で計算する

電子回路の計算は，本書の知識と Microsoft Excel の使い方さえ心得ていれば，基本的な回路は Excel で計算してグラフ化することができる。応用回路も不可能ではない。**図 4-8** は先の整流平滑回路の事例である。計算のアルゴリズムは，**表 4-2** に示した Visual Basic のコーディングに基づいている。

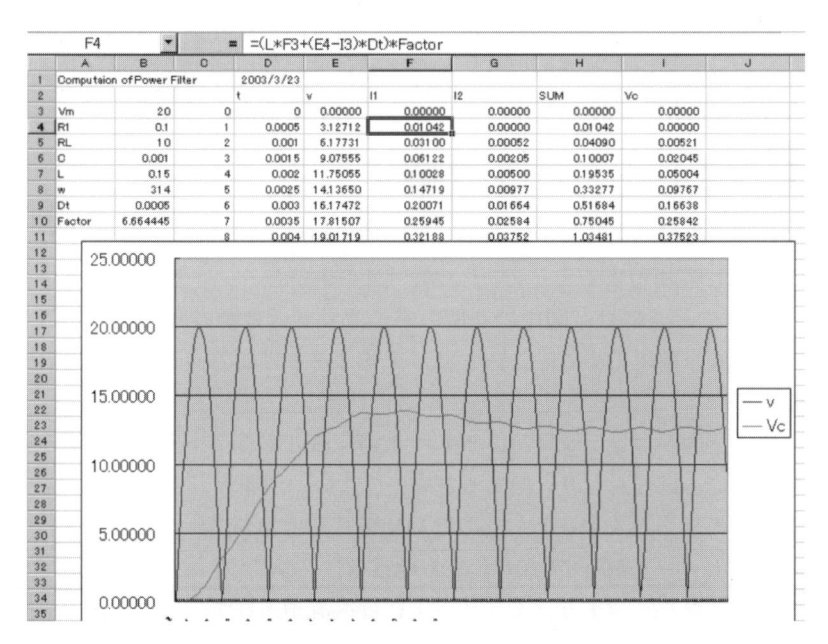

図 4-8 先の **図 4-4** の全波整流平滑回路の Excel 計算法：計算式は電流 i_1 を計算するものであり，Factor=$1/(L+R_1Dt)$ である。これは先の(2.2)と(2.3)式を次のような代数式に置き換えた後に出てくる。

$$L[I_{1(n+1)}-I_{1n}]/Dt+R_1I_{1(n+1)}+V_C=V \qquad \text{'(2.2) より}$$

$$L[I_{1(n+1)}-I_{1n}]+R_1I_{1(n+1)}Dt+V_CDt=VDt$$

$$(L+R_1Dt)I_{1(n+1)}=L\ I_{1n}+(V-V_C)Dt \qquad (2.4)$$

以下計算式

$$V_{C(n+1)}=DtSum_{(n)}/C \qquad \text{'(2.3) より}$$

$$I_{1(n+1)}=[L\ I_{1n}+(V-V_C)Dt]/(L+R_1Dt) \qquad \text{'(2.4) より}$$

$$I_{2(n+1)}=V_{C(n+1)}/R_L$$

$$Sum_{(n+1)}=Sum_{(n)}+I_{1(n+1)}-I_{2(n+1)}$$

第4章 ダイオード回路

4.5 アナログスイッチ回路

第7章ではディジタル信号回路を学ぶことにしている。そこでは論理演算というコンセプトを半導体で実現する方法として，最も簡単なのがダイオードの利用であることを示している。それ以外にもダイオードの使用法で，情報（あるいは信号）の操作に利用される事例がアナログスイッチである。

4.5.1 ダイオードスイッチ回路構成

ダイオードを機械的スイッチに代わって，電子現象を利用したエレクトロニクスイッチとして利用する考えの一つが，**図4-9**である。いま，コントロール端子が+10Vのときには，図中の2個のダイオードには順方向に電流が流れ，Ⓐ点とⒷ点は同じ電圧である。このとき，ダイオードは順方向バイアスされている。

ここに使う2個のコンデンサは，少しぐらい交流の電流が出入りしても端子電圧が変化せずに，ほとんど0Vであると考えてよい。つまり，このとき，入力と出力の電圧が等しく，スイッチとしてはONの状態である。

また，コントロール端子が-10Vのときには，2個のダイオードは逆バイアスされた状態になる。つまり，ダイオードには電流が流れず，入力と出力の間はOFF状態になる。

ここで，なぜ±10Vなのかというと，この電圧範囲が入力電圧の幅よりも大きくないといけないからだ。よって，入力電圧が±5Vの範囲でしか変化しないときには，バイアス電源の電圧は，±7Vぐらいでよい。

アナログスイッチとして，最近はCMOS（3.10節，7.8節）を利用した素子が使われる。

4.5.2 ディジタル信号の発生

「ディジタル信号とは何か」については第7，8章に説明しているが，ここでは**図4-10**の簡単な事例で想像できることを期待する。入力が機械式スイッチS_0〜S_4である。そして出力端子には，4ビットのディジタル量C_0〜C_3が現れる。つまり，ダイオードが接続された所は，スイッチをONするとゼロ電圧（Lレベル）になり，そうでない所は電源電圧V（Hレベル）となる。（用語として

4.5 アナログスイッチ回路

のビットについては,7.2.3項を参照)。

この回路の場合,入力スイッチと出力との関係は,**表4-3**のようになる。これは,スイッチから数ビットの任意のディジタル量を発生する実験に便利である。

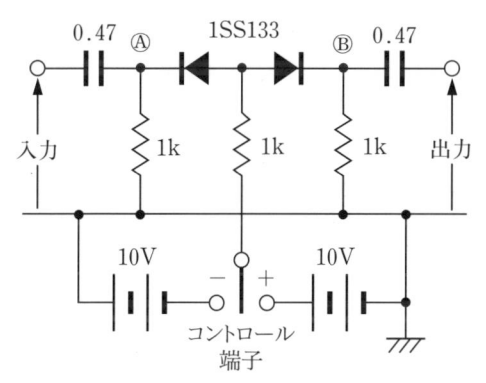

図4-9 アナログスイッチ回路へのダイオードの利用

表4-3 スイッチと出力値の関係

	出力値			
	C_3	C_2	C_1	C_0
S_0 を押す	1	0	0	0
S_1 を押す	0	0	1	0
S_2 を押す	0	1	0	1
S_3 を押す	1	0	1	0
S_4 を押す	1	0	1	1
どのスイッチも押さない	1	1	1	1

1:ハイ(H)レベル,たとえば5V
0:ロー(L)レベル,GNDレベル

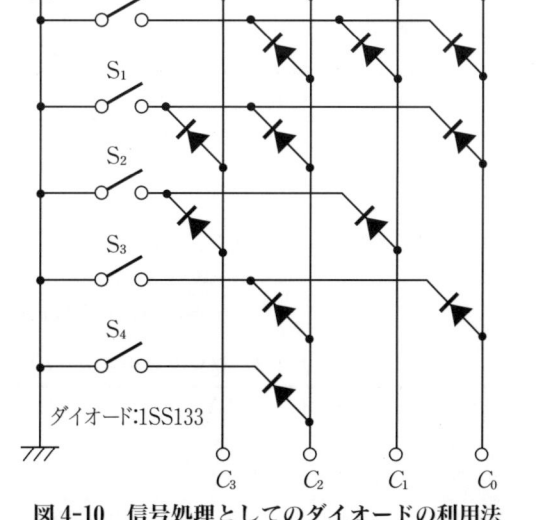

図4-10 信号処理としてのダイオードの利用法

4.6 LED(発光ダイオード)回路

電子回路の状態を目でみる手段としてLED（Light-emitting diode）がよく使われる。たとえば、ディジタルICの出力状態や入力状態の表示である。あるいはトランジスタのON・OFF状態の表示である。LEDの利用法に関する要点は、次の二点である：
① LEDが点灯するための適正な電流値は、通常5〜15mAである。
② 使用する電圧と直列抵抗値の関係は、次式で与えられる。

$$I = \frac{V_{CC} - V_F}{R} \tag{4.2}$$

ただしV_FはLEDの順方向電圧であり、ほぼ2.1Vである。
たとえば$V_{CC}=5$Vとすると、LEDと直列接続する抵抗が220Ωであれば13mAの電流になる。270Ωであれば11mAである。図4-11には回路例を示す。

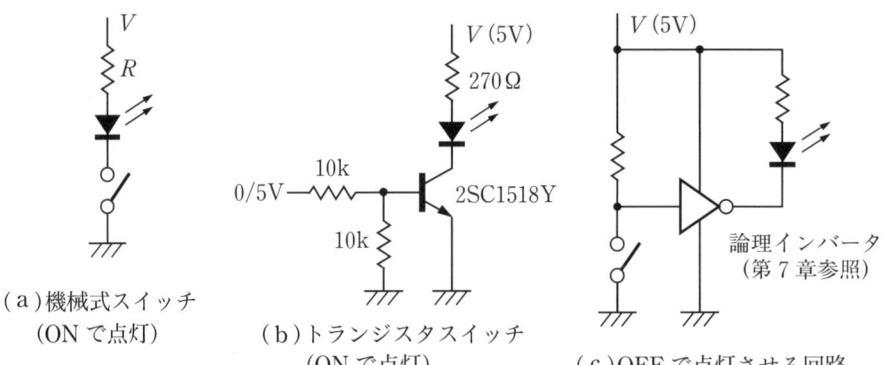

図4-11 LED回路の事例
(a) 機械式スイッチ (ONで点灯)
(b) トランジスタスイッチ (ONで点灯)
(c) OFFで点灯させる回路

表4-4 発光ダイオード（LED）のパラメータ例

型名	TLS123	TLY123	TLO123	TLG123A	GL3BC402B0S1	TLN115A
メーカー	東芝	東芝	東芝	東芝	シャープ	東芝
色	赤	黄	橙	緑	青	赤外線
推奨電流	10〜15mA	10〜15mA	10〜15mA	10〜15mA	10〜15mA	50mA
V_F/mA	2.05V/20mA	2.05V/20mA	2.05V/20mA	2.15V/20mA	3.6V/20mA	1.33V/50mA
発光波長	635nm	585nm	610nm	565nm	465nm	950nm
発光材料	GaAsP	GaAsP	GaAsP	GaP	InGaN	GaAs

4.7 PN接合を補償するためのダイオード利用

第6章で実際の使用例を見ることになるのだが，**図4-12**に示すように，バイポーラトランジスタ回路の入力部分の信号の調整にダイオードの順方向特性を利用することがある。

ここでは入力信号電圧 v_i は，Tr1 と Tr2 のエミッタ電圧と等しくなるように設定したい。そのためには

① 2個のダイオード D1 と D2 には，常に適正な順方向電流が流れているようにレジスタ R_1 と R_2 の抵抗値を調整する。

② 2個のトランジスタは入力信号 v_i の極性によって，どちらか一方が導通し他方は OFF になっている。つまり v_i が正のときは NPN 型の Tr1 が導通し，負のときは Tr2 が導通する。いま Tr1 が導通しているとき，D1 のアノードには v_i よりも 0.6V 高い電圧が現れる。Tr1 のベース・エミッタ間は PN 接合であり，しかも順方向にバイアスされているからこれよりも 0.6V 低い電圧がエミッタに現れることになる。つまりⒶ点電位は v_i に等しいことが期待される。

しかし，この方法では完璧を期すのは無理である。このような不完全な補償をする代わりに発達したのが，第9章で扱うオペアンプである。後の4.7節で類似の事柄を取り上げる。

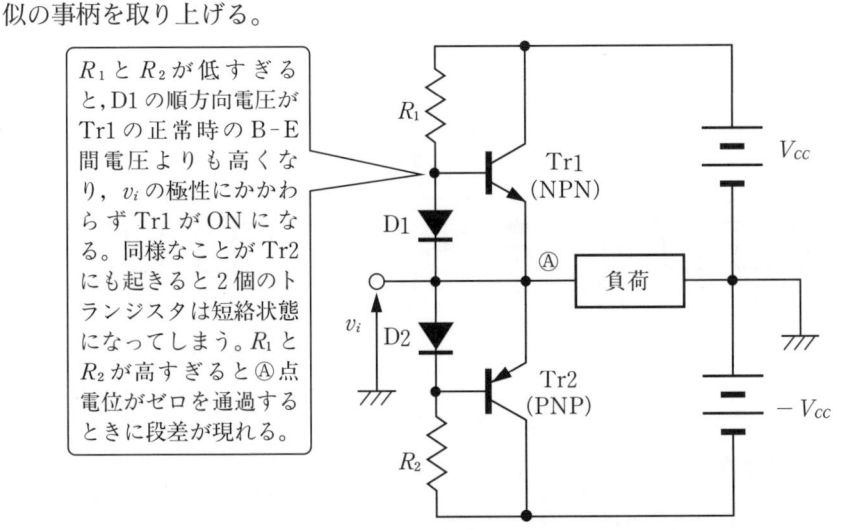

R_1 と R_2 が低すぎると，D1 の順方向電圧が Tr1 の正常時の B-E 間電圧よりも高くなり，v_i の極性にかかわらず Tr1 が ON になる。同様なことが Tr2 にも起きると2個のトランジスタは短絡状態になってしまう。R_1 と R_2 が高すぎるとⒶ点電位がゼロを通過するときに段差が現れる。

図4-12 トランジスタのベース・エミッタ間電圧の補償用としてのダイオード利用

第 4 章 ダイオード回路

4.8 フォトトランジスタとフォトカプラ回路

　フォトトランジスタは，光量（光の明るさ）によってトランジスタのコレクタ電流を制御する電子素子である。ディジタル信号の伝達に用いるときは，光の有無によってトランジスタをスイッチとして使用する。

　最近では，フォトトランジスタを単体として利用することよりも，フォトカプラを利用することの方がはるかに多い。フォトカプラとは，発光ダイオードとフォトトランジスタを組み合わせたもので，電気的に絶縁した状態でディジタル信号を伝達することができるという特徴をもつ。普通，これは，IC（集積回路）としてパッケージに封入されている。

　図 4-13 は，フォトカプラを使ったパルス信号伝送回路例である。2.5 節で学んだように，フォトカプラの入力と出力が電気的に絶縁されていて，入力側と出力側の GND を分離することができる。入力が H（5 V）のときは，フォトカプラの LED が点灯し，フォトトランジスタは ON になる。そのため，コレクタ端子の電圧がほぼ 0 V（L レベル）となり，インバータ（たとえば 4049UB）の出力は H になる。また，入力が L のときはフォトカプラの LED が消灯して，最終的なインバータの出力は L になる。

　フォトカプラの発光ダイオードは，パッケージ内にあって光は外には出ない。

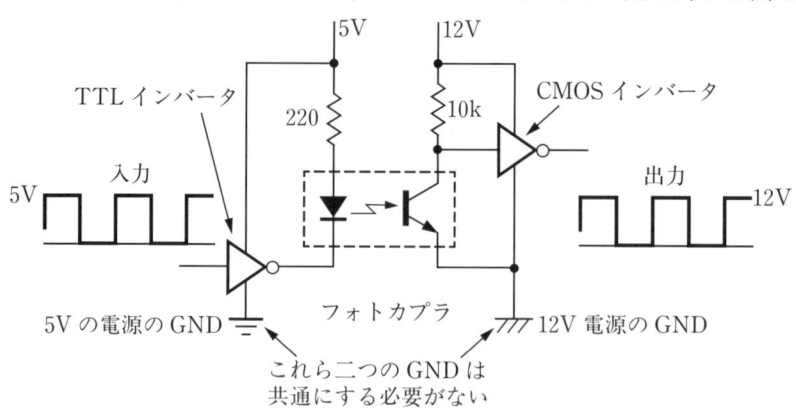

図 4-13　フォトカプラの利用回路例：ここでは入力と出力のそれぞれに，第 7 章で学ぶ論理インバータを利用している。この事例では，入力側には TTL インバータを，出力には CMOS インバータを使っている。

4.8 フォトトランジスタとフォトカプラ回路

問題 4-2 ダイオードに関する次の記述が正しいものに○を，誤っている記述に×を付けよ。また曖昧なものには△を付けよ。

① ダイオード（diode）の di は二のことであり，diode は２端子の電子素子のことである。
② 半導体ダイオードは PN 接合の性質を利用している。
③ 電流路としてＮチャネルだけを使うダイオードもあり，それを uni-channel diode と呼ぶ。
④ ＮチャネルとＰチャネルを両方使った，相補的（complementary）なダイオードをＣ型 diode と呼ぶ。
⑤ 定電圧ダイオードは，逆バイアス状態で利用するものである。
⑥ 整流用ダイオードは，順方向状態で利用するものである。
⑦ ダイオード内部の電流のキャリヤは，必ずホールである
⑧ ダイオードが逆バイアス状態のときには，絶対に電流が流れない。
⑨ 順方向バイアスされているダイオードの両端にはほぼ 0.6 V の電圧が観察される。つまりアノードの電圧はカソード電圧より少し低い。
⑩ ２個のダイオードを決して逆並列接続して使用してはいけない。
⑪ トランジスタのベースとエミッタの間には，ダイオードのような整流特性がある。
⑫ トランジスタのベースとコレクタの間には，ダイオードのような整流特性がある。つまりコレクタがアノードでベースがカソードとして作用する。

解答 ①○ ただし，２端子素子としてバリスタと呼ばれるものがある。抵抗やコンデンサも２端子素子であるが，これらを電子素子と見なすかどうか意見が分かれる。
②○ ③× ④× ⑤○
⑥× 順方向と逆方向の状態が頻繁に入れ替わりながら整流がされる。
⑦× 電子とホールの両方。
⑧× わずかに流れる。また電圧が高いと，ブレークダウンして大きな電流が流れる。
⑨× アノードの電位が高い。
⑩×
⑪○
⑫× PNP 型では正しいが，NPN ではコレクタがカソードでベースがアノードの機能をする。

4.9 信号の精密整流回路

　交流信号を整流する場合，通常のダイオードを用いた整流方式では，素子の順方向電圧降下のため（つまり図4-14(a)の特性のために）整流電圧波形が歪んだり，入力信号が非常に小さい場合は出力電圧が得られないという欠点がある。

　図4-1で示した全波整流波形の理想的な形は理想的な場合であって，実際には図(b)に示すような波形になってしまう。

　そこで，同図(c)のような理想的な特性を実現するためにはオペアンプを使う。オペアンプは第9章で詳しく述べるので，そこを学んだ後でもう一度ここを見るつもりでながめてほしい。ただし，ここでは最小限の説明をしておこう。

(a) 実ダイオード特性

(b) 全波整流波形

(c) 理想的なダイオード特性

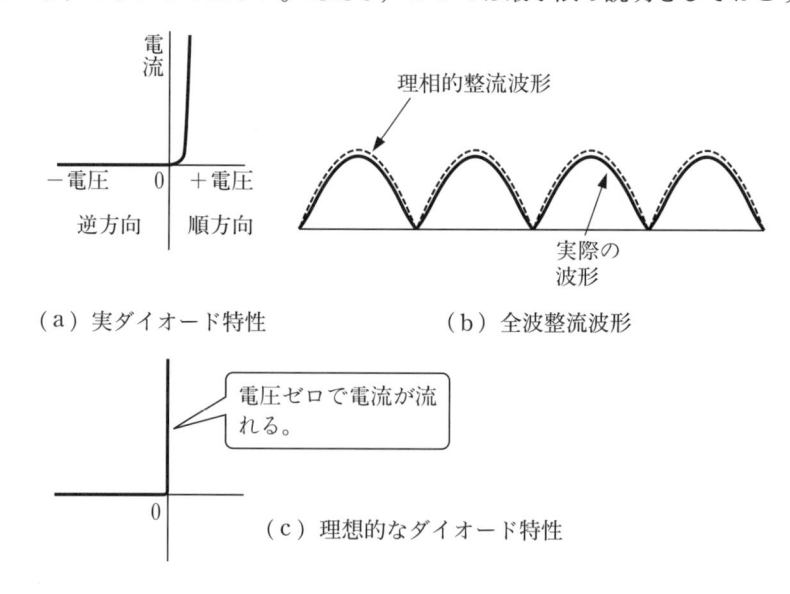

図4-14　実際のダイオードの V-I 特性は(a)であるが，オペアンプを使うことによって，(c)のような理想的なダイオード特性を得ることができる。(b)には全波整流の出力波形の比較をしている

　図4-15に示す(a)(b)(c)が回路例である。(a)において，オペアンプの入力端子（ダイオードのカソードと同位電位にある）よりもわずかに高い電圧が＋入力端子に印加しているものとする。オペアンプの高いゲインによって，これが

増幅されてダイオードのアノードにかかるのでダイオードは ON になっている。このとき v_o は v_i にほとんど等しい。

v_i が 0 V よりもわずかに高いとき，上の説明が成り立つ。

v_i がわずかでも負になると，ダイオードのアノードには十分な負電圧がかかって OFF になる。

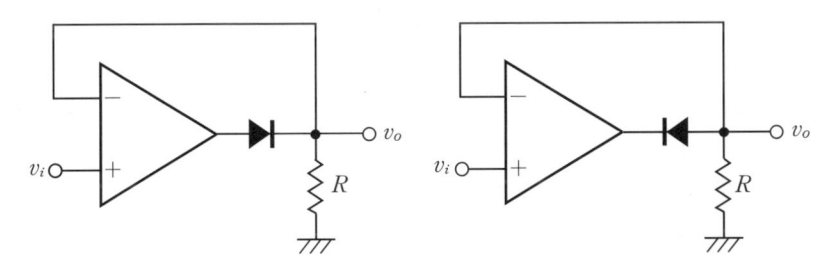

（a）正の半周期を非反転する回路　　（b）負の半周期を非反転する回路

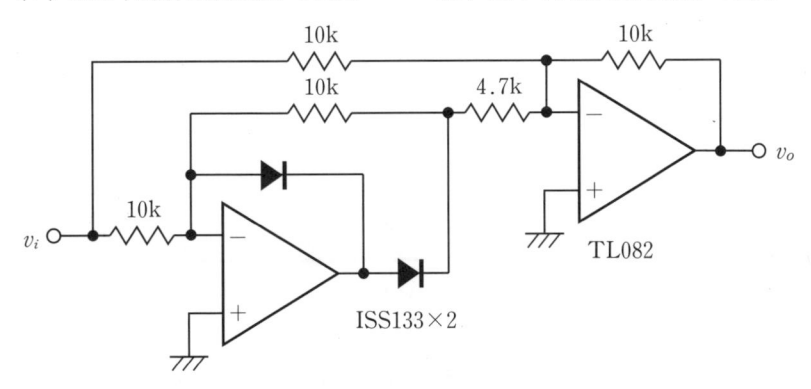

（c）全波整流回路：絶対値回路とも呼ばれる。ここではオフセット調整回路（第9.2.2項参照）を省いて描いている。

図 4-15　理想整流回路（非反転型）

4.10 保護回路へのダイオード利用，繊細な素子の破損回避

free-wheeling diode

　走っている新幹線列車のパントグラフは青白い火花を発生している。架線との接触が切れたときに，電流が空中を流れる。このとき空気の分子はイオン化されて離れた電子が電気の運び屋になるのだ。架線とパントグラフの間には高い電圧が発生して，自由になった電子がこの電圧によってエネルギーを得るのだが，再び低いエネルギー状態になるときにフォトン（photon）を発生して光るのが火花（アーク）だ。

　図4-16に説明しているように，この現象は小さな回路であってもインダクタンス成分を含む負荷に流れている電流をOFFするときにも起きる。スイッチをトランジスタなどの半導体素子で置き換えると，火花と類似の現象が半導体の中で発生して一瞬にして半導体構造を破損する。Oh, Jesus Christ とか「お釈迦様」と唱えても遅い。

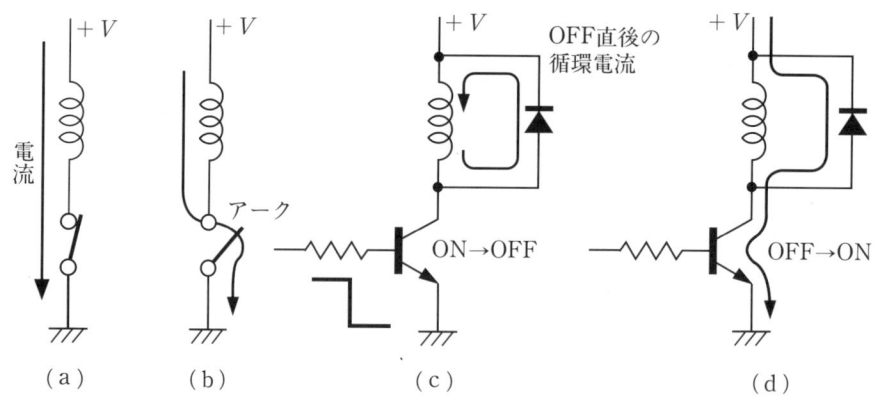

(a) インダクタンスを含む回路に電流が流れている。
(b) スイッチを開くと高圧が発生して空気の絶縁を破ってアークが飛ぶ。トランジスタをスイッチに利用すると破損する。
(c) インダクタと並列にダイオードを接続すると，OFF直後の電流路を形成するのでトランジスタは破損しない。
(d) ただし，循環電流が消滅する前に再度トランジスタをONにすると短時間の短絡電流が流れる。

図4-16　環流ダイオード：スイッチング素子の破損回避

4.10.1 たった1個のダイオードが保険になる

ところが最初からダイオードを図(c)のように負荷と逆並列に挿入しておくと，OFFのときの循環電流路を形成するので破損が起きない。この電流はやがて自然消滅する。この目的でダイオードを使うとき，これを free-wheeling diode と呼ぶことがある。日本語では環流ダイオードである。

なお環流ダイオードに似た用途に，フライバックダイオードがある。それについては第6章で扱う。

4.10.2 高速ダイオード

環流ダイオードとして利用するダイオードの選定にあたって重要なのは，次の二点である。

① 逆回復時間ができるだけ短いこと：トランジスタがONすると，直ちにダイオードが導通するわけだが，高速スイッチング状態ではダイオード電流が自然消滅する前にトランジスタが再度ONする。このときダイオードに残留している自由電子が短時間ではあるが逆方向の通電状態を作る(図4-16(d))。するとONしたばかりのトランジスタとともに短絡状態を形成する。これを防ぐためには，高速ダイオードを使うのがよい。それは順方向状態から短時間(30〜40ns)に逆阻止状態に復帰できるダイオードである。通常のダイオードとは原理が異なるショットキーバリアダイオードがある。これはさらに逆回復時間が短い。

② 順方向電圧が低いこと：ダイオードがONしているときに電流と順方向電圧 V_F の積はダイオード内の損失(熱の発生)になるので，V_F ができるだけ低いダイオードを選定したい。一般的な傾向として逆耐圧の高いものは V_F も高いので，不必要に逆耐圧の高いものを使ってはいけない。

表4-5に，ショットキーバリアダイオードのデータ例を示している。

表4-5 ショットキーバリアダイオード(Schottky barrier diode)のデータ

型 名	11EQS03L	20KHA20	CE10QS10	EC30LA02
逆耐圧	30V	200V	100V	20V
電 流	1A	2A	1A	3A
順方向電圧	0.45	0.9	0.85	0.39

第4章のまとめ

たかがダイオードと読者は思ったに違いない。ダイオードは基本的には一方に電流を流し，他方に流さないための自動スイッチであるが，次のような種類があることを知った。

- ・低周波整流用 ・高速スイッチング用
- ・定電圧用 ・発光ダイオード

さらに，高速スイッチング用ダイオードの使い方が意外に豊富であり，たとえばアナログスイッチと呼ばれる回路がディジタル信号を発生することも見た。最後にダイオードの機能と呼び名に関する問題をトライして，第5章，第6章へと進みトランジスタと MOSFET の利用を学ぼう。

問題 4-3 ダイオードの基本的機能と用途に対して，ダイオードはいろいろな呼び名をもっている。対応するものを番号で答えよ。

(1) 交流を直流にするときに使われるダイオード
(2) 電流が流れると光を発生するダイオード
(3) 逆方向バイアスで使われて，両端の一定の電圧が電流に無関係に一定になるダイオード
(4) インダクタに流れている電流を電源に戻す電流路に使うダイオード
(5) 光を当てる電気を流れやすくするダイオード
(6) スイッチが切れたときの電流の逃げ道を，循環電流として形成するためのダイオード
(7) 電流の増加とともに電圧が下がる特性をもつダイオード
(8) 導通状態から短時間に阻止状態に切り替われるダイオード

①rectifier diode, ②photo diode, ③Shottcky-barrier diode, ④light-emitting diode, ⑤Esaki diode, ⑥free-wheeling diode, ⑦Zener diode, ⑧fly-back diode, ⑨parasitic diode

解答 (1)—① (2)—④ (3)—⑦ (4)—⑧ (5)—② (6)—⑥ (7)—⑤ (8)—③

第5章
アナログ信号増幅

　第3章では真空管から電界効果素子を経て，いろいろな半導体素子があることを学んだ。そして前章ではダイオードの利用法を見た。

　ここではバイポーラトランジスタ，MOSFETおよび接合型電界効果トランジスタを使った信号伝達・増幅と，小規模な電力制御の基本的テクニックを学ぶことにしよう。これは，アナログ電子回路の中心となる部分である。

　ここではまた，電子回路のゲインの調整のために負帰還増幅というテクニックが必要であること，そのために生まれた基本回路について詳しく述べる。

第5章 アナログ信号増幅

5.1 トランジスタ類の使用目的

　電子回路の目的あるいは用途は大変に広い。身近なものではテレビ，ラジオ，オーディオ機器，パソコン関連，家電機器などがある。これらはいわば正統的な用途であって，アマチュアや勉学途中の学生が気軽に設計製作できるものではないかもしれない。1980年代まではオーディオ機器の電子回路を自作して楽しむ愛好家が多かったが，今日では目的にかなったICやモジュール回路によって作られるために，アマチュアが自分の発想を楽しむ余地が狭まってしまったのかもしれない。ヨーロッパの電子回路の実用書を見てびっくりするのが，家の窓から侵入してくる泥棒対策のアラーム装置の設計などを記載していることだ。おそらく，日本とは違って，そのニーズがかなり高いのだろう。

5.1.1 電子回路の目的

　電子回路の目的として，一般的なものを列挙してみよう。
- 電熱器（ヒータ）やラジエータの温度制御・調整
- 音の強弱の制御
- ランプの明るさ調整，光の発生
- モータの速度や回転角の制御
- リレーの制御
- さまざまのセンサ回路
- アラーム装置の回路
- 時間の制御や計数回路
- 電波の受信，音声・画像の再現

　この中で電波の受信技術はかなり高度な技術である。最近は高い周波数の電波をうまく使う技術が発達している。これは，本書をマスターした後のテーマである。

　本章と次章では，上記のようなさまざまの用途のためにトランジスタ類の使い方の基本則を語るものである。第4章のダイオードの使い方でもそうだったが，電子回路の目的として情報処理の目的で電気・電子現象を利用する場合と，電力の形態の変換・調整を目的とする場合がある。実際には，どちらかが主たる目的としても，必ず両方の要素に配慮しなくてはならない。さらに，動きのコントロ

ールにも，モータと連動した電子回路の利用は重宝である。

　種々のトランジスタを使いこなすことによって電気の利用価値を飛躍的に高めることができることは，最近の電子技術の発達を振り返ってみるだけですぐにわかる。ここでは，この技術の基本を学ぶ。

5.1.2 電子素子の使い方

　表5-1 は，電子素子の使い方をコンパクトにまとめたものである。ここにはアナログ信号の発生と検出も記しているが，ラジオテレビなど通信工学機器の専門領域方面への応用については，本書の後に専門書で学んでほしい分野である。

表5-1　トランジスタ類の利用目的

応用領域	分　類	機　　能	備　考
情　報	アナログ	アナログ信号の発生，検出，増幅，加工（周波数成分のより分けなど）	第5章 第9章
	ディジタル	ディジタル信号の発生，記憶，処理（論理演算，算術演算）	第7，8章 第10章
パワー	アナログ	電源回路での電圧や電流の制御	第13章
	ON/OFFを主体	電力回路のスイッチング，モータや電気機器のオンオフ制御	第6章
	正弦波を主体	単相交流モータや3相交流モータの滑らかな駆動や可変速運転	
	モーションコントロール	直流モータの速度・回転角の調整・制御ステッピングモータの制御	第13章

　いずれの使い方においても多くの場合，電気信号の入力と出力というコンセプトで回路を考察したり設計したりする。ところが，信号（signal）という単純な単語は広い意味を宿している。赤・青・黄の交通信号も手旗信号も信号であるが，本書で信号というと，それは暗黙のうちに目には見えない電気の信号を意味する。

　けれども，そこには電圧を信号と考えるのか，それとも電流なのか，の問いがある。第2章では電力という物理量があってそれは電圧と電流の積であることを知った。電気信号というと基本的には電圧の波形や高さを信号と考えるが，ときには電流のこともありえる。電力自体を信号として捉えることは少ないが，信号の強さは電力で考える。

第5章 アナログ信号増幅

5.2 電気信号とは何か？

電圧信号, 電流信号, 電界, 磁界, 周波数信号, スイッチング信号

電気についてある程度の知識をもつと，信号とは何となく図5-1(a)に示すように正弦波を基本として変形が加わった波形や(b)のようにパルスを電気信号であると捉えるようになる。さらに掘り下げて問うてみる。すると

- 電圧の場合，(c)のように変化する成分だけを問題にするのか，GND電位からの高さを問題にするのか？
- 信号として重要なのは，(a)の波形にも見えるような周波数なのか？

などの疑問がわいてくるに違いない。

NHK第1放送の電波（電磁波）では図5-1(c)に示すように，低い周波数の正弦波の振幅が伝えたい音声信号であり，高い周波数は信号伝送の手段である。このように電気信号の奥にいろいろの意味が含まれる。ここでは当分の間図5-1(d)に示すようにGNDを基準とした電圧そのものを信号とする。最も考えやすく基本になるのが，(e)のように直流が重畳した正弦波である。

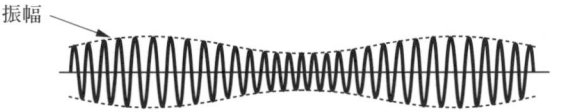

(a) 正弦波を基本として振幅と周波数が変化する正弦波信号

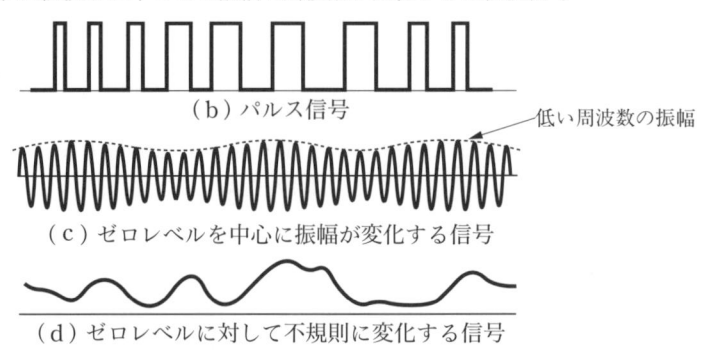

(b) パルス信号

低い周波数の振幅

(c) ゼロレベルを中心に振幅が変化する信号

(d) ゼロレベルに対して不規則に変化する信号

(e) 直流が重畳した正弦波

図5-1 電子回路で扱う信号のさまざま

Column　デシベル [dB] について

電子回路の計算では電力や電圧の大きさを比較する場合がよくある。この場合，何倍という数値を用いると数値が大きすぎたり小さすぎて不便である。そこで，常用対数 $\log_{10}(n)$ （n は比率や倍率）で表す方法が用いられる。

電力の場合，電力 P_1 と電力 P_2 とを比較するのに $\log_{10}(P_2/P_1)$ を計算してこれをベル（bell）という単位で呼ぶ。しかし，数値が小さすぎるので，この値を10倍したデシベル（decibell）略して [dB] で表す。

$$電力ゲイン = 10\log_{10}(P_2/P_1) \quad [\text{dB}]$$

ここで P_1 を入力，P_2 を出力としたとき，電力ゲインの値が正であれば増幅度（利得）を示し，負の場合には減衰量（損失）を示す。また，電力 P は電圧を V，電流を I とすると $P = V \cdot I$ で与えられる。さらに抵抗を R とすると $P = V^2/R = I^2 R$ となるため，電圧および電流に対するデシベル値は，

$$電圧ゲイン = 20\log_{10}(V_2/V_1) \quad [\text{dB}]$$

$$電流ゲイン = 20\log_{10}(I_2/I_1) \quad [\text{dB}]$$

となり，それぞれの比率の常用対数値を20倍にしたものである。

電圧比，電流比を [dB] に換算するには，次のことを知っておくと便利である。

① 2倍 → 6dB, 　　3倍 → 9.5dB, 　　7倍 → 17dB
　　10倍 → 20dB, 　100倍 → 40dB, 　　1000倍 → 60dB
② 1/2倍 → −6dB, 　1/3倍 → −9.5dB, 　1/7倍 → −17dB
　　1/10倍 → −20dB, 1/100倍 → −40dB, 1/1000倍 → −60dB
③ 数の掛け算は [dB] の足し算　2×3 → 6dB+9.5dB=15.5dB
④ 数の割り算は [dB] の引き算　$10 \div 2$ → 20dB−6dB=14dB
⑤ 数の n 乗は [dB] の n 倍　2^2 → 6dB×2=12dB
⑥ 数の n 乗根は [dB] の $1/n$ 倍　$\sqrt{10} = 10^{1/2}$ → 20dB×1/2=10dB
　　　　　　　　　　　　　　　　　$\sqrt{2} = 2^{1/2}$ → 6dB×1/2=3dB

第 5 章 アナログ信号増幅

5.3 バイポーラトランジスタの使い方

正弦波には振動数（周波数）と振幅がある．小さな振幅信号を大きな振幅の信号にする手段が電子回路の基本である．ここではまず，NPN 型バイポーラを使う場合から始めよう．

5.3.1 コレクタ特性と負荷線

バイポーラトランジスタの使い方の基本になるのは，第 3 章で説明したように，図 5-2(a) の共通エミッタ接続である．図 5-3 にはこの回路の増幅の原理を描いている．この特性グラフはコレクタ特性と呼ばれるもので，ベース電流 i_B をランニング・パラメータとして縦軸はコレクタ電流 i_C，横軸がコレクタ・エミッタ間電圧 V_{CE} になっている．

斜めの線は負荷線と呼ばれるものであり，次の方法によって引く．

(1) 電源電圧 V_{CC} を横軸にプロットする．
(2) 電源電圧 V_{CC} を負荷抵抗 R_L で割った値を縦軸にプロットする．
(3) これらの二点を結んで負荷線とする．

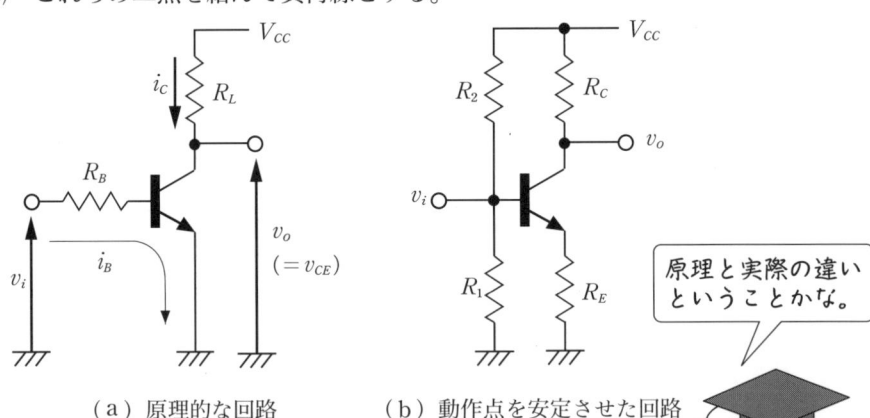

（a）原理的な回路　　　（b）動作点を安定させた回路

図 5-2　NPN 型トランジスタを使った共通エミッタ接続

原理と実際の違いということかな．

5.3.2 入出力の関係とゲイン（増幅率）

次に，入力電圧 v_i と入力電流 i_B の関係を見る。まず入力電圧を語るとき，変動する電圧の振幅と中心値の意味を知っておくことが大事だ。また，動作領域がコレクタ特性のリニア領域に入るようにしなくてはならない。基本的には変化の中心が動作点の中頃になるように設定する。この設定が図5-2(a)のような簡単な直接接続によってできる場合と，(b)のようにさらに3個の抵抗とコンデンサなどによって動作点を調整する場合がある。(b)方式は，5.7節で解説することにして，ここでは(a)方式で基本的なことを学ぼう。

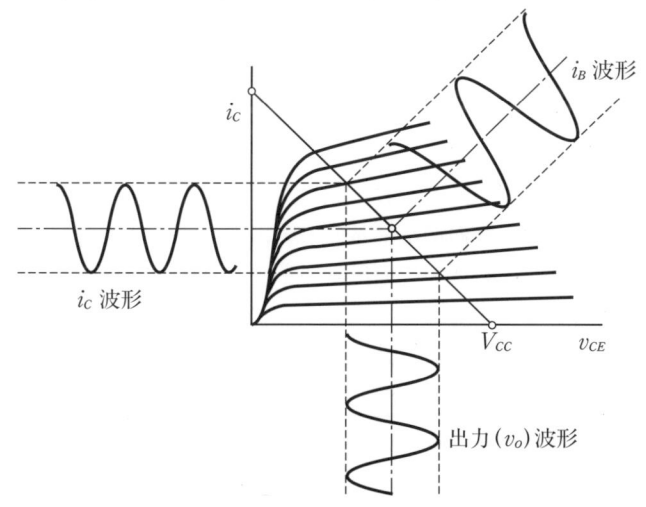

図 5-3　共通エミッタ接続での増幅の原理をコレクタ特性上で見る

入力電圧とベース電流の関係は，次式で与えられる。

$$R_B i_B + V_{BE} = v_i \tag{5.1}$$
$$i_B = (v_i - V_{BE})/R_B \tag{5.2}$$

ここで入力電圧 v_i が，次のように三つの要素（V_0, A, ω）で表される場合を考える。

$$v_i = V_0 + A\sin(\omega t) \tag{5.3}$$

ただし，

$V_0 =$ 信号変化の中心値で直流分と呼ぶ

$A =$ 正弦波の振幅であり，ここでは $A < V_0$

$\omega =$ 信号の角周波数；周波数(振動数)を f とすると $\omega = 2\pi f$

5.3.3 動作点と電流増幅係数 h_{fe}

$\omega t=0$ のとき（入力電圧が V_0 のとき）のベース電流 $(v_i-V_0)/R_B$ に対する電流・電圧の特性曲線と負荷線の交わる点が動作点である。入力電圧 v_i が (5.3) 式にしたがって変化するとトランジスタの電流・電圧の状態は負荷線に沿って変化する。ここでまず，ベース電流が増幅されてコレクタ電流になるのだと解釈される。このとき電流増幅係数を h_{fe} とすると，コレクタ電流は次式になる。

$$i_C = h_{fe}(v_i - V_{BE})/R_B \tag{5.4}$$

コレクタ電流が変化する様子を描いているのが，図 5-3 の右部分である。

出力端子を図 5-2(a) のようにとっている場合，出力電圧は次式で与えられる。

$$v_o = V_{CC} - R_L i_C = V_{CC} - R_L h_{fe}(v_i - V_{BE})/R_B \tag{5.5}$$

図 5-3 の下部の正弦波はこれを示している。

(5.5) 式より，変動成分に対する電圧ゲインは $(R_L/R_B)h_{fe}$ であることがわかる。また，この式の右辺第2項にマイナス記号が付いているので，入力と出力では位相反転が起きる。電子回路の増幅においては，このように位相反転を伴うのが基本とされるのは三極管の時代からの伝統であり，バイポーラトランジスタにおいても，次に見る MOSFET においても変わらない。

ただし h_{fe} は理想的には一定の値であってほしいが，実際には動作点によって若干変化する。また温度によっても変わる。もっと困ることに，同じ型番のトランジスタでもばらつきがある。これは，いまから見ると製造管理技術が十分にはできていなかった時代の真空管にもなかったことである。トランジスタを使う回路技術はこの弱点を克服することによって成長した。それについては以降だんだんに解説していくことにして，勉学途中の読者には次の注意を明確に伝えておく必要がある。

> **注意**
> バイポーラトランジスタにおける信号の入力・出力の関係式 (5.5) は，近似式である。また，実際にこの原理をそのまま使ったトランジスタ増幅回路は実際には使われていない。しかし，回路パラメータを決定するための思考としては必要であり，次の設問に取り組んでみよう。

バイポーラトランジスタの使い方 5.3

問題 5-1 前ページの (5.5) 式から電圧ゲインは $(R_L/R_B)h_{fe}$ ということが読み取れるが, h_{fe} が小さくても R_L/R_B の比率を大きくすれば高い電圧ゲインが得られることになる。これはどんな場合でも使えるだろうか？

解答 本当に図 5-2(a) のような単純な回路で電圧のゲインだけを問題にするのなら R_L を大きくとることによってゲインは上がる。しかしそうすると、この回路の負荷の電力の変化量が小さくなることに注意したい。

負荷とは、最も簡単な場合には抵抗を使った電熱器であり、あるいは電球やLED（発光ダイオード）、あるいは直流モータである。直流モータを単純な抵抗 R_L で表すことはできないが、R_L が高いことは小さなモータや小さな電球に相当する。このような負荷で電圧ゲインだけを大きくしても電力がとれないので実用の意味が小さい。

実際問題としては、最初に R_L が与えられるのが普通である。

問題 5-2 では図 5-2(a) において R_L が 100Ω であり、入力信号の変化分の振幅が $0.5V$ とする。V_{CC} が $15V$ として、ゲイン10倍（20dB）にするには R_B はどのように決定したらよいのか？ ただし、h_{fe} は100ないし200を想定する。また入力信号の直流成分（中心値）として何ボルトが適正か？

解答 $V_{CC}=15V$ であるから、動作点電圧は $7.5V$ で、動作点電流は $7500\text{mV} \div 100\Omega = 75\text{mA}$ となる。ゲインが10倍であるから振幅が $5V$ となり、トランジスタの線形領域ほぼいっぱいに出力信号が得られるようになる。

ここで h_{fe} を仮に100としてみる。

ゲインは10倍と指定しているから、次式が得られる。

$(R_L/R_B) h_{fe} = 10$

ここに負荷抵抗 $R_L=100\Omega$ を入れると、次のようになる。

$(100/R_B) 100 = 10$

これより $R_B = 1000\Omega = 1\text{k}\Omega$ となる。

次に入力信号 v_i の中心値を V_0 として、このときの出力電圧が $7.5V$ になるためには、(5.5)式を参照して次式が得られる。

$7.5 = R_L\ h_{fe}(V_0 - V_{BE})/R_B$

これより,

$V_0 = 7.5 R_B/(R_L\ h_{fe}) + V_{BE} = 7.5 \times 1000 \div (100 \times 100) + 0.6 = 1.35V$

h_{fe} を200してみると $R_B=2\text{k}\Omega$ であるが V_0 は変わらない。

第 5 章 アナログ信号増幅

5.4 出力端子への接続

ここまでの議論は共通エミッタ回路の出力端子が，**図 5-4(a)** のようにオープンの場合だった．次に **図 5-4(b)** のように，出力端子に負荷などを接続したときにはどうなるかを考察しておく必要がある．

5.4.1 直結方式

基本的な考察のために，負荷が抵抗 R_L として，コレクタには R_C が接続されているものとする．このときの負荷線を引いてみよう．

トランジスタが完全に ON とすると電流は V_{CC}/R_C である．これが **図 5-5** の A 点である．トランジスタが OFF のときには，出力端子電圧は $\{R_L/(R_L+R_C)\}V_{CC}$ であり，**同図** B 点である．この二点を結んだのが直流および交流に対する負荷線であるが，その勾配は $(R_L+R_C)/R_C R_L$ である．つまり，R_C と R_L の並列抵抗が **図 5-4(a)** の負荷抵抗になったと同じ勾配である．これは R_C と R_L が対等の働きをすることを意味する．いいかえると R_C と R_L は互いに同じぐらいの大きさであるときにこの回路の機能が意味をもつ．つまり，負荷にどのぐらいの電流を必要とするのかによって R_L が定まると，それに同程度の R_C が望ましいといえる．

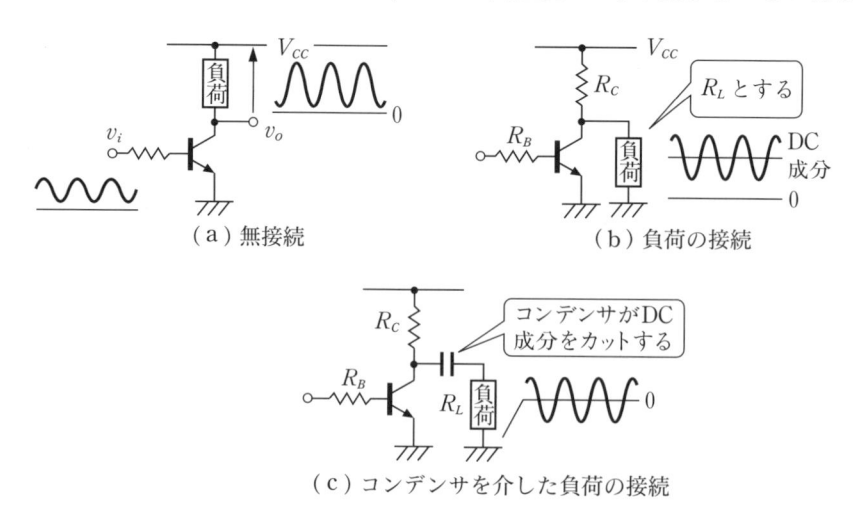

（a）無接続

（b）負荷の接続

（c）コンデンサを介した負荷の接続

図 5-4 共通エミッタ回路の出力端子との接続

5.4.2 コンデンサを介する接続

次に **図5-4(c)** のようにコンデンサを介して負荷を接続する場合を見る。直流あるいはきわめて低い周波数の交流成分にとって，コンデンサは高いインピーダンスを示すので R_L は接続されていないようなものである。高い周波数の交流成分に対してはコンデンサのインピーダンスが低くなり直接接続に近い効果を示すものと考える。ただし，この場合の R_L は R_C の2倍以上が望ましい。

コンピュータを使った計算によると，動作点は図示のように先に引いた負荷線に平行線上を移動する。コンデンサの静電容量 C は，信号に含まれる周波数成分の最小値を f とすると，$1/(6.28fC)$ が R_L よりずっと低くなるように選定する。

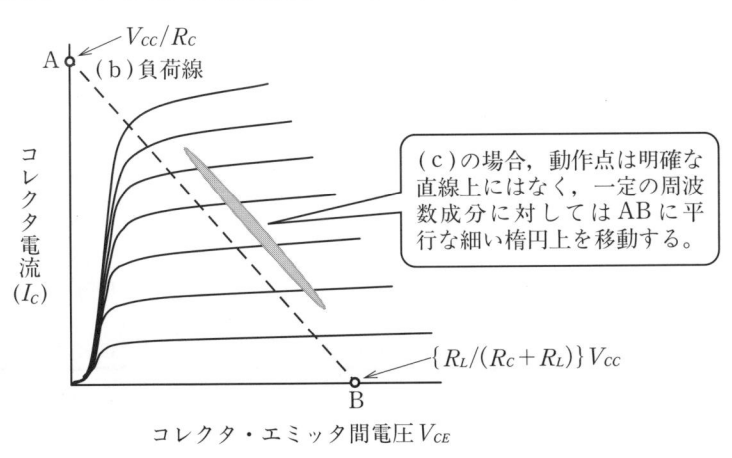

（図：負荷線）
A点: V_{cc}/R_c （b）負荷線
B点: $\{R_L/(R_c+R_L)\}V_{cc}$
縦軸: コレクタ電流 (I_c)
横軸: コレクタ・エミッタ間電圧 V_{CE}

（c）の場合，動作点は明確な直線上にはなく，一定の周波数成分に対してはABに平行な細い楕円上を移動する。

図5-5 前図(b)，(c)に対する負荷線

問題 5-3 いま $R_L=100\,\Omega$ のとき，交流成分の周波数が 1 kHz 以上の信号を増幅できるように，回路のコンデンサ容量を決定せよ。またどんなコンデンサがよいか？

解答 コンデンサのインピーダンスは $1/(6.28fC)$ である。これが $100\,\Omega$ よりずっと低い $1\,\Omega$ 程度であればよい。

$$\frac{1}{6.28\times 1000 C} \leq 1 \tag{5.6}$$

より，$C > 1.6\times 10^{-4} = 160\times 10^{-6}$ となり，200 μF の電解コンデンサでよい。

5.5 コレクタホロワ(共通エミッタ)とエミッタホロワ

バイポーラトランジスタの使い方の一つに，入出力の共通端子としてコレクタを使う方法がある。これについて正確な知識が必要である。これは信号よりも，パワー伝達において大きな意味をもつテクニックともいえる。

この回路の基本形は **図5-6** のように負荷をエミッタと GND 端子の間に置くものである。この場合，コレクタは GND ではなく V_{CC} に接続されている。GND も V_{CC} も一定の電位であるという意味で入出力からみて共通端子であると解釈する。

この解釈によると「共通コレクタ接続」であるが，この言葉はほとんど使わない。その代わりエミッタホロワ (emitter follower) と呼ぶ。同様に，共通エミッタ回路 (common-emitter circuit) をコレクタホロワ (collector follower) と呼ぶこともある。

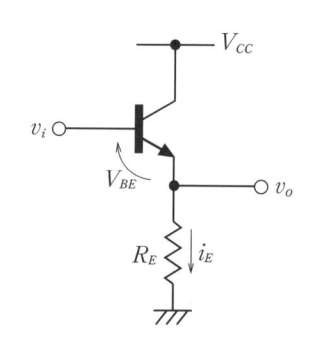

図5-6 エミッタホロワ回路（共通コレクタ回路）

エミッタホロワの特徴は：

(1) ベースには抵抗を接続しないで入力信号をいきなりベースに印加する。ベース電位とエミッタ電位はほとんど同じであるから，電圧増幅率は1である。

(2) 入力からみたインピーダンスが高い。つまり入力端子から電圧の指令が与えられると，必要な電流は電源からトランジスタを通して供給される。

これを数式によって理解するのがよい。まず，ここでは入力信号 (v_i) とエミッタ電流の関係は次式になる。

$$V_{BE} + R_E i_E = v_i \tag{5.7}$$

3.11.4項で理解したように，エミッタ電流 i_E はベース電流 i_B の h_{fe} 倍であるから，上の式は次式になる。

$$V_{BE} + R_E h_{fe} i_B = v_i \tag{5.8}$$

ここで，V_{BE} を無視して0として入力抵抗を計算すると次式になる。

$$\text{入力インピーダンス } v_i / i_B = R_E h_{fe} \tag{5.9}$$

これでわかるように，h_{fe} に比例して入力抵抗（入力インピーダンス）が大きくなる。仮に R_E が 100Ω で h_{fe} が300とすると 30 kΩ である。入力信号の最大値が仮に 10 V とすると，入力電流は 0.33 mA ぐらいしか流れない。

5.6 ダーリントン結合による h_{fe} の増大テクニック

　一般的な傾向として，小さな（コレクタ電流の許容値が低い）トランジスタの電流増幅係数 h_{fe} は大きいが，大きな（10 A 以上のコレクタ電流が可能な）トランジスタの h_{fe} は 5 ～ 10 ぐらいの低い値である。大きなトランジスタを高い h_{fe} で使う方法として小さなトランジスタと大きなトランジスタを**図 5-7(a)(b)** に示す結線で組み合わせる方法がある。この結合法をダーリントン接続（Darlington connection）と呼ぶ。トランジスタの製造プロセスでこのように組み合わせて，あたかも 1 個のトランジスタとしたものはダーリントントランジスタと呼ばれる。

　ダーリントントンジスタは，正弦波の信号増幅よりもむしろ第 6 章で解説するスイッチング用に用いられる。ダーリントン接続には欠点もあるので，それについて 6.3.4 項で説明する。

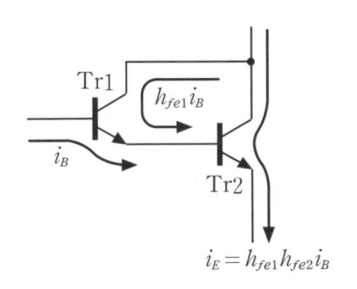

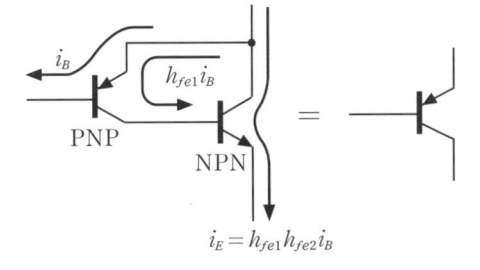

(a) 見かけの電流増幅係数を大きくするための 2 個の NPN トランジスタの組み合わせ方

(b) PNP と NPN を組み合わせて等価的に電流容量の大きな PNP 型トランジスタを形成する。

図 5-7　ダーリントン接続

> うますぎる話というのは，たいてい臭いですね。二つのトランジスタで増幅率は上がるのかもしれないですが，何が隠されているのかな。P.130 を見ましょう。

5.7 コンプリメンタリ回路 push-pull エミッタホロワ

図5-8のように，電圧信号変化の中心値が0で，その信号によって直流モータを駆動したいことがよくある．このために最近は，第13章で説明するように，パワーオペアンプ（第9章で解説）というものを使うようになったが，トランジスタ利用の原理としてはプッシプル(push-pull)形式のエミッタホロワを使うのが一案である．その基本回路は図5-9である．ここではNPNとPNPを縦列接続している．余談だが縦列接続は中国語では「串級」と書かれているのを見て筆者は，串にさした真空管の団子を思い浮かべたことがある．ここでは両方のエミッタを接続してこれとGNDの間に負荷（直流モータなど）を接続している．

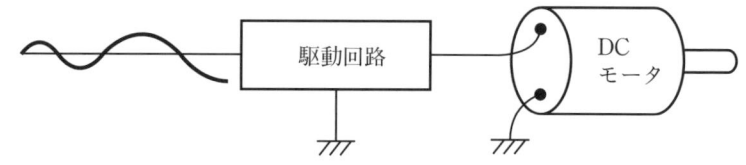

図5-8 電圧信号変化の中心値が0で，その信号によって直流モータを駆動する

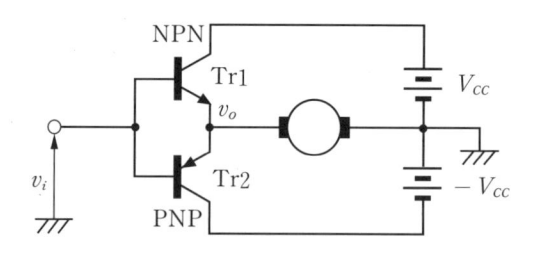

図5-9 プッシュプル・エミッタホロワ回路

第2章で見てきたように，DCモータも2本の端子をもつ素子ということでは抵抗，コンデンサ，ダイオードに似ているが，中身は複雑である．印加電圧が同じでも速度や負荷の大きさによって電流が変わる．図5-9の回路は，電圧の指示をして電流は2個の電源からモータが要求するだけを与えることができる機能を備えている．電圧はマイナスからプラスまで，電源電圧の範囲内で可変できる．

この回路では，入力端子にプラス電圧が印加しているときはNPN型のTr1が作動しているが，PNP型のTr2は作動していない．入力がマイナスのときには，

Tr2 が作動して電源 $-V_{cc}$ が給電する。

5.7.1 PN 接合を補償するためのダイオード利用

この回路では，入力電圧 v_i はエミッタ電位に等しいという前提がある。しかし，実際にはそれぞれのトランジスタのベース・エミッタ間の PN 接合の順方向電圧ドロップがあるために，v_i とエミッタの間には 0.6 V ほどの差が発生する。しかも差の極性がどちらのトランジスタが作動しているかによって異なるために，ゼロを通過するとき図 5-10 のような出力電圧に段差が現れる。この段差の解消のために 4.7 節で，ダイオードを 2 個使う方法を示した。それを，最も簡単な形で適用したのが図 5-11 である。

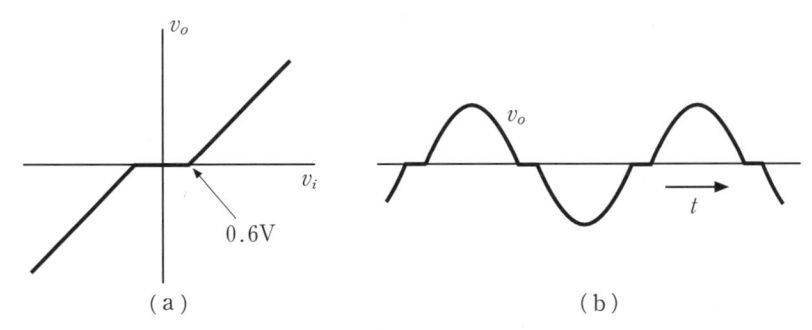

図 5-10　ゼロクロスにおける出力の段差をダイオード解消したい

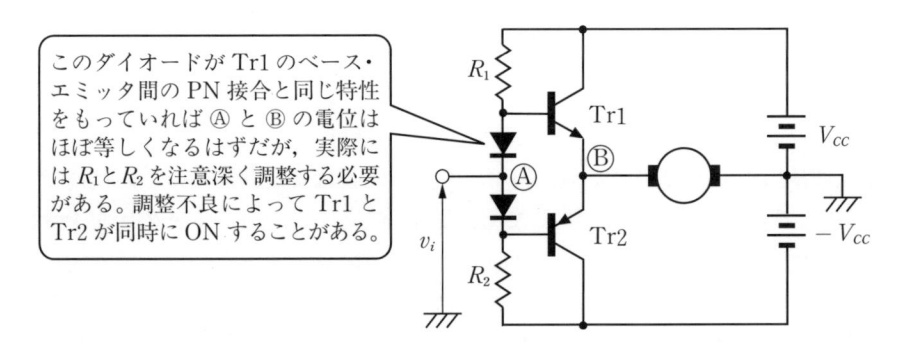

このダイオードが Tr1 のベース・エミッタ間の PN 接合と同じ特性をもっていれば Ⓐ と Ⓑ の電位はほぼ等しくなるはずだが，実際には R_1 と R_2 を注意深く調整する必要がある。調整不良によって Tr1 と Tr2 が同時に ON することがある。

図 5-11　プッシュプル・エミッタホロワ回路に補償回路を付加する

5.8 負帰還とバイアスとは何か

増幅率のばらつきを克服するテクニック

バイポーラトランジスタを使った共通エミッタ回路は原理としてはわかりやすいが，温度によって特性が著しく変化するために図5-2(a)のままでは使えない。この問題を克服するためにいろいろな考案がなされてきた。第9章で学ぶオペアンプは，このような工夫の結実の一つである。

今日では信号増幅のために，トランジスタ類を単品もしくは数個の組み合わせによって実用設計することは少ない。しかし，電子回路の勉強のためには，いまでも実用の意味もある方法を知っておくのがよい。

5.8.1 安定動作のために

トランジスタ回路を安定に作動させるには，次の二つのことに注意する。
- 信号がないときの動作点（これを直流動作点）がふらつかないようにする。
- 交流信号に対するゲインが変化しないこと。またできるだけ広い周波数に対して同じゲインであること。専門用語を使うと周波数帯域が広いこと。

このための基本用語を解説しながら見ていこう。

バイアス：直流動作点を定めるための対応として「バイアス」という言葉がよく使われる。この言葉は広い意味をもっているが，トランジスタを使うためのバイアス回路とは，動作点を正常な位置に置くためのものである。

負帰還増幅：帰還とはフィードバック（feedback）のことであり，出力の結果を入力に反映させるテクニックのことであり，正帰還と負帰還がある。正帰還は正弦波や方形波の発振のために利用され，負帰還は安定動作のための技術である。ここでは h_{fe} が大幅に変化しても回路全体としてのゲインがその影響を受けにくくするために，トランジスタの周辺に複数のレジスタを配置して安定化する。たとえば，h_{fe} が100から300の範囲でばらついていたり変動したりしても，回路システムとしてのゲインを20などのほぼ一定値にすることができる。

負帰還とバイアス設定は別の事柄であるが，できるだけ数少ない素子によって同時に二つの目的を達成するような考案がされてきた。増幅すべき信号が音声信号のように，プラス・マイナスに変化する成分（これを交流成分と呼ぶ）だけなのか，直流成分まで含めているのかによっても回路の対策が異なる。

5.8.2 エミッタホロワ効果の利用

先に **図5-6** で見たエミッタホロワは電圧増幅の視点からは h_{fe} の影響を受けていない。

この効果をコレクタホロワに取り込んだのが**図5-12**である。この回路では出力電圧は次式になる。

$$v_o = V_{CC} - R_L i_C \quad (5.10)$$

一方，エミッタ電流 i_E は次式によって計算される。

$$V_{BE} + R_E i_E = v_i \quad (5.11)$$

h_{fe} が大きいときには，i_C は i_E にほとんど等しいので次式が成り立つ。

$$i_C \approx i_E = (v_i - V_{BE})/R_E \quad (5.12)$$

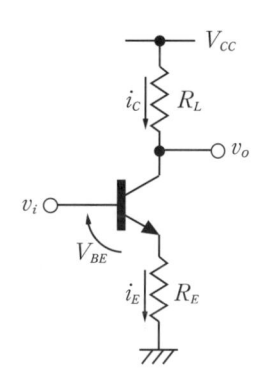

図5-12 エミッタに補償抵抗を入れたコレクタホロワ回路

これを(5.10)式に入れると:

$$v_o = V_{CC} - R_L i_C = V_{CC} - R_L(v_i - V_{BE})/R_E \quad (5.13)$$
$$= V_{CC} + R_L V_{BE}/R_E - (R_L/R_E)v_i \quad (5.14)$$

これからわかるように，入力電圧信号 v_i に対する出力電圧は反転増幅でゲインが R_L/R_E であり h_{fe} の影響を受けない。ただし，これは信号の変動成分についていえることであって，(5.14)式右辺第1，2項のために直流増幅器にはならない。また V_{BE} が実際には変動するのでその影響を受ける。

ここで負帰還の意味について補足説明をしておこう。ベースに印加される入力信号が上昇したとき，コレクタ電流やエミッタ電流が流れるとエミッタ端子電圧が上昇するので，エミッタホロワのように，ここを出力端子と見なすと入力端子との電位差が大きくならないように作用する。つまり出力が入力を減らすように作用するから負帰還作用があると解釈できる。

第5章 アナログ信号増幅

5.9 NPNとPNPを利用する直流増幅回路

将棋や囲碁のように，盤面の形から論理的かつ直感的に考察するテクニックを身に付けよう。回路の盤面は回路図である。トランジスタを「石」と呼んだ時代がある。囲碁でも石という。現代の電子回路素子は，将棋の駒のように豊富な機能を特色としている。

5.9.1 不均衡型直流増幅

図 5-13 は，NPN と PNP を使った非反転直流増幅回路の基本形である。

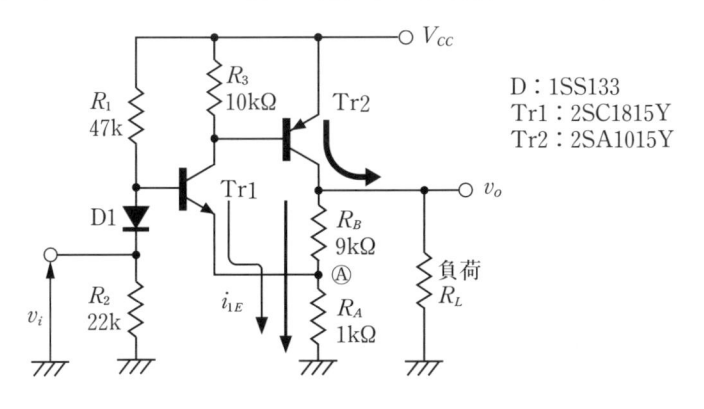

D：1SS133
Tr1：2SC1815Y
Tr2：2SA1015Y

図 5-13　NPN と PNP を使った非反転直流増幅回路：パラメータは一例である。

この回路の機能の要点は，以下の通りである：

① ダイオード D1 は，入力段 NPN トランジスタ Tr1 の V_{BE} 補償用である。R_1，R_2 はダイオードに適正な電流を与えて補償効果を調整するためである。よってⒶ点の電位は入力電圧 v_i に等しい。

② Tr2 は出力段 PNP トランジスタであり，負荷 R_L に電源 V_{CC} からこのトランジスタを通して電流が供給される。

③ R_3 は Tr2 のベース・エミッタ間に並列に接続されていて，原理的には不要だが，Tr2 の動作が高周波域で鈍くなるのを若干防ぐ効果がある。

④ Tr1/Tr2 と連動して R_A と R_B によってゲインが決定される。Tr1 と Tr2 はダーリン接続と類似の機能をするために Tr1 のエミッタ電流 i_{1E} に比べてかなり

5.9 NPN と PNP を利用する直流増幅回路

大きな電流が Tr2 のコレクタ電流になる。R_B の電流は，このコレクタ電流の一部ではあるが，i_{1E} よりはずっと (100倍ぐらい) 大きい。つまり R_A と R_B には同じ電流が流れるとしてよい。よって負荷電圧は $[(R_A+R_B)/R_A]v_i$ であり，電圧ゲインは $(R_A+R_B)/R_A$ に等しい。

5.9.2 プッシュプル・エミッタホロワによって均衡型にする

図 5-13 の回路をプラスにもマイナスにも対応できる均衡型に組み替えたのが図 5-14 の均衡型直流増幅回路である。この入力段の2個のダイオードは図 5-11 にも出てきたもので，入力電圧 v_i とⒶ点電位をほぼ同じにするための補償用である。

この回路は直流モータの駆動回路として利用できるが，最近ではパワーオペアンプを使うようになった。

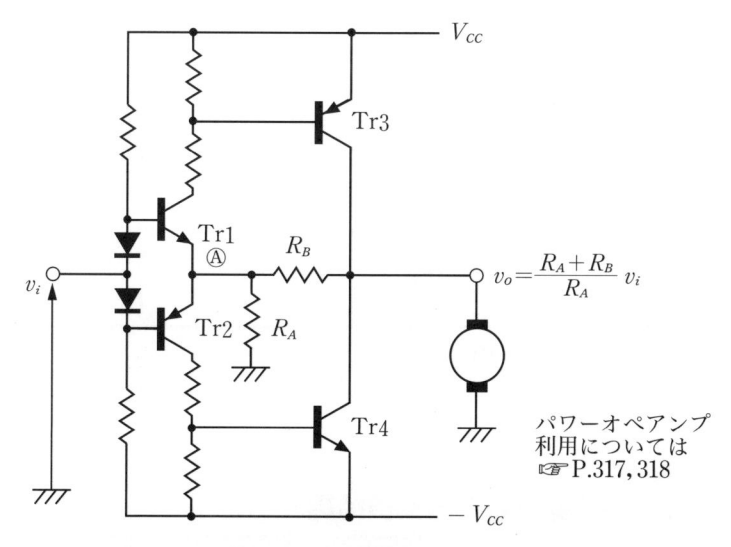

図5-14　NPN と PNP を使った均衡型直流増幅回路：Tr3 と Tr4 は，ダーリントントランジスタでもよい。

5.10 ベースブリーダ方式

交流信号の増幅のためのトランジスタ利用の標準的な方式が，図 5-15(a) の方式である．この回路のポイントは以下の三点である．

(1) 直流状態と交流信号に対する扱いを分離できる．
(2) ここに使われる，3個のコンデンサの交流信号に対する，インピーダンス（$=1/(6.28fC_n)$）はきわめて低く，0として扱うことができる．
(3) ベースに接続する R_1, R_2 が新しく入ることによって，R_C, R_E と連動して動作点の安定化が図られる．

（a）回路構成　　　　　　　　（b）直流成分に対する回路

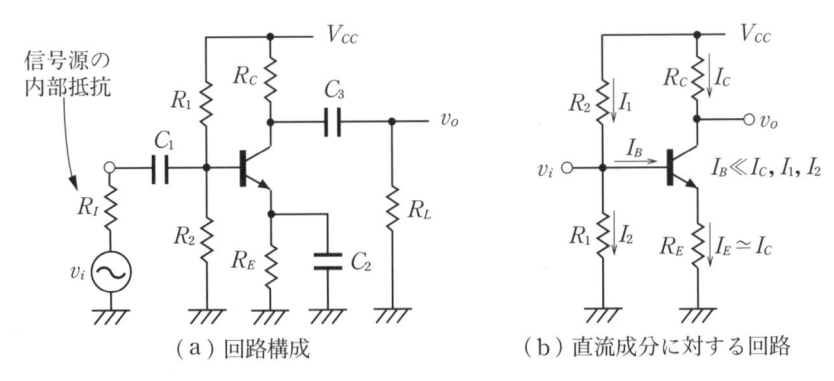

図 5-15　A級増幅器（ベースブリーダ方式）

5.10.1 直流動作点と直流負荷線

まず，直流動作点の計算法から入っていこう．コンデンサには直流が流れないことに着目して，直流に対する回路を表現したのが同図(b)であり，すでに図 5-2(b) で見たものである．2.9 節では重ね合わせの原理を学んだが，この原理によって直流成分と交流成分を分離して回路計算を行うことができる．

ここに展開する計算法は力まかせの計算ではなく，実質的な計算法である．図(b)は回路に使う素子の電流に記号を付けて意味を矢印で表している．4個の抵抗の電流とトランジスタのコレクタ・エミッタ間電圧 V_{CE} が未知数であるから，まともな計算のためには五つの回路方程式を立てることになるが，工学的なセンスを働かせて簡単に計算しよう．

5.10 ベースブリーダ方式

電流増幅係数 h_{fe} が変動するけれども，100以上もの大きな値として変動していることに着目する。すると次のことがいえる。

- エミッタ電流はコレクタ電流にほとんど等しいのでこれらを I_C とする。ここで R_C，コレクタ・エミッタ間電圧 V_{CE} および R_E について次の式が成り立つ。

$$R_C I_C + V_{CE} + R_E I_C = V_{CC} \tag{5.15}$$

- ベース電流は I_C に比べてきわめて少ない。
- R_1 と R_2 を適正な抵抗値に選んで，ここに流れる電流がベース電流に比べてかなり大きくなるようにする。このとき，ベース電圧 V_B は電源電圧 V_{CC} を R_1 と R_2 によって抵抗分割した値であると同時に，エミッタ抵抗 R_E の電圧とベース・エミッタ間電圧 V_{BE} の和でもある。よって：

$$V_B = \frac{R_2}{R_1+R_2} V_{CC} = V_{BE} + R_E I_C \tag{5.16}$$

これら二式から I_C と V_{CE} が決まる。それが動作点である。

- 動作点電流：$I_{C0} = \dfrac{R_2}{R_E(R_1+R_2)} V_{CC} - (1/R_E) V_{BE}$ (5.17)

- 動作点電圧：$V_{CE0} = \left(1 - \dfrac{R_2}{R_E} \dfrac{R_C+R_E}{R_1+R_2}\right) V_{CC} + \dfrac{R_C+R_E}{R_E} V_{BE}$ (5.18)

V_{BE} はベース・エミッタ間電圧でほぼ 0.6 V として計算する。

この動作点を通る勾配 $1/(R_C+R_E)$ の直線を，直流負荷線と呼ぶ。

5.10.2 交流負荷線

次に，交流信号に対する負荷線を決定する。信号に対してはコンデンサ C_2 と C_3 のインピーダンスはほとんど0であるとすると，負荷線の勾配は 5.4.1 項で学んだように $(R_C+R_L)/R_C R_L$ になる。ちなみに，R_1 と R_2 の作用も交流ついては並列抵抗となる。つまり等価的に図 5-16 のようになっているものと考える。

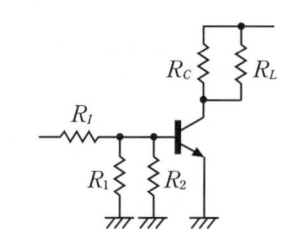

図 5-16 交流成分に関する負荷の様子を表す等価回路

第5章 アナログ信号増幅

問題 5-4 図5-15(a)において $V_{CC}=15\mathrm{V}$, $R_C=1\mathrm{k}\Omega$ とする。h_{fe} が200から300の範囲にあるトランジスタを使って抵抗値を決定せよ。

解答 一案を表5-2に示している。まず R_E を R_C の1/10として100Ωとする。$V_{CC}=15\mathrm{V}$ であり $R_C+R_E=1.1\mathrm{k}\Omega$ であるから，V_{CE} が0.4Vのときにコレクタには13mAぐらい流れる。動作点電流はこの1/2より少し高いぐらいが適当であるから，$V_{BE}=0.6\mathrm{V}$ として7.5mAになるように (5.16) 式から R_1 と R_2 の比率を求めるとほぼ10倍であり，それぞれ10kと1kとする。h_{fe} の最小値が200であるから $R_E=100\Omega$ をベースから見た等価抵抗値が20kΩであり R_2 に対してかなり大きな値であり上の近似計算が妥当である。コンデンサ容量については，100Hz以上で周辺の抵抗値よりも $1/(2\pi fC)$ が10%以下になるようにした。

表5-2 パラメータ事例

R_1	10kΩ	C_1	20μF
R_2	1kΩ	C_2	200μF
R_C	1kΩ	C_3	50μF
R_E	100Ω		

問題 5-5 上の解答事例に対する直流負荷線と交流負荷線を作図せよ。

解答 まず (5.17), (5.18) 式から動作点電圧を計算すると，次のようになる。

$$I_{C0}=\frac{1000}{100\times(10000+1000)}\times 15-(1/100)\times 0.6=7.64\mathrm{mA}$$

$$V_{CE0}=\left(1-\frac{1000}{100}\frac{1000+100}{10000+1000}\right)\times 15+\frac{1000+100}{100}\times 0.6=6.6\mathrm{V}$$

図5-17には，このようにして得た動作点をプロットしている。直流負荷線の勾配は R_C+R_E の逆数であり，交流負荷線の勾配は $(R_C+R_L)/R_CR_L$ であるが，先の5.4節で見たように $R_L=R_C$ として線を引いてみた。

ベースブリーダ方式 5.10

◆ベースブリーダ方式の電圧ゲイン

　この回路の電圧ゲインを表す理論式を語るためには，かなりの紙数が必要である。ゲインは，入力端子から左を見たインピーダンス（信号源の内部抵抗 R_1）が 0 のときには h_{fe} の影響を受けないが，一般的には $R_i \ll R_1 R_2 / (R_1 + R_2)$ になるようにして使用する。

　詳細は専門書にゆだねる。実用的には計算が容易で使いやすいオペアンプを利用するのが得策である。

計算になれると楽しいよ。

交流負荷線
動作点
直流負荷線

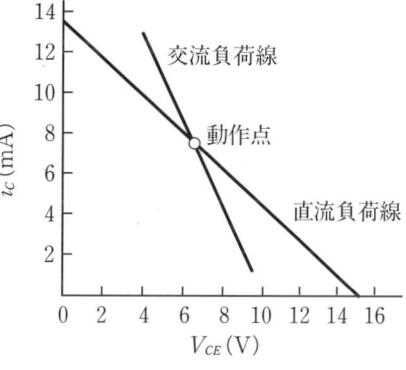

図 5-17　負荷線

重要用語

AC component　交流成分	control　制御
amplifier　増幅器	Darlington connection　ダーリントン接続
analogue（英），analog（米）　アナログ	DC component　直流成分
bipolar transistor　バイポーラトランジスタ	demodulation　復調
collector characteristics　コレクタ特性	drive circuit　駆動回路
common emitter connection　共通エミッタ接続	emitter follower　エミッタフォロワ
	gain　ゲイン，増幅率，利得
common collector connection　共通コレクタ接続	horizontal axis　横軸
	input　入力
common source connection　共通ソース接続	load line　負荷線
	modulation　変調
common-source amplifier　共通ソース型増幅器	servo-amplifier　サーボ増幅器
	signal　信号
compensation　補償	sinusoidal wave　正弦波
complimentary　コンプリメンタリ，相補	operating point　動作点
	output　出力
	vertical axis　縦軸

第5章 アナログ信号増幅

5.11 電界効果型トランジスタの使い方

電界効果トランジスタには，金属酸化物型（MOSFET，モスフェット）と接合型があることは第3章で学んだ。多く使われているのはMOSFETであるが，主な用途はスイッチングであり，使い方は次章で説明しよう。

5.11.1 接合型電界効果トランジスタで考察する

接合型（J-FET）はアナログ信号の増幅や定電流回路に使われるので，ここで少し掘り下げてみよう。

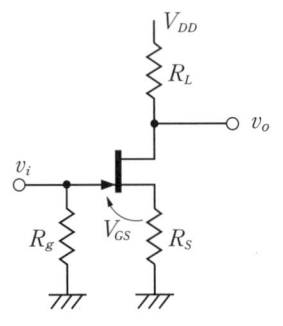

図5-18 接合型電界効果トランジスタ (J-FET) の共通ソース結合回路

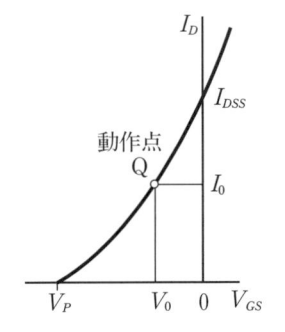

図5-19 I_D-V_{GS} 特性

増幅のための使い方として，バイポーラと同様にどの端子を入出力の共通端子にするのかに関しては原理としては3方式があるが，実際には共通ソース型が使われる。基本になる回路が**図5-18**である。この回路では，入力電圧は直流値を中心とした微小振幅の交流信号である。この直流値は，ソースに対して適切なマイナス電圧がかかるように R_S を設定するものとする。適切な値というのは**図5-19**に示す I_D-V_{GS} 特性を見て設定する。ここでは東芝2SK364で考察することにする。

まず，図のように動作点 $Q(I_0, V_0)$ を設定して，この点を通る特性曲線を直線で近似して次のように置く。

$$(I_D - I_0) = g_m(V_{GS} - V_0) \tag{5.19}$$

ここで g_m は勾配であり，相互コンダクタンスと呼ばれる。

ゲート・ソース間電圧が Δv_i だけ変化したときの，ドレイン電流の変化量 ΔI_D を調べてみよう。

$$\Delta I_D = g_m \Delta V_{GS} \tag{5.20}$$

また，出力電圧の微小変化は次式である．

$$\Delta v_o = R_L \Delta I_D \tag{5.21}$$

一方，入力電圧，ゲート・ソース間電圧および I_D の関係は次式で与えられる．

$$v_i = V_{GS} + R_S I_D \tag{5.22}$$

両辺の変動成分をとると次式になる．

$$\Delta v_i = \Delta V_{GS} + R_S \Delta I_D \tag{5.23}$$

(5.20)，(5.21)，(5.23) 式から次のような変形ができる．

$$\Delta v_o / R_L = g_m (\Delta v_i - R_S I_D) \tag{5.24}$$

$$\Delta v_o / R_L = g_m [\Delta v_i - (R_S / R_L) \Delta v_o] \tag{5.25}$$

$$\left(\frac{1}{R_L} + \frac{g_m R_S}{R_L} \right) \Delta v_o = g_m \Delta v_i \tag{5.26}$$

よって，交流成分に対する電圧ゲインは次式で与えられる．

$$A_V = \frac{\Delta v_o}{\Delta v_i} = \frac{g_m R_L}{1 + g_m R_S} \tag{5.27}$$

5.11.2 バイアス回路

バイポーラトランジスタの場合と同じように，適切な動作点で駆動し，相互コンダクタンスの変動による影響を避けるためのバイアス回路としていくつかの方式があるが，代表的なものを図 5-20 にあげている．

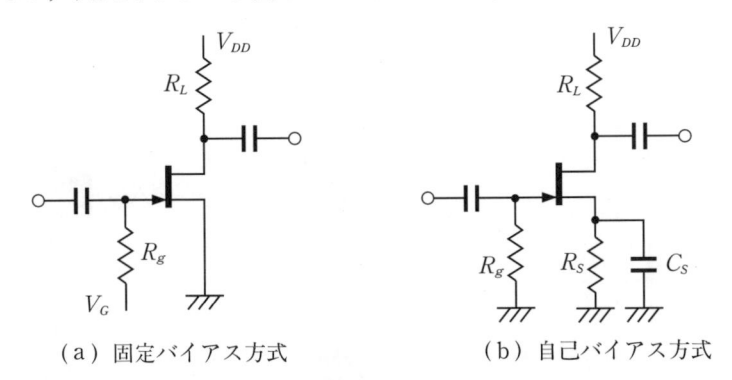

(a) 固定バイアス方式　　　　(b) 自己バイアス方式

図 5-20　J-FET を微小信号増幅に利用するためのバイアス回路

第5章 アナログ信号増幅

♠第5章のまとめ

　本章では，種々のトランジスタを使ったアナログ回路の基本と少し込み入った回路形式を見ながら，必要な基礎的なことを学んだ。ここでは素子を増幅器として捉えたり利用したりするものであった。アナログ技術のさらなる探求のためにはオペアンプへと進むのがよい。

　なおトランジスタやMOSFETの応用として差動増幅というものがあり，多くの教科書や専門書で扱っているが，かなり込みいった内容になりやすい。今日では，差動増幅器はオペアンプを使って容易に設計・製作するので，本章では割愛した。

　またトランジスタやMOSFETなどの基本素子による（正弦波，三角波，方形波などの）発振回路については，第12章で扱っている。

　次章では，トランジスタ類のもう一つの使用法であるスイッチングの技術を学ぼう。その分野はまた広い広がりをもっている。

Column　NPNとPNPについてもう一度

　第3章で，バイポーラトランジスタにはNPNとPNPがあることを知って，本章の図5-7, 9, 11, 13, 14では両方の使い方をいくつか見てきた。それらを見直してみると，共通エミッタと共通コレクタ（エミッタホロワ）がどのように使われているかがわかってくる。ここで補遺としてPNPの共通エミッタ形式をNPNの場合に対比させてみたのが図5-21である。練習問題のつもりで両タイプの使い方を，接続図を描きながら学習してみることを，読者に勧めたい。

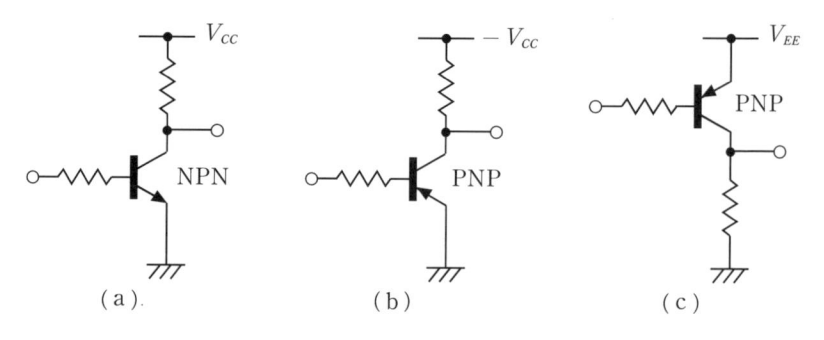

（a）　V_{CC}　NPN
（b）　$-V_{CC}$　PNP
（c）　V_{EE}　PNP

図5-21　PNP型トランジスタを使った共通エミッタ接続

第6章
スイッチング回路の基本

　前章はトランジスタ類の使い方をアナログ信号の処理，増幅という側面から勉強した。本章では，バイポーラトランジスタ，MOSFETおよびダイオードをスイッチング素子として利用する方法を広く学ぶことになる。これは，従来パルス回路と呼ばれていた領域にも関連する。また情報を扱う信号としてはディジタル回路にもつながる。そしてパワーエレクトロニクスとしては，DCから交流への変換，パルス技術によるモータの駆動回路技術の中心となる回路技術である。

第6章 スイッチング回路の基本

6.1 信号増幅からスイッチングへ ―情報伝達とパワーのスイッチング―

　バイポーラトランジスタと MOSFET の使い方をさらに研究しよう。前章の図5-3と4はバイポーラを使った信号増幅の原理である。そこでは正弦波信号を受けて正弦波出力を得た。しかし波形は正弦波に限ることはない。図6-1はバイポーラトランジスタを使って方形波信号を増幅している。方形波の振幅を大きくしていくと，コレクタ特性の飽和領域とカットオフ領域に入ってくる。むしろ線形領域で作動する時間は短い通過時間だけである。これはトランジスタをもはや増幅器ではなく，スイッチング素子として使うものといえる。その目的はいくつか考えられるが，主なのは次の四つである。

(1) ディジタル信号のHレベルとLレベルの発生
(2) 電圧，電流，電力の単純な ON・OFF
(3) 直流から交流への変換
(4) 高周波パルス幅変調

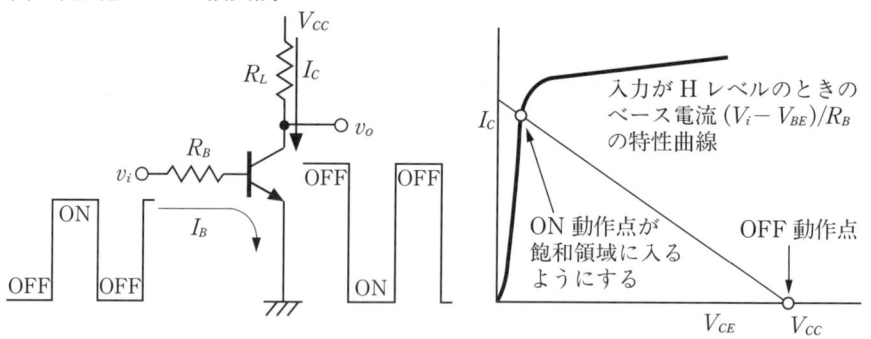

図6-1 共通エミッタ回路において方形波信号を入力とする：
トランジスタのコレクタ特性の上で見る。

Column　h_{fe} と h_{FE}

　電流増幅係数（ベース電流とコレクタ電流の比率）の記号を前章では h_{fe} とした。これは微小信号に対する係数である。しかし本章では線形領域の端から端までを使うので同じトランジスタでも実際の値に違いが発生する。そのため，スイッチングの場合には下ツキ記号を大文字にして h_{FE} とすることが多いので，本書でもその伝統に従うことにする。

6.1 信号増幅からスイッチングへ―情報伝達とパワーのスイッチング―

これらの基本的な機能と意味を表したのが，**表6-1**である。順次詳しく説明していこう。

表6-1 トランジスタ類をスイッチング素子として用いる用途

大分類	細分類	機能
情報	H/L の反転伝達	ディジタル信号（ビット）の反転；ディジタルのロジック信号を受けて回路の ON/OFF して，信号を反転する。
パワー	ON/OFF	機械的スイッチを電子スイッチに置き換えることによって，システムの信頼性を向上する。
	直流→交流変換	直流電力をスイッチング技術によって，単相あるいは3相交流に変換する。
	パルス幅変調（PWM）	電子素子内部の電力損失を少なくするために，ON と OFF の時間を制御して電圧や電力を調整する。

Column　IGBT（insulated-gate bipolar transistor）

バイポーラトランジスタとMOSFETを組み合わせてそれぞれの利点を生かした素子であり，スイッチングに使われる。**図6-2**はIGBTの断面構造例とそれを回路に表したものである。ここでは素子を半導体に形成するプロセスにおいて，入力部（前段）にN型MOSFET構造を配置し後段にPNPトランジスタ（Tr1）を置いている。素子の概観はMOSFETやバイポーラと変わっていない。Tr2は，半導体構造の結果として形成されるトランジスタであり，このトランジスタは作動しないことが望ましい。これが作動するとゲート機能が失われてしまう。最近のIGBTではその対策が内部でされている。

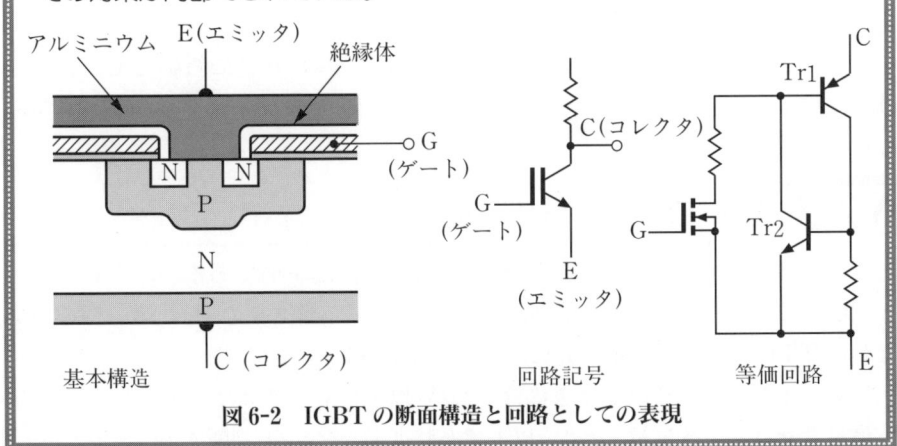

図6-2 IGBTの断面構造と回路としての表現
（基本構造／回路記号／等価回路）

6.2 基本になる信号反転 ディジタルの HL

スイッチング回路ではディジタルの考え方が入ってくる。バイポーラトランジスタでいうとベースに与える信号，MOSFET ならゲートに印加する電圧として何ボルトかということと同時に，この素子を ON するための信号なのか，OFF するための信号なのかが重要である。

6.2.1 ON/OFF とディジタルの H/L の関係

それは次の表のように捉えることができる。

表 6-2　ON/OFF とディジタル信号の関係

ベースやゲートに与える信号	電圧でいうとたとえば	ディジタルの HL	ディジタルの 1 ビット信号として
ON の信号	5V	H（ハイレベル）	1
OFF の信号	0V	L（ローレベル）	0

ディジタルについては第 7 章で詳しく述べるのだが，ここでは電圧を信号として捉えるときに，電圧の状態を数字でいうと 1 or 0，電圧の高低でいると H or L，スイッチの状態でいうと ON or OFF のように二つのうちのどちらかしか表さないものと考える。1 と 0 の中間に 0.5 があるというようには理解しない。ON と OFF の中間もない。設計の不注意によって ON になるか OFF になるか不明瞭なここでは信頼性がなく，誤動作が起きることを意味する。よって，確実な ON/OFF の技術が重要である。

なお，ディジタル信号の H をスイッチング素子の OFF に対応させて，L を ON に対応させるということもあるが，それは第 7 章でディジタルの基本を学んだ後の応用問題であるとしよう。

6.2.2 ON/OFF と H/L の違い

さて，確実な ON/OFF と確実な H/L はよく似た事柄であるが，少し違うので説明しておこう。第 7 章で説明するように，ディジタルの H/L の一つの規格として TTL レベルがある。TTL を用いる場合は，

- H レベルとは信号を出すときには，2.7V 以下であってはならない。
  信号を受けるときには，2.0V 以上であれば H レベルと判断する。

6.2 基本になる信号反転ディジタルのHL

- Lレベルとは信号を出すときには，0.5V以下でなくてはならない。

  信号を受けるときには，0.8V以下であればLレベルと判断する。

という規格である。

ではこの信号によって（論理素子ではなく），自作の回路が確実にON/OFFするように設計するのが本章のテーマの一つである。このことの一端を見るために，図6-3にMOSFETとバイポーラの使い方の比較をしている。

(a) のMOSFETでは，論理ゲートの出力信号をゲートに直接印加しても良い場合が多い。入力がHレベルならONしてLレベルならOFFになる。ここで，もしOFFの目的でゲートをオープンにすることがあり得る場合にはゲート・ソース間放電用に抵抗 R_D を接続する。ゲート・ソース間はコンデンサであり，直前までのON信号によってここに蓄積されていた電荷によってONを持続するからだ。**(b)** のバイポーラではベースに電流が流れるか流れないかが重要であるから，ベースをオープンにしたらバイポーラはOFF状態になると考えられがちである。しかし，残留電荷のためにOFFになるときに時間遅れを生じる。これを防ぐために，ベース・エミッタ間に適当な抵抗 R_D を接続することが良い場合が多い。

（a）MOSFET

ゲートに直接スイッチング信号を与える。ただし，ゲートがオープン状態になることを避けるためにゲート・ソース間に1〜10kΩぐらいの抵抗を接続するのがよい場合がある。

（b）バイポーラトランジスタ

ベースに適当な抵抗を接続してから入力信号を印加する。ただし，OFFのときに時間遅れを防ぐために，ON信号が5Vぐらいのときにはベース・エミッタ間に R_B と同程度から1/4程度の抵抗を接続するのが望ましいことがある。

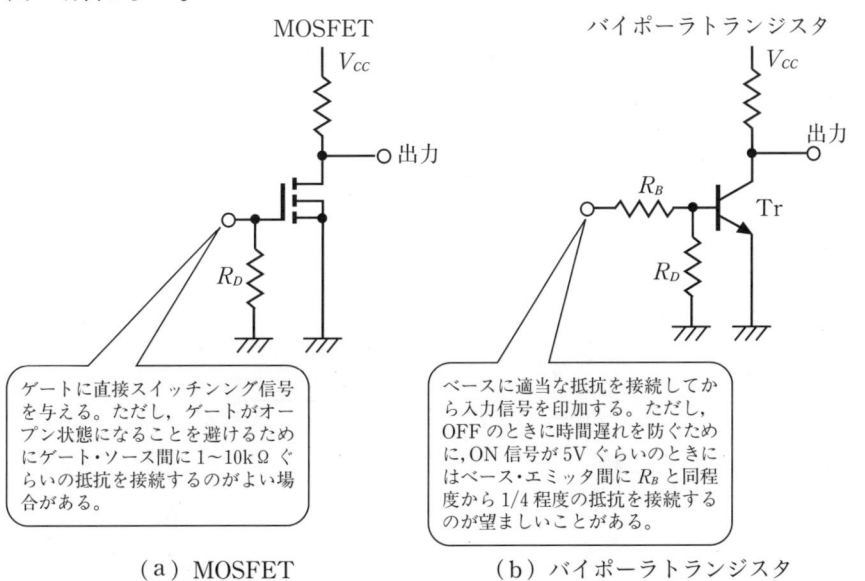

図6-3　MOSFETの共通ソース回路とバイポーラトランジスタの共通エミッタ回路の比較

6.3 バイポーラトランジスタの使い方

スイッチング素子としてのバイポーラトランジスタとMOSFETの使い方の共通点と相違点を，より詳しく見ていこう。語ることが多いのがバイポーラに多いので，それから始める。

6.3.1 NPN型とPNP型

スイッチング回路用にもNPN，PNPの両方が使われるがNPNの方が多い。カスケード接続のためにNPNとPNPを併用することも多い。しかし，同じ電流容量のためにはPNP型は3倍の半導体面積を必要とするので，両方ともにNPNにすることが多い。

カスケード接続でNPNとPNPをペアで使う場合，コンプリメンタリトランジスタを利用するとよい。コンプリメンタリとは電流容量や電流増幅係数が同じで，極性だけが違うトランジスタの組み合わせのことである。

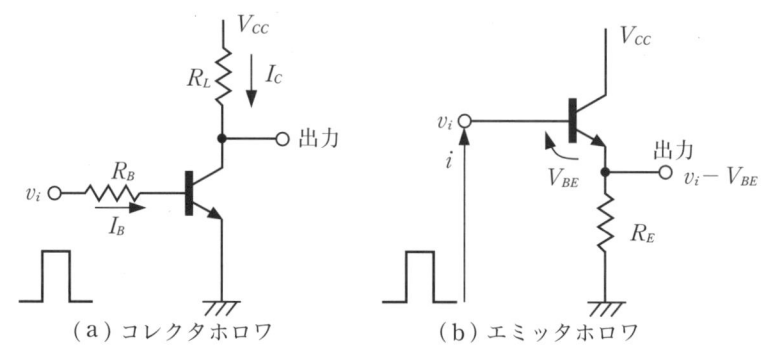

6.3.2 バイポーラトランジスタの入力回路

バイポーラトランジスタを使う場合，ON/OFFの制御信号はベースに与える。負荷の接続法としてコレクタホロワとエミッタホロワの二つの方式がある。コレクタホロワの場合にはベースに抵抗を介して電圧を印加するのに対して，エミッタホロワでは直接に電圧を印加する（**図6-4**）。

（a）コレクタホロワ　　（b）エミッタホロワ

図6-4　バイポーラトランジスタの入力回路

6.3 バイポーラトランジスタの使い方

図 (a) の方式の場合について，ベース抵抗の決定法とそれに関連する事柄を知っておく必要がある．まず負荷が抵抗 R_L の場合から考える．

ON のときのコレクタ電流 I_C は次式で与えられる．

$$I_C = (V_{CC} - V_{CE})/R_L \tag{6.1}$$

これを保証するベース電流は次式になる．

$$I_B > (V_{CC} - V_{CE})/(h_{FE}R_L) \tag{6.2}$$

一方，ON 時の入力電圧を V_i とすると，ベース回路には次式が成り立つ．

$$V_i = I_B R_B + V_{BE}$$

これより

$$I_B = (v_i - V_{BE})/R_B$$

を得て (6.2) 式に代入するとベース抵抗 R_B は次式で決定されることがわかる．

$$R_B \leq \frac{v_i - V_{BE}}{V_{CC} - V_{CE}} h_{FE} R_L \tag{6.3}$$

問題 6-1 図 (a) の回路において負荷抵抗が $10\,\Omega$ で，h_{FE} が最小で 60 であり，入力の H レベル信号の最小値が 5 V のときの R_B を決定せよ．ただし $V_{CC} = 12\,\mathrm{V}$ とする．

解答 $V_{CE} = 0.4\,\mathrm{V}$ とする．この値は V_{CC} の 12 V に比べるとかなり小さいのでこの類の計算では無視しても間違いにはならない．ここでは正確に計算してみると，次のように $228\,\Omega$ になる．

$$R_B \leq \frac{5 - 0.6}{12 - 0.4} \times 60 \times 10 = 228\,\Omega$$

そこで $220\,\Omega$ あるいは $200\,\Omega$ とする．

重要用語

bridge circuit　ブリッジ回路	polarity reversal　極性反転
charge　電荷，充電する	power loss　電力損失
change-over　切り替え	protection circuit　保護回路
current limiter　電流リミッタ	pulse-width modulation　パルス幅変調
damage　破損	switching element (device)　スイッチング素子
dead time　デッドタイム	
inverter　インバータ，逆変換器	switching loss　スイッチング損失
mutual reaction　相互作用	three-phase bridge　3相ブリッジ

第6章 スイッチング回路の基本

6.3.3 バイポーラトランジスタの多段増幅

大きな電流のスイッチングのためには，トランジスタを2段あるいは3段に使うのだが，それにはいくつかの方式が可能である．図6-5はコンプリメンタリトランジスタを使用したON/OFF回路の事例である．(a)はNPNパワートランジスタがON，(b)はPNPパワートランジスタがONである．

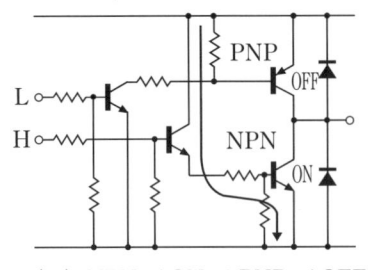

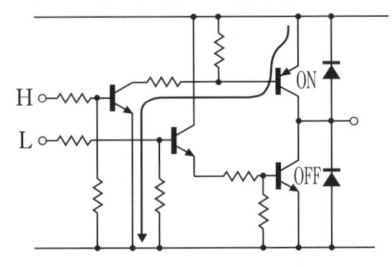

（a）NPNがONでPNPがOFF　　　（b）PNPがONでNPNがOFF

図6-5　コンプリメンタリトランジスタをコレクタホロワでON/OFFする事例

6.3.4 ダーリントントランジスタの使用に関する問題点

バイポーラの使い方の一つに，ダーリントン接続と呼ばれる方式があることは前章で見た．

しかし，ダーリントン接続の結果，図6-6に典型的な例を示すように，ON時のC-E間電圧が高くなり電力損失が大きくなり，そのためのヒートシンクにコストがかさんでしまう．さらに，スイッチング速度が低下する．

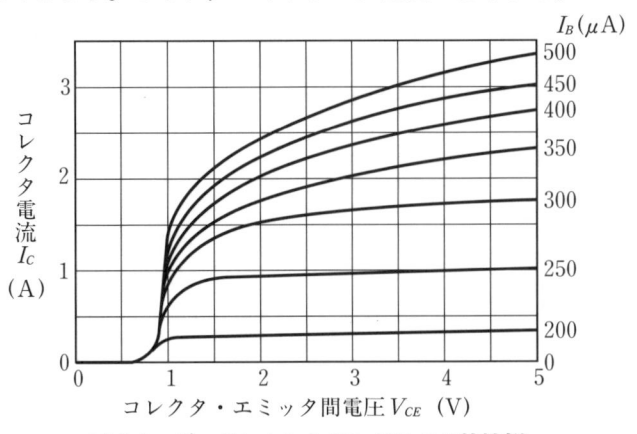

図6-6　ダーリントントランジスタの特性例

6.3.5 フォトカプラによる信号絶縁

　NPN 型バイポーラトランジスタは PNP 型に比べてはるかに品種が多い。そのために，カスケード回路を NPN だけで構成して，後に述べる 3 相インバータを設計することが多い。この方式では，信号をフォトカプラで伝達することによって，信号部とパワー部を電気的に絶縁するのが標準的である。それを示すのが図 6-7 である。

　このようにフォトカプラ回路を機能させるための電源回路を用意する必要がある。ここでは，このあとに見る PWM 信号（高い周波数のオン・オフ信号）がスイッチング信号として使われている様子を描いている。PWM 信号は上段にだけ印加している。

　N 型 MOSFET をスイッチング素子とする場合にも類似の方式が可能である。

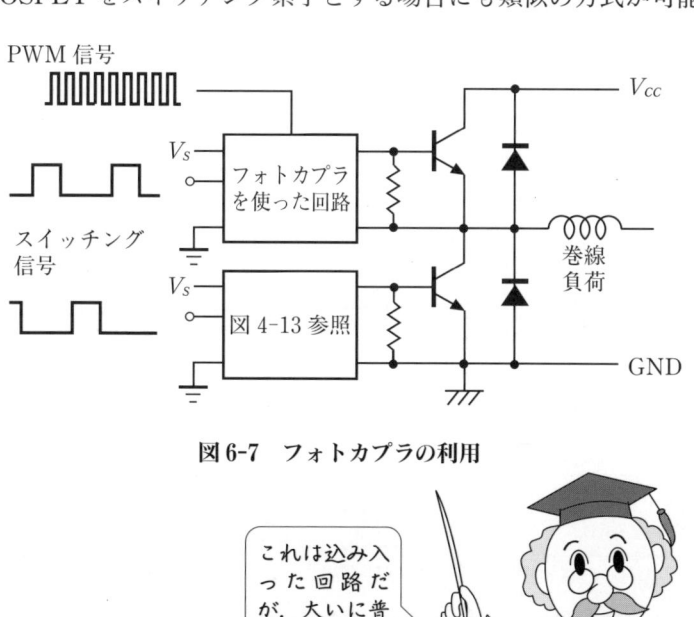

図 6-7　フォトカプラの利用

これは込み入った回路だが，大いに普及したものだ。

6.4 MOSFETとバイポーラとの比較

バイポーラトランジスタとMOSFETは，スイッチング素子の二つの代表格である。これらの共通点と相違点を知っておこう。

6.4.1 特性カーブと端子名

図6-8は，バイポーラとMOSFETのスイッチング機能を説明する特性カーブである。これらの2素子は用途から見ると類似点が多いが，端子名や特性パラメータの表現法には違いがある。

	バイポーラ	MOSFET
信号端子	ベース	ゲート
電子やホールの源	エミッタ	ソース
電子やホールの受け場所	コレクタ	ドレイン

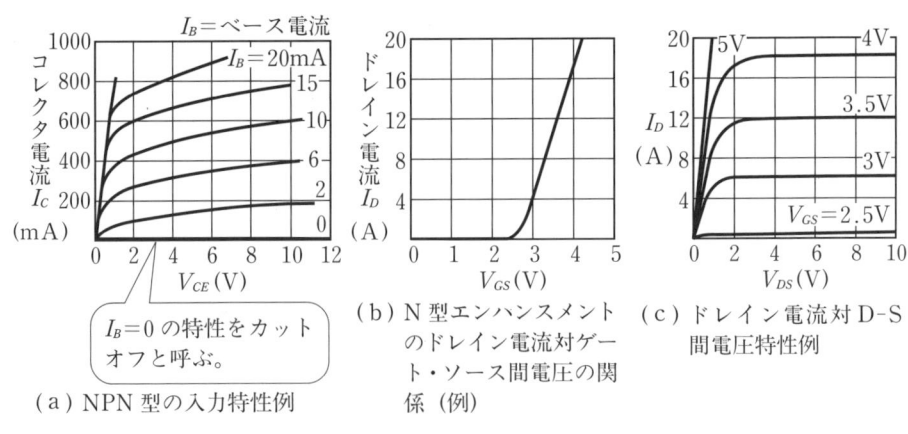

(a) NPN型の入力特性例
$I_B=0$ の特性をカットオフと呼ぶ。

(b) N型エンハンスメントのドレイン電流対ゲート・ソース間電圧の関係（例）

(c) ドレイン電流対D-S間電圧特性例

図6-8 バイポーラとMOSFETの特性比較

6.4.2 ON特性のパラメータ

オン（ON）している状態で，素子がどれだけ理想的なオンに近いかを表現するのに，

・バイポーラでは，C-E間飽和電圧 $V_{CE(\text{sat})}$ をパラメータとする。このパラメー

タは，単体のトランジスタとダーリントン・トランジスタでは大きな違いがある。単体（NPN あるいは PNP）構造においては，図 6-8(a) のように飽和領域内で，$V_{CE(sat)}$ はかなり低くコレクタ電流 I_C にほぼ比例すると見なせる。電力損失は $I_C V_{CE(sat)}$ である。

バイポーラトランジスタにおいて電子やホールは，二つの PN 接合を乗り越えなくてはならない。しかもダーリントン接続されたバイポーラトランジスタでは，この状態が複雑になっている。そのために I_C が低くても飽和領域の C-E 間電圧は大きい。

・MOSFET では，PN 接合を通らずに N 型あるいは P 型半導体の電流路（チャネル，channel）だけを通るので，オームの法則を適用して電流の流れやすさを抵抗で表す。ON のときはオン抵抗 $R_{DS(ON)}$ をパラメータとする。内部の電力損失は $I_D^2 R_{DS(ON)}$ である。

MOSFET には，入力特性としていくつかのタイプがあるが，インバータ用としてはエンハンスメントタイプが使われる。これは適切な正電圧を境にして，素子の ON と OFF を切り替える方式である。

6.4.3 コンプリメンタリ MOS の利用

バイポーラの PNP と NPN を相補形式（complementary）に使うのと同じように，MOSFET の P チャネル型と N チャネル型を相補形式に利用することもある。図 6-9 には MOSFET を相補型に使った（この後で述べる）H ブリッジ回路を示している。信号回路とのインタフェースを簡単にするために，一体の MOS 構造の中に N チャネルと P チャネルを組み込んで相補型にしたものが利用される。これが CMOS である。

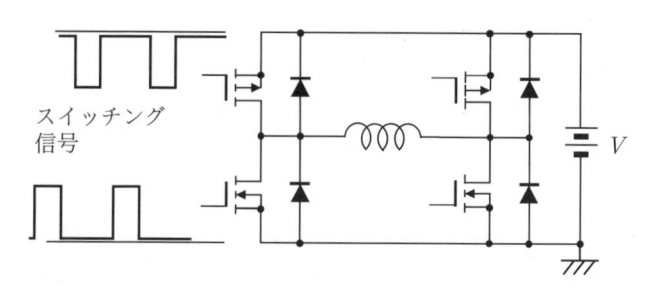

図 6-9 MOSFET を相補形式（complementary）に使う

第6章 スイッチング回路の基本

6.5 電流のON/OFFと通電方向の切り替え

ON/OFFの対象が単なるレジスタやLEDあるいは電球に流れる電流では問題にならないが，モータ，コイル，トランスなどを含んだ負荷では流れている電流を急に遮断しようとすると，素子が破損する可能性が高いことは4.10節で述べた。

それを回避するために，図4-16のようにダイオードを負荷と逆並列に置くことや，高速スイッチングのためにはそれに応じた特性のダイオードでなくてはならないことも説明した。

ここでは，電流の反転回路に発展させる。

6.5.1 電流の反転

負荷の電流の向きを切り変える回路の形は，図6-10に示すようにいくつかの形がある。

（a）は電源1個でスイッチング素子4個の方式で，H型ブリッジあるいはHブリッジと呼ぶ。

（b）は2個の電源と1組のカスケード接続されたトランジスタを使う方法である。

（c）は大きな容量のコンデンサ（実際には電解コンデンサ）をあたかも電源のように利用して電源を1個節約する方法である。

これは1.8節で学んだことからわかるように，大きな容量のコンデンサは電流が少しばかり出入りしても電圧の変動は少ないので電池に似ている。

この場合，コンデンサの電圧はスイッチングの時間比によって変わるが，Tr1とTr2が同じ間隔で作動しているときには，コンデンサ電圧は電源電圧のちょうど半分になる。

これらいずれの方法でも，トランジスタが2段縦列（カスケード）に接続されている。上の素子を上腕素子，下を下腕素子と呼ぶ。上腕・下腕の各々に使うのはバイポーラトランジスタのNPNなのかそれともPNPなのか，MOSFETのN型なのかP型なのかなど，組み合わせ方は豊富である。バイポーラトランジスタの場合には，エミッタの矢印の組み合わせ方は理論的には四種類ある。図6-10と図6-11ではあえて矢印を省いている。

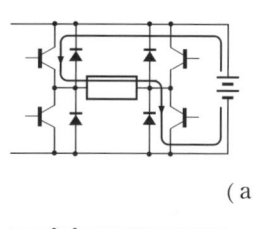

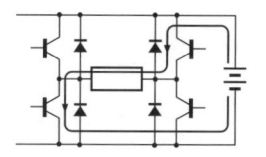

（a）1個の電源とHブリッジ回路

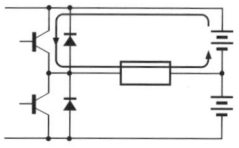

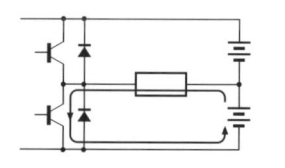

（b）2個の電源と2個の素子

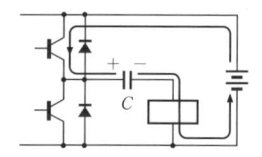

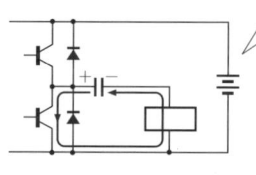

この回路では，駆動を始めて最初に充電が行われる。ON/OFF比が1以外の場合には充電電圧は $1/2V_{cc}$ ではなく，平均電流（直流成分）がゼロになるように自動調整される。スイッチング周波数が低い用途には不向き。

（c）2個の電源と2個の素子方式の変形

図 6-10　電流方向切り替え方式

6.5.2　フライバックダイオード

図 6-10 のいずれの回路においても，負荷が誘導性（コイルなどのインダクタンス成分を含むこと）の場合には，OFF直後の電流が逆並列されたダイオードを通って電源に還る（**図 6-11**）。図 4-16 においては過渡的な電流はダイオードと負荷に循環電流となったが，ここではダイオードが電力を電源に返すように働く。その役割にちなんでこのような働きのダイオードをフライバックダイオード（fly-back diode）と呼ぶ。

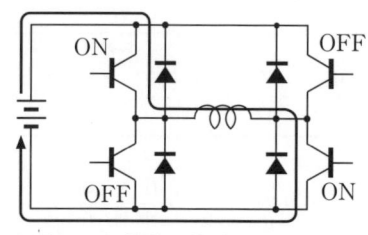

（a）電源から負荷に給電されている

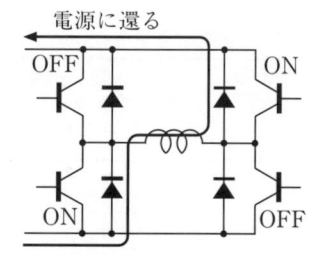

（b）スイッチングが起きた直後は電流が電源に還る

図 6-11　フライバックダイオードの機能

6.6 インバータと3相ブリッジ回路

交流を直流に変換することを整流と呼ぶことは，すで4.1節で学んだ。正式な用語としては順変換といい，整流回路（rectifier）のことを狭い意味でconverter（順変換器）という。逆に直流を交流に変えることを逆変換という。そのための回路を inverter（インバータ，逆変換器）と呼ぶが，ここでは特に可変電圧・可変周波数の3相交流を発生する装置のことである。インバータはトランジスタや MOSFET を図 6-12 のように構成する。これを3相ブリッジ回路と呼ぶ。

> バイポーラトランジスタか MOSFE か，IGBT か，さらに NPN か PNP か，N チャネルか，P チャネルか，コンプリメンタリかなど

図 6-12　インバータ(3相ブリッジ回路)

図 6-13　インバータと3相モータの結線

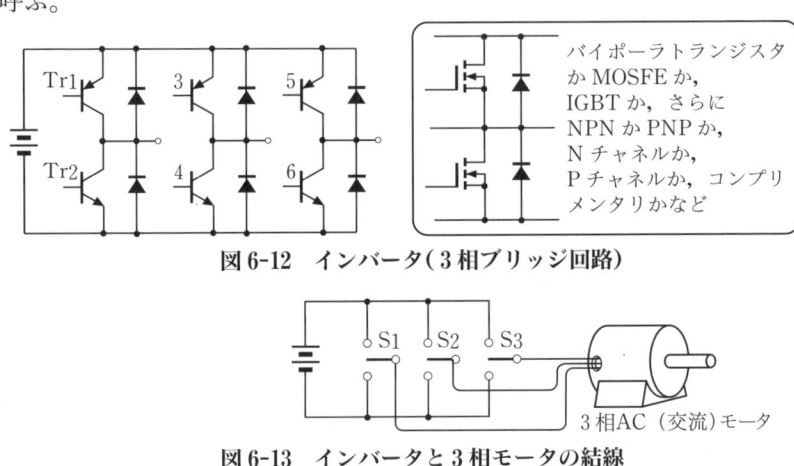

表6-3　3相インバータの基本的なスイッチング・シーケンス：シーケンスを逆にするとモータは逆転する。これと DC コンバータのスイッチング方を組み合わせると，電圧調整もできる。

素子の ON/OFF \\ ステップ	180°通電方式 (各素子が連続した3ステップON)						120°通電方式 (各素子が連続した2ステップON)					
	Tr1	2	3	4	5	6	Tr1	2	3	4	5	6
1	0	1	0	1	1	0	0	1	0	0	1	0
2	0	1	1	0	1	0	0	1	1	0	0	0
3	0	1	1	0	0	1	0	0	1	0	0	1
4	1	0	1	0	0	1	1	0	0	0	0	1
5	1	0	0	1	0	1	1	0	0	1	0	0
6	1	0	0	1	1	0	0	0	0	1	1	0

6.6 インバータと3相ブリッジ回路

インバータは，ハードディスクドライブや空調機のモータ制御によく使われるようになった。

図6-13はインバータによって3相交流モータを駆動する方式の中で最も簡単な接続である。

3相ブリッジ回路を利用して3相交流を発生するためのスイッチング順序はいろいろあるが，基礎となるのは**表6-2**に示す二つの方式（180°通電方式と120°方式）であり6ステップで1周期をなす。

180°方式のスイッチングと電流の流れの変化とモータ内の磁界の回転の様子をΔ結線とY結線の両方に対して示しているのが**図6-14**である。

なお3相ブリッジ回路は，電流制限機能などが内蔵されたものが入手しやすくなっている。これをモジュール回路あるいは付加機能が付いていることを強調してIPM（Intelligent power module）と呼ぶこともある。

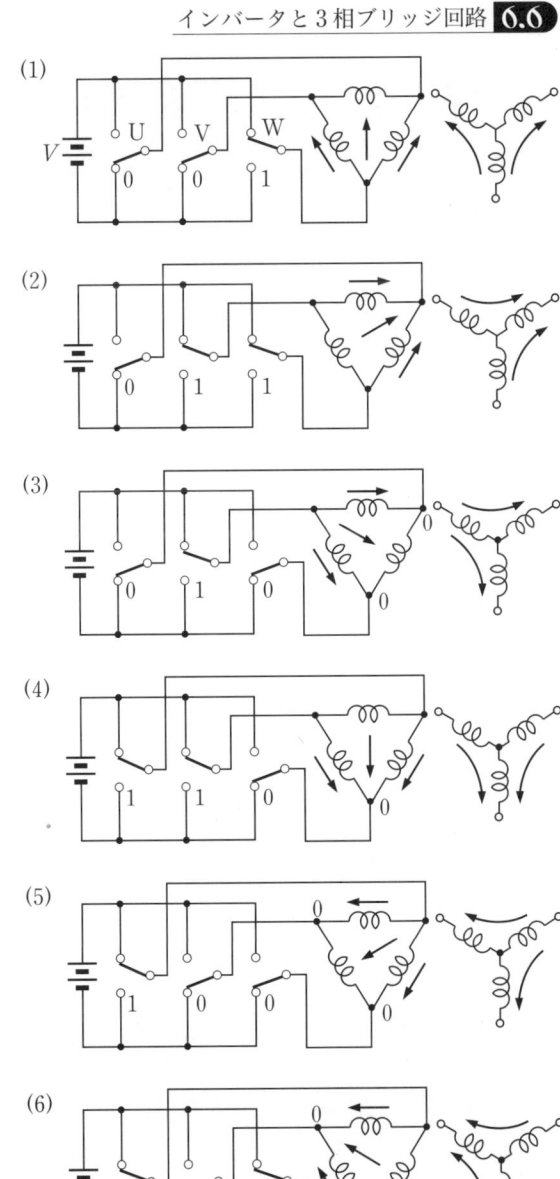

図6-14　3相ブリッジの180°通電方式のスイッチングシーケンス，電流路，モータ内の磁界の回転の様子

6.7 パルス幅変調（PWM）による電圧・電流調整

いま 6V，12W の電球（電流：2A，抵抗：3Ω）があってこれを点灯させるため，12V のバッテリーを使いたい。そこで，図 6-15 に示す二つのよく似た回路で電球を点灯することを検討する。（a）の回路で，$h_{FE}=100$ のトランジスタであればベース電流が 0.02A になるように設定すれば，電球に流れる電流は 2A になる。このときトランジスタにも同じ電流が流れ，$V_{CE}=6V$ になっているはずであるから，やはり 12W がトランジスタで消費される。トランジスタ内での損失は電力の無駄ばかりでなく，トランジスタの熱対策が必要になる。

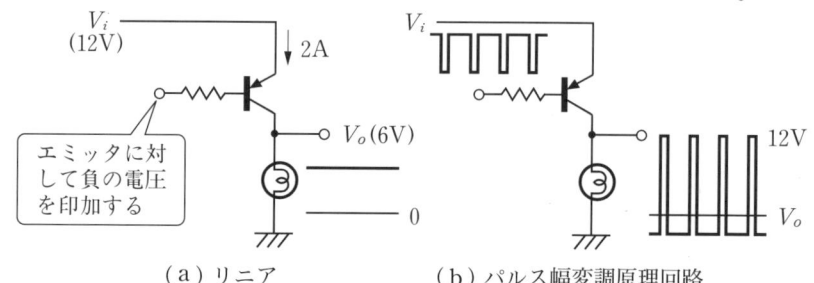

（a）リニア　　　　　　　（b）パルス幅変調原理回路

図 6-15　リニア方式とスイッチングによる制御原理

次に，（b）のようにトランジスタを高速で ON/OFF してみる。そして電球の平均消費電力が 12W になるように ON 時間と OFF 時間の比率を調整する。この場合には 1：3 にするとよい。ON のときには 12V÷3Ω＝4A の電流になるので電球では 48W の消費になる。理想的なトランジスタとして V_{CE} はほとんどゼロとすると電力損はゼロである。一方，OFF のときには電流は流れないので電球においてもトランジスタにおいても損失がない。よって時間的に平均すると 48W÷(1+3)＝12W であり，人の目に映る明るさは（a）と同じである。ON のときも OFF のときもトランジスタでは損失がない。トランジスタをこのように使う方法の呼び名は二つある。一つは時比率制御であり，もう一つはパルス幅変調駆動である。後者は，英語の pulse-width modulation の頭文字をとって PWM と呼ばれている。最近は PWM がよく使われる。

出力電圧の平均値 V_o は ON 時間 T_{ON} と OFF 時間 T_{OFF} に関係して次式になる。

$$V_o = \frac{T_{ON}}{T_{ON}+T_{OFF}} V_i \tag{6.4}$$

6.7 パルス幅変調(PWM)による電圧・電流調整

　PWM駆動において，電圧がパルス状になるのはやむを得ないとして，電流が断続しては困ること，あるいは断続できないことが多い。負荷が単純な抵抗ではなくコイル成分を含んでいるときには電流は連続的になる。その典型がモータである。そのとき，ダイオードが重要な補助素子となるが，これを示すのが図6-16である。この回路ではコイル記号が負荷と直列に接続されているが，この意味は次の二通りある。

(1)　モータやソレノイドのように，負荷が内蔵しているインダクタンス成分
(2)　電流を滑らかにするために接続するインダクタ（先の電球の場合，リニア方式と同じ明るさにするためには T_{ON} と T_{OFF} の適正比は $1:4$ でななく $1:2$ になる。）

　この回路ではTrがOFFのときには電流がダイオードDを通って循環路を流れる。電流波形は図6-17のようになる。上の(2)の場合には負荷電圧の脈動も少なくなる。つまり，インダクタが負荷の電圧変動を吸収するように働く。そして上の(6.4)式が近似として成り立つ。近似値になるというのは，実際にはトランジスタ内での損失がいろいろな原因でゼロにはならないからである。

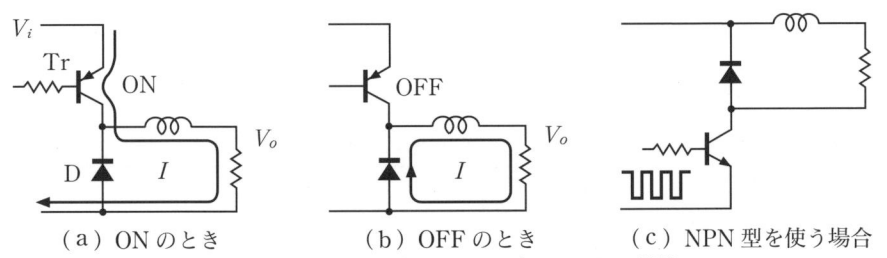

（a）ONのとき　　　（b）OFFのとき　　　（c）NPN型を使う場合

図6-16　PWM回路におけるダイオードの機能

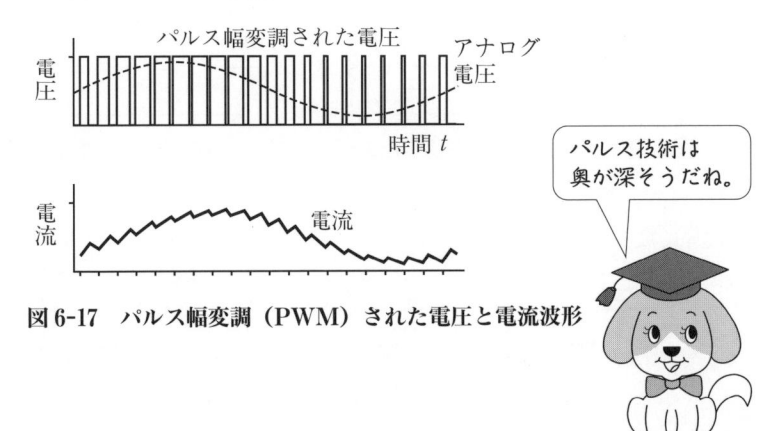

図6-17　パルス幅変調（PWM）された電圧と電流波形

パルス技術は奥が深そうだね。

第6章 スイッチング回路の基本

6.8 ステップダウン，ステップアップ，極性反転

いま述べたパルス幅制御の方式では，負荷にかかる電圧は電源電圧よりも低い。それとは逆に電源電圧よりも高い電圧を得る方法がある。前者はステップダウン型 DC コンバータ，後者をステップアップ型 DC コンバータと呼ぶことがある。

6.8.1 ステップアップの基本形

ステップアップ型の基本原理を 図 6-18 によって示している。ここで，基本的で重要なことを二つあげておこう。

一つは，スイッチとしてのバイポーラトランジスタや MOSFET などの電子デバイスと

・インダクタ
・（理想的な整流機能をもつ）ダイオード
・コンデンサ

の組み合わせ方によって，ステップダウンもステップアップもできることだ。

図 6-18 の回路では，出力電圧と入力電圧の関係は次式になる。

$$V_o = \frac{T_{ON} + T_{OFF}}{T_{ON}} V_i \tag{6.5}$$

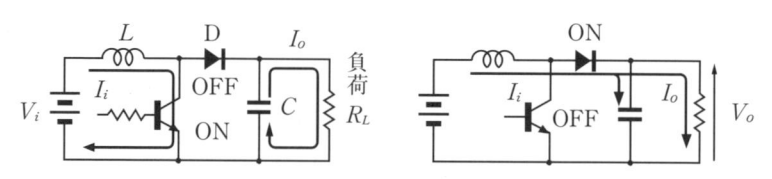

図 6-18 スイッチングを使ったステップアップ（step-up）型 DC コンバータ

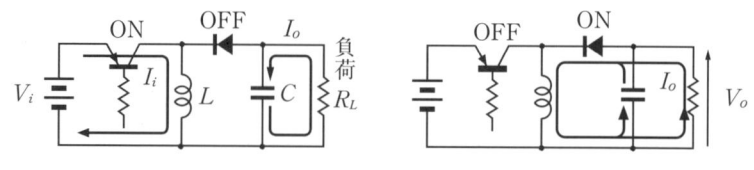

図 6-19 スイッチングを使った極性反転型 DC コンバータ

6.8.2 極性反転（正電圧源から負電圧源へ）

また，**図 6-19** のような構成によって電圧の極性を反転する変換器（コンバータ）も可能である。この場合の入出力電圧の基本的な関係は次式になる。

$$V_o = -\frac{T_{ON}}{T_{ON}+T_{OFF}}V_i \tag{6.6}$$

> **問題 6-2** ステップダウン回路の関係式 (6.4)，ステップアップ回路の関係式 (6.5) および極性反転の (6.6) 式を誘導せよ。

解答 **図 6-16** のステップダウン回路においては，定常状態において電源から電力が注入されるのは ON のときである。1 サイクルの入力エネルギーは $V_i I T_{ON}$ である。負荷には常に電流 I が流れており電圧は常に掛かっているので，1 サイクルの消費エネルギーは $V_o I(T_{ON}+T_{OFF})$ である。入力と消費が等しいとすると次式が成り立つ。

$$V_i I T_{ON} = V_o I(T_{ON}+T_{OFF}) \tag{6.7}$$

これより (6.4) 式が得られる。

次に **図 6-18** のステップアップ型では，1 サイクル中，常に電流が流れる。ただし，負荷に流れる電流はダイオードを通過する電流の平均値であると考えられるので，次式が得られる。

$$I_o = \frac{T_{OFF}}{T_{ON}+T_{OFF}}I_i \tag{6.8}$$

入力電力と出力（消費）電力は同じであるから，電圧の比率は電流の比率の逆になるはずである。よって (6.5) 式が得られる。

次に **図 6-19** の極性反転型では，1 サイクルのうち入力電流が流れるのは ON のときだけである。よってサイクルあたりの入力エネルギーは $V_i I T_{ON}$ である。負荷には常に電流 I が流れているので，1 サイクルの消費エネルギーは $V_o I(T_{OFF}+T_{ON})$ である。入力と消費が等しいとすると (6.7) 式が成り立つ。ただし，出力の極性が反転しているので，(6.6) 式が得られる。

6.9 スイッチングによる損失

パルス幅変調を使ったこれらの変換器の変換効率について考察する。コンバータ内での電力損失が必ず発生するのだが，その原因は次の二つがある。

(1) スイッチング素子内の損失：細分すると二つの要因がある。一つは ON 時に MOSFET であれば ON 抵抗があることによる $i^2 R_{DS(ON)}$ 損失と，電流がダイオードを流れるときに発生するもの（順方向電圧と電流の積）であり，他の一つはスイッチング素子が ON から OFF に，あるいは OFF から ON に遷移するときにリニア領域を時間をかけて通過するときに発生するもの（電圧と電流の積）である。スイッチングの速度が速ければ，この損失は低いのだが，スイッチング周波数に比例するので無視できない。また切れ味のよいスイッチングは電磁ノイズを発生するという厄介な問題がある。

(2) 回路内の配線の抵抗による損失：配線の抵抗を無視した計算ではこの損失が現れないが，いかに配線抵抗が低くても大きな損失が発生することがある。

損失に関する考察のために次の設問を設ける。

問題 6-3 図 6-20(a) の回路において，スイッチを閉じてコンデンサが充電されるまでに抵抗 R で消費されるエネルギーとコンデンサに蓄えられるエネルギーを計算せよ。

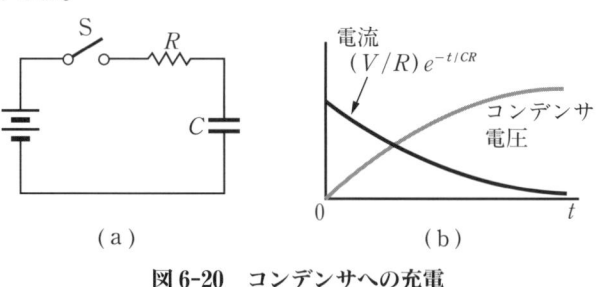

図 6-20　コンデンサへの充電

解答 コンデンサが充電されて電圧が V になったときには，$(1/2)CV^2$ の静電エネルギーを蓄えることが知られている。次に抵抗での消費電力を計算する。スイッチを時刻 $t=0$ でオンしたのちの電流は，次式で与えられる。

$$i=(V/R)\exp(-t/CR) \quad \text{（図 6-20(b) 参照）} \quad (6.9)$$

抵抗での毎秒損失 P は

6.9 スイッチングによる損失

$$P=(V^2/R)\exp(-2t/CR) \quad (図\text{ 6-20(a)}参照) \tag{6.10}$$

全損失 W は $t=\infty$ までの積分であるから，これを計算すると

$$W=\frac{V^2}{R}\int_0^\infty \exp\left(-\frac{2t}{CR}\right)dt=\frac{V^2}{R}\left(\frac{-CR}{2}\right)\left[\exp\left(-\frac{2t}{CR}\right)\right]_0^\infty$$

$$=-\frac{CV^2}{2}(0-1)=\frac{CV^2}{2} \tag{6.11}$$

これから次の重要な結論が得られる。

(1) コンデンサに蓄えられる静電エネルギーと，抵抗で消費されるエネルギーは等しい。
(2) これらのエネルギーは抵抗に関係なく，コンデンサ容量と電圧だけで決まる。つまり配線用電線を太くして抵抗を減らしても変わりない。

> **問題 6-4** （インダクタを使う問題）図 6-21(a) のようにダイオードの入った L-R-C 回路においてスイッチを入れたときには，コンデンサに蓄えられるエネルギーと損失はどのようになるか考察せよ。
>
> （a）回路　　　　　（b）電流およびコンデンサ電圧波形
>
> **図 6-21** ダイオードが入った L-R-C 回路におけるコンデンサの充電（a）回路と（b）電流およびコンデンサ電圧波形

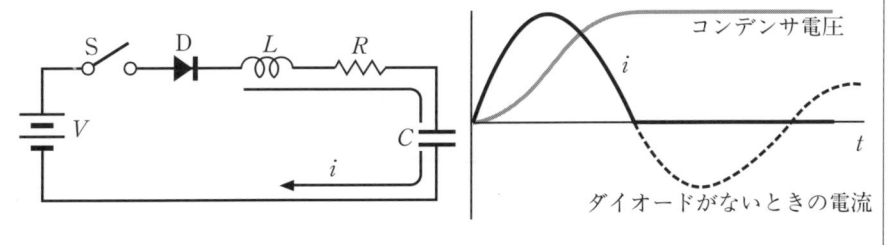

解答 第 1 章の 1.9 節で見たように，ダイオードがないときには，図（b）のような破線の電流が流れる。ここにダイオードがあると，電流がゼロになって反転しようとしたときにダイオードのために電流は阻止されて現象が停止する。抵抗 $R=0$ のときには，このときのコンデンサ電圧は電源電圧 V の 2 倍になっているので，蓄積された静電エネルギーは $2CV^2$ である。抵抗が 0 であれば損失は発生していない。L と C で回路を形成しても実際には配線の抵抗があることと，ダイオードが順方向のときに若干の電圧が発生するための若干の損失がある。その計算は解析的な計算よりも数値計算によるのが実際的である。

6.10 スイッチング回路の保護対策

前節まではトランジスタ類をスイッチング素子として利用するための基本的な事柄を学んできた。半導体素子は繊細な素子であり、少しでも使い方に不注意をきたすと破損してしまう。よって実用回路の設計にあたっては、保護対策を組み込む必要がある。

6.10.1 デッドタイムと誤信号による短絡防止

トランジスタをカスケード形式に用いて互いに ON/OFF を繰り返すときに、ON から OFF に時間遅れがあると、上段と下段が同時に ON になる時間が発生して短絡が起きてトランジスタが破損する。これを防ぐために、スイッチング信号に両方が OFF になるような時間を与える。これをデッドタイムという（図6-22 参照）。

スイッチング信号が誤って発生した場合のことも考えなくてはならない。たとえば、カスケード接続の上段と下段を同時にオンさせるような信号が入るとこれらのトランジスタを通して短絡電流が流れる。これを防止する一つの方法として、第7章で学ぶ論理回路の利用がある。

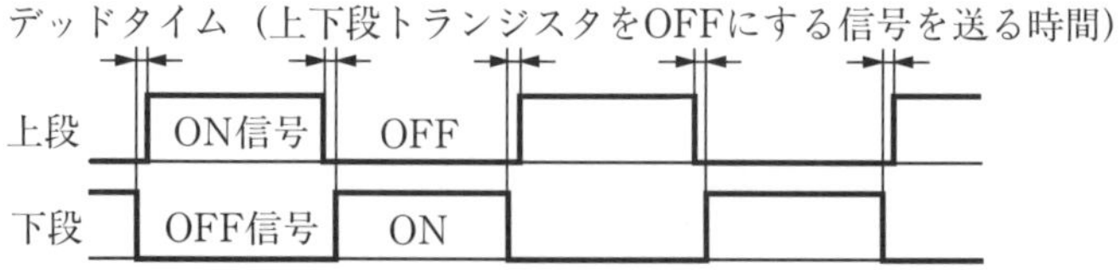

図 6-22 カスケード型接続の短絡を阻止するためのデッドタイム

6.10.2 電流制限

トランジスタが ON のときに電流が流れすぎて破損することがある。たとえば負荷がモータやソレノイドの場合である。過剰電流が流れないようにモータと直列に抵抗を挿入するのは通常運転での損失を増すので望ましくない。止まっているモータを起動しようとしていきなり電圧をかけた瞬間に流れる電流は電圧を巻線抵抗で割った値である。そして動き出すと逆起電力によって電流が抑制され

6.10 スイッチング回路の保護対策

て，速度の上昇とともに低くなる。起動時の電流を確保するためにはトランジスタの電流容量がかなり大きいことと，十分なベース電流を与えなくてはならない。しかしその結果，PWM 運転において，電流が低いときに過剰なベース電流を与えることによって，ベースでの電力損失が大きくなるばかりか，OFF 時に時間遅れが発生する。

そこで電流限界を超えようとすると自動的にベース電流が減ってトランジスタのコレクタ電流を減らすように仕組むのがよい。そのような回路の三つの形式を図 6-23(a)〜(c)にあげる。(a)はダイオードの順方向電圧 0.6V に着目して，これを補償用に使う方法である。(b)は補助用のトランジスタによって主トランジスタのベース電流を自動調整する方法である。(c)は MOSFET を使った PWM 駆動用に適した方式である。

D1：Tr1のベース・エミッタ間電圧補償用
D2, R_1, R_2：Tr1とTr2の過電流保護用
$R_2 I =$ D2の順方向電圧(0.6V)で I がリミットされる。

(a) ダイオードの順方向電圧を利用

(b) 小容量バイポーラトランジスタを補助に利用

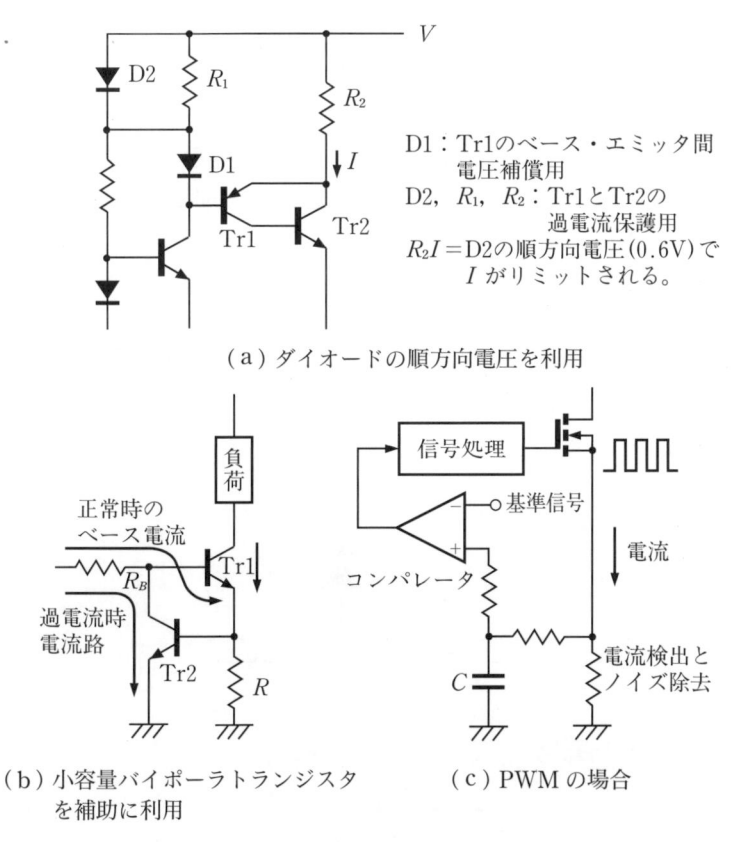

(c) PWM の場合

図 6-23　過電流を未然に防ぐ回路（電流制限回路）

第6章 スイッチング回路の基本

♠第6章のまとめ

　バイポーラトランジスタ，MOSFET（金属酸化物型電解効果トランジスタ）およびダイオードを使ったスイッチング回路，パルス回路，直流変換回路，直流－交流変換回路の形と使い方を広く見てきた。また，スイッチングに伴う損失についても学んだ。以上で個別トランジスタ類あるいはモジュール素子の基本的な使い方を学んだといえる。

　次章では場面を変えて，ディジタル回路とは何かから始めて，ディジタル回路技術の基本を勉強しよう。

Column　寄生ダイオード

　MOSFETのチャネル（電流路）はPN接合を通らないが，図6-23で説明しているように，内部できるPN接合は自動的にダイオードになり，これに順方向バイアス電圧が印加すると電流が流れることに注意する必要がある。このようにできたダイオードを，寄生ダイオード（parasitic diode）と呼ぶ。

　「寄生」と形容されるダイオードであるから，本来はないことが望ましいものであるが，この寄生ダイオードはフライバックダイオードとして有効利用できる。その場合には，外付けフライバック用ダイオードは不要である。

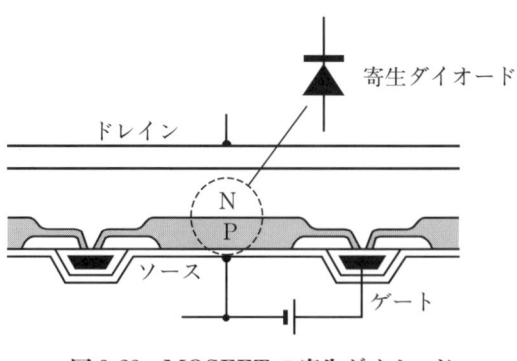

図6-23　MOSFETの寄生ダイオード

第7章
ディジタル入門

前章ではトランジスタやMOSFETをON/OFFの状態で使う方法を学んだ。本章では，さらに発想を広げてみる。私どもの発想をON/OFFが電圧とか電流あるいは電力の状態であるという観念から脱却して，もっと大きな意味をもつ情報の単位であると，捉えてみたい。これがディジタル技術の背景にある考えである。

ここでは，5段階でディジタル回路を語る。まず，哲学に語源をもつ真偽に関する論理とその演算の意味，次にその応用として加算・減算法を学ぶ。そして論理素子を電子回路で実現するための技術に関するいろいろな事柄を経て，最後にディジタル情報の記録や書き換えの基礎になる種々のフリップフロップを解説する。

7.1 ON/OFF をパワーから信号へ

電子回路と電気回路の大きな違いの一つが，信号とパワーのコンセプトがあるかないかである。

第2章では，電圧源，電流源，抵抗，インピーダンスという用語で語る回路論が語られた。それは電気回路のパワーの色彩の濃厚なアプローチであった。

第4章の一部では電気による信号という側面でダイオード回路を語った。

第5章では正弦波を信号として捉え，その振幅に注目してトランジスタ類による増幅テクニックを論じた。

また第6章では，トランジスタを電流や電圧のスイッチとして利用したが，トランジスタの使い方が根本的に違うのかというと，違うところもあるが，かなりの部分では共通であった。違うのはトランジスタやMOSFETをONの状態とOFFの状態の2状態だけで利用することである。

MOSFETの場合，ゲート・ソース間に与える信号の電圧（V_{GS}）は素子をONにするのかOFFにするのかの違いが重要である。たとえば，ゲートスレッショルド電圧が3Vの素子を利用するとき，

　　　OFFの場合は V_{GS} は2V以下の信号

　　　ONの場合は4V以上の信号

である。2〜4Vの範囲の電圧は，素子の動作状況が不確定になる可能性があるので利用しないというものである。

トランジスタ1個に対して2値を定義して，それを信号とするのがディジタルの事始めとしてよい。これが信号という概念から，情報というより広い概念に発展する。

以上を整理して出発点を次のように考えよう。
- 電圧でいうと高い（High）電圧か，低い（Low）電圧か。
- 数値でいうと，1か0かという二つの状態のどちらかを表す信号であると解釈する。

　あるいは，
- ある命題が真（true，正しい）か，偽（false，誤り）かの区別であると理解する。

ここで，命題とは，たとえば「太陽は東から昇って西に沈む」または「太陽は

7.1 ON/OFF をパワーから信号へ

西から昇って東に沈む」というように，真偽にかかわらずある事柄に関して定義するものである。これが正しいかどうかの答えが，真か偽の二つしかないと考えるのだ。

さらに進んでギリシャで発達した論理(logic)に結びつけたために，ディジタルを扱う素子を論理素子(logic element)と呼ぶ。

最も簡単な論理素子は否定であり，NOT 素子とかインバータとかの名称で呼ばれる。それは

・入力 v_i が H ならば出力 v_o は L
・入力が L ならば出力は H

を機能する素子である。

その基本になるのがトランジスタや MOSFET を使った図 7-1 の回路である。

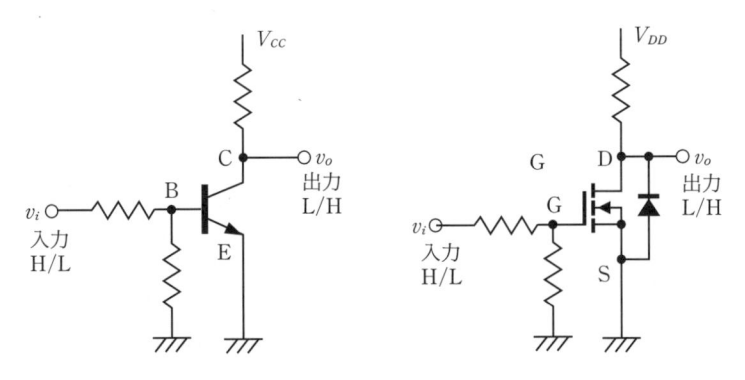

図 7-1　バイポーラや MOSFET による論理インバータ

Column　ロジックデバイス

論理素子をシリーズ化したものをロジックデバイスと考えてよい。標準ロジックデバイスには TTL や CMOS 等と呼ばれる製品があり，次のようになっている。

```
TTL―7400          Bi-MOS―74BC00     CMOS―4000/4500
    74LS00            74ABT00            74HC00/HCT00
    74ALS00                              74AC00/74ACT00
    74S00                                74VHC00/74VHCT00
    74AS00                               74LVX00
    74F00                                74LCX00
                                         74VCX00
```

第7章 ディジタル入門

7.2 2入力の論理

ここで哲学的な論理をひとまずおいて，入力が二つあって，出力が一つの場合には16のパターンがあるが，AとBの入れ替えで変わらないものを残すと8になり，さらに出力が常に0あるいは常に1の場合を除くと**図7-2**に整理しているように六つの可能性があり，それぞれに名称が付いている。

7.2.1 真理値表

入力の (0, 1) と出力の (0, 1) の関係を表にしたものを真理値表と呼ぶ。**図7-2** には6種類のゲートの真理値表を記載している。これは真と偽の関係であるから真偽表と読んでもよさそうだが，英語で truth table というので，その翻訳として真理値表としたものである。

A	B	C					
		(1) AND 論理積	(2) OR 論理和	(3) NAND 否定論理積	(4) NOR 否定論理和	(5) XOR 排他的論理和	(6) XNOR
0	0	0	0	1	1	0	1
0	1	0	1	1	0	1	0
1	0	0	1	1	0	1	0
1	1	1	1	0	0	0	1

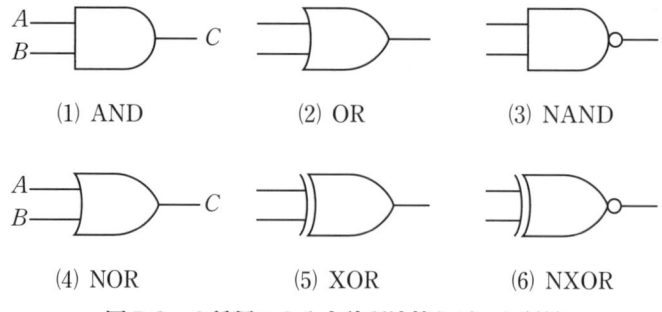

(1) AND　　(2) OR　　(3) NAND

(4) NOR　　(5) XOR　　(6) NXOR

図7-2　6種類の2入力論理演算とゲート記号

7.2.2 ゲート(gate)

入力が2ビットで，出力が1ビットの論理回路をゲートと呼ぶ。いろいろなゲートの中で基準になるのが，NAND ゲートである。LSI の大きさをゲート数で表現するときには，NAND ゲートがいくつ使用されているかをいう。

7.2.3 バイト(byte)とビット(bit)

数を0と1だけで表す数字を2進数（binary number）と呼ぶ。数字の一つひとつを digit という。2進数の各数字は binary digit である。これを短縮して bit という。

ディジタル信号はビットが単位となり，これを利用してさまざまな情報を作ったり，操作したりすることができる。8ビットの（並列）信号をバイト(byte)と呼ぶ。

> **問題 7-1** 次の三つの真理値表で表される機能を，上に見た6種類の論理ゲートの組み合わせによって実現せよ。
>
> (1)
>
> | A | B | C |
> |---|---|---|
> | 0 | 0 | 0 |
> | 0 | 1 | 1 |
> | 1 | 0 | 0 |
> | 1 | 1 | 0 |
>
> (2)
>
> | A | B | C |
> |---|---|---|
> | 0 | 0 | 0 |
> | 0 | 1 | 1 |
> | 1 | 0 | 0 |
> | 1 | 1 | 1 |
>
> (3)
>
> | A | B | C |
> |---|---|---|
> | 0 | 0 | 0 |
> | 0 | 1 | 1 |
> | 1 | 0 | 0 |
> | 1 | 1 | 0 |

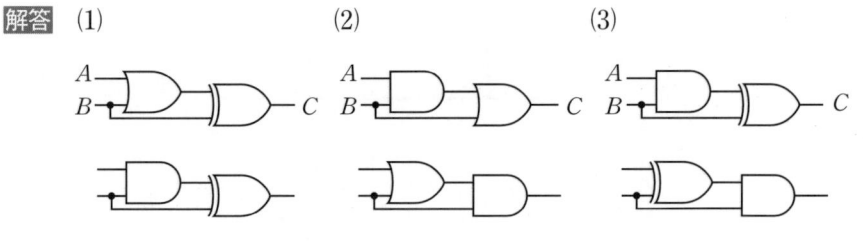

解答 (1)　　　　(2)　　　　(3)

図 7-3　組み合わせ論理事例

7.3 多入力論理

入力が多数（3ビット以上）の場合にも AND と OR が基本になる。その真理値表が **表7-1** である。

これらは **図7-5** に示すように、2入力ゲートの組み合わせによって代行することができる。この図には、さらに3入力の NAND, NOR および XOR が2入力ゲートの組み合わせによって構成されることを描いている。ただし、3入力の論理はかなりの可能性があって、多くの組み合わせ論理がある。

昔は、ゲートの組み合わせを数学的な思考で考案する練習問題がよく出されたが、最近は大規模な LSI の構成をコンピュータによって計算し、その結果を元に LSI のパターンを作製したり、LSI に書き込むのが実用になっているのでこの手の練習問題の意味が小さくなっている。

このようなコンピュータにできることはコンピュータに任せて、人の思考の対象はより高度な方向に向かっている。

表7-1　3入力 AND と OR

A	B	C	AND 出力	OR 出力
0	0	0	0	0
0	0	1	0	1
0	1	0	0	1
0	1	1	0	1
1	0	0	0	1
1	0	1	0	1
1	1	0	0	1
1	1	1	1	1

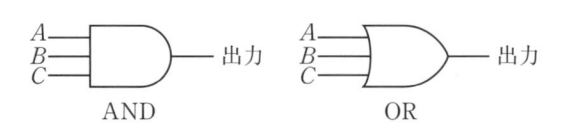

図7-4　3入力 AND と OR 回路

7.3 多入力論理

	論理記号	2入力ゲートによる等価表現
AND		
OR		
NAND		
NOR		
XOR		

図 7-5 3入力の AND，OR，NAND，NOR，XOR と 2 入力ゲートの組み合わせによる等価回路

問題 7-2　3入力 XOR の真理値表を作成せよ。

解答　2入力の組み合わせの結果から **表 7-2** が得られる。ここで注意したいのが $A=B=C=1$ の場合の出力が 1 になることである。2 入力の XOR の意味は排他的論理和（exclusive OR）というように，二つの入力が 1 のときは除外されるという意味があるからである。

表 7-2　3入力 XOR

A	B	C	出力
0	0	0	0
0	0	1	1
0	1	0	1
0	1	1	0
1	0	0	1
1	0	1	0
1	1	0	0
1	1	1	1

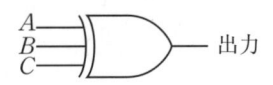

図 7-6　3入力 XOR 回路

7.4 数値演算

ディジタル回路でデータの加算減算を行う場合，半加算器（ハーフアダー，half adder）や全加算器（フルアダー，full adder）と呼ばれる回路が使用される。これらの加算器は，前節に導入した論理演算素子を利用して構成することができる。

7.4.1 半加算器（ハーフアダー：Half adder）

半加算器は，1ビットのデータを加算するための演算回路である。図7-7 に示すように1桁の2進数 X と Y を加算して結果を S とする。また，桁上げ（キャリー）を C とする。

```
X    0      1      0      1
Y  +)0    +)0    +)1    +)1
   ─────  ─────  ─────  ─────
    00     01     01     10
    CS     CS     CS     CS
```

図7-7 1桁の2進数の加算におけるサム S とキャリー C

これより，半加算器の真理値表を作成したものが **表7-3** であるが，先の **図7-2** より C は X と Y の NAND 演算結果であり，S は XOR 演算結果であることがわかる。よって回路構成は **図7-8** になる。

表7-3 半加算器の真理値表

X	Y	C	S
0	0	0	0
0	1	0	1
1	0	0	1
1	1	1	0

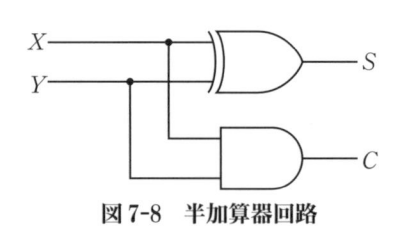

図7-8 半加算器回路

7.4.2 全加算器（フルアダー：Full adder）

この加算器は，1ビットのデータを加算するための演算回路であるが，半加算器とは違って，下の桁の計算結果現れたキャリー C' を含めて加算できるものである。

図7-9(a) に示すように1桁の2進数 X，Y と C' を加算し，結果を S，桁

7.4 数値演算

上げ（キャリー）を C とする。先の半加算器と同様の手順で演算の真理値表を作成したのが**同図(b)** である。

先の 7.3 節で見た 3 入力論理の **表 7-2** を参照するとサム S は 3 値（C', X, Y）の XOR であることがわかる。

```
C'   0      0      0      0       C'   1      1      1      1
X    0      1      0      1       X    0      1      0      1
Y   +)0    +)0    +)1    +)1      Y   +)0    +)0    +)1    +)1
    0 0    0 1    0 1    1 0          0 1    1 0    1 0    1 1
    C S    C S    C S    C S          C S    C S    C S    C S
```

(a) キャリア C' を含む加算

C'	X	Y	C	S
0	0	0	0	0
0	1	0	0	1
0	0	1	0	1
0	1	1	1	0
1	0	0	0	1
1	1	0	1	0
1	0	1	1	0
1	1	1	1	1

(b) 真理値表

図 7-9　1 桁の 2 進数とキャリーの加算例と真理値表

またキャリー C は，3 組の 2 値の AND の出力（3 値）の OR である。これより，全加算器の回路構成は次ページの **図 7-10** になる。

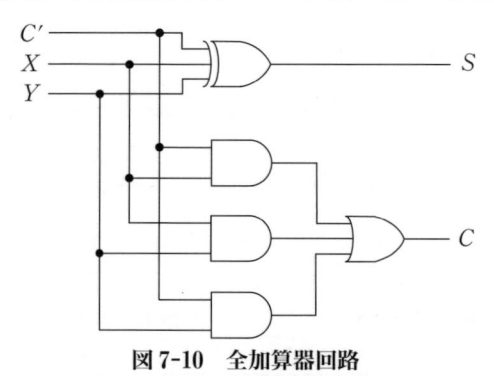

図 7-10　全加算器回路

7.4.3 4ビットデータの加算

複数のビットを使ったディジタルデータの加算の方法を考察する。ここでは4ビットで構成されたデータ (X_3, X_2, X_1, X_0 および Y_3, Y_2, Y_1, Y_0) の加算 ($S=X+Y$) を行う回路から始めよう。図 7-11 に示すように半加算器と全加算器を用いて構成することができる。

この加算回路では，0ビット目の加算に関しては下の桁からの繰り上げ（キャリー）がないので，半加算器が利用できる。

この4ビット演算回路は図 7-12 に示すように，全加算器を用いて構成することも可能である。この場合は最下位のビットは繰り上げがないので，キャリー C' は，0に設定しておかなければならない。

4ビットで表すことができる数値は，正のだけならば0から15である。もっと大きな数の加算のためにはビット数を増やすだけでよい。8ビットであれば，0～255の数値を扱うことができる。16ビット使えば0～65535となる。

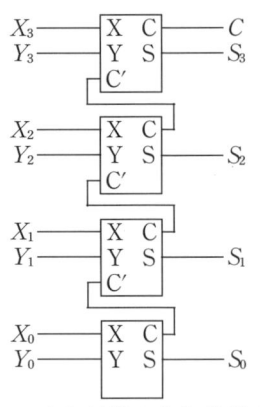

図 7-11 半加算器と全加算器を用いた4ビットの加算回路

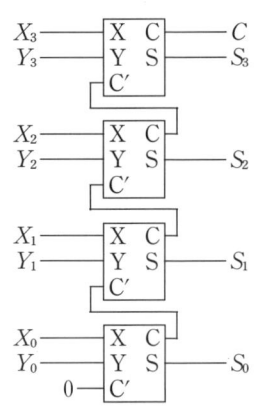

図 7-12 全加算器を用いた4ビットの加算回路

Column　ビット数と扱える数字

ビット数	符号無し	符号付き
4	0～15	-8～$+7$
8	0～255	-128～$+127$
16	0～65535	-32768～$+32767$
32	0～4294967295	-2147483648～$+2147483647$
64	0～18446744073709551615	-9223372036854775808～$+9223372036854775807$

7.4.4 4ビットデータの減算

4ビットで構成されたデータ（X_3, X_2, X_1, X_0 および Y_3, Y_2, Y_1, Y_0）の減算を行う方法を考えてみよう。ディジタル回路における減算はできないので，$S=X-Y$ の演算を $S=X+(-Y)$ という演算に変更して加算演算を行う。

事例として 13−6 の計算をしてみよう。これは 13+(−6) に置き換えて計算する。13の4ビット表現は1101である。+6は符号付4ビットでは0110である。−6はすべて0110のビットを反転して（1001）これに1を加算したものである。つまり1010である。

この意味は第10章で詳しく述べることにするが，要点は最上位ビット（MSB）が1のとき，これを −8 と解釈することである。このようにした演算は図7-13に示すように 111=7 という結果を得る。

よって図7-14に示すように全加算器を用い，最下位ビットの加算においてキャリー C' を1とする回路で減算を行うことができる。キャリー C' を1とするということは，Y のデータを全ビット反転したものに，1を加算することに相当している。

```
   1101
+) 1010
   0111
```

図7-13　2の補数を用いた 13−6 の計算
補数：各ビットの反転に1を加算した値のこと

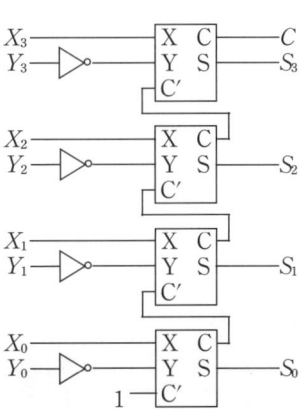

図7-14　4ビットデータの減算回路

このような方法で扱うことができる4ビットデータは −8〜+7 であることに注意しなくてはならない。ビット数を多くして全加算器を上に積み重ねることによって絶対値の大きな数値の演算が可能になる。

7.4.5 4ビットデータの加算・減算

前節までに示した加算回路と減算回路は，単独でそれぞれの機能を実行するものであった。次に，加算または減算のための指令値を有する回路を示す。

回路は**図 7-15** に示すように，Y の入力データの反転・非反転を制御するのに，XOR を利用している。2 入力 XOR の片方の入力には，Y のデータが接続され，もう片方の入力には，加算／減算の命令信号が接続されている。また，この指令は全加算器の最下位ビットのキャリー C' にも接続されている。

加算／減算指令が 0 になるとき，XOR の出力は Y の入力信号を非反転で出力する。また，キャリー C' 端子は 0 になるので，**図 7-11** の回路と等価になり加算が行われる。

一方，加算／減算指令が 1 である時は，XOR の出力は Y の入力信号を反転して出力する。また，キャリー C' 端子は 1 になるので，**図 7-14** の回路と等価になり減算が行われることになる。

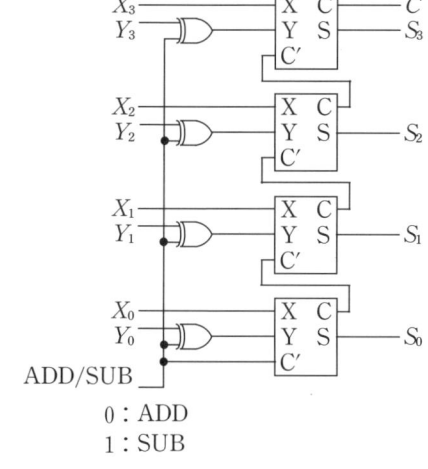

人間の頭脳ではどんなふうに足し算と引き算をするのかな。

図 7-15　4 ビットの加算・減算回路

7.5 ダイオードやトランジスタで作る論理回路

ロジック回路は市販されているディジタル IC を利用すればよいのだが，低速度でもよく，複雑な動作をさせない場合は，ダイオードやトランジスタを用いて簡易に作ることができる．

(1) ダイオードを用いた論理回路

ダイオードと抵抗を用いた論理回路を 2 例示す．図 7-16 は 2 入力の OR 回路である．入力は抵抗 R_1, R_2 を用いてプルアップしてある．出力は抵抗 R_3 を通してグランドに接続されている．この回路では入力 A および B が L レベル (0V) であるとき，出力は L レベルである．入力 A, B の片方または両方が H レベル (V_{CC}) であるときは，出力は H レベル (V_{CC} よりダイオードの順方向電圧だけ低くなる) になる．もし，多入力の OR 回路を作りたいときは，抵抗とダイオードを追加すれば実現することができる．図 7-17 は 2 入力 AND 回路である．この回路では入力 A, B ともに H レベルのとき，出力は H レベルになる．

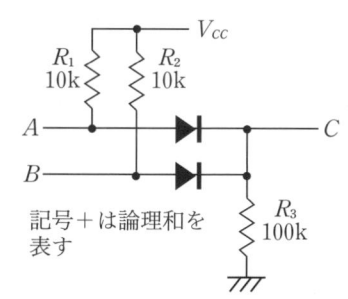

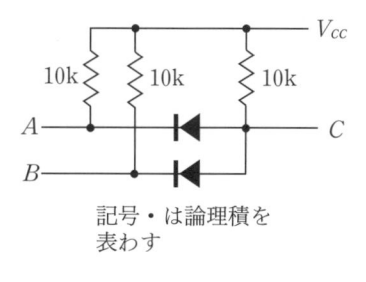

図 7-16 ダイオードと抵抗を用いた OR 回路 $C=A+B$

図 7-17 ダイオードと抵抗を用いた AND 回路 $C=A \cdot B$

(2) ダイオードとトランジスタを用いた論理回路

前述のダイオードと抵抗のみを用いた回路では，H/L の信号を表す電圧信号を得ることができる．しかし，その信号を他の回路に伝達しようとすると，回路抵抗のために正しく伝達ができない．そこでトランジスタを利用する．図 7-18 に示す回路は，トランジスタを用いて出力抵抗を低下させた回路である．(a) は OR 回路である．ダイオードを通して得られた信号はトランジスタを用いたエミッタホロワ回路によって増幅され出力されている．(b) はトランジスタを

第7章 ディジタル入門

用いて出力を反転した2入力 NAND 回路である。入力 A と B がともに H レベルであるとき，出力は L レベルになる。

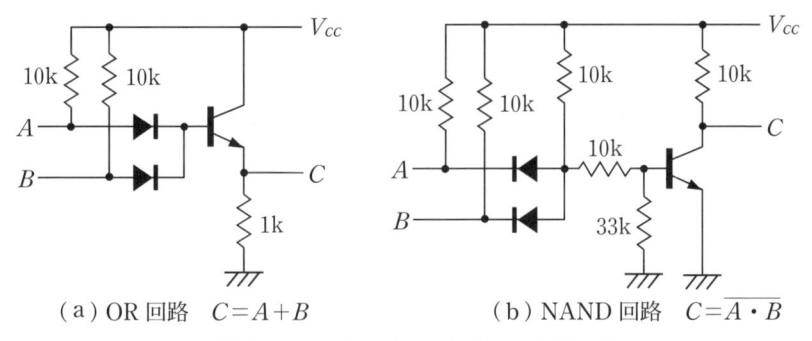

（a）OR 回路　$C = A + B$

（b）NAND 回路　$C = \overline{A \cdot B}$

図 7-18　トランジスタを使った論理回路

(3) トランジスタを用いた NOT 回路

図 7-19 はトランジスタを用いて入力信号を論理的に反転して出力する回路であり，インバータ回路とも呼ばれる。入力が H レベルであるとき，トランジスタのベースからエミッタに抵抗 R_1 を通って電流が流れ，トランジスタは ON 状態になり，出力は L レベルになる。

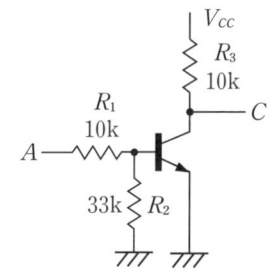

図 7-19　トランジスタを使った NOT 回路

問題 7-3　図 7-20 に示す回路は，ダイオードとトランジスタを用いた論理回路とそのタイムチャートを示したものである。記載されていない A の信号を記入してタイムチャートを完成せよ。

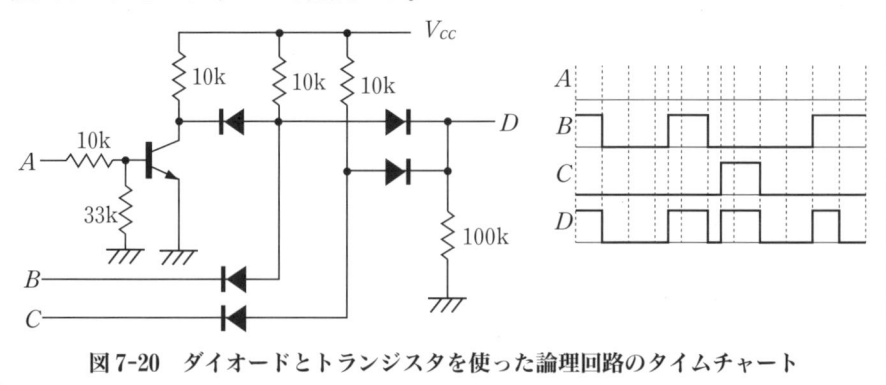

図 7-20　ダイオードとトランジスタを使った論理回路のタイムチャート

解答　（答えは P.162）

7.6 さまざまなディジタルIC

　ディジタル回路で扱う信号は，前述のように H/L，または 1/0 の記号を用いて表現される。半導体を用いたディジタル回路は，ダイオードと抵抗を用いた簡単なロジック回路から始まり，その後 DTL（Diode-Transistor Logic），TTL（Transistor-Transistor Logic）と発展してきた。

　TTL は米国の Texas Instruments が最初に SN7400 シリーズとして製品化し世界中の多くの半導体メーカーから同一仕様の IC が製造されている。7400シリーズは標準型と呼ばれ，その後，低消費電力型，高速型など製品が作られている。表7-4 に，7400シリーズの種類を示す。

表7-4　7400シリーズの種類

シリーズ名	シリーズ型番	伝搬遅延 ns	H/L 出力電流 I_{OHmax}/I_{OLmax} μA/mA	H/L 入力電流 I_{IHmax}/I_{ILmax} μA/mA	出力短絡電流 mA	消費電力 mW/gate	性能評価値 伝搬遅延×消費電力
standard	7400	10	−400/16	40/−1.6	−55	10	100
High speed	74H00	6				22	132
Low power	74L00	33				1	33
Schottky	74S00	3	−1000/20	50/−2	−100	19	57
Low power Schottky	74LS00	9.5	−400/8	20/−0.4	−100	2	19
Advanced Schottky	74AS00	1.5	−2000/20	20/−0.5	−224	22	33
Advanced LS	74ALS00	4	−400/8	20/−0.1	−224	1	4

　一方，米国の RCA 社は，消費電力が極めて小さい CMOS による4000シリーズを開発し製品化した。しかし，同じディジタル IC であるが，動作上や回路上で大きな違いがあった。一つは，TTL は電源電圧を 5V としているのに対し，CMOS は 3〜18V と動作電圧範囲が広く，さらに消費電流がきわめて小さいためにバッテリーで動作する装置に適していた。しかし，動作速度は，TTL の方が CMOS より速く，高周波での利用に適していた。

　どちらを使用するかは回路の利用条件によって選択すればよいのだが，決定的に違ったのは図7-21 に示すように同じ機能の IC であっても，ピン配列が異なっていたことである。一度，プリント基板を作成すると差し替えができないという状況を生み出した。

第7章 ディジタル入門

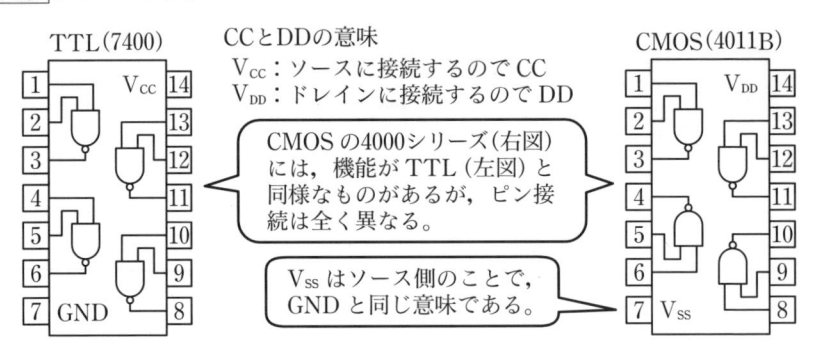

図7-21 TTLとCMOSのピン配列比較

TTL(7400) と CMOS(4011B) のピン配列図

- CCとDDの意味
  - V_{CC}：ソースに接続するのでCC
  - V_{DD}：ドレインに接続するのでDD
- CMOSの4000シリーズ（右図）には，機能がTTL（左図）と同様なものがあるが，ピン接続は全く異なる。
- V_{SS} はソース側のことで，GNDと同じ意味である。

その後，TTLとピン互換性のあるCMOSや高速動作のできるCMOSが出現してきた。74HC00シリーズは，7400シリーズの機能を継承しつつ，回路をCMOS化したものである。また，74HC4000シリーズはCMOSでありながらTTLと同様の動作速度を有する製品である。さらに，機能を強化したシリーズも開発され製品に使用されている。

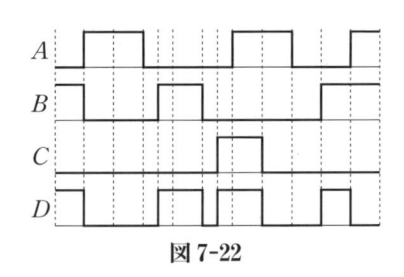

問題7-3 解答

図7-22

問題7-4 図7-23は複数のゲート回路を組み合わせた論理回路と，そのタイムチャートを示したものである。記載されていない信号を記入して，タイムチャートを完成せよ。

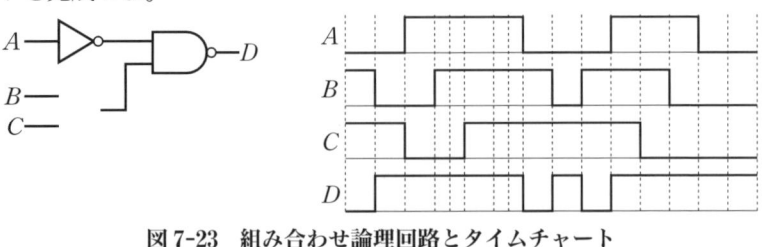

図7-23 組み合わせ論理回路とタイムチャート

解答 （答えはP.164）

さまざまなディジタル IC 7.6

◆ディジタル論理素子の総括

その後の発展を含めて，論理素子を半導体の構造から分類したものが**表 7-5**である。

表 7-5 ディジタル論理素子，IC，LSI の分類

			例：型番など
Bipolar バイポーラ	飽和型	TTL	7400 シリーズ
	非飽和型	ECL (Emitter Coupled Logic) CML (Currect Mode Logic)	
MOS	PMOS	P-チャネル MOS	
	NMOS	N-チャネル MOS	
	CMOS	P，N-チャネルの相補型	74HC00 シリーズ
	BiMOS	MOSFET とトランジスタ混在	

Column 音の大きさを調整する電子ボリューム

最近のテレビやオーディオ装置では音量調整を行うための可変抵抗器が付いてないものが多い。可変抵抗器の代わりに音量を調整するのが電子ボリュームと呼ばれるデバイスである。東芝の TC9235 という電子ボリューム用 IC は **図 7-24** に示すように，Up/Down カウンタを内蔵しており，UP 端子または DOWN 端子を L にすることでカウンタ値が OSC 端子に入力されるクロック信号によって増減する。そのカウンタの値によって音量調整ができる。これも Up/Down カウンタの応用の一例である。

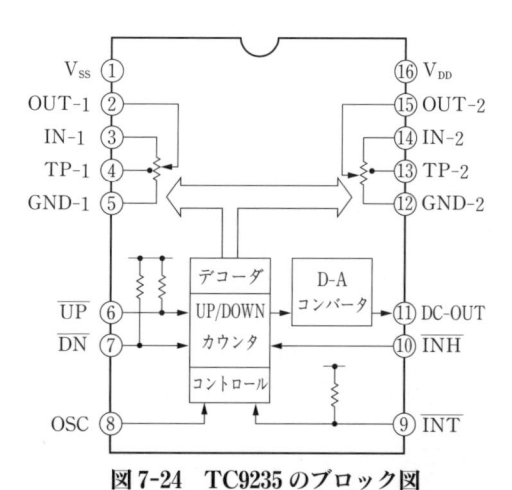

図 7-24 TC9235 のブロック図

7.7 テキサス・インスツルメンツ TTL

上述のように，1960年代から専用の論理回路ICがアメリカの半導体メーカーで開発され，やがて主流となったのが Texas Instruments の TTL と呼ばれるもので 7400 シリーズとして知られている．TTL とは，transistor-transistor logic の頭文字をとってできた術語である．また，CMOS は complementary metal oxide semiconductor の頭文字である．図 7-26 に描いているように，入力ゲートと出力をバイポーラトランジスタで構成するのが TTL である．入力端子は，トランジスタのエミッタであって，1 個のトランジスタに複数のエミッタがある構造である．ベースには，5V の電圧が掛かっている．

7.7.1 TTL の入力回路

初段のトランジスタは共通ベース接続に似た方式で使われているが，第3.11.2項で与えた説明とは少し異なることが図 7-26(c)(d) からわかる．入力が L レベルのときには，入力端子は導通状態のエミッタであり Tr2 のベースから電流を引き出そうと作用するので Tr2 は OFF である．よって Tr4 のベースには電流が流れないのでこれも OFF である．しかし Tr3 のベースには抵抗 R_2 を通してベースに電流が流れる結果 ON であり，出力は H レベルになる．

入力が H レベルのときには Tr1 のコレクタはエミッタとして動作して Tr2 を ON にする．そのために Tr4 も ON であり Tr3 は OFF である．結果として出力は L レベルになる．

問題 7-4 解答

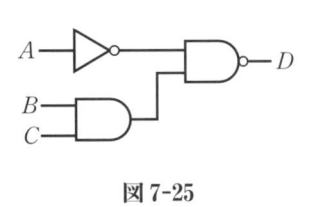

図 7-25

テキサス・インスツルメンツ TTL **7.7**

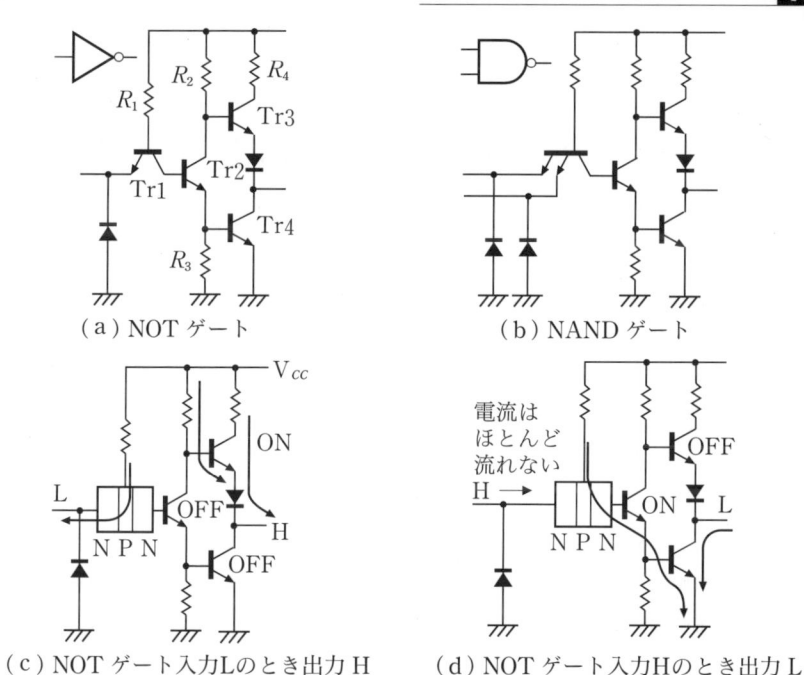

(a) NOT ゲート　　　　　　(b) NAND ゲート

(c) NOT ゲート入力Lのとき出力H　　(d) NOT ゲート入力Hのとき出力L

図 7-26　TTL の構成と入力段の NPN の意味

7.7.2 TTL の出力方式

　TTL の出力の形式は，図 7-26 に示したトーテムポール型と図 7-27 に示すオープンコレクタ型に分けられる。オープンコレクタとは，トランジスタのコレクタ端子が出力端子となっているものだ。

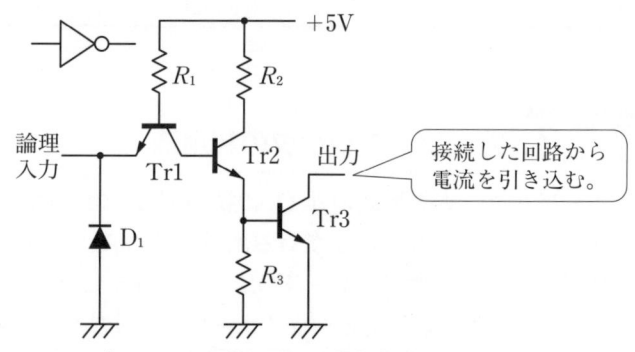

図 7-27　オープンコレクタ型 TTL の出力方式

165

第7章 ディジタル入門

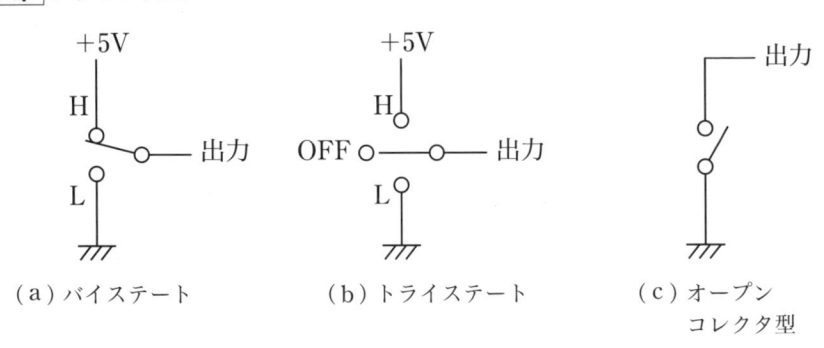

```
   +5V              +5V
    H                H                      出力
    ○                ○                       ○
     \               OFF ○──○ ── 出力           \
    ○──○ ── 出力        ○                       ○
    L                L
    ───              ───                    ───
  (a) バイステート    (b) トライステート       (c) オープン
                                              コレクタ型
```

図7-28 TTLの出力段の3形式を機械的スイッチとして表す

　論理記号としては，オープンコレクタとトーテムポールに違いがないので，選定するときには，マニュアルで確かめる必要がある。

　さらに，図7-28はトーテムポール型には二つの形式があることを説明しながら，機械式スイッチになぞらえた比較をしている。これら3方式の特徴を表にしたのが表7-6である。

表7-6　TTL出力の3形式

TTLの方式		特　徴
トーテムポール (totem pole)	バイステート (bi-state)	出力がHかLかのどちらか。つまり原理的な論理である。
	トライステート (tri-state)	HとLのほかにオープン(open)がある方式である。インヒビット端子（制御端子とも呼ぶ）がHのときにオープンになり，Lのときにはバイステート状態になる。インヒビットとは禁止のことで，「接続禁止」と考えてよい。
	オープンコレクタ (open collector)	出力段がNPN型トランジスタ1個で，しかもコレクタが未接続のままで出力になっている形式である。(図7-26参照)

7.7.3　オープンコレクタの利用法

　オープンコレクタ形式のTTLの使い方として，図7-29(a)のようなOR回路がある。オープンになっている出力端子から，配線（wire）によってOR回路を形成するものでワイヤードORと呼ばれることがある。同図(b)はオープンコレクタの出力端子をオシロスコープで見るときの注意をしている。オープンのままでは信号は観測されない。

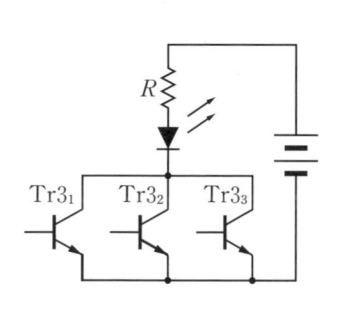

(a) オープンコレクタをワイヤードORとして利用する方法

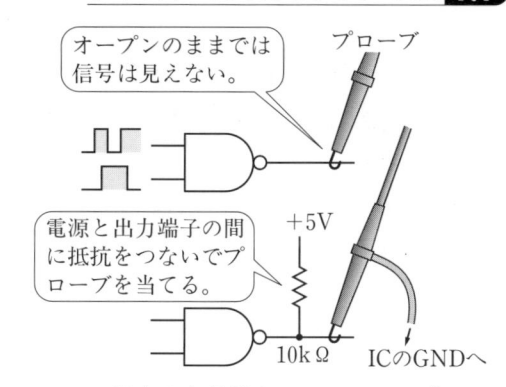

(b) 出力信号をオシロスコープで見るときの注意

オープンのままでは信号は見えない。

電源と出力端子の間に抵抗をつないでプローブを当てる。

図7-29 オープンコレクタの使い方

Column 最近のディジタルオシロスコープ

　従来のオシロスコープはアナログオシロスコープと呼ばれ，信号処理回路がアナログ回路で構成されていた。しかし最近のオシロスコープは，プローブから入力した信号をADコンバータによってディジタル量に変換し，ディジタル的に処理を行って画面に表示するディジタル型に変わってきている。図7-30は，ディジタルオシロスコープの全面と背面を示したものである。前面パネルには，アナログオシロスコープに付いているようなアナログ信号を調整するためのつまみはなく，ディジタルスイッチに置き換わっている。また，背面には，キーボードやディスプレイに接続するための端子，LANに接続する端子などがある。

　オシロスコープをLANに接続すると，パソコンからオシロスコープの操作をしたり，オシロスコープで表示される波形をパソコンの画面に表示したり，メモリにデータを記録するなどの操作が簡易にできるようになる。さらに，LANを使うことで遠方（たとえば自宅）から実験室や工場の信号をモニタしたり計測することだってできる。

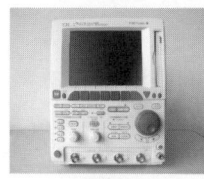

前面 　　　背面
図7-30 ディジタルオシロスコープ

7.8 CMOSとその特徴

　TTLのあとに発達し，現在は主流になっているのが，CMOS論理ゲートである。TTLとの比較をしながら，CMOSの特徴を見ることにする。

　MOSFETには，Nチャネル型とPチャネル型があることは第3章で学んだ。PとNとをプッシュプル方式で補完し合って，機能を高めたものがcomplementary metal-oxide semiconductorであり，頭文字からCMOSという。これを利用した論理ゲートは，消費電力が低く，集積密度が高い。図7-31は，CMOSによるインバータと2入力NANDゲートの内部構成である。

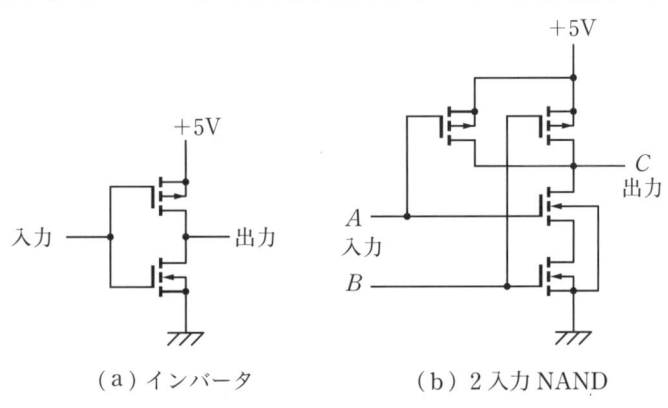

（a）インバータ　　　　（b）2入力NAND

図7-31　CMOSインバータとNAND

7.8.1 TTLとCMOSの違い

　TTL，CMOSはともにディジタル回路を構成するロジック素子であり，ロジックの基本特性は同じであるが，実用上では次にあげるいくつかの違いがある。

⑴　構造的な違い

　TTLとCMOSの大きな違いは，素子を構成する素材にある。TTLはバイポーラトランジスタを基本とした構造をしており，ゲートに印加される信号がHかLかによって，ゲートに流れる電流が変わり，その電流によって回路が動作するものである。一方，CMOSはMOSFETを用いて回路が構成されており，

7.8 CMOSとその特徴

ゲート回路のインピーダンスが高く，特性上の違いは，信号の伝搬遅延時間である。TTL の 74LS00 シリーズでは負荷容量が 500Ω，50pF のとき 9.5ns，74 ALS シリーズでは 4.5ns 程度である。一方，CMOS の 4000 シリーズでは負荷容量が 50pF のとき，120ns 程度である。伝搬遅延時間は，負荷状態や素子の温度の影響を受けるので，製造メーカーが提示している素子の特性表を参考にするのがよい。

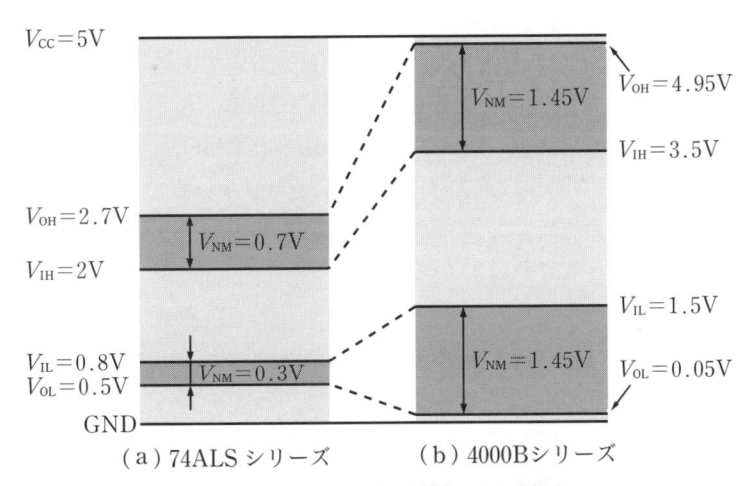

V_{IH}：出力が H であることを判断できる電圧
V_{OH}：出力が H であることを保障する最小の出力電圧
V_{IL}：入力が L であることを判断できる電圧
V_{OL}：出力が L であることを保障する最大の出力電圧

図7-32　TTL と CMOS のノイズマージン

(2) **ノイズマージン（noise margin，雑音余裕）の違い**

ディジタル回路のノイズマージンとは，入力と出力の関係において，出力が H の時に出力する最低電圧と入力が H であると判断する電圧（しきい値電圧あるいはスレッショルド電圧という）の差，および出力が L のときに出力する最高電圧と入力が L であると判断する電圧の差のことをいう。

TTL と CMOS では，ノイズマージンが異なることを説明しているのが**図7-32** である。動作条件を同じになるようにし，電源電圧が 5V のとき，それぞれの素子の入力と出力の関係は，(**a**) と (**b**) の比較によってわかる。(**a**) は TTL(74ALS00 シリーズ) の場合の特性を示している。この場合は，

・H を出力する電圧は 2.7 以上であり，
・H と判断する電圧は 2.0 以上である。

169

第7章 ディジタル入門

一方,
- Lを出力する電圧は0.5V以下で,
- Lと判断する電圧は0.8Vである。

この場合のHレベルのノイズマージンは0.7V，Lレベルのノイズマージンは0.3Vである。

(b)はCMOS（4000シリーズ）の特性である。この場合，Hを出力する電圧は4.95V以上であり，Hと判断する電圧は3.5V以上である。一方，Lを出力する電圧は0.05V以下で，Lと判断する電圧は1.5Vである。この場合のHおよびLレベルのノイズマージンはともに1.45Vである。

これらの結果から，ノイズマージンだけを見るとCMOSの方がTTLより勝っている。しかし，CMOSは入力インピーダンスがきわめて高いのでノイズの影響を受けやすい。よって，どちらがノイズに強いかは，システムを構成する回路全体をもって評価しなければわからない。

Column　ラッチアップとは

CMOSのロジックICを使用する場合は，ラッチアップと呼ばれる現象を回避するように回路の設計を行わなくてはならない。ラッチアップとはCMOSの構造上電源とGND間に寄生的に構成されるサイリスタ（PNPN構造の素子でSCRとも呼ばれる）が，入力端子，出力端子，電源端子に定格電圧以上の電圧が印加されたときにONになり，電源とGND間に電流が流れ続ける現象をいう。この電流は，電圧を定格以内に戻しても流れつづけ，回路を破壊する原因になる。

また，回路の入力や出力とGND間にコンデンサを取り付ける場合も，電源をON/OFFしたときにコンデンサに充放電する電流が流れてラッチアップを引き起こすことがある。この場合は入力や出力端子に直列に抵抗を接続することでラッチアップを防止できる。

7.9 Flip-Flop(フリップフロップ)
──情報の記録の基礎──

論理はコンピュータの記憶の手段として利用されている。それを行うのがフリップフロップである。ここでは英語の Flip-Flop の頭文字をとって FF と記すことにする。これには基本的な方式がいくつかあるので系統的にみよう。

基本となる RS-FF と，それを発展させた JK-FF，さらにその機能を特化した T 型 FF と D 型 FF の順に説明する。

7.9.1 RS-FF

NOR ゲートあるいは NAND ゲートを2個使って**図 7-33** のように結線をする。それぞれの出力が互いに相手方の入力の一方にフィードバックされている。これが RS-FF であり，セットリセット・ラッチ (latch) とも呼ばれる。R とは，リセット (reset)，S はセット (set) を意味し，ラッチとは，引っかける（記憶する，記憶する）の意味をもつ。この図には，真理値表も記しているので，理解しやすくするためのための補足説明をしよう。

S	R	Q	$\bar{Q}$	動作
0	0			無変化 記憶保持
1	0	1	0	セット
0	1	0	1	リセット
1	1	0	0	禁止入力

(a) RS-NOR ラッチ

$\bar{S}$	$\bar{R}$	Q	$\bar{Q}$	動作
1	1			無変化 記憶保持
0	1	1	0	セット
1	0	0	1	リセット
0	0	1	1	禁止入力

(b) RS-NAND ラッチ

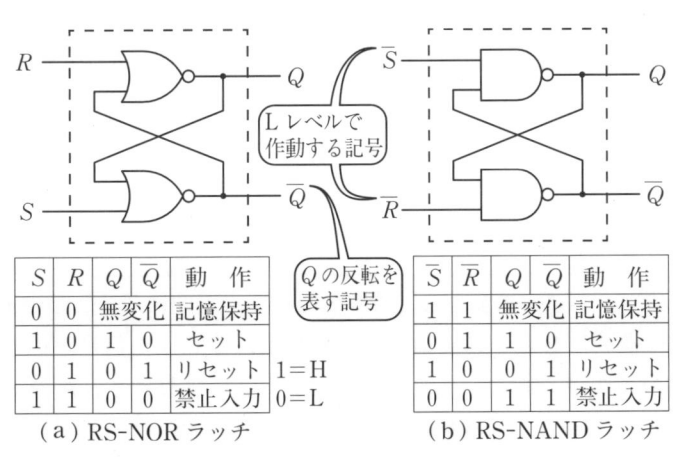

1=H
0=L

図 7-33 RS フリップフロップ

(1) NOR 型は，R と S 端子の状態がともに L レベル (0) のときには，出力が不変である。また，NAND ラッチは，R と S 端子がともに H レベル (1) のときには，出力は不変である。
(2) NOR 型では，S が H で R が L になると，Q が H で $\bar{Q}$ が L になる。一

方，NAND 型では S が L で R が H になると，Q が H で $\overline{Q}$ が L になる。そしてどちらの型でも，S と R が再度 L，あるいは $\overline{S}$ と $\overline{R}$ が再度 H になっても，(1)のために，この状態が保持される。つまり記憶が保持される。

(3) NOR 型では，S が L で R が H になると，Q が L で $\overline{Q}$ が H になる。一方，NAND 型では $\overline{S}$ が H で $\overline{R}$ が L になると，Q が L で $\overline{Q}$ が H になる。同様に，両形式とも S と R が再度 L あるいは $\overline{S}$ と $\overline{R}$ が H になっても，(1)のために，この状態が保持される。

(4) NOR ラッチでは，R と S 端子を同時に H にしてはならない。また NAND ラッチでは，$\overline{S}$ と $\overline{R}$ 端子を同時に L にしてはならない。このように，NOR ラッチでは，R と S 端子を通常 L レベルに保ち，NAND ラッチでは，$\overline{S}$ と $\overline{R}$ 端子を通常 H レベルに保つような使い方をする。

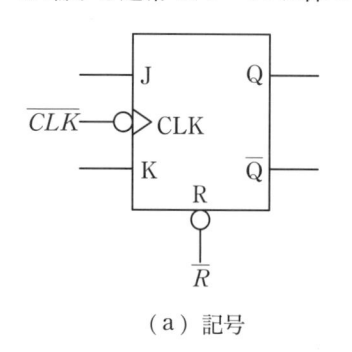

(a) 記号

入力				出力		動作
$\overline{R}$	$\overline{CLK}$	J	K	Q_{t+1}	$\overline{Q}_{t+1}$	
1	↓	0	0	Q_t	$\overline{Q}_t$	無変化
1	↓	1	0	1	0	セット
1	↓	0	1	0	1	リセット
1	↓	1	1	$\overline{Q}_t$	Q_t	反転
0	X	X	X	0	1	リセット

↓ は信号の立ち下がり，X は 1 でも 0 でもよいという意味である。

(b) 真理値表（機能）

図 7-34　JK フリップフロップ

7.9.2 JK-FF

フリップフロップによる論理は，時間的な順序も重要になる。このような順序素子や MPU を利用したシステムの時間管理は，クロック信号というパルスによって行うのが便利である。この目的にかなうように改良されたのが，図 7-34 に示す JK-FF である。JK-FF は，基本的ゲートの組み合わせで構成するのは複雑なので，通常は専用 IC を利用する。

◆ JK-FF と RS-FF の違い

　JK-FF は，3 個の入力端子（J，K，CLK）と，2 個の出力端子（Q，$\overline{Q}$），およびクリア端子（R）をもっている。これらの関係を真理値表にして示している。RS-FF との違いに注意しながら，意味を箇条書きにして解説しよう。

(1) 出力状態は，CLK 端子に入るパルスの立ち下がりエッジによって変化する。
(2) J，K がともに L(=0) のときには，CLK 端子にクロックパルスが入っても出力の変化はない。つまり，記憶が保持される。
(3) J=1，K=0 のときに CLK 端子にクロックパルスが入ると，セット（Q=1，$\overline{Q}$=0 のこと）される。
(4) J=0，K=1 のときに CLK 端子クロックパルスが入ると，リセット（Q=0，$\overline{Q}$=1 のこと）される。
(5) J=K=1 は禁止ではなく反転に使われる。つまり，このときには，CLK 端子にクロックパルスが入るたびに，出力が反転する。
(6) R 端子が L になると，J，K，CLK の状態に関係なくリセットされる。

7.9.3 T型フリップフロップ

JK-FF の機能を特化したものに，T 型と D 型がある。T 型は toggling flip-flop である。つまみを上下するスイッチのことをトグルスイッチと呼ぶ。これを連想しよう。

(a) 記号　　　(b) 真理値表（機能）　　　(c) JK-FF からの変換

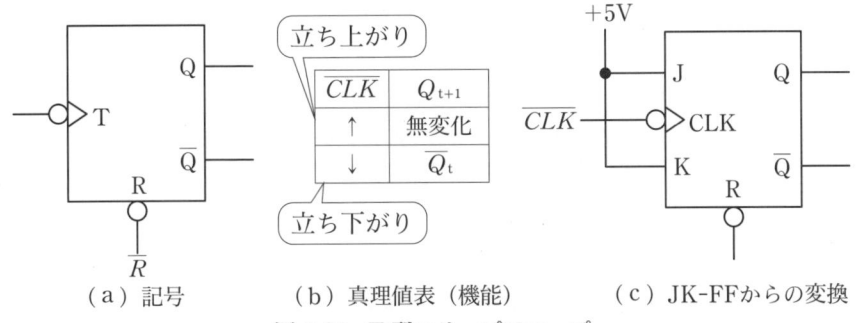

図 7-35　T型フリップフロップ

図 7-35 に見るように，J と K 端子を電源に接続，さらに CLK 端子を T 端子として扱ったものが，T 型である。T 型の中には，$\overline{Q}$ 端子を省略したものがある。T 型フリップフロップは，T 端子にクロックパルスが入力されるたびに，出力が反転する。

7.9.4 D型フリップフロップ（Delay flip-flop）

パルスの遅延に利用されることからこの名称の付いた FF である。その記号，真理値表，および JK-FF からの変換図を示すのが，図 7-36 である。
　この回路の機能は，クロックパルスが入る前に，D 端子に到達していた状態

を，クロックパルスの立ち下がりと同時に，Q に出力することである．別の言い方をすると，図 (b) に示しているように，JK-FF の使い方の中で，J と K をつねに反転の関係で利用することに対応しているといえる．

$\overline{CLK}$	D	Q
↑	0	1
↓	0	0
↑	1	0
↓	1	1
↑	1	1

(a) 記号　　　　(b) 真理値表（機能）　　　(c) JK-FF からの変換

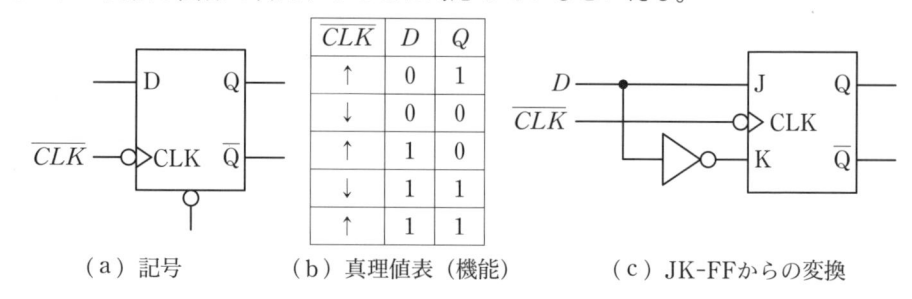

図 7-36　D 型フリップフロップ

◆エッジトリガとレベルトリガ

　トリガ (trigger) とは引き金を引くことであり，ここでは所定の動作を起こすという意味である．電子回路ではパルスによってトリガ信号を発生し利用する．トリガパルス（クロックパルス）が CLK 端子に印加されたときに，動作が起きるのだが，L または H レベルでトリガがかかるものと，L→H(↑) または H→L(↓) の変化でトリガがかかるものの違いがある．
　レベルの変化でトリガのかかるタイプをエッジトリガ型という．この形式の CLK 端子には ▷ 印を付ける．また，L レベルまたは立ち下がり（↓）エッジで動作することを明記するときには，端子に ○ 印を付ける．

◆シュミットトリガ (Schmitt trigger)

　長距離の電線路を経由して伝達されたパルス信号は，立ち上がり・立ち下がりがなだらかになり，ノイズが重畳されていることが多い．このような信号をゲート回路に入力すると 図 7-37(a) に示すように，一つの信号の変化で素子のスレッショルドレベル（1 か 0 を判断するレベル）を複数回通過して出力が変化してしまう可能性がある．このようなノイズによる誤動作を防止するには，スレッショルドレベルにヒステリシス特性をもたせることで実現できる．図 (b) はヒステリシス特性を付加した場合の入力信号と出力信号を示している．このような，ヒステリシス特性を有するゲート回路をシュミットトリガ回路と呼ぶ．TTL では 74ALS14 や 74ALS244 などがシュミットトリガ回路を内蔵したゲート回路である．シュミットトリガ回路を有している場合は 図 7-38 に示すようにゲート回路に記号 ⊓ が入る．

7.9 Flip-Flop(フリップフロップ)――情報の記録の基礎

シュミットトリガ回路を内蔵した素子を使わないで自作する方法としては，たとえば **図 7-39** に示すように 2 個の論理インバータ（TTL や CMOS）を使った正帰還方式がある．

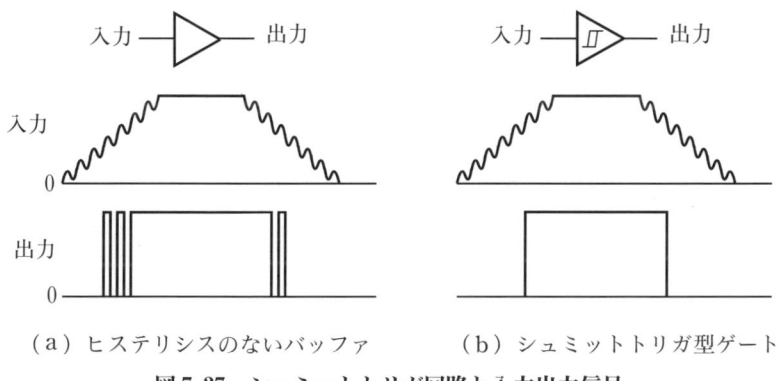

(a) ヒステリシスのないバッファ
(b) シュミットトリガ型ゲート

図 7-37 シュミットトリガ回路と入力出力信号

(a) 74ALS14
(b) 74ALS244

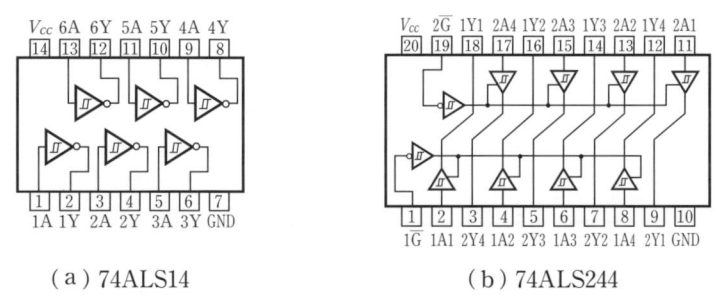

図 7-38 シュミットトリガ回路を内蔵した TTL 回路

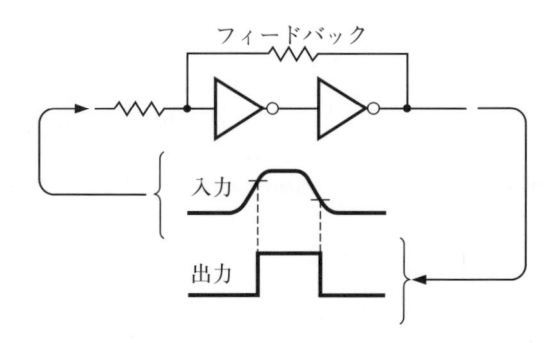

図 7-39 シュミットトリガ回路

第7章 ディジタル入門

🕐第7章のまとめ

　この章ではディジタル論理の概念，ダイオードやトランジスタを用いた原理的なロジック回路の構成・動作原理から始まり，組み合わせ論理回路の基本的なことを学んだ。また，ディジタル回路やマイクロコンピュータに利用されている数値計算の原理や加算・減算回路を見てきた。最後には，コンピュータの記憶に利用されたり，数字をカウントするのに使用されるさまざまなフリップフロップを学習した。フリップフロップの扱いができるようになると，さまざまな応用回路を設計できるようになるであろう。第8章では，さまざまなカウンタの利用技術やディジタル信号処理回路を学ぶ。

重要用語

adder　加算器	input　入力
addition　加算	LAN　local area network
bi-state　バイステート	latch　ラッチ
bit　ビット（binary digit）	logic circuit　論理回路
binary　2進数の	memory　記憶
byte　バイト	negation, inversion　反転
carry　キャリー	singed data　符号付データ
complement　補数	subtraction　減算
counter　カウンタ，計数器	sum　サム，合計
decimal　10進数の	open collector　オープンコレクタ
digit　数値	oscilloscope　オシロスコープ
digital　ディジタル	output　出力
false　偽	tri-state　トライステート
hexadecimal　16進数の	truth table　真理値表
	unsigned data　符号なしデータ

第8章 カウンタとディジタル演算回路

　前章ではディジタル回路の一つの機能としてフリップ・フロップを学んだ。その応用として最も重要なのがカウンタであり，またアナログではできなかった記憶技術に発展した技術である。本章では種々のカウンタと，実際の計測システムや制御系システムなどの実用回路を設計するために必要な基本的な要素を学習する。さらに，入力される信号をクロック信号に同期させたり，同時に発生した信号を分離する回路についても学習する。

　なお本章では原則的に，数値を表す文字は斜体とし，端子記号は立体とする。

第8章 カウンタとディジタル演算回路

8.1 非同期カウンタと同期カウンタ

カウンタとは入力されるパルス信号をカウントするもので，フリップフロップを用いて構成されている。カウントの仕方として，**図8-1**に示すように信号が入力される毎にカウントアップしていくUpカウンタとカウントダウンしていくDownカウンタがある。また，両方の機能を兼ね備えたUp/Downカウンタもあり，ロボットをはじめとする制御装置の位置の検出に広く使用されている。

また，カウンタにはカウントするための信号を入力する端子，カウンタの値を0に初期化するためのリセット端子がある。

カウンタの中には，カウントを開始する値を設定することのできるものもある。このカウンタは，**図8-2**に示すプリセット端子P，リセット端子RをもつJK-FFを用いて構成される。このJK-FFは，リセット端子を0にすると出力Qは0になり，プリセット端子を0にすると出力Qは1になる。

また，カウンタの種類として非同期カウンタと同期カウンタがある。非同期カウンタは**図8-3**に示すようにT型フリップフロップをシリーズに接続した構成をしており，設計は比較的簡単である。それに対して，同期カウンタはJK-FFを用いて構成され，設計には注意を要する部分がある。本章では7進カウンタを事例として8.4節で詳しく解説する。

clock	R	Q_2	Q_1	Q_0	数
1	1	0	0	0	0
↓	0	0	0	1	1
↓	0	0	1	0	2
↓	0	0	1	1	3
↓	0	1	0	0	4
↓	0	1	0	1	5
↓	0	1	1	0	6
↓	0	1	1	1	7
↓	0	0	0	0	0
↓	0	0	0	1	1

(a) Upカウンタ

clock	R	Q_2	Q_1	Q_0	数
1	1	1	1	1	7
↓	0	1	1	0	6
↓	0	1	0	1	5
↓	0	1	0	0	4
↓	0	0	1	1	3
↓	0	0	1	0	2
↓	0	0	0	1	1
↓	0	0	0	0	0
↓	0	1	1	1	7
↓	0	1	1	0	6

(b) Downカウンタ

図8-1　UpカウンタとDownカウンタ

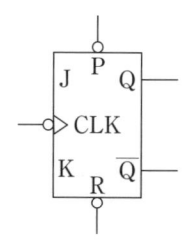

8.1 非同期カウンタと同期カウンタ

P	R	Q	$\overline{Q}$
1	1	不変	不変
0	1	1	0
1	0	0	1

P端子が0になるとQが1になり，$\overline{Q}$が0になる。
R端子が0になるとQが0になり，$\overline{Q}$が1になる。
これによって，初期値を設定できる。

図8-2 プリセットダブルJK-FF

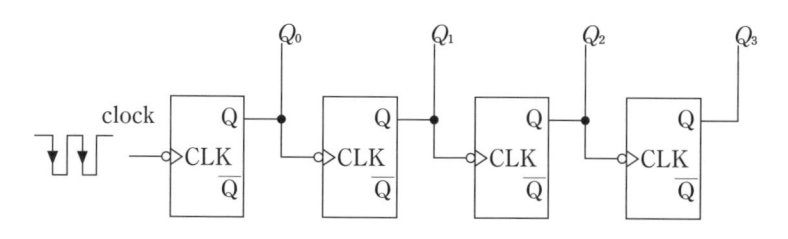

図8-3 16進非同期カウンタ

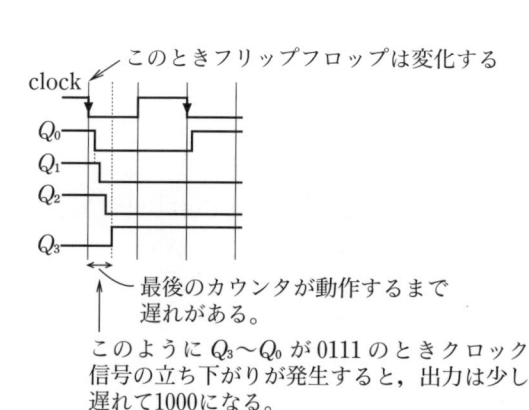

このように $Q_3 \sim Q_0$ が0111のときクロック信号の立ち下がりが発生すると，出力は少し遅れて1000になる。

図8-4 非同期カウンタの信号変化

clock	Q_3	Q_2	Q_1	Q_0	数
↓	1	0	0	0	0
↓	0	0	0	1	1
↓	0	0	1	0	2
⋮	⋮	⋮	⋮	⋮	⋮
↓	1	0	0	1	9
↓	1	0	1	0	10
⋮	⋮	⋮	⋮	⋮	⋮
↓	1	1	1	0	14
↓	1	1	1	1	15
↓	0	0	0	0	0
↓	0	0	0	1	1

図8-5 16進Upカウンタの出力

第8章 カウンタとディジタル演算回路

◆非同期カウンタの信号遅れ

しかし，非同期カウンタは，図 8-4 に示すように信号が入力されると入力されたフリップフロップの出力が変化し，その変化が次段に接続されたフリップフロップの入力になる。このように，入力信号が変化するとそれが次々に伝達されていくために信号の遅れが発生し，瞬時ではあるが出力に正しくないカウント値が現れることがある。特にカウント値と設定値が等しくなったときにアクションを起こすような回路では，誤動作を起こす可能性がある。

図 8-3 は 16 進の非同期の Up カウンタである。リセットされた初期状態では，出力は全て 0 になり，10 進数では 0 を示している。信号が入力されるたびに出力は 図 8-5 中に示すように 1 ずつ増えていき 15 までカウントアップする。15 になっているとき入力信号が入るとオーバーフローして初期の 0 に戻り，次の信号が入力されるたびに，出力は 0→1→2… と増加していく。

図 8-6 は非同期カウンタを用いた 9 進 Up カウンタである。出力は 4 ビットであり，0～8(0000～1000) 間で変化する。この回路では，出力が 10 進数の 9(1001) になったときにリセット信号が発生し，出力は 0 になる。

図 8-7(a) は 16 進の非同期の Down カウンタである。リセットされた初期状態では出力はすべて 1 になり，10 進数では 15 を示している。信号が入力されるたびに出力は 同図 (b) に示すように 1 ずつ減算されていき，やがて 0 になる。カウンタの値が 0 になったとき入力信号が入るとアンダーフローを起こし，カウンタは初期の 15 の状態に戻り，次の信号が入力されるたびに，出力は 15→14→13… と減算されていく。

Q_0 と Q_3 が 1 になったとき，フリップフロップはリセットされ，出力はすべて 0 になる。

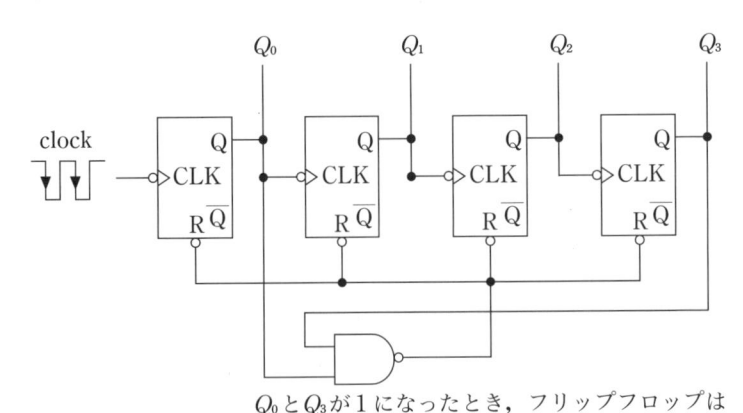

図 8-6　9 進 Up カウンタ

8.1 非同期カウンタと同期カウンタ

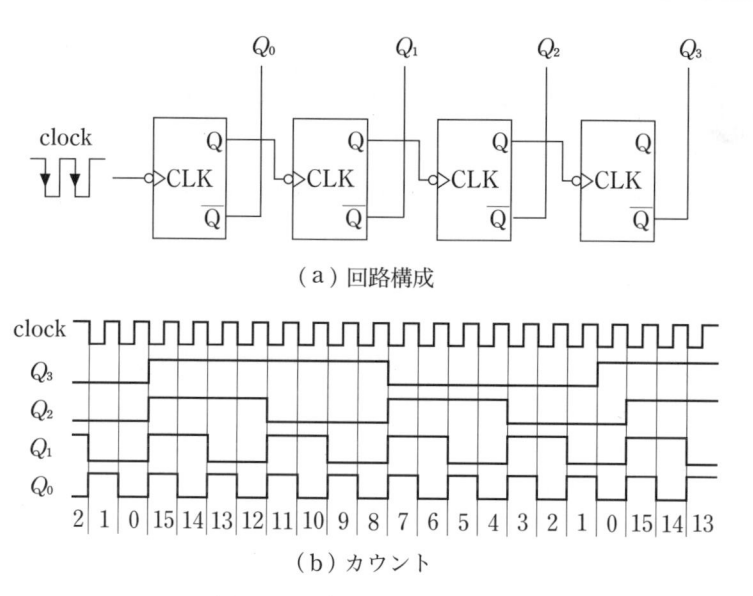

(a) 回路構成

(b) カウント

図 8-7　16進 Down カウンタ

Column　ロジック IC の電源電圧

　ディジタル回路の電源電圧は多くの場合 5V である。このときは，出力が H のとき 5V，L のとき 0V として扱う。しかし，最近のマイクロプロセッサをはじめとするディジタル回路は低消費電力，高速動作のために，電源電圧が低くなり，1.2V，1.8V，2.5V，3.3V が使用されるようになった。最近使用されているロジック IC の利用できる電源電圧を示す。

シリーズ名	タイプ	電源電圧範囲
74LS，74ALS	TTL	4.5〜5.5V
74ACT	CMOS	4.5〜5.5V
4000	CMOS	3〜18V
74AC	CMOS	3〜5.5V
74HC，74AHC，74VHC	CMOS	2〜5.5V
74LVC，74LCX，74LVX	CMOS	2〜3.6V
74VCX	CMOS	1.8〜3.6V
74AUC	CMOS	0.8〜2.7V

第 8 章 カウンタとディジタル演算回路

8.2 Up/Downカウンタ

Up カウンタとはカウンタのクロック入力端子に信号が入力される（入力信号の立ち下がり，または立ち上がりが検出されたとき）と，カウンタの値が 1 ずつ増えるカウンタである。

一方，Down カウンタとは，信号が入力されるたびにカウンタの値が 1 ずつ減算されるカウンタのことである。特に Down カウンタでは，カウンタ開始時の初期値が設定できると大変便利である。

たとえば，カウントダウンを行い，カウンタの値が 0 になってときに，アラームを鳴らす等の用途が考えられる。

このように初期値が設定できるカウンタのことを，プリセッタブルカウンタという。

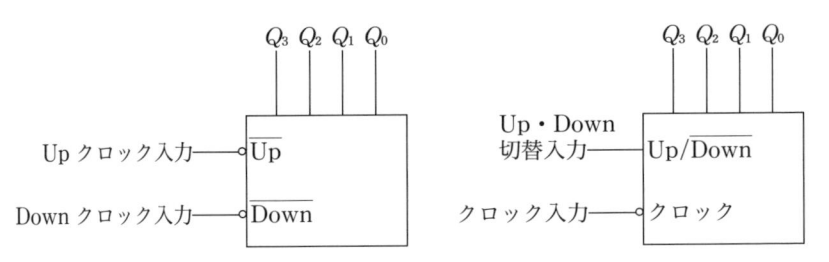

（a）Up/Down クロック入力方式　　　（b）Up/Down 切り替え方式

図 8-8　Up/Down カウンタの入力形式

Up/Down カウンタは，図 8-8 に示すように二つの入力端子をもっている。入力形式には図中に示すように 2 通りがある。

一つは，同図（a）に示すように Up 用の入力端子と Down 用の入力端子をもつものである。これらのカウンタでは，それぞれの入力に信号が入力されるたびに（入力信号の立ち下がりまたは立ち上がりが検出されたとき），カウンタの値が 1 ずつ増えたり，減じたりする。

もう一つの方式は図（b）に示すように，クロック入力端子と Up または Down を指定するための切り替え入力端子のあるものである。いずれを使用するかは，カウンタを利用するシステムによって異なる。

8.3 非同期カウンタの設計法

　非同期カウンタは，入力されるパルス信号の数をカウントするもので，カウンタの中で最も回路が簡単である。このカウンタは，カウントした値を表示したり，入力される信号を分周する用途には適している。ここでは，JK フリップフロップを用いたカウンタの設計法を示す。

8.3.1　2^n カウンタ

　このカウンタは 2 の n 乗までカウントできるものである。図 8-9(a) は 2^4 すなわち 0〜15 までのカウントができる回路である。また，同図(b) はクロック入力信号とカウンタの出力の関係を示したタイムチャートである。

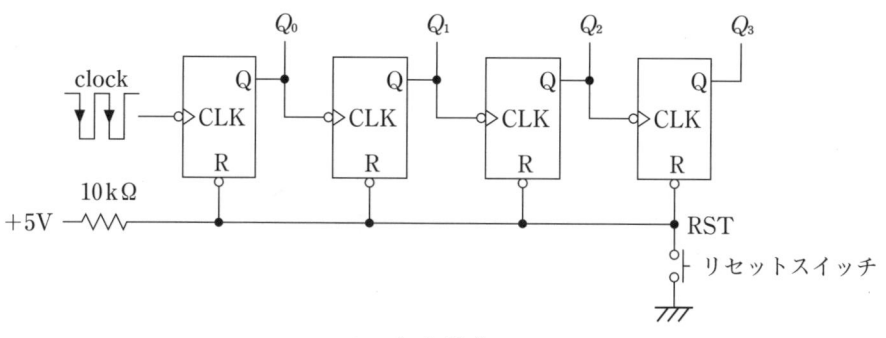

（a）構成

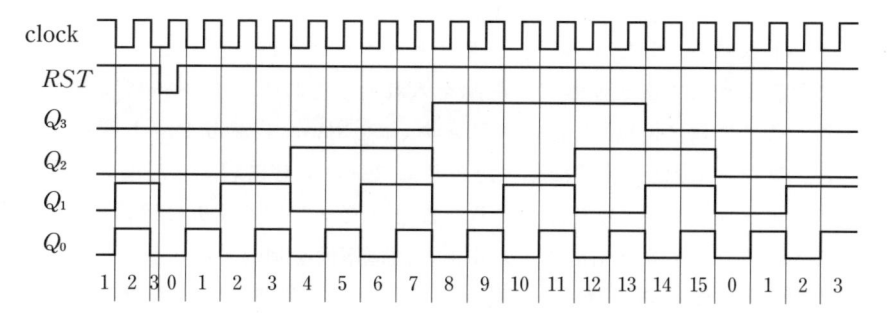

（b）クロック信号と Q_3〜Q_0 の関係

図 8-9　リセット回路付き16進非同期カウンタ

第8章 カウンタとディジタル演算回路

◆2^n進非同期カウンタ設計（続き）

このカウンタの出力は Q_3 から Q_0 の4ビットである。この回路では、リセットスイッチが入力されると Q_3 から Q_0 の出力はすべて0になる。クロック入力端子に図(a)に示すパルス信号が入力されると、信号が立ち下がるたびにカウンタ値は1ずつ増加していく。Q_3 から Q_0 までがすべて1になっているとき、クロック信号の立ち下がりが起きると、すべての出力は0になり、初期のリセットされた状態と同じになる。したがって、このカウンタの出力は、クロック信号の立ち下がりがあるたびに 0→1→2→3→4→5→6→7→8→9→10→11→12→13→14→15→0→1→2→… と変化する。

【設計法】

(1) **仕様の決定**　次のように設定する
- 電圧　　　　　電源電圧は5Vとする。
- カウント数　　0から63までカウントできる2^6カウンタとする。
- リセット法　　電源を入れたときに自動リセットを行う。
- リセット値　　リセットスイッチを押すことでカウンタ値が0になる。
- パルス　　　　カウントは入力信号が立ち下がるときに行う。
- 周波数　　　　クロック信号は1MHz以下とする。

(2) **フリップフロップの選定**　リセット端子のあるJKまたはT型のフリップフロップを選定する。カウントする最大周波数は1MHzであるので、ここではこの周波数に十分応答できるTTLである74LS73Aを用いて回路を構成する。ここでは、2^6のカウンタであるので6個のJKフリップフロップを使用する。

(3) **リセット回路**　74LS73Aは、R端子（リセット端子）がLレベルのときにリセットされる。したがって、リセットスイッチが押されたときにR端子がLになるようにするとともに、電源を入れたときにもLレベルになるようにする。ここでは、抵抗 R_1 とコンデンサ C_1 を用いた自動リセット回路を組み込む。また、電源がOFFになったときにコンデンサに溜まった電荷を放出するためにダイオード D_1 を挿入する。またリセットスイッチには抵抗 R_2 を直列に入れてコンデンサに溜まった電荷の放電電流を制限する。

電源が入ってからリセットが解除されるまでの時間によって R_1 と C_1 を決定する。ここでは、抵抗 $R_1=4.7\mathrm{k}\Omega$、コンデンサ容量 $C_1=22\mu\mathrm{F}(16\mathrm{V})$ とする。スイッチに直列に挿入されている抵抗 R_2 は通常、R_1 の1/10以下にする。ここでは、$R_2=47\Omega$ とする。

(4) **カウンタ回路** 図 8-10 にカウンタ回路を示す。出力は Q_5 から Q_0 である。

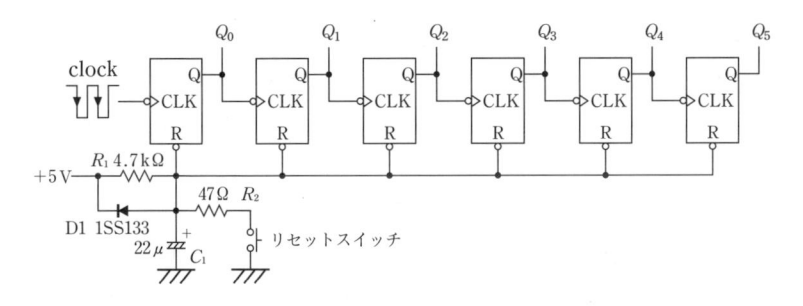

図 8-10 電源が入ったときに自動的にリセット回路が作動する64進カウンタ

8.3.2 10進カウンタ

　この回路はクロック信号の立ち下がりがある度にカウントが行われ，そのカウント値は 0～9 までである。この回路の出力は Q_3～Q_0 である。カウンタの出力値は，クロック信号の立ち下がりがある度に 0→1→2→3→4→5→6→7→8→9→0→1→2→… と変化する。したがって，10進カウンタでは出力が10になったときにカウンタをリセットすればよいことになる。

　n 進の非同期カウンタは，カウンタの値が n になったときにカウンタをリセットするように設計すればよい。

Column　パスコンの挿入

　ディジタル回路を製作するときに，IC の電源端子に誤動作防止のためにコンデンサを接続する。このコンデンサのことをパスコンと呼ぶ。このコンデンサはプリント基板の銅箔による配線や電線によるインダクタンス成分によって引き起こされる瞬時的な電圧降下を抑制し誤動作を防止する。特にフリップフロップを用いた回路ではパスコンが挿入されていないと誤動作することが多い。パスコンは使用するすべての IC の電源回路に挿入する。また，コンデンサは IC の電源端子と GND 端子に最短距離で接続する。通常パスコンとして，$0.1\mu\mathrm{F}$ 程度のセラミックコンデンサが使用される。

第8章 カウンタとディジタル演算回路

【10進カウンタの設計法】

(1) **仕様の決定** カウント数を0から9として，ほかの条件は先の64進カウントの場合と同じにする。

(2) **フリップフロップの選定** 先と同様に74LS73Aを用いて回路を構成する。ここでは，0～9までのカウンタであるので4個のJKフリップフロップを使用する。

(3) **リセット回路** 74LS73Aは，R端子（リセット端子）がLレベルのときにリセットが行われる。したがって，リセットスイッチが押されたときにR端子がLになるようにすると共に，電源を入れたときにもLレベルになるようにする。また，カウント値は0から9までであるので，出力が10になったときに自動的にリセットが行われるようにする。

　自動リセット回路は，抵抗 R_1 とコンデンサ C_1 を用いて行う。また，電源がOFFになったときにコンデンサに溜まった電荷を放出するためにダイオード D_1 を挿入する。またリセットスイッチには抵抗 R_2 を直列に入れてコンデンサに溜まった電荷の放電電流を制限している。

　電源が入ってからリセットが解除されるまでの時間によって R_1 と C_1 の値を決定する。ここでは，抵抗 $R_1=4.7\mathrm{k}\Omega$，コンデンサ $C_1=22\mu\mathrm{F}(16\mathrm{V})$ とする。スイッチに直列に挿入されている抵抗 R_2 は，通常抵抗 R_1 の1/10以下に設定する。ここでは，$R_2=47\Omega$ とする。

　カウンタ値が10になったときにリセットするための信号は，NAND回路（ここでは，74ALS00を使用する）を用いて作成する。フリップフロップのR端子に与える信号は，NAND回路を組み合わせて作成する。

(4) **カウンタ回路** 図8-11にカウンタ回路を示す。出力は Q_3 から Q_0 である。同図にクロック入力信号とカウンタ出力，リセット信号の関係を示したタイムチャートを示す。

問題 8-1 自動リセット回路とスイッチによる，リセット回路を有する非同期の6進カウンタを設計せよ。

解答 図8-12

8.3 非同期カウンタの設計法

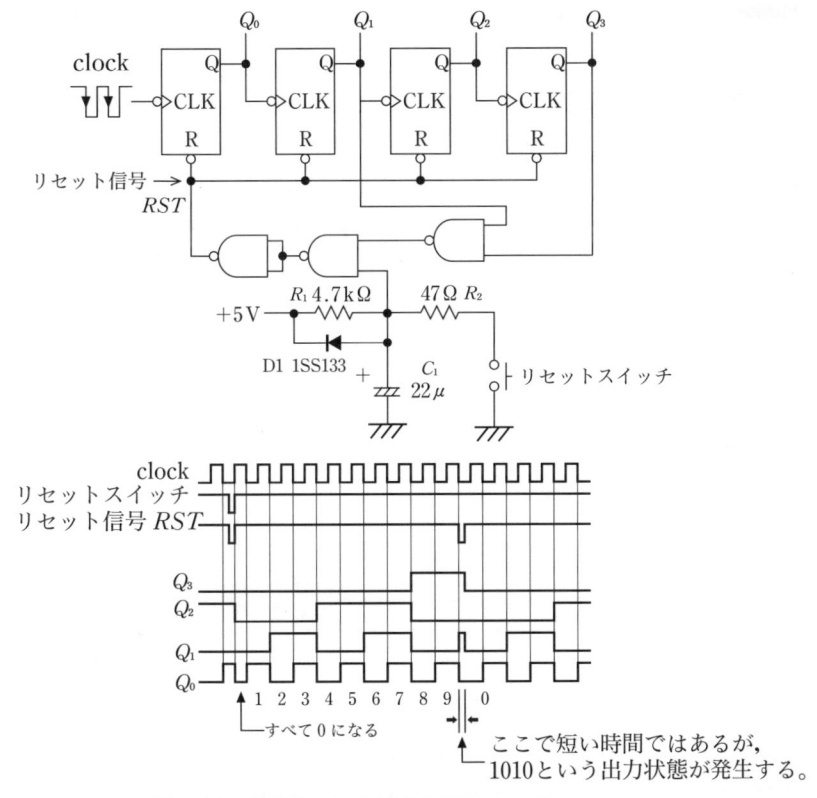

図8-11 自動リセット付き10進カウンタ

ここで短い時間ではあるが、1010という出力状態が発生する。

すべて0になる

問題 8-1 解答

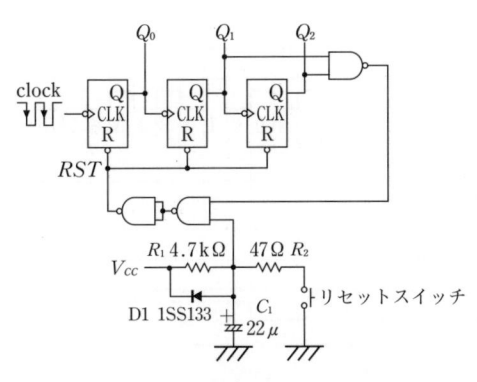

図8-12 非同期6進カウンタ

8.3.3 BCD カウンタ

BCD（Binary-code decimal）カウンタとは10進数のカウンタである。99までのカウントをする場合は7個のフリップフロップを用いて回路を構成することができる。しかし，この場合は0000000〜1100011というバイナリデータとなる。このデータはディジタル回路が扱うには便利であるが，人が見てすぐに10進数に置き換えることは容易ではない。

2桁のBCDカウンタでは図8-13に示すように0〜9までカウントする4ビットの10進カウンタを2個用いて00〜99までの数字を表現することができる。

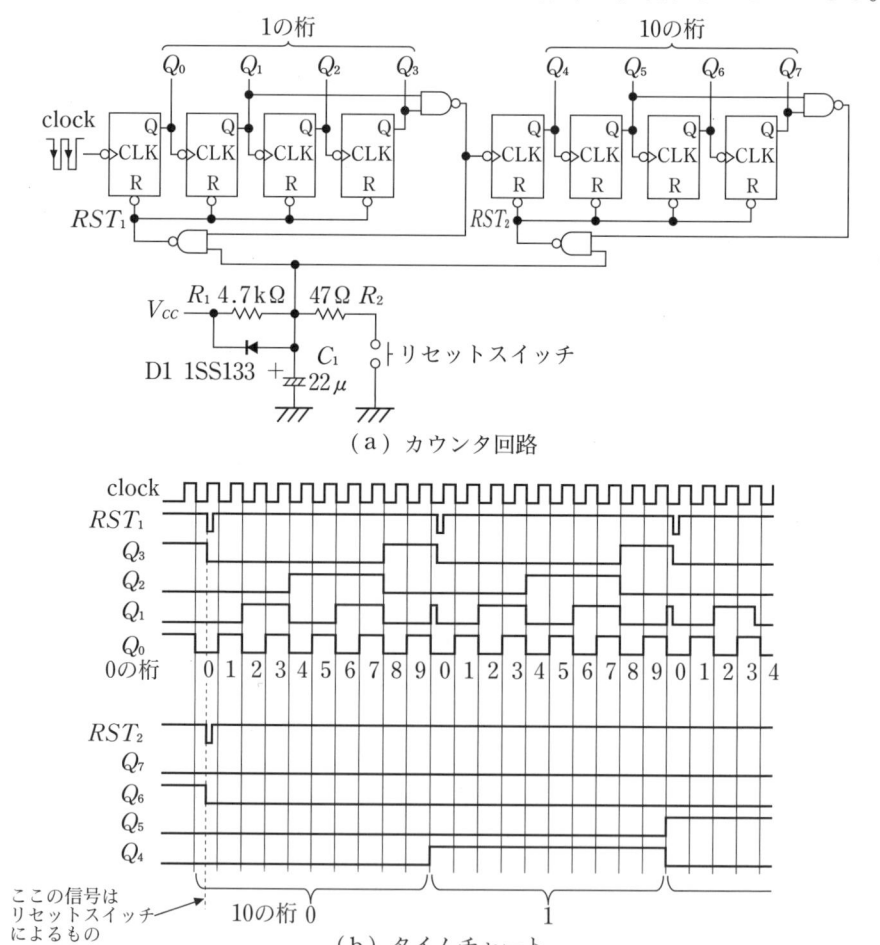

（a）カウンタ回路

（b）タイムチャート

図8-13　00〜99をカウントするBCDカウンタ

この回路では，電源が入ると自動的にリセットされ出力は0になる。

この回路ではクロック信号が立ち下がるたびにカウントが行われ，最初のカウンタが0〜9までカウントアップし，次に信号が入力されるとカウンタは0になるとともに，次段に接続されているカウンタがカウントアップする。このカウンタに表示装置（図8-26参照）を取り付ければ，00〜99までの数値を直接表示することができる。

【BCDカウンタの設計法】

(1) **仕様の決定**　電源電圧は5Vとし，00から99までカウントする。ほかの条件は前と同様とする。

(2) **フリップフロップの選定**　リセット端子があり，4個のフリップフロップが1個のパッケージに格納されたものを選定する。最高周波数が1MHzであるので74LS93Aを2個用いる。

(3) **リセット回路**　74LS93Aは，R端子（リセット端子）がLレベルのときにリセットが行われる。したがって，リセットスイッチが押されたときにR端子がLになるようにするとともに，電源を入れたときにもLレベルになるようにする。また，カウント値は0から9までであるので，出力が10になったときに自動的にリセットが行われるようにする。1の桁のカウンタのリセット信号は10の桁のカウンタのクロック入力にも接続する。

自動リセット回路は，抵抗R_1とコンデンサC_1を用いて行う。また，電源がOFFになったときにコンデンサに溜まった電荷を放出するためにダイオードD1を挿入する。またリセットスイッチには抵抗R_2を直列に入れてコンデンサに溜まった電荷の放電電流を制限している。

電源が入ってからリセットが解除されるまでの時間によってR_1とC_1の値を決定する。ここでは，$R_1=4.7\text{k}\Omega$，$C_1=22\mu\text{F}(16\text{V})$とする。スイッチに直列に挿入されている抵抗$R_2$は，通常抵抗$R_1$の1/10以下に設定する。ここでは，$R_2=47\Omega$とする。

カウンタ値が10になったときにリセットするための信号は，NAND回路（ここでは74ALS00を選定）を用いて作成する。フリップフロップのR端子に与える信号は，NAND回路を組み合わせて作成する。リセット信号は，次段のカウンタのクロック入力端子に接続される。

(4) **カウンタ回路**　図8-13(a)が2桁のBCDカウンタ回路である。出力は1の桁が$Q_3 \sim Q_0$，10の桁が$Q_7 \sim Q_4$である。図(b)はクロック入力信号とカウンタ出力，リセット信号の関係を示したタイムチャートである。

第8章 カウンタとディジタル演算回路

8.4 同期カウンタと設計法
――7進カウンタを事例として――

典型的な同期カウンタの事例として7進カウンタを設計してみよう。図8-14(a)に示すように同期カウンタでは，クロック信号は接続されるフリップフロップのすべてのクロック入力端子に接続されている。

8.4.1 同期カウンタ設計上のポイント

7進の場合には3個のJKフリップフロップを使う。それぞれのJ，K端子にセットするディジタルのH，Lをどのように与えるかの決定が問題であり，ここでも設問として図を描いている。たとえばJ_0信号はFF_1とFF_2の出力をフィードバックしてくるものとするが，それらのどんな論理演算をもってくるのかを決定しなくてはならない。

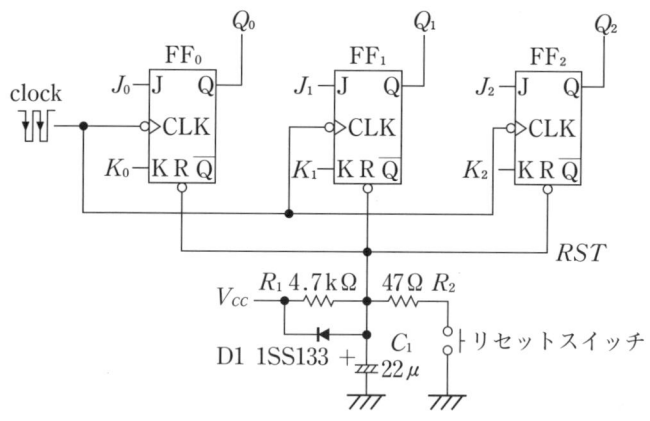

(a) リセット回路付きカウンタの構成（未完成）

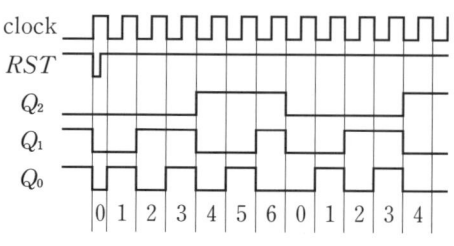

(b) タイムチャート

図8-14　7進同期カウンタ

8.4 同期カウンタと設計法——7進カウンタを事例として——

(1) **仕様の決定**　0から6までカウントする7進カウンタとする。ほかの条件は今まで通りとする。

(2) **フリップフロップの選定**　リセット端子のあるJKフリップ・フロップを選定する。カウントする最大周波数は1MHzであるので、この周波数に十分応答できるTTLである74LS73Aを用いて回路を構成する。ここでは、0〜6までのカウンタであるので3個のJKフリップフロップを使用する。

(3) **リセット回路**　74LS73Aは、R端子（リセット端子）がLレベルのときにリセットが行われる。したがって、リセットスイッチが押されたときにR端子がLになるようにするとともに、電源を入れたときにもLレベルになるようにする。

　自動リセット回路は、抵抗R_1とコンデンサC_1を用いて行う。電源がOFFになったときにコンデンサに溜まった電荷を放出するためにダイオードD_1を挿入する。またリセットスイッチには抵抗R_2を直列に入れてコンデンサに溜まった電荷の放電電流を制限している。

　電源が入ってからリセットが解除されるまでの時間によってR_1とC_1の値を決定する。ここでは、抵抗$R_1=4.7\mathrm{k}\Omega$、コンデンサ$C_1=22\mu\mathrm{F}(16\mathrm{V})$とする。スイッチに直列に挿入されている抵抗$R_2$は、通常抵抗$R_1$の1/10以下に設定する。ここでは、$R_2=47\Omega$とする。

(4) **カウンタ回路**　7進カウンタの出力$Q_2 \sim Q_0$の状態は**図8-14(b)**に示しているが、これを表にすると**表8-1**のようになる。これを発生するために3個のJKフリップフロップを使う。JKフリップフロップの真理値については7.9.2項で見たが、この問題を考えるために、書き改めているのが**表8-2**である。

表8-1　7進カウンタの出力

カウント	Q_2	Q_1	Q_0
0	0	0	0
1	0	0	1
2	0	1	0
3	0	1	1
4	1	0	0
5	1	0	1
6	1	1	0

表8-2　JKフリップフロップの真理値表

現在の状態 $Q_{(t)}$	次の状態 $Q_{(t+1)}$	J	K
0	0	0	X
0	1	1	X
1	0	X	1
1	1	X	0

Xは、1または0のいずれでもよい。

8.4.2 論理解析

カウントの現在値とクロックパルスが入った次の値を **表8-1** から探して、それを得るのに必要な J, K の値を表にまとめたものが **表8-3** である。**表8-4(a)**〜(f) は、いわば副表であり J_0〜K_2 の各端子に必要なフィードバック条件を決定するためのものである。

表8-3 各フリップフロップの状態とJ, Kの値

	Q_2	Q_1	Q_0	J_0	K_0	J_1	K_1	J_2	K_2
0	0	0	0	1	X	0	X	0	X
1	0	0	1	X	1	1	X	0	X
2	0	1	0	1	X	X	0	0	X
3	0	1	1	X	1	X	1	1	X
4	1	0	0	1	X	0	X	X	0
5	1	0	1	X	1	1	X	X	0
6	1	1	0	0	X	X	1	X	1
0	0	0	0						

(a) は J_0 端子のためのものである。ここでは J_0 のためには FF_1 と FF_2 の出力をどのように使うかを決定したい。**表8-2** の中の X は1と0のいずれでもよいことを意味するので必要条件にはならない。必要条件になるものを選んでいるのが副表である。

表8-4 前表の副表

(a)

Q_2	Q_1	J_0
0	0	1
0	1	1
1	0	1
1	1	0

(b)

Q_2	Q_1	K_0
0	0	1
0	1	1
1	0	1
1	1	$X(1)$

(c)

Q_2	Q_0	J_1
0	0	0
0	1	1
1	0	0
1	1	1

(d)

Q_2	Q_0	K_1
0	0	0
0	1	1
1	0	0
1	1	1

(e)

Q_1	Q_0	J_2
0	0	0
0	1	0
1	0	0
1	1	1

(f)

Q_1	Q_0	K_2
0	0	$X(0)$
0	1	0
1	0	1
1	1	$X(1)$

副表の目視から次のことがわかる。
- J_0 が Q_1 と Q_2 の NAND である。(第7章 P.150 の **図7-2** 参照)

8.4 同期カウンタと設計法——7進カウンタを事例として——

- K_1 は Q_0 と Q_2 の OR である．(**図 7-2** 参照)
- J_2 は Q_0 と Q_1 の AND である．(**図 7-2** 参照)

次に X が含まれるものについては，X を 1 とするか 0 とするかによって異なった設計ができる．

- J_1 のための**副表(c)**で X を 0 とすると，Q_0 端子の信号そのものを J_1 に入力すればよいことがわかる．
- K_0 のための**副表(b)**で X を 1 とすると，この端子には常に H レベル(1)をセットすればよいことがわかる．
- K_2 のための**副表(f)**には X が 2 箇所現れるが，0 と 1 とすると，この端子には Q_1 を接続すればよいことがわかる．

以上によって 7 進同期カウンタの設計ができた．結果が **図 8-15** である．

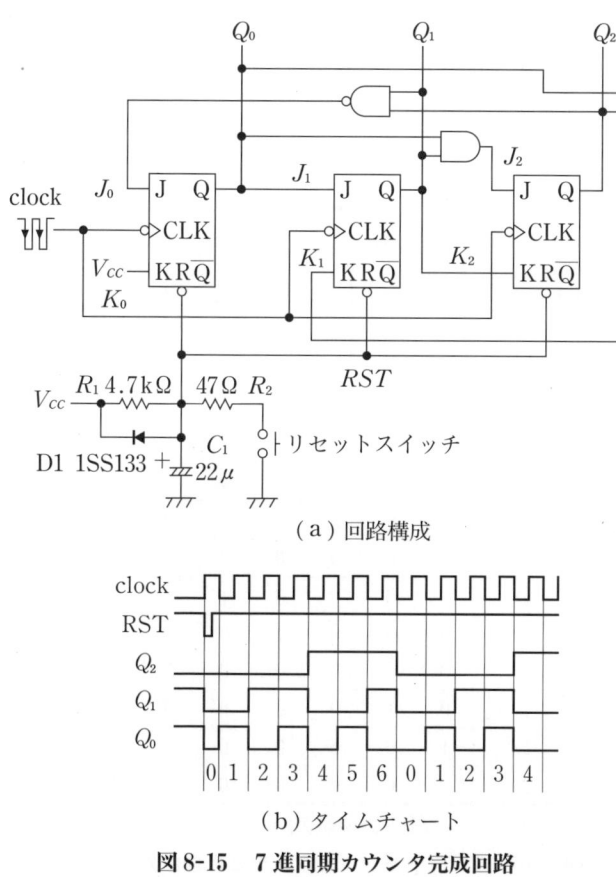

(a) 回路構成

(b) タイムチャート

図 8-15　7 進同期カウンタ完成回路

8.4.3 カウンタの完成

これより，7進同期カウンタ回路は図8-15(a)になる。出力は Q_2 から Q_0 であり，同図(b)にクロック入力信号とカウンタ出力，リセット信号の関係を示すタイムチャートを示す。

> **問題 8-2** 自動リセット回路とスイッチによる，リセット回路を有する6進同期カウンタを設計せよ。

解答 図8-21

8.4.4 リングカウンタ

リングカウンタ（ring counter）とは，n ビットのカウンタであるが，ただ1個のフリップフロップのみが1となり，クロックパルスが入るたびに1となるフリップフロップが変わるものである。図8-16にJK-FFを用いた6ビットのリングカウンタ回路と真理値表を示す。

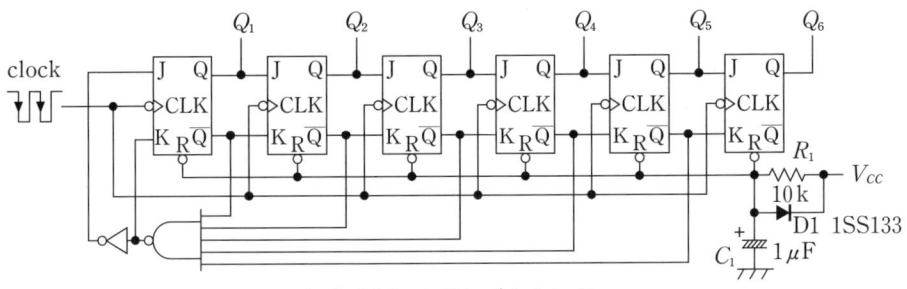

(a) 6ビットリングカウンタ

clock	Q_6	Q_5	Q_4	Q_3	Q_2	Q_1
リセット	0	0	0	0	0	0
↓	0	0	0	0	0	1
↓	0	0	0	0	1	0
↓	0	0	0	1	0	0
↓	0	0	1	0	0	0
↓	0	1	0	0	0	0
↓	1	0	0	0	0	0
↓	0	0	0	0	0	1

(b) 真理値表

図8-16　6ビットリングカウンタと真理値表

8.4.5 インバータ駆動信号の発生

3相交流モータやブラシレスモータを駆動する回路は，図6-13(P.136)に示すように6個のトランジスタやMOSFETを用いたブリッジ回路から構成されている。これらのトランジスタを適切にスイッチング（ON・OFFすること）することで，3相交流電圧を作ることができる。

最近では，このスイッチング信号はマイクロコンピュータを用いて作成することが多いが，JK-FFを用いてディジタル回路で駆動信号を発生することができる。3相モータを駆動するためのスイッチング信号は，図8-17(a)に示す真理値表で表すことができる。また，トランジスタと出力の関係は図(b)になる。本章に示すカウンタの設計法を参考にして設計した，JK-FFを用いた信号発生回路を図8-17(c)に示す。

clock	Q_2	Q_1	Q_0
↓	0	1	0
↓	1	1	0
↓	1	1	1
↓	1	0	1
↓	0	0	1
↓	0	0	0
↓	0	1	0

（a）真理値表

Tr1	$\overline{Q_0}$
Tr2	Q_0
Tr3	Q_2
Tr4	$\overline{Q_2}$
Tr5	$\overline{Q_1}$
Tr6	Q_1

（b）出力とトランジスタの関係

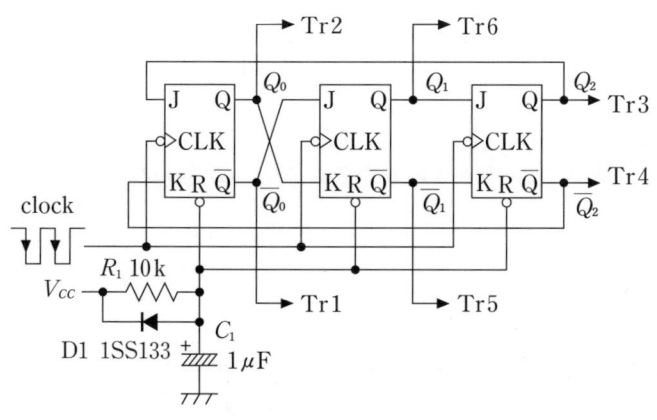

（c）回路構成

図8-17 同期カウンタを用いた信号発生回路

第8章 カウンタとディジタル演算回路

8.5 同時に発生した信号の分離

図 8-18 のように 2 台の機器がそれぞれ独立して発生したパルス信号を計数するシステムを考える。この回路では，それぞれの機器が発生したパルス信号の論理 OR を取り，カウンタに入力すれば原理的には計数できる。しかし，偶然にも二つの機器が全く同時にパルスを発生した場合は，カウントミスをしてしまうことになる。

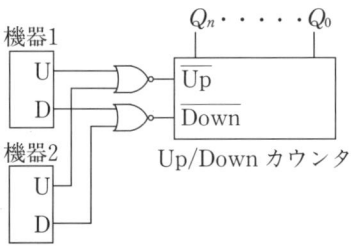

図 8-18　2 台の機器がそれぞれ独立して発生したパルスをカウントする

このようなエラーを発生させないためには，非同期で発生するパルス信号を同期化するとともに，時間的にずらすことで同時に発生した信号を分離して扱うことができる。

図 8-19(a) は D フリップフロップを用いた分離回路である。この回路は図 (b) のタイミングチャートに示すようにクロック信号を用いて外部から入力された信号の同期化と信号の分離が行われている。また，同期化および信号の分離を行うクロック信号は，外部から入力される信号の周期より十分に短い周期でなければならない。

> **問題 8-3**　1 個のパルス信号が入力されると，3 個のパルス信号を発生する回路を設計せよ。

解答　図 8-24（P.200）

Column　同期化とは

クロック信号に関係なく発生した信号の，変化するタイミングをクロック信号が変化するタイミングに合わせることをいう。⇒ P.198

8.5 同時に発生した信号の分離

(a) 分離回路

(b) タイミングチャート

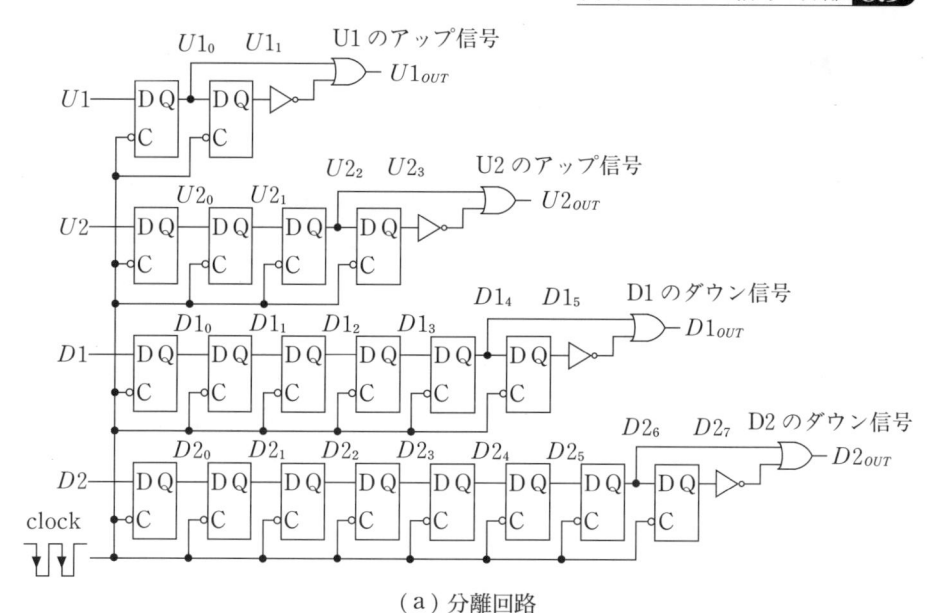

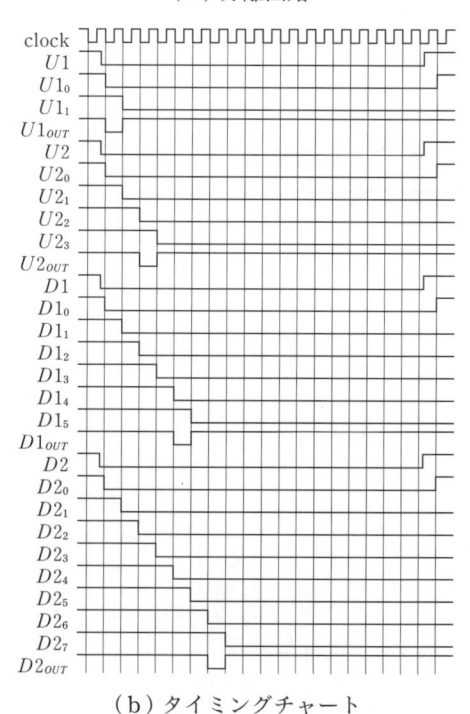

図 8-19　分離回路とタイムチャート

8.6 信号の同期化

　ディジタル回路やマイクロコンピュータを用いた制御回路では，信号を入力したり出力したりするタイミングを制御するためにクロック信号が使用される。このクロック信号に同期してほかの信号を扱うことでノイズの影響を受けにくい回路を作ることも可能になる。

　制御システムにおいては，スイッチや，モータに取り付けられたエンコーダから出力される信号は，このクロック信号とは非同期で発生する。しかし，その信号を利用するときにはクロック信号の同期化を行うと都合が良い。信号の同期化は**図 8-20(a)** に示すように D 型フリップフロップを用いて行うことができる。

　D 型フリップフロップはクロック端子に入力される信号の立ち上がり（または立ち下がり）のときに，D 端子に入力されているデータを出力 Q にコピーするので，非同期の信号をクロック信号に同期化することができる。**同図(b)** に入力と出力の関係を示すタイミングチャートを示す。

（a）回路　　　　　　　　　　　　　　　　（b）タイムチャート

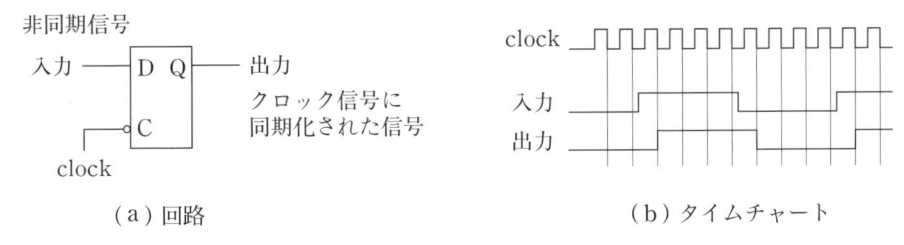

図 8-20　信号の同期化

問題 8-2 解答

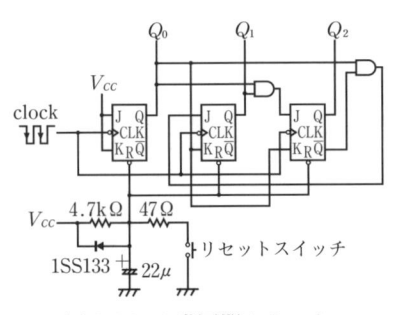

図 8-21　6 進同期カウンタ

8.7 表示回路

カウンタの計数値を表示する方法として二通りがある。一つは，図8-22に示すように各ビットの出力（各フリップフロップの出力）の状態を表示するためにLED表示回路を取り付けて出力がHかLかを見る方法である。この場合は電気信号を光で表示することはできるが，直接数字を読み取ることはできず，2進数表示された値から換算しなければならない。もう一つの方法は，図8-23に示すようにデータを4ビット単位で扱いアノードコモン型の7セグメントLED表示器を用いてカウンタの値を直接数字で表示する方法である。10進数として数値を扱い表示する場合は，カウンタは10進数のカウンタでなければならない。もし，4ビットのデータが16進数である場合は，表示は0，1，2，…，8，9，A，B，C，D，E，Fという16進数表示にしなければならない。

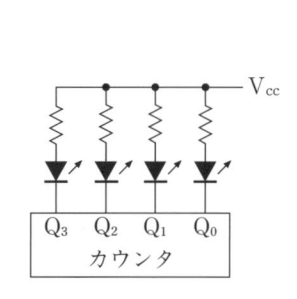

図8-22　カウンタの表示法(1)

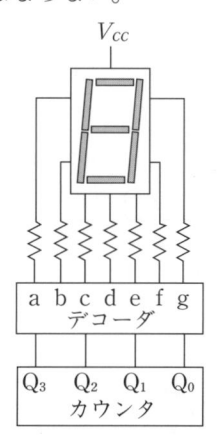

図8-23　カウンタの表示法(2)

> **Column　7セグメントLED**
>
> 7セグメントLEDには，アノードコモン型とカソードコモン型がある。アノードコモン型はLEDのアノードがすべて接続されて1個の端子に接続されているタイプである。一方，カソードコモン型はカソードがすべて接続されて1個の端子に接続されているタイプである。

8.7.1 16進表示回路

図 8-25 は，CMOS-IC を用いた 8 ビット Up カウンタと16進数表示のできる 7 セグメントドライバを用いて LED 駆動したカウンタ回路である．これは 2 桁の16進数の表示をする回路である．

この回路はリセットされたとき，表示は00である．信号が入力されるごとにカウンタ値は 1 ずつ増える．LEDの表示は，リセット状態を 00 とすると，信号が入力されるたびに，00→01→02→…→09→0A→0B→…→0F→10→11→…→1E→1F→20→21→… と増加していき，カウンタの値が 255 になると，表示は FF になる．

さらに信号が入力されるとカウンタはオーバーフローを起こし，0 のリセット状態になり，表示は 00 になる．

8.7.2 BCDカウンタ

図 8-26 は，0～99 までを Up カウントする BCD カウンタである．BCD カウンタの 4 ビットデータは 0 ～ 9 までの10進数である．

この回路は，BCD カウンタから出力される 4 ビットデータを数値文字として表示するものである．回路は，7 セグメント LED 駆動用 TTL である 74LS47 と 7 セグメント LED を用いて構成されている．このカウンタは，リセットされたとき表示は 00 となり，信号が入力されるたびにカウンタの値は増加し，表示は次のようになる．

00→01→02→…→09→10→11→…→19→20→21→…→99→00→01→…

問題 8-3 解答

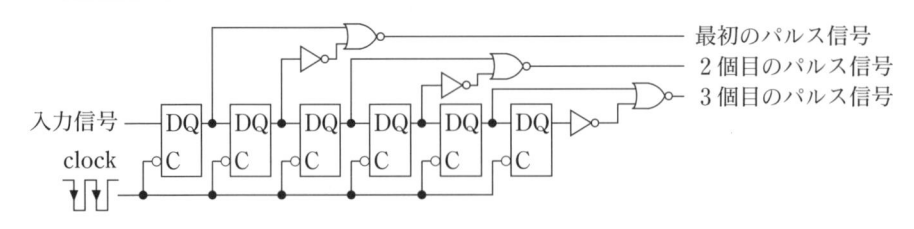

図 8-24　1 個の入力信号から 3 個のパルス信号を発生する回路

8.7 表示回路

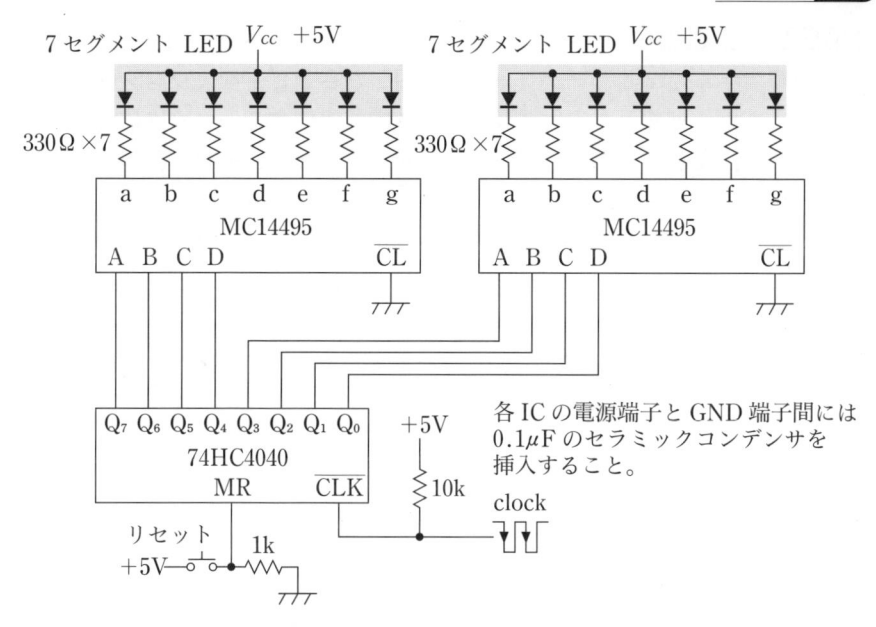

図 8-25 16進数を表示する7セグメント LED 駆動回路

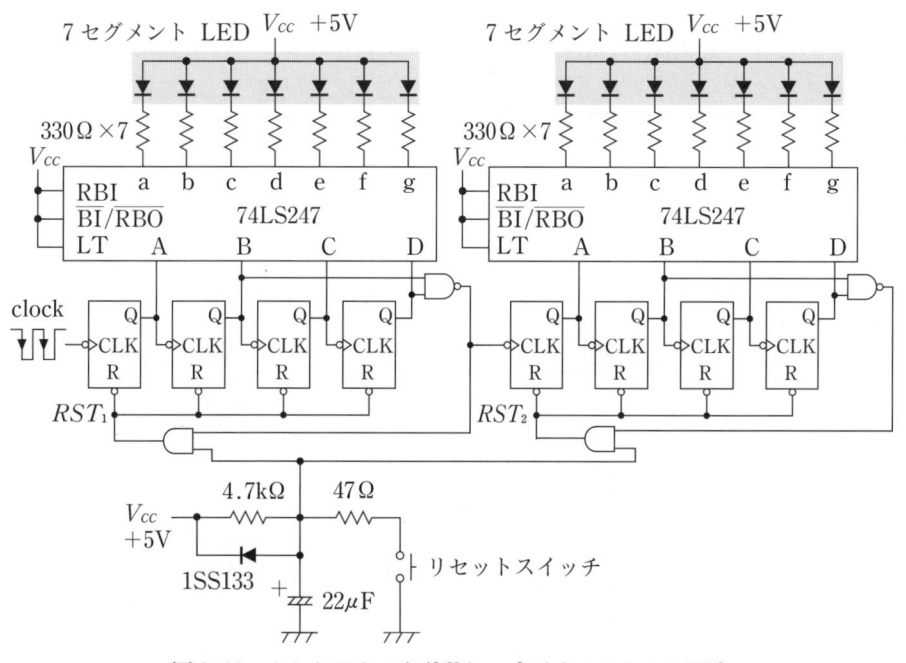

図 8-26 0から99までを計数し，表示するカウンタ回路

第8章 カウンタとディジタル演算回路

第8章のまとめ

前章で学んだフリップフロップを応用したさまざまなカウンタ回路を学んだ。また，外部から入力される信号を内部処理するクロック信号に同期させたり，複数の入力から同時に信号が発生しても，それらの信号を分離して出力する回路も学習した。

これまでに学んだディジタル回路を利用することで，さまざまな応用回路が設計できるようになるであろう。下の問題に挑戦してみてほしい。

問題 8-4 入力されたパルス数が100個になったときに，LED を点灯し続ける回路を設計せよ。LED は，リセットスイッチが押されるまで点灯し続けること。

解答 100の数を表現するには7ビットのデータが必要である。そのために，7ビットの Up カウンタを用いる。ここでは，カウンタとして CMOS-IC で12ビットの非同期カウンタを1個のパッケージに格納している 74HC4040 を利用する。このうちの下位7ビットを利用する。100は2進数で表現すると 1100100 であるので，カウンタの Q_6, Q_5, Q_2 が1であることを検出するために3入力 AND を用いる。すべての出力が1のとき AND の出力は1になる。クロック信号はこの AND の出力と OR がとられて $\overline{CLK}$ 端子に入力される。AND の出力が1になると $\overline{CLK}$ 端子は常に1になり，クロックが入力されなくなる。また，AND の出力が1になるとインバータの出力が0になり，抵抗を通って LED に電流が流れ点灯する。LED はリセットスイッチが押されるまで点灯を維持する。74HC4040 のリセットは MR 端子を H にすることで行う。

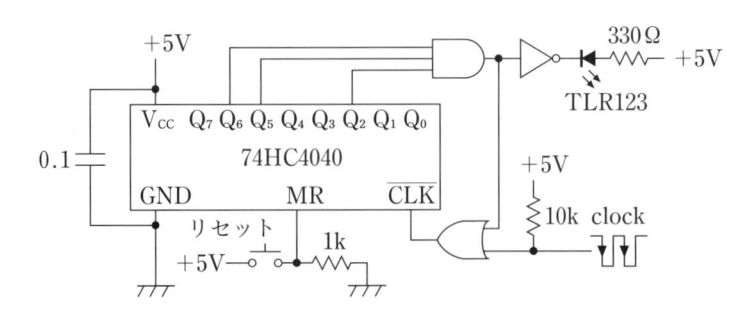

図 8-27 カウンタ値が100になると LED を点灯する回路

第9章
オペアンプ回路

　オペアンプはアナログ素子の中で最も重要なものである。オペアンプは漢字では演算増幅器と記す。計測や自動制御ではいろいろな物理量を電圧信号に変換して計測したり，それを加工することが多い。加工とは専門用語では処理といういうのだが，信号の増幅，時間的な微積分，加算減算などが代表的な処理である。しかし，もっと広い用途をもっている。

　ここではオペアンプとはどんな素子であるか，そしてどんなふうに使うのかを説明する。

第9章 オペアンプ回路

9.1 オペアンプの中身は差動増幅器

図9-1(a)に示すように，オペアンプには基本的に5個の端子がある。オペアンプの記号はこのような三角形である。
- 5個の端子のうち2個は正負（＋，－）の電源端子である。
- 入力端子が2個；正負（＋，－）
- 出力端子が1個

中身は同図（b）に描いているように，差動増幅器（5.9節参照）というものが入っている。この差動増幅器には低電圧ダイオードを使った定電流回路が組み込まれている。二つの入力端子の電圧のわずかの差が，抵抗 R_1 と R_2 に流れる電流の配分に大きな差を発生させ，それをさらに増幅して出力としている。

オペアンプの入力と出力の関係は次式で与えられる。

$$e_o = \mu(e_{ip} - e_{im}) \tag{9.1}$$

ここで μ はオペアンプ自身の増幅率(裸ゲイン)であるが，これは10万（10^5）とか100万（10^6）という大きな値である。しかしそれは管理された一定の値ではない。要するに，ものすごく大きくて実質的に ∞ と見なせることが重要である。

さらに，
- 2個の各入力端子のインピーダンスはかなり高く，J-FETやCMOS型では $\infty\Omega$ と見なせる。

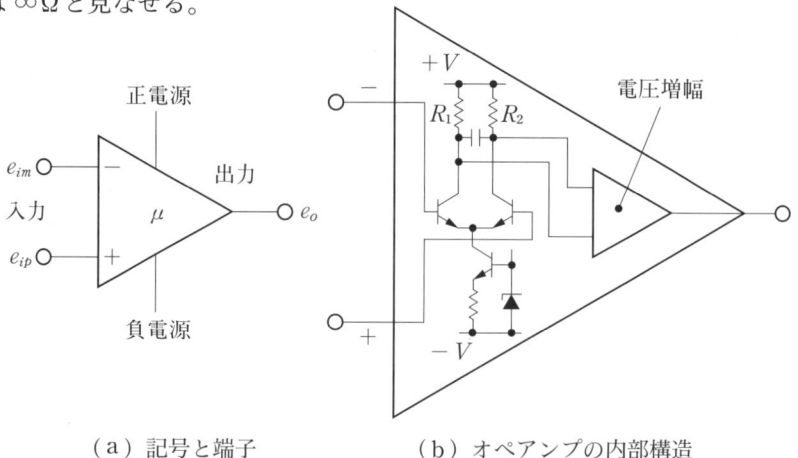

（a）記号と端子　　　　（b）オペアンプの内部構造

図9-1　オペアンプの端子と内部機能

9.1 オペアンプの中身は差動増幅器

・出力抵抗はかなり低い；出力端子から電流をいくら引き出すようにしても電圧は変化しないことを意味するのだが，実際には電流の限界がある。

第5章では，バイポーラトランジスタを1個あるいは数個使った増幅器では負帰還というテクニックを使ってもゲインを安定にすることが困難であることや，その他にいろいろな不便があることを見た。複数のトランジスタやダイオードなどを使ってこれらの問題を解決して，1個の素子にしたものがオペアンプである。

オペアンプは，基本的には負帰還増幅回路として使い，裸ゲイン μ（これを開ループゲインともいう）が表には出てこないように使うものである。

図9-2は代表的なTL081（1個入り），TL082（2個入り）のピン配列およびパッケージを示している。

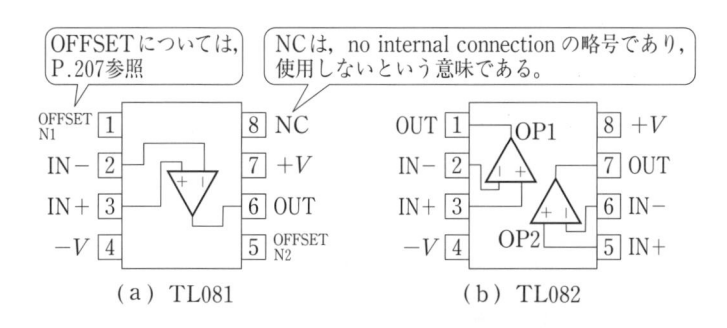

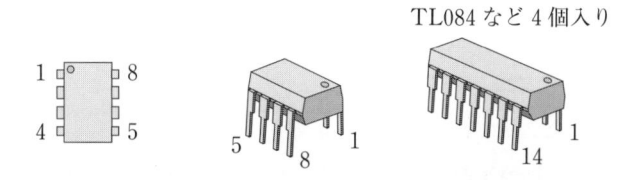

図9-2 典型的なオペアンプのピン配列とパッケージ

参考までに，パッケージに入っている個数に対する呼び名は以下のようなものである。

　1個入り：シングル（single）
　2個入り：デュアル（dual）
　4個入り：クワッド（quad）

第9章 オペアンプ回路

9.2 オペアンプの端子と電源への接続

オペアンプを実際に使おうとするときにまず問題なのが，電源への接続とピンの使い方である．重要なポイントを見てゆこう．

9.2.1 基本的な端子と接続

オペアンプを使うためには，通常プラス電源とマイナス電源が必要である．電源と端子との接続を描いているのが**図9-3(a)**である．ここに使う電源については付録を参照してほしい．本書ではプラス電源端子や電圧自体を$+V$，マイナス電源端子あるいはその電圧を$-V$で示す．電源電圧は素子によって異なるが，典型としてはプラス・マイナス15Vである．通常これらのピンには$0.1\mu \mathrm{F}$ぐらいの容量のセラミックコンデンサを接続するが，これはノイズを吸収するためである．

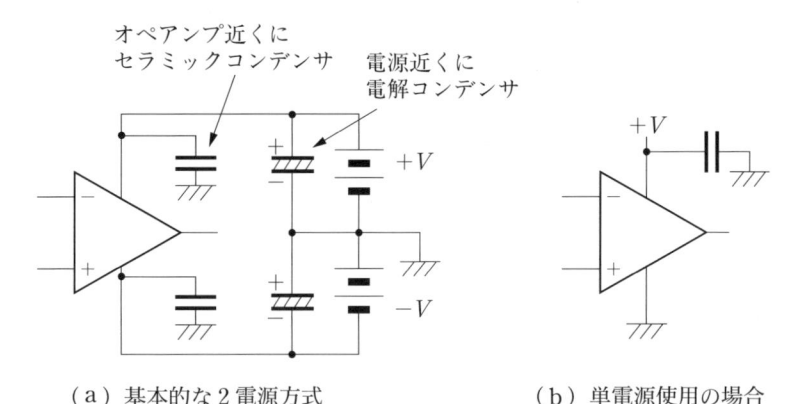

（a）基本的な2電源方式　　　　（b）単電源使用の場合

図9-3　基本的なオペアンプの記号と電源接続

オペアンプの中には単電源仕様のものもある．それは出力が常にプラスに現れる用途に利用するものである．その場合には**図9-3(b)**に示しているように$-V$端子はGNDに接続する．

以降の回路図では，オペアンプの電源端子への接続は自明のこととして省略する．また，GND線も回路図には描かないで┴記号を使う．

9.2.2 オペアンプのオフセット (offset) とは？

理想的な増幅器では入力電圧が 0V のとき出力電圧も 0V である。しかし実用回路では，入力電圧が 0V であっても出力に若干の電圧が発生する。この電圧が発生している状況を「オフセット電圧がある」という。オフセット電圧をなくし，出力端子を 0V にする調整回路をオフセット調整回路という。

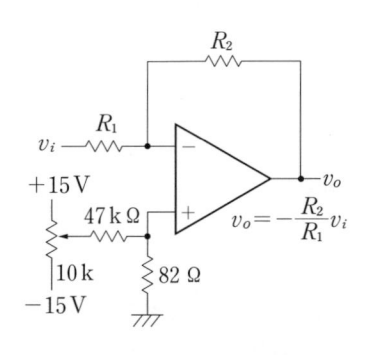

図 9-4 に代表的なオフセット調整回路を示す。(a) はオペアンプに内蔵されているオフセット調整端子を備えた素子（たとえば TL081）の方法である。この場合には，ほかの素子への影響なく調整ができる。(b)〜(d) は，オペアンプ自身にオフセット調整端子がない場合の調整方法である。これらの場合，オフセット調整用のプラス・マイナスの電源電圧は安定していなくてはならない。

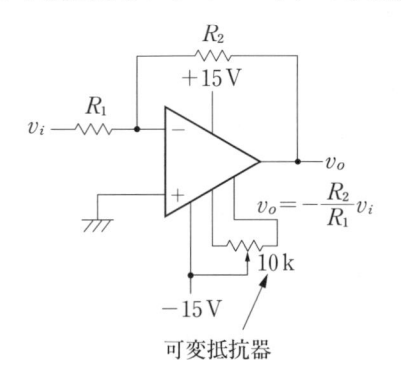

(a) オフセット調整端子のある場合　　　　(b) オフセット調整(1)

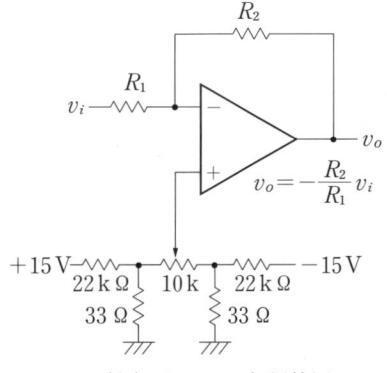

(c) オフセット調整(2)　　　　(d) 非反転増幅の場合

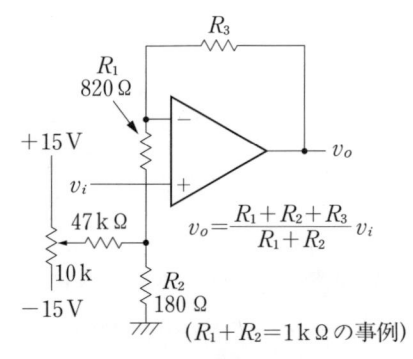

図 9-4　オフセット調整の方法

第9章 オペアンプ回路

9.3 オペアンプによる増幅回路

増幅回路の基本形としては，差動増幅，反転増幅，非反転増幅がある．これらを順に見ていこう．

9.3.1 差動増幅回路

オペアンプの基本である，差動増幅機能に負帰還を掛けたものが実際の負帰還増幅回路になる．まずこれを**図 9-5** で見ることから始めよう．

この回路の入力 v_{ip}，v_{im} と出力 v_o の関係は次式で与えられる．

$$v_o = -\frac{R_1+R_2}{R_1}\left(\frac{R_2}{R_1+R_2}v_{im} - \frac{R_4}{R_3+R_4}v_{ip}\right) \tag{9.2}$$

これが差動増幅の基本式である．

ここで，$R_1=R_3$，$R_2=R_4$ とすると，これは次のようになる．

$$v_o = \frac{R_2}{R_1}(v_{ip} - v_{im}) \tag{9.3}$$

このように，ゲイン A_v は外部に接続した抵抗(レジスタ)の抵抗値で決まる．

$$A_v = v_o/(v_{ip}-v_{im}) = R_2/R_1 \tag{9.4}$$

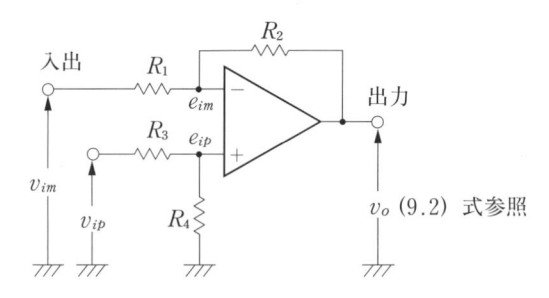

図 9-5 差動増幅器

問題9-1 オペアンプの基本式である(9.1)式はここでも成り立っているはずである．ゲイン μ はかなり高いので，出力が 15V 以内の大きさであり，$e_{ip} - e_{im}$ はほとんど 0 のはずである．つまり $e_{ip} = e_{im}$ になっているはずである．それを確かめよ．

解答 第2章で導いた (2.7) 式を公式として用いると e_{im} は

$$e_{im} = \frac{v_{im}R_2 + v_o R_1}{R_1 + R_2} \tag{9.5}$$

一方 e_{ip} は単純な抵抗分割の式によって，

$$e_{ip} = \frac{R_4}{R_3 + R_4} v_{ip} \tag{9.6}$$

ここで，$R_1 = R_3$，$R_2 = R_4$ として $e_{ip} - e_{im}$ を (9.6) と (9.5) 式の差として求めると，

$$e_{ip} - e_{im} = \frac{1}{R_1 + R_2}(R_2 v_{ip} - R_2 v_{im} - R_1 v_o)$$

$$= \frac{1}{R_1 + R_2}\{R_2(v_{ip} - v_{im}) - R_1 v_o\} \tag{9.7}$$

ここに (9.3) 式から得られる

$$v_{ip} - v_{im} = (R_1/R_2)v_o \tag{9.8}$$

を代入すると $e_{ip} - e_{im} = 0$ になる。

問題 9-2 ゲイン 20dB の差動増幅回路を設計せよ。ただし入力インピーダンスを10kΩ以上にせよ。

解答 オペアンプ自体の入力インピーダンスは∞であるが，負帰還回路を構成すると周辺の抵抗によって低くなる。ここでは R_1 と R_2 を経て出力端子から電流が流れる。R_1 を 10kΩ 以上にすればほぼよい。

20dB とは10倍のことであるから R_2 は R_1 の10倍とする。

(設計事例1)　$R_1=10$kΩ，$R_3=10$kΩ，$R_2=100$kΩ，$R_4=100$kΩ

(設計事例2)　$R_1=20$kΩ，$R_3=20$kΩ，$R_2=200$kΩ，$R_4=200$kΩ

問題 9-3 次の条件を満たすような反転増幅回路の R_2 と R_1 を決定せよ。
①入力インピーダンス 10kΩ 以上
②ゲイン 40dB

解答 図9-6の回路の入力インピーダンスは R_1 である。よって R_1 としては10kΩ でも 20kΩ でもよい。また，ゲイン 40dB とは100倍のことである。よって R_1 が 10kΩ のときは $R_2=1000$kΩ (1MΩ)，R_1 が 20kΩ のときは 2MΩ になる。

9.3.2 反転増幅回路

オペアンプ回路のもう一つの基本形が **図 9-6** に示す反転増幅回路である。グランドを基準にして入力が 1 個であり，出力電圧が入力電圧に対して反対の極性で増幅されるものである。つまり，入力がプラスなら出力はマイナスになり，逆に入力がプラスなら出力がマイナスになる増幅である。

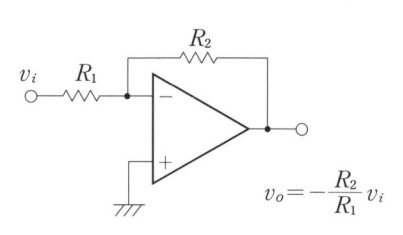

この回路の入出力の関係式は

$$v_o/v_i = -R_2/R_1 \qquad (9.9)$$

図 9-6 反転増幅回路

となるが，これを二つの方法で説明してみよう。

一つは基本式である (9.2) 式において，e_{ip} が GND に接続されているから，これを 0 にしてみると，(9.9) 式になる。

次に最初から **図 9-6** で考えてみる。先に見たように，オペアンプの二つの入力端子電圧はほとんど同じ電圧である。ここでは＋端子が GND（0 電圧）であるから－端子も同様に 0 電圧である。また，この端子の入力抵抗は∞であるから電流はオペアンプに出入りしない。つまり，R_1 に流れる電流はそのまま R_2 にも流れる。よって，v_o 端子と v_i 端子の電圧比は抵抗比 R_2/R_1 である。また図より入力と出力が反転状態であることは目視からわかる。

9.3.3 非反転増幅回路

正の入力に対して正の出力電圧が得られ，負の入力に対しては負の出力になる増幅回路を非反転増幅と呼ぶ。「非反転」などとややこしい呼び名が付いたのは反転が基本になるとする考えによるものである。本によって正相増幅と呼んでいることもある。

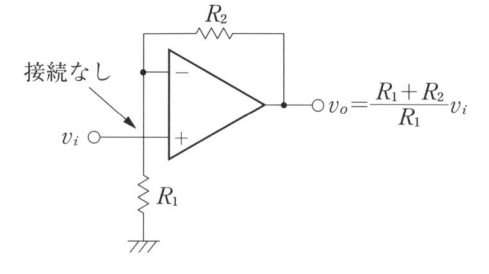

非反転回路の形は **図 9-7** である。このとき回路のゲインは次式になる。

$$A_v = 1 + R_2/R_1 \qquad (9.10)$$

図 9-7 非反転増幅回路

> **問題 9-4** 上の (9.10) 式を導け。

解答 **図 9-5** の差動増幅器において $R_3=0$，$R_4=\infty$，$v_{im}=0$ とすると非反

転回路になる。(9.2) 式にこれを代入すると次式になる。

$$v_o = -\frac{R_1+R_2}{R_1}(-v_{ip}) = \frac{R_1+R_2}{R_1}v_{ip}$$

これよりゲイン $A_v = v_o/v_{ip}$ は，(9.10) 式であることがわかる。

> **問題 9-5** 次の条件で非反転増幅回路を設計せよ。
> ① 入力インピーダンス10kΩ以上
> ② ゲイン40dB

解答 この回路の入力インピーダンスは，＋端子に何も接続されていないので 10kΩ 以上である。

ゲイン 40dB とは100倍のことである。よって R_1 が 10kΩ のときは $R_2 = 1000$kΩ（= 1 MΩ），R_1 が 20kΩ のときは 2 MΩ とする。

> **問題 9-6** 非反転型の減衰器をオペアンプで構成するには，どうしたらよいか？

解答 図 9-7 の回路の増幅率は 1 より大きいので減衰ができない。反転増幅を 2 段にするのが一案であるが実用的ではない。もう一つが，後で説明するボルテージホロワの利用がある。これについては次節を参照。

9.3.4 ボルテージホロワ

非反転増幅の（図 9-7）において R_1 を∞とすると，$v_o = v_{ip}$ になる。つまりゲイン 1 の増幅器である。∞ の抵抗とは，抵抗を接続しないこと(開放)であるからこれは図 9-8 の回路になる。R_2 にはほとんど電流が流れないので，R_2 での電圧ドロップはない。つまりオペアンプの 2 個の入力端子と出力端子はすべて同じ電位状態である。R_2 はどんな値の抵抗でよいし，接続しなくても（つまり短絡でも）よい。ゲイン 1 というのは意味がないように思えるが，重要なのは入力インピーダンスは∞であり，出力インピーダンスはゼロに近いことである。つまり，出力端子から(一定の限界内で)電流の流入出があっても電圧が全然変化しない。この回路はインピーダンスを変換あるいは調整するのが目的であり，ボルテージホロワと呼ばれ，よく利用される回路である。

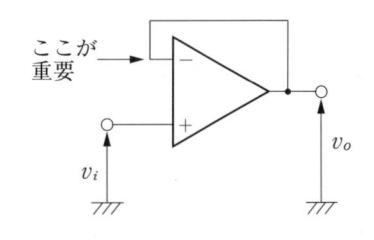

図 9-8 ボルテージホロワ回路と使い方

第9章 オペアンプ回路

9.4 演算回路としての利用

オペアンプの中身は複雑な構造の半導体回路だが，外から見た性質は単純である。そのために，抵抗やコンデンサやダイオードなどの素子と組み合わせて，千変万化の用途の電子回路を創ることができる。この不思議な性質は素子の名前に関連づけられる。オペアンプとは operational amplifier のことで，演算増幅器である。英語では Op-amp と短くいうので，日本語でもオペアンプというわけだ。

この名前が暗示するように，オペアンプは演算に関係する機能をもっている。微分・積分・加算・減算が得意だ。私たちが四則演算というと，加減乗除のことだが，オペアンプの四則は乗除がなくて加減微積である。オペアンプは微分と積分が入り混じった計算が得意だが，乗除をさせるには人間が頭をひねらなくてはならない。

第1章で学んだように，電気回路のパーツは数学を演じるが，マイナスの計算は苦手だ。ところが，オペアンプを利用するとマイナスの計算もできる。

9.4.1 微分回路

まず微分演算からみよう。オペアンプを使って1個の抵抗 R と1個のコンデンサ C を，図9-9のよう接続すると，微分回路になる。入力電圧 v_i の変化率（＝時間微分）に比例した電圧を出力する回路である。入力電圧を v_i，出力電圧を v_o として数式で表すと次のような反転微分である。

$$v_o = -CR\frac{dv_i}{dt} \tag{9.11}$$

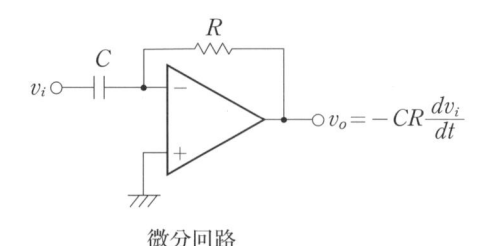

微分回路

図 9-9 微分回路

9.4 演算回路としての利用

◆微分回路の原理説明

前ページ微分回路の原理は，次のように説明できる。まず，オペアンプのマイナス端子電圧がゼロなので，C-R を流れる電流を i とすると，次式が成り立つ（1.9節参照）。

$$v_i = \frac{1}{C}\int i\,dt \tag{9.12}$$

同じ電流が抵抗 R を流れるので，出力は次式になる。

$$v_o = -Ri \tag{9.13}$$

(9.12) 式を微分して左右入れ替えると，

$$i = C\frac{dv_i}{dt} \tag{9.14}$$

となり，これを (9.13) 式に入れると，(9.11) 式が得られる。

問題 9-7 周波数 10kHz，振幅 1V の正弦波が正しく微分されるように C と R を決定せよ。ただしオペアンプの電源電圧は ± 15V とする。

解答 この正弦波の微分の最大値は $2\pi f$ であり，これに CR を掛けた値が出力の振幅になる。出力の最大値は電源電圧の80%以下である。正確な微分として得られる振幅は 12V であるから

$$2\pi fCR < 12\text{V}$$

が成り立つように CR を決定する。

$$CR < \frac{12}{2\times 3.14 \times 10000} = 1.9\times 10^{-4}$$

これより，$R = 20\text{k}\Omega (=20,000\Omega)$ とすれば $C < 9.5\times 10^{-9} = 9.5\text{nF}$ となる。

問題 9-8 周波数 1kHz，振幅 1V の三角波が正しく微分されて方形波になるように C と R を決定せよ。

解答 この三角波の微分の最大値は 4,000V/s であり，これに CR を掛けた値が出力になる。出力の最大値は電源電圧の80%以下でなくては正確な微分にはならない。つまり電源電圧を 15V とすると

$$4000CR < 12\text{V}$$

が成り立つように CR を決定する。$R = 1\text{k}\Omega$ とすると $C = 3\mu\text{F}$ が上限である。

9.4.2 積分回路

積分回路は **図 9-10** に示すように，微分回路の C と R を入れ替えて構成される。この回路の入力電流は

$$i = v_i/R \tag{9.15}$$

これがコンデンサに流れ込んで出力電圧になる。第1章で見たようにコンデンサ電圧は電流の積分に比例し，比例係数は $1/C$ であるから，

$$v_o = -\frac{1}{C}\int i dt = -\frac{1}{CR}\int v_i dt \tag{9.16}$$

つまり，出力電圧 v_o は入力電圧 v_i を積分した値の反転になる。

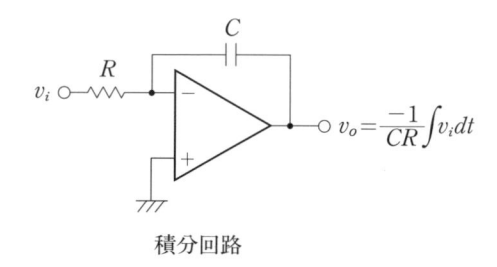

積分回路

図 9-10 積分回路

> **問題 9-9** 振幅 3V，周波数 100Hz の正弦波を積分する回路の R と C を決定せよ。ただし出力の振幅を 5V 以内にしたい。

解答 入力電圧は $3\sin(628.3t)$ であるから，出力は $(3/628.3CR)\cos(628.3t)$ である。よって

$$\frac{3}{628.3CR} \leq 5 \quad \text{あるいは} \quad \frac{3}{628.3 \times 5} \leq CR$$

を得る。これより $CR > 9.55 \times 10^{-4}$ となる。仮に R を $1,000\Omega$ とすると C は，ほぼ $1\mu F$ より大であればよいということになる。$1\mu F$ のコンデンサはサイズとして決して小さくないので，R をもっと大きくして C を小さくするのがよい。ただし，使用するオペアンプは J-FET や CMOS 型を選定する。

9.4.3 加算回路

加算回路は，二つ以上の入力電圧の和を出力する回路で，一例を**図 9-11** に示す。入力電圧に対する入力電流は，オペアンプのプラス端子が GND につながっているので，次のような式になる。

$$i_1 = v_{i1}/R_1, \quad i_2 = v_{i2}/R_2, \quad \cdots, \quad i_n = v_{in}/R_n \tag{9.17}$$

また，フィードバック電流を i_f とすると，

$$i_f = -v_o/R_f \tag{9.18}$$

になる。

オペアンプのマイナス端子に流入する電流はきわめて小さいので，

$$i_f = i_1 + i_2 + \cdots + i_n \tag{9.19}$$

となる。よって (9.17)～(9.19) 式より，

$$v_o/R_f = -(v_{i1}/R_1 + v_{i2}/R_2 + \cdots + v_{in}/R_n) \tag{9.20}$$

と表すことができる。

ここで，$R_f = R_1 = R_2 = \cdots = R_n$ になるようにすると，出力電圧 v_o は次のようになる。

$$v_o = -(v_{i1} + v_{i2} + \cdots + v_{in}) \tag{9.21}$$

この原理を使うと，入力抵抗とフィードバック抵抗 R_f を任意に調整することによって，次式のような加算をすることができる。

$$v_o = -(a_1 v_{i1} + a_2 v_{i2} + \cdots + a_n v_{in}) \tag{9.22}$$

ただし，$a_1 = R_f/R_1, \quad a_2 = R_f/R_2, \quad \cdots, \quad a_n = R_f/R_n$

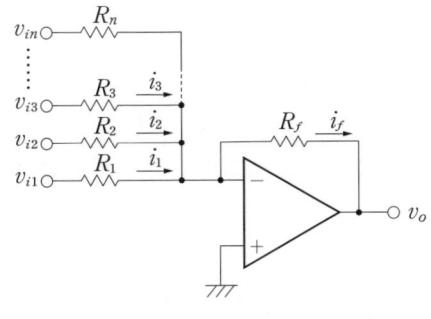

図 9-11　加算回路

いろいろな計算ができるのですね。

第9章 オペアンプ回路

9.4.4 減算回路

先の 9.3.1 項の差動増幅回路（図 9-5）の抵抗値を調整することによって，減算回路ができる。たとえば単純に，$R_1=R_2=R_3=R_4=R$ とすると，出力電圧 v_o は，次式で表される。

$$v_o = v_{ip} - v_{im} \tag{9.23}$$

このように，出力は v_{ip} から v_{im} を引いた値になる。

問題 9-10 次の計算をするような加算器を設計せよ。
$$v_o = 2v_{i1} + 3v_{i2}$$

解答 図 9-11 を 2 入力形式で設計する。そしてゲイン 1 の反転増幅回路を接続する。回路図は次のようになる。

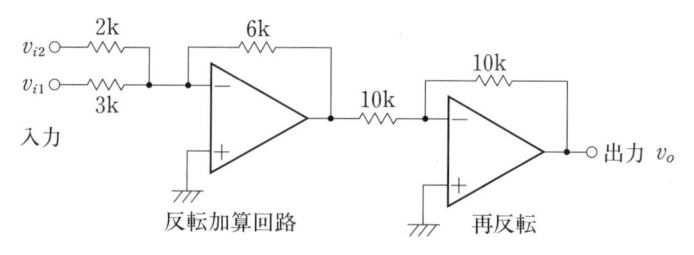

図 9-12 加算器事例

問題 9-11 図 9-5 の抵抗値をうまく設定することによって
$$v_o = 0.5v_{ip} - v_{im}$$
になるようにせよ。

解答 (9.2) 式の v_{im} の係数をよく見ることによって，まず $R_1=R_2$ でなくてはならないことがわかる。すると次式が得られる。

$$v_o = 2\left(\frac{R_4}{R_3+R_4}v_{ip} - 0.5v_{im}\right)$$

この式をよく見ることによって，$R_3+R_4=4R_4$ が必要条件であることがわかる。つまり，$R_3=3R_4$ を満足するように抵抗値を決定すればよい。

9.5 フィルタ回路

信号には多くの周波数成分が含まれている。その中から高い周波数成分を取り除いたり，低い成分を取り除いたりしたいことがある。そのような機能をする回路をフィルタと呼ぶ。

9.5.1 1次形ローパスフィルタ（First-order low-pass filter）

低い周波数を通過させて，高い周波数を遮断する回路をローパスフィルタと呼ぶ。高い，低いの基準は何か？　それはカットオフ周波数というものを定めてそれより低いか高いかをいう。フィルタにはさまざまの方式があるが，基本となるのが1次形（あるいは1次系）と呼ばれるフィルタと2次形（系）と呼ばれるものであり，パッシブ（passive）とアクティブ（active）がある。

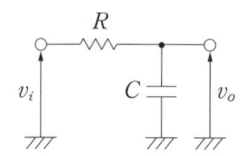

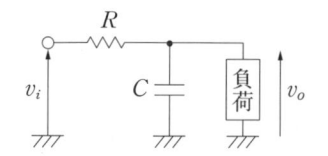

（a）負荷を接続していない状態　　（b）負荷を接続すると負荷の性質によって特性が変化する

図9-13　RC回路による1次形フィルタ

1次形パッシブ回路は1個の抵抗と1個のコンデンサで構成される，図9-13の回路である。正弦波信号を考えたとき，この回路の入力と出力の関係は次式で表される：

（虚数jを用いて示すとき）

$$\frac{v_o}{v_i} = \frac{1}{1+j2\pi fCR} \tag{9.24}$$

入力が正弦波$V_i \sin(2\pi ft)$であるとき，入出力の振幅比は次式になる。

$$\frac{V_o}{V_i} = \frac{1}{\sqrt{1+(2\pi fRC)^2}} \tag{9.25}$$

ただしV_oは出力信号の振幅，V_iは入力信号の振幅とする。

9.5.2 カットオフ周波数

今得た(9.25)式でわかるように，周波数 f が大きいと，出力は小さくなるが，f が十分に低いと出力は入力とあまり変わらない。高い低いの境界は慣わしによって出力の振幅が入力振幅の $1/\sqrt{2}\,(=0.707)$ になる周波数とされている。これを遮断周波数（カットオフ周波数，cut-off frequency）と呼び記号 f_c で表す。遮断周波数は次式で与えられる。

$$f_c = \frac{1}{2\pi CR} \,[\text{Hz}] \tag{9.26}$$

9.5.3 パッシブからアクティブへ

パッシブフィルタの欠点は，負荷として何かを接続したときに負荷インピーダンスによって特性が変化することである。変化しないようにするには，先に見たボルテージホロワをフィルタと負荷の間に接続すればよい。

ところが，オペアンプを利用するのなら抵抗を1個増やして**図 9-14** のようにすると，低域のゲインを1（＝0dB）とは違う値にすることができる。

$$\frac{v_o}{v_i} = -\frac{R_2}{R_1}\left(\frac{1}{1+j2\pi fCR_2}\right) \tag{9.27}$$

これが1次系アクティブフィルタである。ただしこれは反転型である。

ここで「1次系」あるいは「1次形」の言葉の意味を解説しよう。いろいろな説明ができるが，抽象的よりも現実的なのは，高い周波数領域の特性を示す(9.27)式の分母が次式のように周波数の1次式になることである。

$$\frac{V_o}{V_i} = \frac{1}{2\pi R_1 Cf} \tag{9.28}$$

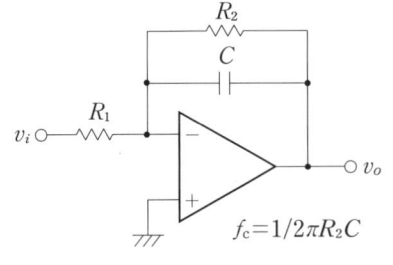

事例	f_c	$R_1 = R_2$	C
1	300Hz	10kΩ	0.053μF
2	1kHz	10kΩ	0.016μF
3	5kHz	10kΩ	320pF

$f_c = 1/2\pi R_2 C$

図 9-14 オペアンプを使ったローパスフィルタ：$R_1 = R_2$ とすると，低周波数領域でのゲインが1（＝0dB）になる。

9.5.4 ボード線図

信号伝達を目的とする電子回路を評価したり設計するときに，図 9-15 に示すボード線図というグラフを使うのが便利だ。横軸は周波数（f）あるいは角周波数（$\omega=2\pi f$）の対数（log）として，縦軸にはゲインの対数と位相遅れをとる。

◆ゲイン　(9.27) 式から入力と出力振幅の比率を求めると次式になる。

$$\frac{V_o}{V_i} = \frac{R_2}{R_1}\left(\frac{1}{\sqrt{1+(2\pi CR_2 f)^2}}\right) \tag{9.29}$$

これがゲインであるが，ボード線図ではデシベル表示とするために $20\log(V_o/V_i)$ で表す。たとえば $(V_o/V_i)=100$ 倍であれば $\log 100=2$ であるから，ゲインは 40dB（デシベル）であるという。1,000 倍のゲインのデシベル表示は 60 dB である。

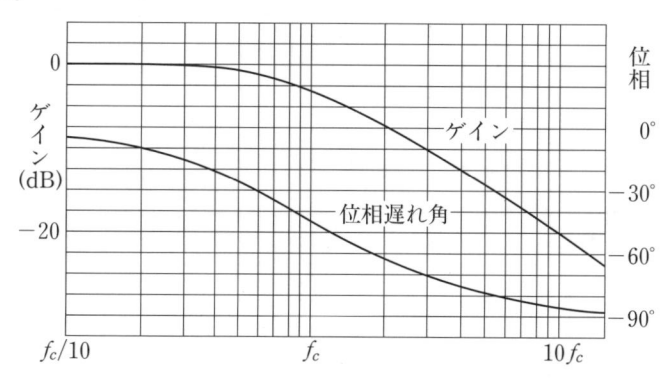

図 9-15　1 次形ローパスフィルタのボード線図

◆位相　入力に対する出力の位相差は 1 次形の場合には図 9-16 で説明できる。

ボード線図は，低い周波数から高い周波数までの広範囲の伝達特性を一目で見ることができるのがメリットである。1 次形のような単純な場合には，ボード線図の効用は小さいが，複雑なフィルタや制御系の信号伝達の計算には便利である。

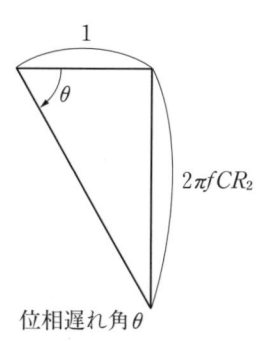

図 9-16　位相遅れ角図

9.5.5 2次形ローパスフィルタ

カットオフ周波数を超えたときにもっとゲインが下がってほしい場合には，分母が f の2次式になる方式が使われる。これにもパッシブとアクティブがあるが，負荷の性質に無関係にパラメータ決定ができるのはアクティブである。

ボルテージホロワの意味を宿す非反転型が図 9-17(a)である。それに対して同図(b)の回路は反転型である。

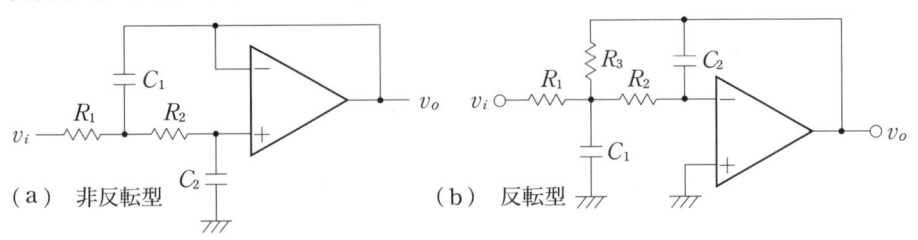

(a) 非反転型　　　　　(b) 反転型

図 9-17　2次形ローパスフィルタ

2次形アクティブフィルタの設計においては，カットオフ周波数 f_c のほかに，減衰定数 ξ というものを考える。これは図 9-18 のボード線図を使ってみるとわかりやすい。図中の式は非反転型の場合の f_c と ξ である。

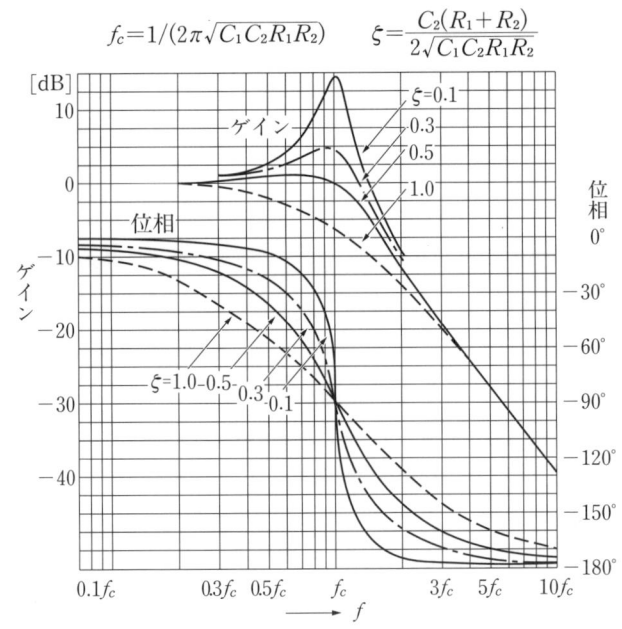

$$f_c = 1/(2\pi\sqrt{C_1 C_2 R_1 R_2}) \qquad \xi = \frac{C_2(R_1+R_2)}{2\sqrt{C_1 C_2 R_1 R_2}}$$

図 9-18　2次形ローパスフィルタのボード線図

9.5.6 ローパスフィルタの効果

ローパスフィルタの意味を具体的に示しているのが，図 9-19 である。

図 9-29(P.230) と図 11-6(P.273) を参照

パルス幅変調器

v_i

パルス幅変調された信号

隠された元の信号

フィルタを復調器として利用

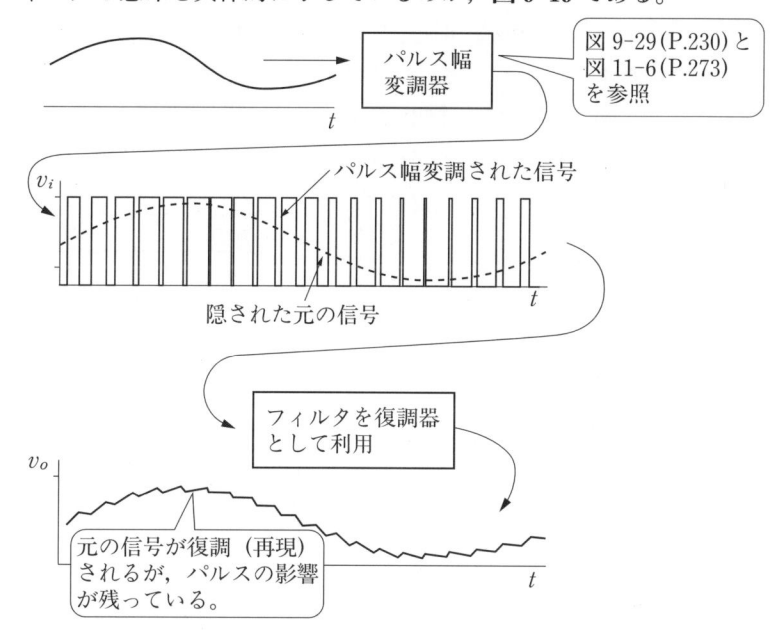

v_o

元の信号が復調（再現）されるが，パルスの影響が残っている。

図 9-19 ローパスフィルタの意味をパルス幅変調された信号の復調器として調べてみる

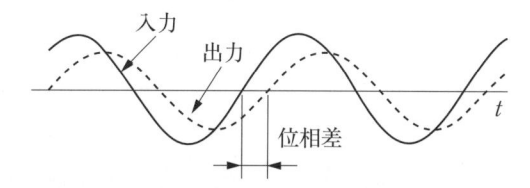

入力　出力　位相差

図 9-20 元の信号と復調された信号の振幅と位相差：1 次型フィルタでは，カットオフ周波数の信号が入力されると，出力の振幅が $-3\mathrm{dB}$ 下がって（つまり $1/\sqrt{2}$ に減少し）位相が $45°$ 遅れる。f_c の10倍ぐらいの周波数では，出力は $-20\mathrm{dB}$（つまり1/10）になり，位相はほぼ $90°$ 遅れる。f_c の1/10の周波数を入力すると，出力の振幅はほとんど変わらないが，位相はほぼ $6°$ 遅れる。

9.5.7 ハイパスフィルタ

いろいろな特性のフィルタがオペアンプを利用して設計できる。ローパスに対してハイパス（低い周波数が通過しにくく，高い周波数が通過するフィルタ）がもう一つの基本形である。ハイパスフィルタの基本形，特性とパラメータの関係をあげよう（図 9-21，22）。図 9-21 は 1 次形で反転型である。図 9-22 は非反転型の 2 次形で，多重帰還形とも呼ばれる方式である。

伝達関数　　　$G(\omega) = -\dfrac{j\omega CR_2}{1 + j\omega CR_1}$

カットオフ周波数　$f_c = \dfrac{1}{2\pi R_1 C}$

サンプル設計値

事例	f_c	$R_1 = R_2$	C
1	300Hz	16kΩ	0.033μF
2	1kHz	16kΩ	0.01μF
3	5kHz	33kΩ	0.001μF

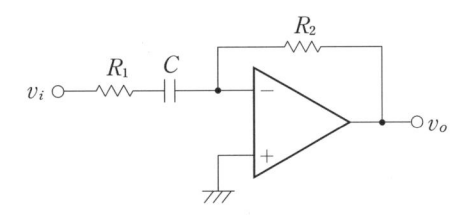

図 9-21　1 次形ハイパスフィルタ

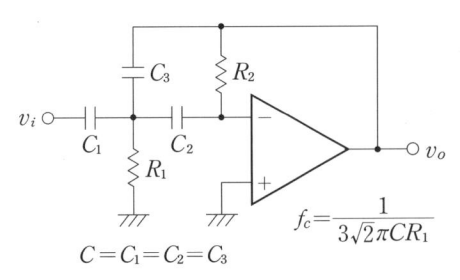

$f_c = \dfrac{1}{3\sqrt{2}\pi CR_1}$

$C = C_1 = C_2 = C_3$

サンプル設計値

事例	f_c	C	R_1	R_2
1	200Hz	0.1μF	3.8kΩ	16.9kΩ
2	500Hz	0.1μF	1.5kΩ	6.8kΩ
3	1kHz	0.01μF	7.5kΩ	33kΩ
4	3kHz	0.0033μF	7.5kΩ	33kΩ
5	10kHz	0.001μF	7.5kΩ	33kΩ

図 9-22　多重帰還型 2 次形ハイパスフィルタ：
　　　たいてい 3 個のコンデンサを同じ容量にして，$R_2 = 4.5 R_1$ とする。

周波数特性について注意しなくてはならない。高周波領域ではオペアンプ固有の特性によって**図9-23**に示すような減衰が起きるからである。

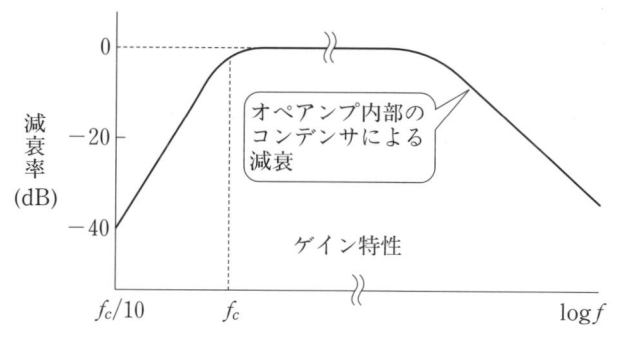

図 9-23 周波数特性

9.5.8 バンドパスフィルタ

ローパスとハイパスの組み合わせによって一定周波数範囲が通過するフィルタができる。それをバンドパスフィルタと呼ぶ。組み合わせの場合には，使用するオペアンプの数が2個になるが，1個のオペアンプの周辺にうまく抵抗とコンデンサの回路網を構成することによってもバンドパスフィルタが構成される。2個使う利点はそれぞれのカットオフ周波数をきめるパラメータを独立に決められる。**図 9-24** にバンドパスフィルタの事例を示す。それ以外にも豊富なフィルタの設計パターンがあるが，専門書に譲ることにする。

$$f_{c1} = \frac{1}{2\pi R_1 C_1}$$

$$f_{c2} = \frac{1}{2\pi R_2 C_2}$$

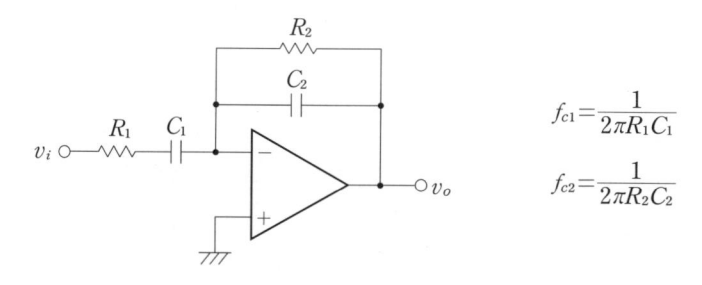

図 9-24　1個のオペアンプで構成する1次形バンドパスフィルタ

9.6 アナログ計算機とシミュレーション

　第1章では，抵抗におけるオームの法則が比例計算のもとになり，コンデンサが微分や積分計算に関係することを学んだ。そして本章ではオペアンプを使うことによっていろいろな数学的演算が電子回路によってなされることを見た。これをさらに発展させてみよう。
　図 9-13 の R-C ローパスフィルタの入力と出力の関係は，次式で表される。
$$Ri+(1/C)\int i dt=v_i \tag{9.30}$$
コンデンサ端子電圧が出力 v_o であり，次式が成り立つ。
$$v_o=(1/C)\int i dt \tag{9.31}$$
この両辺を微分してみる。
$$dv_o/dt=(1/C)i \tag{9.32}$$
これらの関係式より次式が得られる。
$$CR(dv_o/dt)+v_o=v_i \tag{9.33}$$
　これは入力電圧に対して出力がどのように振舞うかを支配する微分方程式である。しかも，最も基本的な微分方程式である。どのような意味で基本であるのか？　たとえば，図 9-25 のような物体（質量 m）に力 f が働くとき，物体の速度 u はどのようになるのかは次式で与えられる。
$$m(du/dt)+Du+k\int u dt=f \tag{9.34}$$
　(9.33)と(9.34)式の左辺1，2項を比べると微分方程式の形は同じであり，違うのは係数である。単なる R-C 回路ではなくオペアンプを使うと左辺第3項に対応する項も組み込むことができる。よって係数の違いを適切に考慮することによって，力学の現象を電子回路で自動的に計算させることができる。これをシミュレーション(模擬)と呼ぶ。オペアンプの別名は演算増幅器であるが，それは微積分や加減乗除の入った計算をアナログのテクニックで行うためのデバイスであった。
　アナログ計算機はディジタル計算機が発達する以前には重要な道具であったが，ディジタル計算機が発達するにつれて，アナログ方式の欠点が目立つようになり発展が停滞した。大きな欠点は次の二点である。
　①途中の計算の記憶できない。無理やりしようとすれば可能であるが，処理時間やコストの点で非現実的になる。

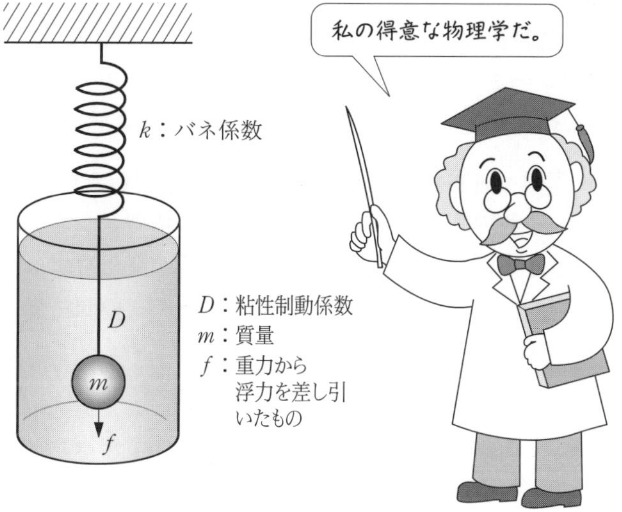

k：バネ係数
D
m
f
D：粘性制動係数
m：質量
f：重力から浮力を差し引いたもの
私の得意な物理学だ。

図 9-25　粘性媒体の中の物体 m に力が働いて運動が起きている

②計算が不正確になりやすい。たとえば，**図 9-5** の原理図で説明すると，差動増幅のプラスとマイナスの回路は，理想的には全く同じ特性でなくてはならないが，製造プロセスで素子のパラメータにわずかな違いが発生する。それを補償するような仕組みが組み込まれているが完璧ではない。またオペアンプは，プラスマイナスの電源電圧の範囲内でしか正しい計算をしない。

このように正確な演算をオペアンプにさせようとすると欠点はあるが，利点も大きい。第一に計算は瞬時になされる。そこで重要なのが制御システムでの利用である。制御というのは自然の状態に加工を加えて人間の要求にかなう挙動をする装置である。たとえば野生の象と馴らした象について誰でも聞いていることを例にしよう。馴らした象でもいつ気が狂うかもしれない。背中に置いた籠に数人の子供を乗せていた象が暴れ出した。どうやって子供たちを救ったか。正常な，飼いならしたもう一頭の象に大人が乗って暴れている象の横に並んで誘導しながら子供を一人ずつ正常な象の背中の籠に移した。オペアンプをつかって加工した自然を作り出し，それが発生する信号によって込み入ったシステムを統御することができる。

このようなテクニックは確かに本書のレベルを超えるものだが，本書によって電子回路の一通りの知識を得て，制御工学の基礎知識が備わっていれば，適切なヒントやアドバイスがあれば習得できて，実用的な装置を開発できるレベルに達すると思われる。

第9章 オペアンプ回路

問題 9-12 オペアンプの優れた数学的性質を利用して，自然の力学現象をアナロジーさせることもできる。**図 9-25** の振り子あるいは，おもりの付いたバネの振動をアナロジーさせる回路を設計せよ。

解説 **図 9-26** の4個のオペアンプを用いた回路を構成してみる。運動の様子を数学的に示す変数が，おもりの位置とか速度だが，これを電圧や電流に置き換えて，時間とともにどのような変化をするかを計算させて，オシロスコープなどに表現することができる。この回路では次式の計算をする。

$$C_1 R_3 \frac{du}{dt} + (R_3/R_4)u + \frac{R_3}{C_2 R_7 R_8} \int_0^t u\,dt = f(t) \tag{9.35}$$

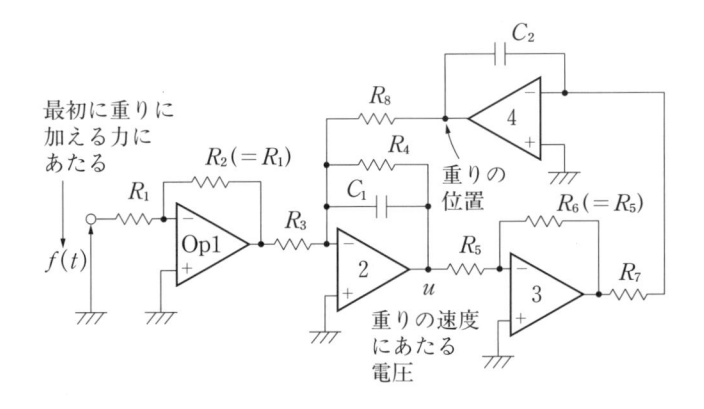

図 9-26 力学系をシミュレートする回路

解答 質量 $m=1\text{g}=0.001\text{kg}$，$D=0.2\text{Ns/m}$，$k=300\text{N/m}$ の場合を考える。$R_1=R_2=1\text{k}\Omega$，$R_3=2\text{k}\Omega$，$C_1=0.5\mu\text{F}$ にすると $C_1 R_3=0.001\text{s}$ になるので，この 0.001 が 0.001kg に対応させることにして，他のパラメータをそろえる。

$R_4=10\text{k}\Omega$ とすると第2項の数値が 0.2 になる。

第3項の係数を 300 にするには，たとえば $R_7=10\text{k}\Omega$，$R_8=1\text{k}\Omega$，$C_2=0.66\mu\text{F}$ とする。

u として現れる電圧の 1V を 1m/s と解釈すると，力 f に相当する 1V は 1N（ニュートン）にあたる。

Column　オペアンプのスルーレート

あらゆる意味での理想的なオペアンプというものはない。限界を知ってうまく使いこなすことが肝要である。そのためにはスルーレートというパラメータを知っておくのがよい。

スルーレートとは，オペアンプの出力電圧が単位時間（1μs）に変化できる電圧を示すもので，単位は V/μs である。

図 9-27 にゲイン10倍の反転回路で 100kHz 方形波を増幅したときの出力波形を示している。図からわかるようにスルーレートが $10V/\mu$s のオペアンプでは，高周波の出力電圧が理論値と異なってしまう。

このように，使用目的に合わせてオペアンプを使い分けなければならない。表 9-1 に代表的なオペアンプのスルーレートを示す。

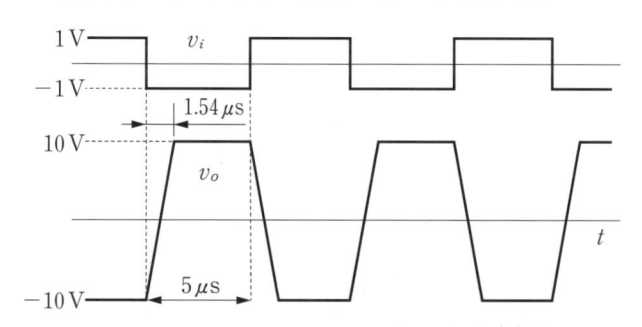

図 9-27　スルーレートの意味（$13V/\mu$s の場合）

表 9-1　オペアンプのスルーレート事例

型名，備考		スルーレート	型名，備考		スルーレート
μA741	バイポーラ	0.5 V/μs	LT1355	バイポーラ	400
TL072	J-FET	13	MAX4451	バイポーラ	485
TL082	J-FET	13	LM358	バイポーラ	0.25
TL1124	バイポーラ	4.5	OPA2357	CMOS	150
TLC072	BiMOs	16	LMC6442	CMOS	0.0022
TLC082	BiMOS	16	LMV722	BiCMOS	4.9

注）電源電圧範囲がそれぞれの素子で異なるので，使用に際しては注意が必要。スルーレートが低い素子には，ドリフトが少ないなどのほかのメリットがあるのでデータシートの参照が必要。

9.7 代表的なオペアンプ素子

オペアンプが製造され始めた頃は，ほとんどがトランジスタを用いたバイポーラ型オペアンプであった。このオペアンプは電流制御素子であるトランジスタを用いて回路が構成されており，入力インピーダンスが低くバイアス電流が大きいという問題がある。

その後，同一チップ上にユニポーラの素子を作成する技術が開発され，主回路をトランジスタで構成し，入力段に電圧制御素子であるFETを用いたBi-FET型が作られるようになった。このオペアンプは入力回路がFETで構成されているため，入力インピーダンスが高くバイアス電流が少ないという特徴がある。

さらに最近ではトランジスタとMOSFETを用いたBi-MOS型や全ての回路をCMOSで作成し，消費電流を低減したCMOS型の素子も開発されている。

表9-2は回路構成によるオペアンプの分類とそれらの特徴をまとめたものである。表9-3は代表的なオペアンプと規格を示したものである。

表9-2 回路構成によるオペアンプの分類

半導体構成	回路構成と特徴	代表型番
バイポーラ (Bi)	すべてをバイポーラトランジスタで構成	μA741, OP07, LM747
J-FET	入力段などの一部をFETで構成し，主要部分はバイポーラで構成	TL081〜4, LF356, LF357, TL071
Bi-MOS	入力段などの一部をMOSFETで構成し，主要部分はバイポーラで構成	CA3130, CA3134, CA080〜3
CMOS	すべてをCMOSで構成，低消費電力	ICL7611〜7641

表9-3 代表的なオペアンプとパラメータ

型 名	μA741	OP07	TL082	LM7747	CA3130	LF347
入 力 段	Bi	Bi	J-FET	Bi	BiMOS	J-FET
回 路 数	1	1	2	2	1	4
開ループゲイン	104dB	115	106	106	110	106
オフセット端子	有	有	無	有	有	無
スルーレート	0.5V/μs	0.3	13	0.5	10	13
電 源 電 圧	±3〜18V	±3〜18	±3〜18	±3〜18	±3〜18	±3〜18

※もっと詳細なデータは，専門書やメーカーのマニュアルを参照のこと。

9.8 コンパレータ回路

　ここまでは，出力をマイナス端子に帰還する方式でさまざまの使い方を見てきた。次に帰還をしないで，オペアンプの裸ゲインを利用する方法と正帰還をする方法の応用として，コンパレータ回路を学ぶ。コンパレータ回路は比較回路ともよばれ，基準電圧に対して入力電圧が大きいか小さいかを判別する回路である。

9.8.1 コンパレータとしての使い方

　図9-28に基本回路を示す。回路構成は，図9-5の差動増幅回路から負帰還を取り除いたもので，二つの入力電圧の差電圧 e_d をオペアンプのオープンループゲイン μ で増幅することになる。

　オペアンプで増幅される差電圧 e_d は，次式で表される。

$$e_d = E - v_i \tag{9.36}$$

　v_i が E よりも大きいときは，差電圧 e_d はマイナスになる。この電圧をオペアンプの μ で増幅すると，計算上はマイナスの大きな電圧になる。しかし現実には，出力電圧の最大値が電源電圧を超えることはない。よって，次のようになる。

$$v_o \simeq -V \text{（負の電源電圧）} \tag{9.37}$$

　また，v_i が E よりも小さいときは，

$$v_o \simeq +V \text{（正の電源電圧）} \tag{9.38}$$

となる。

　このようなコンパレータ回路に用いるオペアンプには，スルーレートの高いものが適する（表9-1，P.227参照）。

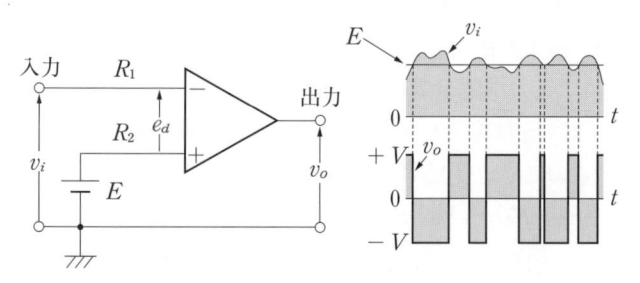

図9-28　オペアンプを使ったコンパレータ回路

9.8.2 コンパレータ専用素子の利用

オペアンプを開ループでコンパレータとして使うのは望ましくない場合がある。この用途には専用の素子としてコンパレータがある。コンパレータの出力端子はオープンコレクタ（7.7節，P.165参照）になっており，プラスのあるレベル（H）と GND（L）を出力する。図 9-29 はコンパレータを使って PWM 変調をする原理を示している。代表的なコンパレータ IC として LM311 や C393 がある。

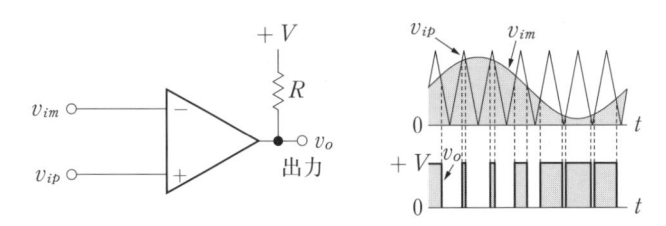

図 9-29 コンパレータ IC を使って時間的に変化するアナログ量を PWM 変調する

9.8.3 ヒステリシスコンパレータの設計（不安定ディジタル現象の解消）

図 9-28 や 図 9-29 のコンパレータ基本回路は，基準電圧に対して非常に敏感に反応し，その結果を出力する。そのため，入力信号がノイズを含んでいる場合，不要な出力の反転が何度か行われることがある。改善案として，図 9-30 に示すように，一定の電圧範囲で出力が反転しないような不感帯をつくるために，ヒステリシス特性を組み込む。ここでは，不感帯を V_H としている。

入力電圧が E よりも低い値から上昇するとき，$E+V_H/2$ を超えたときに出力を反転させる。反転後は，入力電圧が $E-V_H/2$ より下がらなくては，次の反転がない。

入力電圧が $E\pm V_H/2$ の間にあるとき，出力が $+V(V_{oH})$ なのか $-V(V_{oL})$ なのかは，入力電圧の変化の前歴に関係する。これがヒステリシスである。$E\pm V_H/2$ の範囲で入力電圧が変化しても，出力には変化がない。

ヒステリシスは，出力端子とプラス端子の間に，適当な抵抗を入れることによって作られる。このとき，不感帯電圧 V_H は，次式で与えられる。

$$V_H = R_2/(R_2+R_3) \cdot (V_{oH} - V_{oL}) \tag{9.39}$$

ここでは，$V_{oH}=15V$，$V_{oL}=-15V$ であるから，$V_H \fallingdotseq 300mV$ である。

9.8 コンパレータ回路

(a) 基本回路 ($V_H = 300\,\text{mV}$ の事例)

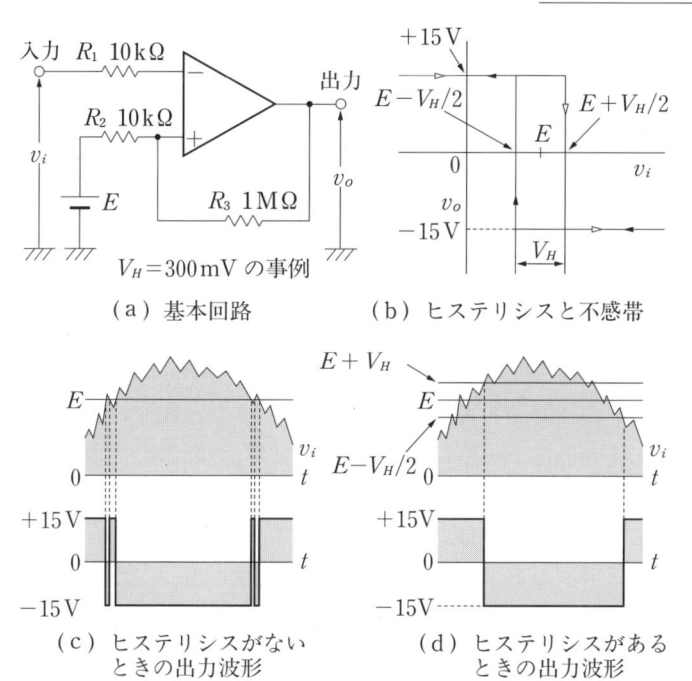

(b) ヒステリシスと不感帯

(c) ヒステリシスがないときの出力波形

(d) ヒステリシスがあるときの出力波形

図 9-30 ヒステリシスをもつコンパレータ回路：この機能はシュミットトリガとも呼ばれる

問題 9-13 図 9-31 は小型 DC モータに流れる電流が設定値として 1A を超えると L レベルになり，それ以下ならば H レベルを出力する回路である．ここでは専用コンパレータ C393 を利用している．不感帯 h が $0.062\,\text{A}$ になるように $R_1 \sim R_6$ を決定せよ．（解答は次のページ）．

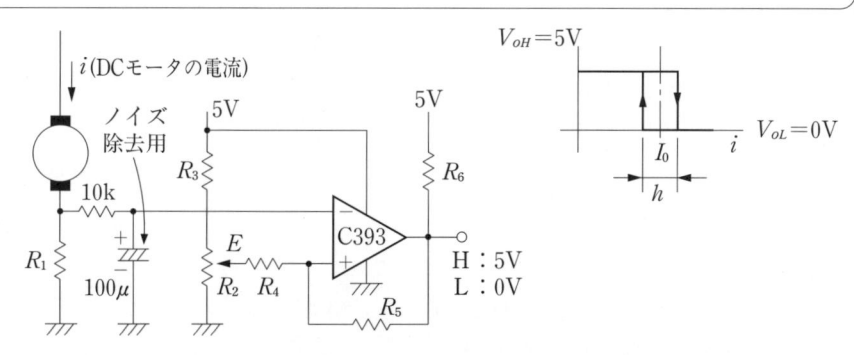

図 9-31 DC モータの電流がしきい値を超えたことを検出する回路

第9章 オペアンプ回路

🔷 第9章のまとめ

　実用的なアナログ回路としてオペアンプ回路を基本を学んだ。またディジタルとのつながりとしてコンパレータについても少し見た。電子回路をここまで習得すると，かなりおもしろくなってきたに違いない。

　オペアンプは，CDプレーヤやラジオ，オーディオ機器に欠かせない素子で，精密な測定機器や医療機器にもよく使われる。C, Rだけでなくダイオード，トランジスタ，電界効果トランジスタなどの能動素子や種々のセンサをオペアンプと組み合わせることによってさまざまな機能が実現できる。このような機能の回路を作りたいなという願いがあれば，一生懸命にオペアンプの利用を考えてみるのがよい。また，他人の知恵を活用するのがよい。オペアンプ回路の知識の幅を広げたい読者のために参考書を下に挙げる。またそのほかに，オペアンプの応用に関して書いてある実用的な雑誌記事などを集めておくことを勧める。

　次章では実用的なディジタルとして，マイクロコントローラなどの利用技術を学ぼう。

問題9-13 解答　$R_1=1\Omega$，基準電圧Eを0.95V，R_2は500Ωの可変抵抗器とする。可変抵抗器を中心（50%回した位置）にしたときの電圧を0.95VにするためのR_3は，820Ωである。可変抵抗器で検出電流の設定ができる。R_6はディジタル信号を得るためのプルアップ抵抗であり，ここでは10kΩとする。回路の電源電圧V_{CC}は5Vであり，検出電流は1Aであるから，R_1によって検出される電圧は1Vである。また，不感帯hが0.062Aであるので，そのときの電流は1A−0.062A=0.938Aになり，R_1による検出電圧は0.938Vである。コンパレータの出力はHのときオープン，Lのとき0Vである。この条件で＋入力端子の電圧をそれぞれの条件で求めると次式になる。

$$1=E+\frac{(V_{CC}-E)R_4}{R_4+R_5+R_6}, \quad 0.938=E-\frac{E\times R_4}{R_4+R_5}$$

　これらを満足するようにR_4, R_5を求めると，$R_4=5.5\mathrm{k}\Omega$, $R_5=430\mathrm{k}\Omega$となる。

参考文献

[1] 加藤，見城，高橋：「図解・わかる電子回路」，講談社ブルーバックス
[2] 高橋，菊池：「図解・センサとその応用」，総合電子出版社
[3] 見城，高橋，加藤：「図解・オペアンプ回路」，総合電子出版社

第10章
マイクロコントローラ関連回路

アナログの便利なツールがオペアンプであれば，ディジタルのパワフルなツールが，マイクロプロセッサとかマイクロコントローラ，あるいはMPU（micro-processor unit）と呼ばれるLSIである．本章ではMPUを使うときに知っておきたいインタフェース回路の知識と，LSIの内部で実行されているディジタルデータの扱い方を学ぶ．インタフェース回路としてはアナログ電圧をディジタル量に変換する原理と逆変換の原理を学び，実際に使われるボードに関する知識も身に付ける準備をしよう．

第 10 章　マイクロコントローラ関連回路

10.1　マイクロコントローラ用インタフェース回路

　ディジタル・デバイスの代表的なものはたくさんあるが，マイクロプロセッサ，MPU（microprocessor unit），あるいはマイクロコントローラと呼ばれるLSI（大規模集積回路）は広い用途をもったディジタル・デバイスである．本書では総称的に MPU と呼ぶことにする．本章では PIC を取り上げて，具体的にデータのやり取りに関連する回路を見てゆきたい．

　PIC とは Microchip Technology 社の Peripheral interface controller の略称であり，さまざまなコントローラがある．ここではデータを 8 ビットで扱うタイプの典型として 16F84A の場合で見ることにする．

　この端子数は **図 10-1** に示すように配列された 18 ピンである．本書では，これらのピン周辺の回路について基本的な事柄を語り，詳細は専門書に譲ることにする．

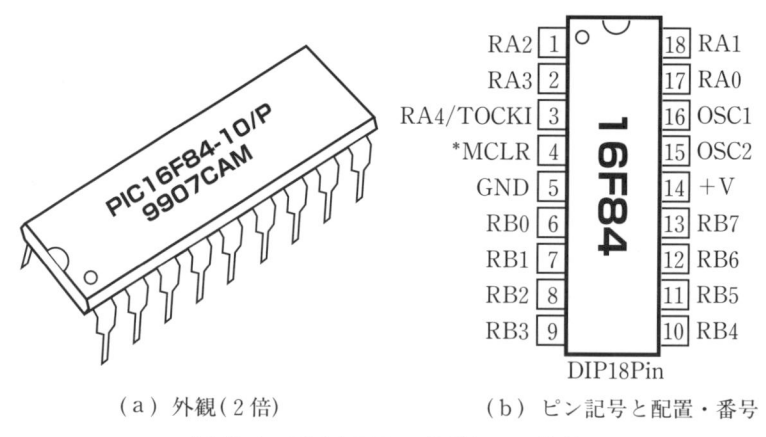

```
RA2    1        18  RA1
RA3    2        17  RA0
RA4/TOCKI 3     16  OSC1
*MCLR  4        15  OSC2
GND    5        14  +V
RB0    6        13  RB7
RB1    7        12  RB6
RB2    8        11  RB5
RB3    9        10  RB4
          DIP18Pin
```

（a）外観（2倍）　　　（b）ピン記号と配置・番号

図 10-1　PIC 16F84 の外観とピン配列

10.1.1　電源との接続

　電源に入ってきたノイズを除去するためにコンデンサを **図 10-2** のように配置するのは，通常の IC の場合と同様である．MPU の近くには $0.1\mu F$ ぐらいのセラミックコンデンサを接続し，電源近くには $100\mu F$ ぐらいの電解コンデンサを置く．

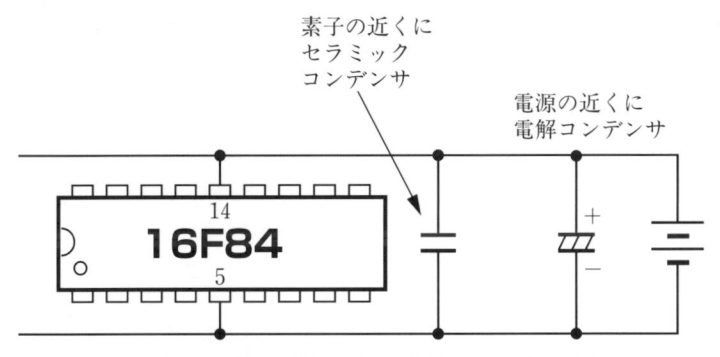

図 10-2 **+V 端子と電源の接続**：短い時間のノイズを吸収するセラミックコンデンサを LSI の近くに接続し，$100\mu F$ ぐらいの電解コンデンサを同時に電源に近い所に接続する。

10.1.2 クロック信号

クロック周波数とは，MPU がデータ処理をするための指揮棒のような役割をする一定周波数のパルス信号列である。

クロックパルスを発生する方法として次の三方式が一般的であり，回路事例を図 10-3 に示す。

・水晶発振子（クロック周波数の精度が高い）
・セラロック（クロック周波数の精度は比較的高く安価な方式である）
・R-C 発振（クロック周波数の精度は低いが安価：周波数を可変できる）

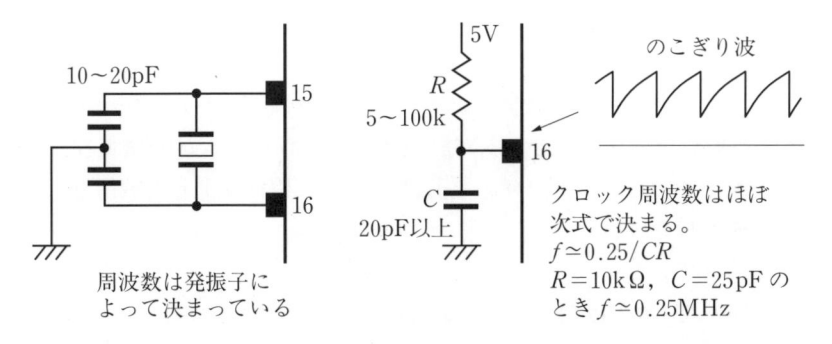

(a) 水晶発振器あるいはセラロックを使うとき　　(b) R-C 発振方式

R-C 発振方式のクロック周波数はほぼ次式で決まる。
$$f \simeq 0.25/CR$$
$R = 10k\Omega$，$C = 25pF$ のとき $f \simeq 0.25MHz$

図 10-3 **クロック信号発生のための接続**：どちらを使用しているのかをコンパイルのときに指定する。

10.1.3 リセット信号の発生回路

マイクロコントローラではプログラムをスタートさせるときには，リセット端子をLレベルにする。PIC16F84のリセットメカニズムの詳細は専門書にゆだねることにして，ここでは図10-4に（a），（b）二つの方法を示している。それぞれに若干の説明を加える。

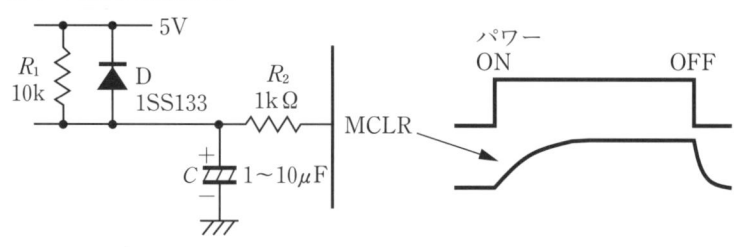

（a）電源投入によって自動的にリセット

◆電源投入リセット

PICマイコンの場合，MCLR端子が，一度Lレベルになると，プログラムが0番地に待機し，この端子の電圧が立ち上がる過程でほぼ1.8Vを通過するときにリセットが解放されてプログラムが走り出す。この回路の場合，5Vの電源が入った瞬間は+V端子には5Vが掛かるが，MCLR端子はコンデンサCには電荷がないのでLレベル状態である。つまりリセット状態である。やがてコンデンサが充電されてMCLR端子が1.8V以上になりリセットが解放されてプログラムが始動する。電源が0Vになったときにはコンデンサの電荷はダイオードDを通して放電される。

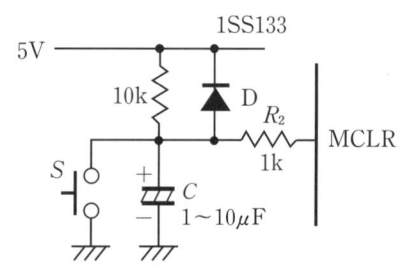

（b）押しボタンスイッチによるリセット

図10-4　リセット信号発生回路

◆押しボタンリセット

電源が入っていてプログラムが作動中に押しボタンスイッチを押すと，コンデンサが放電してMCLR端子の電圧がゼロになりリセットが起きる。ボタンを離した後は電源投入と同じ状態になってリセットが解放され，プログラムが再起動する。これがこの回路の機能原理である。

10.2 入出力ポート

コンピュータから，データや信号を入力したり出力したりする部分のことをI/Oポートと呼ぶ。I は input（入力）の頭文字，O は output（出力）の頭文字である。PIC 16F84の18個の外部端子（ピン）のうち13個が I/O ポートの端子である。これらはデータメモリー内のレジスタとの間でデータとのやり取りができる。レジスタ（register）とは一時的な記憶装置であり，フリップフロップなどで構成されている。

PIC 16F84の I/O ポートにはA（5ビット），B（8ビット）の二つの群がある。ソフトウェアと関連した使い方は専門書で調べてほしい。最小限のことをメモすると，ポートAはメモリーの5番地，ポートBはメモリーの6番地から操作されるようになっている。つまり，これらのアドレスからデータを読み込めば外部端子の信号が読み込まれ，データを書き込めば外部端子にそのデータが出力されるということである。ちなみに，5番地にはPORTAという名前がついている。同様に6番地はPORTBと記される。

10.2.1 ソフトウェアによって入力用か出力用かを決定

これらのポートは基本的に CMOS 構造で，データ出力のときにはトライステート型 MOS が作動し，入力のときには TTL レベルゲートが作動する。プログラムの最初の部分で，各ポートの各ビットごとに出力用とするか入力用とするかを指定する。

```
BSF     STATUS,5  ;ポートの使用法設定準備（BANK1を選ぶ）
MOVLW   B'11111'  ;5ビットをすべて入力用にするコード
MOVWF   TRISA     ;Aポートを管理するレジスタに登録する
MOVLW   B'11000000';2ビットを入力用に，6ビットを出力用にするコード
MOVWF   TRISB     ;Bポートを管理するレジスタに登録する
BCF     STATUS,5  ;ポートの使用法設定完了
```

図10-5 それぞれのビットを入力（I）用に使うのか出力（O）用に使うのかはプログラムの最初に記述しておかなくてはならない（事例）。1（いち）は入力を意味し，0（ゼロ）は出力を意味する。

10.2.2 出力ポートおよび入力ポートとしての機能

図 10-6(a) は I/O ポートが出力用になったときの機能を説明するものである。このように P チャネル MOSFET と N チャネル MOSFET の組み合わせ（つまり CMOS）によるトーテムポール構造になっている。H レベル(1)を出力する場合は電源側の PMOS が ON（導通状態）になり出力へ電流を供給し，L レベル(0)を出力する場合は GND 側の NMOS を ON（導通状態）にして出力と GND をショートさせ電流を引き込む。

16F84 の出力レベルの H は電源電圧より 0.7V 低い値で，一方の L は 0.6V 以下の値である。

I/O ポートが入力ポートに指定されると，両 MOSFET が OFF 状態になり出力機能を失って，図 10-6(b) に説明しているようにバッファによる入力機能をもつ。入力ポートに供給された電圧が 0.5V 以下のときは L レベルと判定され，1.8V 以上で H レベルと判定される。

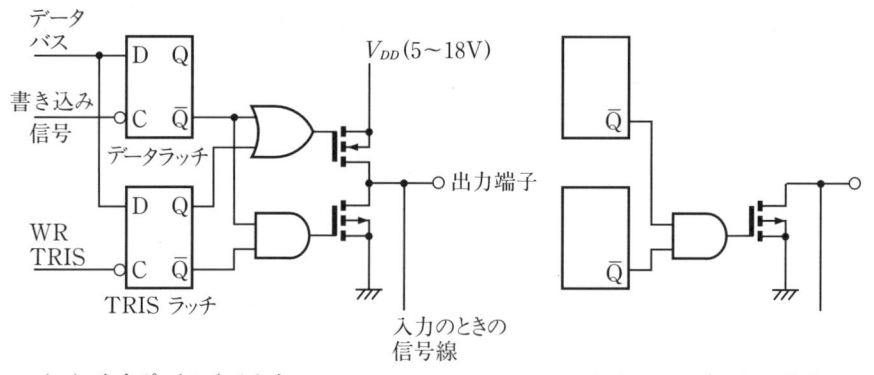

(a) 出力ポートになるとき　　　　　(a′) RA4 ポートの場合

(b) 入力ポートになるとき　　　　　(b′) RA4 ポートの場合

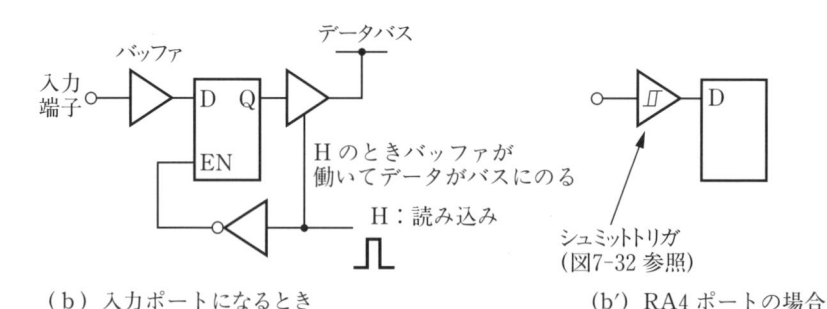

図 10-6　I/O ポートの各ビットの機能

10.2.3 オープンドレイン出力とシュミットゲートのポート

図10-6(a′),(b′)に示すようにAポートのRA4だけは,出力がオープンドレイン構造で,入力はTTLシュミットトリガになっている。このために,立ち上がりのゆっくりした信号を入力してディジタル化するときに,HとLの間のふらつきがあってもこのポートの場合にはその影響が軽減される。

ポートに電流が流れると出力内部抵抗の影響でHレベル電圧は降下し,Lレベル電圧は上昇してしまう。16F84で限界値が次のように規定されている。
- ポートの最大出力電流は流れ出し方向へ20mA
- 流れ込み方向へ25mA

10.2.4 入力ポート・出力ポート事例

I/Oポート周辺の回路構成の事例を図10-7に示す。これは入力ポートとしては,RA4以外のポートの中で最も単純な方式である。

押しボタンスイッチがOFFのときは外部の電源によってプルアップされていて,Hレベル信号が入っている。

スイッチを押すとコンデンサ C が放電してLレベルになる。このとき,スイッチによるチャタリング(接触と離脱の繰り返し現象)が起きても,コンデンサ C のために,ポートの電位が大きく変動することはない。

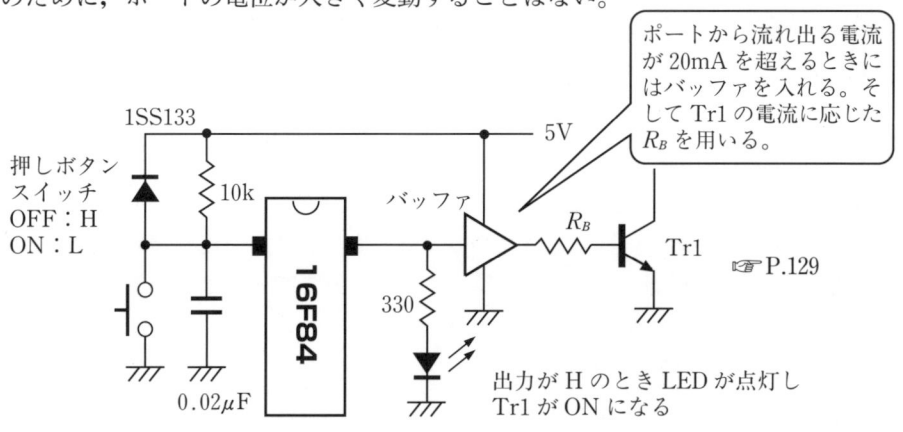

図10-7 I/Oポートの接続例

第 10 章 マイクロコントローラ関連回路

10.3 ディジタル制御のための数値の扱い方

　論理回路（ディジタル回路）では基本的に H または L という 2 値のデータを扱っている。この H/L という 1 個のデータのことを 1 ビットデータという。

　図 10-8 に示すようなカウンタ回路では，クロック入力信号は H/L のパルスデータであるが，出力信号は複数のデータの塊になる。4 ビットのカウンタでは出力は 4 個の H/L の出力があり，この 4 個の H/L の組み合わせによって数値データとなる。ここでは，1 ビットの H/L という情報から，それが集合してできた数値データについて解説する。

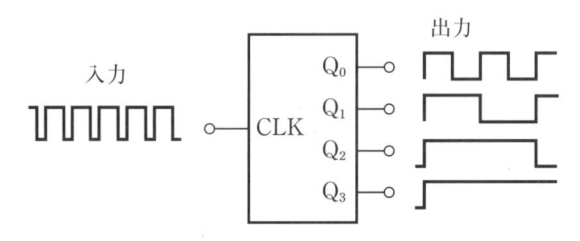

図 10-8　入力 1 ビットの信号に対して複数ビットが出力される回路（カウンタ）

10.3.1 アナログ量とディジタル量

　温度，速度，圧力，電圧，電流など自然界に存在する物理量は，時間とともに連続してなめらかに変化するアナログ信号である。たとえば，第 9 章で学んだ積分回路や微分回路などでは入力・出力ともにアナログ量である。

　ディジタル回路あるいはマイコンやパソコンを用いて，温度や速度，電圧といったアナログ量を制御する場合，センサから得られるアナログ量をディジタル量に変換してディジタル処理・計算を行う。

　アナログ量は，無限の分解能力をもっているのに対して，ディジタル量はアナログ量を 8 ビットとか 12 ビットといったディジタルデータに分解して扱うものである。

　このあとで見るように，アナログ量からディジタル量への変換には A-D コンバータが使用され，またディジタル量からアナログ量への変換には D-A コンバータが使用される。

10.3.2 整数データの構造と数値

ディジタルデータは n ビットのデータから構成され，ビット長が長いほど大きなデータを扱うことができる．また，データの扱いとして，正負の符号付き数と，符号のない数の表現がある．

表10-1にビット長と扱える数値を示す．

表10-1 ビット長と扱える数値

ビット長 n	符号無し	符号付き
4	0〜15	−8〜+7
8	0〜255	−128〜+127
16	0〜65535	−32768〜+32767
32	0〜4294967295	−2147483648〜+2147483647
64	0〜18446744073709551615	−9223372036854775808〜+9223372036854775807

コンピュータで使用する整数型のデータ構造は多くの場合，8，16，32，64ビット長で表現される．それぞれのビット長で扱うことのできる数値の範囲はこの表に示す通りである．

8ビットデータを例に説明しているのが**図10-9**である．

8ビットの数値とは，2進法の8桁で表される数値であるから，符号無しでは0〜255，符号付きでは−128〜127までの数値を扱うことができる．

$$a_0 = 2^0 = 1, \quad a_1 = 2^1 = 2$$
$$a_2 = 2^2 = 4, \quad a_3 = 2^3 = 8$$
$$a_4 = 2^4 = 16, \quad a_5 = 2^5 = 32$$
$$a_6 = 2^6 = 64, \quad a_7 = 2^7 = 128,$$

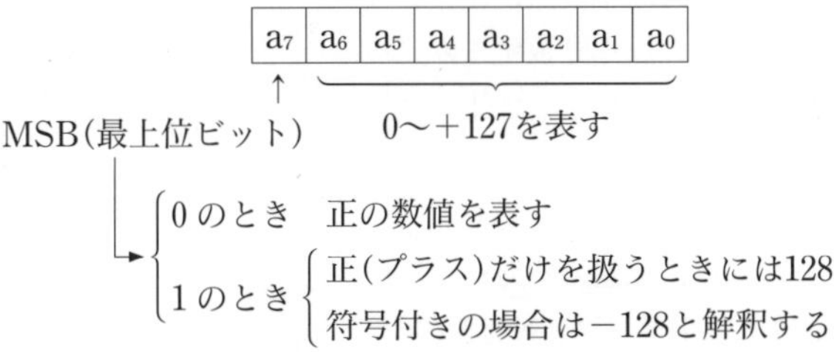

| a_7 | a_6 | a_5 | a_4 | a_3 | a_2 | a_1 | a_0 |

MSB(最上位ビット)　　0〜+127を表す

- 0のとき　正の数値を表す
- 1のとき
  - 正(プラス)だけを扱うときには128
  - 符号付きの場合は−128と解釈する

図10-9　8ビットによる整数表現

10.3.3 符号付き整数の扱い

前ページの図10-9には，8ビットの符号付き数値表現の場合も示している。最上位ビットは数値の符号を表しており，0のときには全体がプラスで，1のときマイナスになる。

たとえば，+75は次のように表現される。

　　01001011

+75はプラスであるから，最上位は0である。0〜6ビットは，次のようになる。

　　$64 \times 1 + 32 \times 0 + 16 \times 0 + 8 \times 1 + 4 \times 0 + 2 \times 1 + 1 \times 1$

マイナス（負）の場合の表現は，次のような二通りの説明がある。

(1) たとえば−75の場合，
　　　+75を表現すると　　　　　01001011
　　　すべてのビットを反転する　10110100（これを補数，complementという）
　　　これに1を加算すると　　　10110101　になる。
　　これが−75である。

(2) もう一つの考え方は，最上位ビットが1のとき，これを$-2^7(=-128)$として扱い，$-75=-128+53$であると考える。a_6〜a_0ビットで53を表現すると，0110101である。したがって−75の表現は10110101となる。

> ディジタル量で表す数値には，整数と実数が使用される。整数は−10000，−258，0，2，100，3527，3154287のように，小数点が存在しない数値である。パルスの数を計数するカウンタが扱う数は整数である。たとえば4個のフリップフロップで構成されるカウンタは4個の出力があり，これらのデータを集合して整数値として扱う。また，4個の出力から構成されるデータは4ビットデータと呼ばれ，n個の出力から構成されるデータをnビットデータと呼ぶ。

10.3.4 整数データの演算

次に，符号付き整数データを用いた場合の加算，減算の手法を解説する。ここでは，8ビットの符号付き整数を用いてデータの流れを示す。

(1) 加算

28+46を計算する。
   28の2進数表現は　00011100
   46の2進数表現は　00101110
これより，28+46はつぎのように計算する。

```
   00011100
+) 00101110
   01001010
```

ここで，2進数では1+1=10のように桁上げされることに注意しよう。01001010は+74を表している。

(2) 減算

ディジタル計算では減算は加算器を用いて計算を行う。そこで，$A-B$の計算をするときには$A+(-B)$に直してから演算する。符号を反転するには先に示したように補数をとって1を加算する。

ためしに78−26を計算してみよう。この計算は，78+(−26)を実行して行う。
   78の2進数表現は　01001110
   26の2進数表現は　00011010
ここで，−26の2進数表現は，26の2進数00011010の全ビット反転（11100101）に1を加算して，11100110となる。これより，78−26=78+(−26)は

```
   01001110
+) 11100110
   00110100 ＝(10進数で)+52
```

となる。

10.3.5 実数型の構造と数値

先の表で見たように，有限ビット数では整数には上限がある。それに対して実数型では，小さな数値から大きな数値までを簡単に扱うことができる。ただし，数値の表現は -125.654, 0.02547, 4869.958, -5.2457×10^{-12}, 1.6547×10^{28} などの複雑な表現が用いられる。

ただし，ここでいう実数とは数学の虚数に対する実数のことではない。浮動小数点を使って表す数値のことである。

実数型数値は浮動小数点（floating point）と呼ばれるデータ構造で表現され，通常は32ビットか64ビットのビット長が使用される。表現できる数値範囲はそれぞれ以下の通りである。

　　32ビット　　$\pm 3.4 \times 10^{-38} \sim \pm 3.4 \times 10^{+38}$　　有効桁数　約7桁
　　64ビット　　$\pm 1.7 \times 10^{-308} \sim \pm 1.7 \times 10^{+308}$　　有効桁数　約16桁

浮動小数点による表現方式はIEEE（The Institute of Electric and Electronics Engineers）によって定められている。図10-10に32ビットおよび64ビット長のデータ構造を示す。データは符号ビット，指数部と仮数部から構成されている。

浮動小数点の精度は，次のようになる。仮数部が23ビットの32ビット表現の場合，10進数に変換すると

$$\log_{10} 2^{23} \approx 6.92$$

となり，約7桁の精度が得られることになる。一方，64ビット長の浮動小数点では，仮数部が52ビットであるので，10進数に変換すると

$$\log_{10} 2^{52} \approx 15.65$$

となり，約16桁の精度が得られる。

符号（1ビット）	指数部（8ビット）	仮数部（23ビット）

（a）32ビット

符号（1ビット）	指数部（12ビット）	仮数部（52ビット）

（b）64ビット

図10-10　32ビットおよび64ビット長浮動小数点表現の意味

10.3.6 浮動小数点の表現法

2進数を浮動小数点で表す方法を，二つの例題として見てみよう。

問題 10-1 10進数の215.40625を，浮動小数点2進数に変換せよ。

解答 実数 215.40625 は 215+0.40625 として扱う。つまり215（整数）と 0.40625（小数部）を変換して加算すればよい。そこでまず 0.40625 の変換を次のように行う。

$0.40625 \times 2 \to 0.8125$　　1より小さいので0
$0.8125 \times 2 \to 1.625$　　1より大きいので1，結果から1を引く
$0.625 \times 2 \to 1.25$　　1より大きいので1，結果から1を引く
$0.25 \times 2 \to 0.5$　　1より小さいので0
$0.5 \times 2 \to 1.0$　　1より大きいので1，結果から1を引く
0.0
↑
ここの値が0.0になったので，誤差なく変換を終了する。

一方，215は11010111であるので，215.40325は次のように表現される。
　　215.40325＝11010111.01101
そして $11010111.01101 = 1.101011101101 \times 2^7$ とする。

浮動小数点表現では，仮数部Fは上記数字の最初の1は除いた表記であるから，
　　F＝101011101101
となる。
指数部Eは 2^7 であるから，
　　E＝(127+7)＝134
となる。

134を2進数で表現すると10000110である。
数値215.40625は正であるので，符号ビットSは0である。
これらを，32ビット長の浮動小数点表現にすると，次のようになる。
　　0　10000110　10101110110100000000000

したがって，実数215.40325を32ビット表現の2進数の浮動小数点で表すと次のようになる。
　　01000011010101110110100000000000

第10章 マイクロコントローラ関連回路

問題 10-2 10進数の 123.1 を，浮動小数点に変換せよ。

解答 先と同様に実数 123.1 を 123+0.1 として扱う。そこでまず，0.1 を 2 進数に変換する。変換は次のように行うことができる。

$0.1 \times 2 \rightarrow 0.2$　　1 より小さいので 0
$0.2 \times 2 \rightarrow 0.4$　　1 より小さいので 0
$0.4 \times 2 \rightarrow 0.8$　　1 より小さいので 0
$0.8 \times 2 \rightarrow 1.6$　　1 より大きいので 1，結果から 1 を引く
$0.6 \times 2 \rightarrow 1.2$　　1 より大きいので 1，結果から 1 を引く
$0.2 \times 2 \rightarrow 0.4$　　1 より小さいので 0
$0.4 \times 2 \rightarrow 0.8$　　1 より小さいので 0
$0.8 \times 2 \rightarrow 1.6$　　1 より大きいので 1，結果から 1 を引く
$0.6 \times 2 \rightarrow 1.2$　　1 より大きいので 1，結果から 1 を引く
$0.2 \times 2 \rightarrow 0.4$　　1 より小さいので 0
↑
ここの値が 0.0 になることがなく，いつまでも繰り返される。

この場合 32 ビット長表現における仮数部のビット長は 23 ビットであるから，23 ビットで変換が打ち切られる。そのために誤差が含まれる。

一方，123 の 2 進数表現は，1111011 であるので，123.1 を表現すると

　1111011.0001100110011001100110011001100110011······
$= 1.11101100011001100110011001100110011001100110011······ \times 2^6$

これより，IEEE にしたがった浮動小数点表現をする。数値 123.1 は正の数であるので，符号ビット S=0 である。

浮動小数点表現では，仮数部 F は上記数字の最初の 1 は除いた表記である。したがって，

　F=11101100011001100110011001100110011001100110011······

一方，指数部 E は 2^6 であるから，

　E=(127+6)=133

そして 133 を 2 進数で表現すると 10000101 である。

これらを，先の **図 10-10** に示す 32 ビット長の浮動小数点表現をすると，次のようになる。

　0　10000101　11101100011001100110011001100110011001100110011···

表現できる仮数部のビット長は 23 ビットであるから，実数 123.1 を 2 進数

の浮動小数点で表すと，次のようになる。
　　　01000010111101100011001100110011

Column　ディジタル-アナログ変換に関するデータ事例

表10-2　12ビットD-Aコンバータを用いた場合の入力と出力電圧の関係

入力データ		出力電圧(V)	
10進数	2進数	バイポーラ出力	ユニポーラ出力
4095	111111111111	+9.9951172	9.9975586
4094	111111111110	+9.9902344	9.9951172
⋮	⋮	⋮	⋮
2049	100000000001	+0.00488281	5.0024414
2048	100000000000	0	5.0000000
2047	011111111111	−0.00488281	4.9975586
⋮	⋮	⋮	⋮
2	000000000010	−9.9902344	0.0048828
1	000000000001	−9.9951172	0.0024414
0	000000000000	−10.000000	0

この表は，これから説明するディジタル-アナログ変換の関係だそうだよ。

第10章 マイクロコントローラ関連回路

10.4 ディジタルからアナログへの変換

最近の計測制御分野では，電圧や電流，温度や速度といった自然界に存在するアナログ量をそのまま利用するのではなく，いったんコンピュータなどのディジタル機器に読み込み計算処理することが多くなった。このような用途では，アナログ信号をディジタル量に変換しコンピュータに渡さなければならない。アナログ信号をディジタル信号に変換する装置を A-D コンバータという。一方，ディジタル信号からアナログ信号に変換する装置を D-A コンバータという。ここではまず，D-A コンバータの変換手法や動作原理からスタートして A-D コンバータに進んでいこう。

10.4.1 D-A 変換

D-A コンバータは Digital to Analog Converter の頭文字をとったもので DAC，D-A 変換器ともいわれる。これは名前が示すようにディジタル量をアナログ量に変換するものであり，多くの半導体メーカーからさまざまな種類の IC が製品化され販売されている。市販の D-A コンバータの出力方式には電圧出力型と電流出力型がある。ここでは原理的にわかりやすい電圧出力型を最初に説明し，ついで電流出力型について説明しよう。

変換原理としてよく知られているのが，R-$2R$ 方式である。図 10-11 は 4 ビットの D-A 変換の回路構造を示すもので，抵抗値が R と $2R$ の抵抗網，スイッチ，電源およびオペアンプによって構成されている。ディジタル入力に対応する電圧がオペアンプの出力端子に現れる。

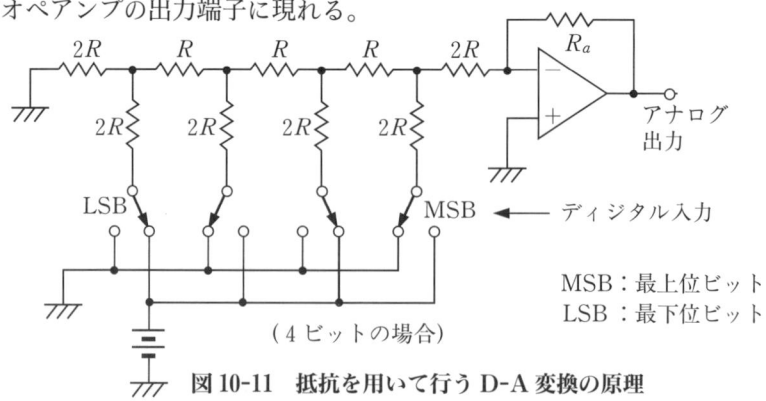

図 10-11　抵抗を用いて行う D-A 変換の原理

問題 10-3 LSB が 0 のとき，左側の 3 個の抵抗の合成抵抗はどうなるか？

解答 図 10-12 でわかるように $2R$ である。

図 10-12 LSB が 0 のときの左 3 個の合成抵抗計算

問題 10-4 1000（10進数の 8）のとき，I_0 に流れる電流と出力電圧はどうなるか？

解答 上の結果を利用すると 図 10-13 のように等価変換ができる。これより I_0 は $E/6R$ であり，出力は $(8/48)(R_a/R)E$ になる。

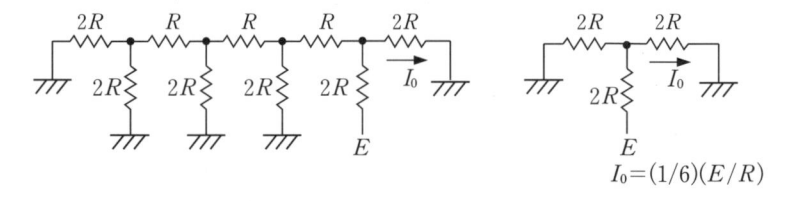

$$I_0 = (1/6)(E/R)$$

図 10-13 ディジタル1000をアナログに変換

問題 10-5 ディジタル入力が1111（=15）の場合と1010（=10）の場合について，アナログ出力がどのようになるか回路網計算によって示せ。

解答 P.252 に 図 10-16 で示しているように，15 に対しては $(15/48)(R_a/R)E$ であり10に対しては $(10/48)(R_a/R)E$ である。

このようにディジタルの 1 に対して $(1/48)(R_a/R)E$ が出力されていることが確認できる。このような抵抗網の方式は 4 ビット以上に拡張できる。

D-A コンバータで使用されるディジタル量は一般的に $2n$ ビット長（n は整数）である。ビット長が大きいほど変換されたアナログ出力電圧の分解能が高くなる。現在，市場に流通して入手が容易な D-A コンバータは 4 から16ビット長である。

10.4.2 電流出力方式

D-Aコンバータの基本出力方式は電流出力型であり，図10-14のI_0端子はディジタル入力に対応する電流を引き込み，$-\overline{I_0}$端子は同じ値の電流を排出するようになっている。

これらの端子の電流から電圧への変換は，同図に示すように抵抗を用いて行うことができる。

変換された電圧を取り出す場合は，通常負荷抵抗の影響を受けないように，オペアンプを用いたボルテージホロワ回路を用いて行う。

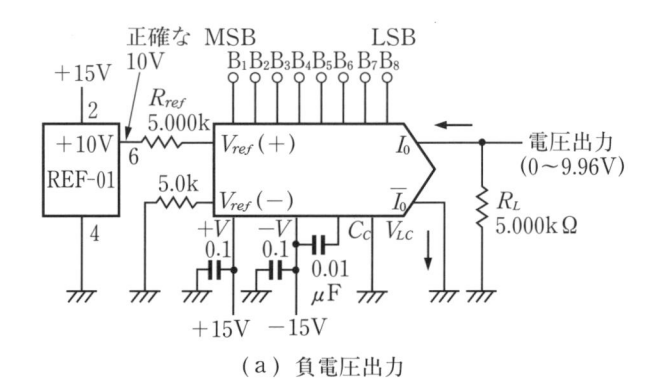

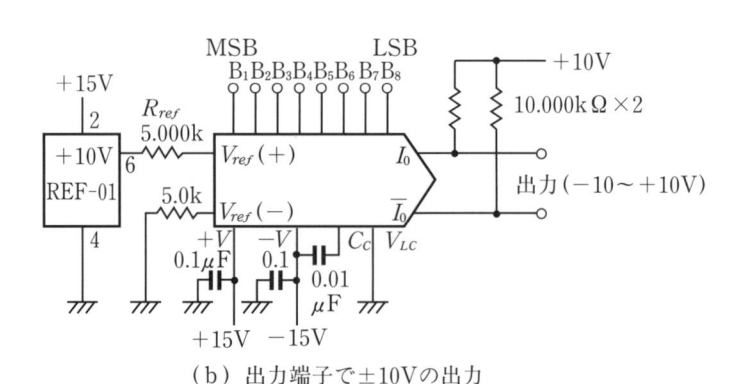

(a) 負電圧出力

(b) 出力端子で±10Vの出力

図10-14 電流出力型D-A変換から電圧に変換（DAC0800）

10.4.3 D-A コンバータの電圧出力形式

電圧出力の形式として，ユニポーラ出力形式とバイポーラ出力形式がある。

(1) ユニポーラ出力形式

この形式は **図 10-15(a)** に示すように，入力に対する出力電圧の極性が単極であり，正電圧出力方式と負電圧出力方式がある。極性の切り替えはオペアンプを用いて行うことができる。

たとえば，12ビットのD-Aコンバータを用いて，0〜+10Vの出力電圧を得る場合，データ（0〜4095）と出力電圧の関係は次のようになる。

1ビット当たりの電圧は

$$\Delta V = \frac{10}{2^{12}} = \frac{10}{4096} = 0.00244140625$$

となり，約 2.4414mV である。

出力電圧 $V_{(data)}$ は，次式によって求められる。

$$V_{(data)} = \frac{10}{4096} \times data$$

これよりデータが0であるとき，出力電圧 $V_{(0)}$ と 4095 である時の出力電圧 $V_{(4095)}$ は，次のようになる。

$$V_{(0)} = \frac{10}{4096} \times 0 = 0\text{V}$$

$$V_{(4095)} = \frac{10}{4096} \times 4095 = 9.997558\text{V}$$

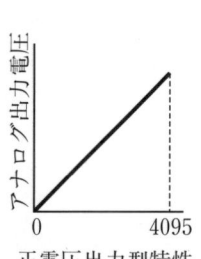

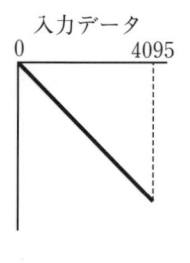

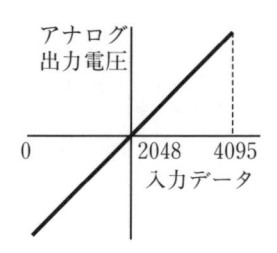

（a）ユニポーラ出力　　　　（b）バイポーラ出力

図 10-15　ユニポーラ出力とバイポーラ出力

(2) バイポーラ出力方式

この形式は 図 10-15(b) に示すように，入力に対する出力電圧は，データの大きさに応じてマイナスからプラスの電圧が出力できる方式である。

通常は，データの最上位が 1 でそれ以外が 0 であるデータ（たとえば 12 ビットでは，データが 100000000000 のとき）のときに，出力電圧が 0V になるように設計する。

たとえば，12 ビットの D-A コンバータを用いて，$-10V \sim +10V$ の出力電圧を得る場合，データ（0〜4095）と出力電圧の関係は次のようになる。

1 ビットあたりの電圧は

$$\Delta V = \frac{20}{2^{12}} = \frac{20}{4096} = 0.0048828125$$

となり，約 4.883mV である。

出力電圧 $V_{(data)}$ は，次式によって求められる。

$$V_{(data)} = \frac{20}{4096} \times data - 10$$

問題 10-5 解答

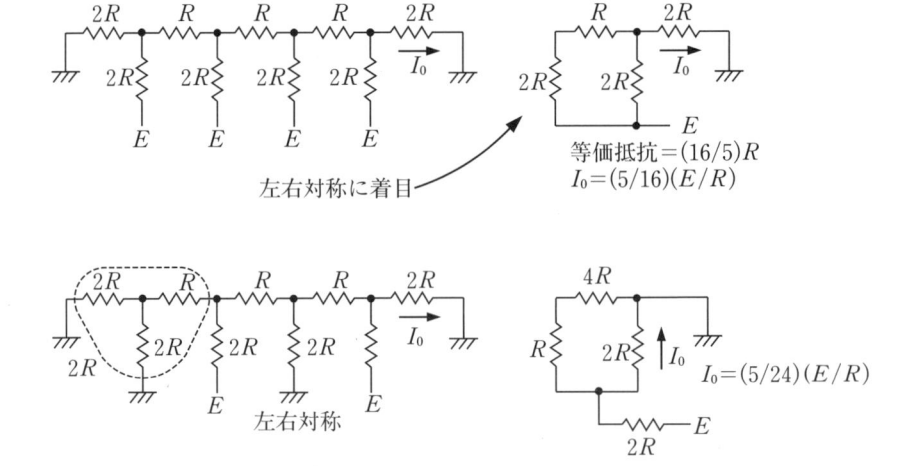

図 10-16 ディジタルの 1111 と 1010 のアナログに変換

10.5 アナログからディジタルへの変換

　アナログからディジタルへ変換するのが A-D コンバータ（Analog to Digital Converter）であり，ADC，A-D 変換器とも記される。これは名前が示すようにアナログ量をディジタル量に変換するものであり，多くの半導体メーカーからさまざまな種類の IC が製品化され販売されている。

　A-D コンバータで使用されるディジタル量は，一般的に $2n$ ビット長（n は整数）のものである。このビット長が長いほど分解能が高くなり，より忠実な変換が可能になる。しかし，ビット長が長いほどコストが高くなり変換時間が長くなる。現在，市場に流通して入手が容易な A-D コンバータは，4 から 16 ビット長である。

　A-D 変換の方法にはさまざまな手法が開発されているが，一般的には次の 4 方式が利用されている。

① 追従比較型
② 遂次比較型
③ 二重積分型
④ 並列型

　ここでは，これらの中からよく使われる追従比較型と遂次比較型の概要説明をしよう。

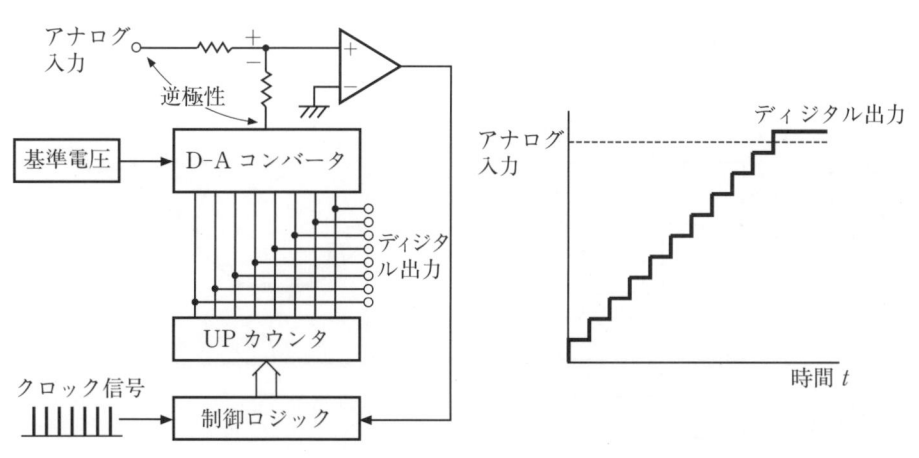

図 10-17　追従比較型 A-D 変換の原理

10.5.1 追従比較型

この方式は図 10-17 に示すように D-A コンバータ，カウンタ，コンパレータから構成されるもので，回路が簡単であり低価格である。動作原理は次の通りである。

① 変換スタート信号が入力されるとカウンタがリセットされ，D-A コンバータの出力は 0 になる。

② アナログ入力電圧と D-A コンバータの出力電圧を比較し，アナログ入力電圧が大きい場合はクロックの入力ゲートを開いて，クロック信号をカウンタに入力し続ける。カウンタの値が大きくなり，それに伴って D-A コンバータの出力電圧は上昇する。

③ D-A コンバータの出力電圧が入力電圧より高くなると，コンパレークの出力が反転してクロックの入力ゲートを閉じる。このときのカウンタの値が A-D 変換の結果である。

この変換方式は入力電圧が低いほど変換時間が速く，高くなるほど長くなる。また，変換時間はクロック周波数に反比例する。

本方式の改良型として図 10-18 に示すように，Up/Down カウンタを用いたものもある。この方式では変換スタート時にカウンタをリセットするのではなく，前回の変換結果を初期値として変換を開始する。この方式を用いることで変換速度を高めることができ，さらに低速度のアナログ信号の変化に対しては実時間で A-D 変換を行うことができる。

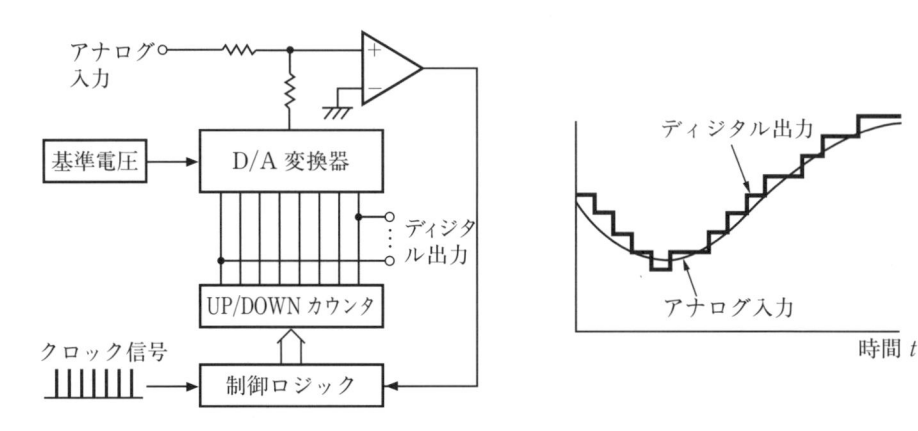

図 10-18　改良型追従比較型 A-D 変換

10.5.2 逐次比較型

図 10-19 に逐次比較型 A-D コンバータの構造を示す．内部構造は，前述の追従比較型とほぼ同等の構成になっている．この変換方式は高速，高分解能が実現できるもので，変換時間が入力電圧に左右されず，一定であるという特徴がある．

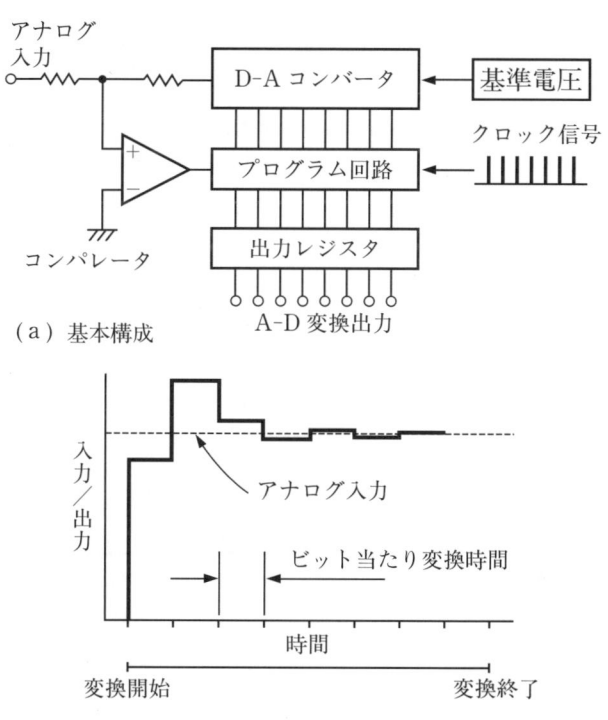

(a) 基本構成

(b) 変換原理

図 10-19　逐次比較型 A-D コンバータの構造

変換原理は次のようになる．まず D-A コンバータの最上位ビットを 1 にセットし D-A 変換値と入力信号の大きさを比較する．入力電圧の方が高い場合は 1 をセットしておき，低い場合は 0 をセットする．

次に，次のビットを 1 にセットして同様のことをする．これを最上位から最下位まで順番に行う．すべてのビットのセット・リセットが終了したときの D-A コンバータの入力データが A-D 変換の値である．

本方式では，1 ビットの設定に $0.1\mu s$ かかる素子であれば 12 ビットの A-D 変換器では変換時間が $1.2\mu s$ となる．

第10章 マイクロコントローラ関連回路

♪第10章のまとめ

　第7章からディジタルの話が始まって，第8章のカウンタを経て，本章ではマイクロコントローラでのデータの受け渡しやパソコンの利用法を学んだ．この知識とオペアンプで代表されるアナログの知識があれば，電子回路設計の船出の準備ができたことになる．次章以降で応用力を身に付けよう．

重要用語

binary number　2進数
byte　バイト（8ビット長データ）
complementary number　補数
integer　整数
decimal　小数，10進数
decimal point　小数点
digit　数値
floating point number　浮動小数点データ
signed data　符号付きデータ
unsigned data　符号なしデータ
build-up signal　立上がり信号
buffer　バッファ
delay circuit　遅延回路
interface　インタフェース
I/O port　I/Oポート
LSI (large-scale integrated circuit)　大規模集積回路
microprocessor　マイクロプロセッサ
MPU (microprocessor unit)　マイクロプロセッサユニット
pin　ピン，端子
tristate　トライステート
most significant bit (MSB)　最上位ビット
least significant bit (LSB)　最下位ビット
mantissa　仮数
index　指数
servo-balancing type　追従比較型
successive-approximation type　逐次比較型

※抵抗(器)はresistorであり，一時記憶装置はregisterであって発音やアクセントも異なるが，カタカナではどちらもレジスタになってしまう．

第11章 発振と変換

　今までに見てきたさまざまな電子回路を組み合わせることによって豊富な機能を実現できる。電子回路では，正弦波信号，方形波信号，三角波信号などさまざまな信号が利用されている。最近のディジタル回路では，外部から入力される信号をクロック信号に同期化して利用したり，マイクロプロセッサを駆動したりするためのクロック信号（方形波信号）などが必要である。本章では，まず正弦波や方形波などの信号の発生と波形の変形をテーマとする。

　ついで，電気信号の物理量を変えるテクニックの基本を学ぶ。ここでいう変換とは，電圧情報を電流に変えたり，抵抗値を電圧で読み取る方法などである。これらは，センサ関連の技術とともに制御システム設計に欠かせない専門知識となる。

第11章 発振と変換

11.1 無安定マルチバイブレータの基本——トランジスタを用いた方形波発振回路

11.1.1　R-C 発振回路

　電子回路によって正弦波や方形波，あるいはパルスを発生することを発振という。発振の基本原理はすぐ後で解説するように正帰還の利用であるとされているが，理論はともかく，発振回路の基本構成は抵抗 R とコンデンサ C および増幅素子の組み合わせによるものである。実際には種々の方式があって全体としては R-C 発振回路として分類されている。まず，その基本から始めよう。

11.1.2　マルチバイブレータの基本的形式

　R-C 発振回路の中で最も基本になるのが，トランジスタを使った無安定マルチバイブレータ（astable multivibrator）である。

　最近はトランジスタを組み合わせて方形波発振回路を作ることは少なくなったと思われるが，**図 11-1(a)** の基本回路は発振の原理を知るには良い教材であろうと思われるし，回路の設計手順を学ぶにも適した回路である。この回路のポイントは二つのコレクタホロワ回路から構成されていて，それぞれの出力がコンデンサを介して他方の入力信号になってフィードバックされていることである。

　この回路では Tr1, Tr2 の一方が ON のときは他方が OFF になっている。ON/OFF が交互に入れ替わる。今，Tr1 が OFF で Tr2 が ON になった瞬間以後のことを考える。このとき V_{B1} は負になっている。やがて C_2 は R_3 を通して充電されるので V_{B1} は時定数 $C_2 R_3$ によって V_{BB} に向かって増加してくる。これがゼロを超えて 0.6V ぐらいになると Tr1 が ON になる。すると V_{B2} が急に深く負電圧になるために Tr2 は OFF になる。以降同じ現象が交互に起きて発振が継続する。

　パラメータ C_1 と R_2 および C_2 と R_3 は過渡状態の時定数を決定する。この回路の発振波形は，**同図（b）** のように丸みを帯びた方形波である。

　この回路の発振周波数 f_0 は次式によって計算できる。

$$f_0 = \frac{1}{t_1 + t_2} \, [\text{Hz}] \tag{11.1}$$

ただし，

$$t_1 = R_2 C_1 \log_e \frac{V_{CC} + V_{BB}}{V_{BB}} \text{ [sec]} \tag{11.2}$$

$$t_2 = R_3 C_2 \log_e \frac{V_{CC} + V_{BB}}{V_{BB}} \text{ [sec]} \tag{11.3}$$

電源電圧 V_{CC} と V_{BB} が等しいときは次式を用いる。

$$t_1 = R_2 C_1 \log_e 2 \simeq 0.693 R_2 C_1 \tag{11.4}$$

$$t_2 = R_3 C_2 \log_e 2 \simeq 0.693 R_3 C_2 \tag{11.5}$$

11.1.3 立ち上がりを改善し周波数を安定化する

丸みをなくして立ち上がり特性を得ると同時に，周波数の安定性を改善したのが **図 11-2**（P.261）である。Tr2 の出力をエミッタホロワ接続の Tr3 を介して Tr1 へフィードバックすることによって，立ち上がりを改善している。Tr4 は，R_5 が Tr2 の出力に影響を与えないためのエミッタフォロワである。D1，D2 は Tr1，Tr2 のベースに深い負電圧がかかることを防止するものである。ベースに深く負電圧がかかるとトランジスタが正常に機能しなくなり，周波数が計算通りにならない。

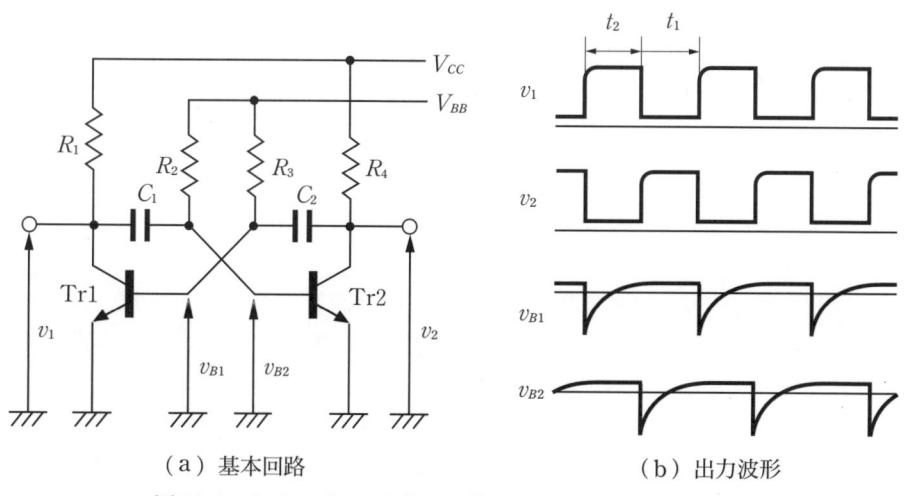

（a）基本回路　　　　　　　　　　（b）出力波形

図 11-1　トランジスタを使った無安定マルチバイブレータ：
この図では t_1 と t_2 がほぼ等しい形であるが，これらの比率を変えることができる。

11.1.4 マルチバイブレータのパラメータと素子の決定法

図 11-2 の回路の詳細な設計法については，参考書[1]を参照してもらうことにして，ここでは簡易な設計手順を示す．

(1) **電源電圧，発振周波数，パルス信号のデューティを決定する**：ここでは，電源電圧 $V_{CC}=12$V，$V_{BB}=12$V，発振周波数 1kHz，デューティ 50%（$t_1=t_2$）とする．

(2) **トランジスタの選定**：最大コレクタエミッタ間電圧 V_{CE} が 30V 以上，最大コレクタ電流 I_C が 100mA 程度，直流電流増幅率 h_{FE} が100以上の NPN トランジスタを選定する．ここでは東芝の 2SC1815Y を用いる．

(3) **抵抗 R_1，R_4，R_5，R_6 の決定**：これらの抵抗はトランジスタのコレクタ電流を抑制するものである．ここではコレクタ電流 I_C を 10mA 程度になるように設定する．概算値は次式で求められる．

$$R_1=R_4=R_5=R_6 \cong \frac{V_{CC}}{I_C}=\frac{12}{0.01}=1200\Omega$$

これより，1.2kΩ とする．

(4) **抵抗 R_2，R_3，コンデンサ容量 C_1，C_2 の決定**：これらの抵抗，コンデンサは，出力信号のデューティや発振周波数に関係する．ここでは，発振周波数 1kHz，デューティ 50% であるので，図 11-2 に示す波形では $t_1=t_2=0.5$ms である．抵抗 R_2，R_3 の値は，次式を満足するように決定する．

$$R_2=R_3 \cong \frac{R_1 \times h_{FE}}{k}$$

ここで，k はオーバードライブファクタと呼ぶもので，1.5〜3 程度に設定する．これは，回路の信頼性にも関係するもので，h_{FE} の値が温度や経年変化，部品のばらつきで変化しても正しく動作させるための余裕度になるものである．k が大きいほど余裕度はますが，コストが高くなったり回路の体積が大きくなるので適正値を選定する．ここでは，$R_2=R_3=68$kΩ とする．

コンデンサ C_1，C_2 は，式 (11.4)，(11.5) を用いて求める．ここでは，$C_1=C_2=0.01\mu$F，耐圧 25V 以上のマイラコンデンサを使用する．

(5) **ダイオード D1，D2 の決定**：このダイオードは，トランジスタのベース回路に定格電圧を超える負電圧が印加されないようにする保護用である．逆耐圧 30V 以上，順方向電流 30mA 以上のスイッチング用小信号ダイオードを選定する．ここでは 1S953 を選定する．

無安定マルチバイブレータの基本——トランジスタを用いた方形波発振回路 **11.1**

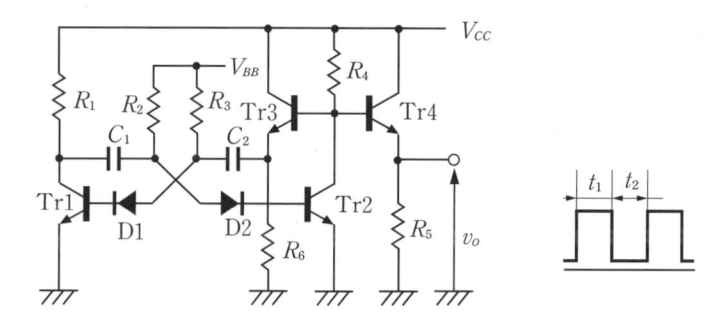

図 11-2 波形と安定性を改善した無安定マルチバイブレータ

Column　オペアンプを使った R-C 発振

図 11-3 はオペアンプを使った R-C 発振器であり，方形波が発生するものである．この回路はオペアンプの意外な利用法としては面白いかもしれない．しかしそもそもオペアンプはアナログ信号処理を主な目的に設計された半導体素子であり，シャープな出力を得るためには決して適してはいないので，目的によっては勧められない．簡単に正確な方形波を得るには第11.8節に解説するタイマー IC を利用するのがよい．

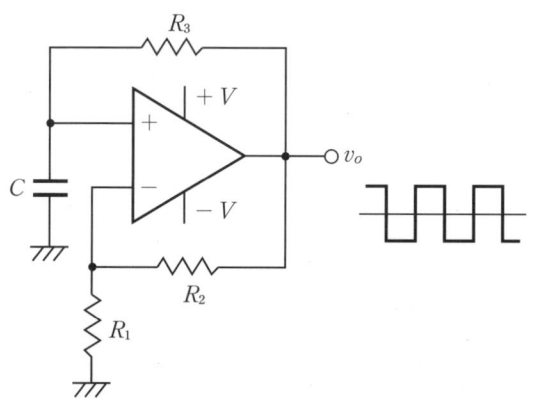

図 11-3 オペアンプを利用した方形波発振回路

第11章 発振と変換

11.2 正帰還による発振のしくみ

　発振回路は，増幅回路と正帰還回路を組み合わせた回路構成になっている。このような回路では，回路内で生じた振動電流が増幅と正帰還という循環を繰り返し，外部から入力信号を与えなくても，回路の共振周波数と等しい周波数をもった出力信号が発生する。これが発振である。

　図11-4(a)のⒶ点に振幅の小さな正弦波があるとする。これが，増幅器によってゲイン A_v で増幅され，大きな振幅になるものとする。これが，フィードバックループ（帰還路）で減衰されて，再びⒶ点に戻る。ここでもし帰還路を含めたゲインが1であれば，同じ波形が増幅器に入力される。

　しかし，もし全体（一巡）のゲインが1より大きいと，はじめにわずかの信号があると，一巡したときに大きくなる。さらに一巡すると大きくなるので，(b)のようにこれを繰り返して自然に大きくなる。

　ところが，一巡したときに，位相が違ってくるような信号ではこうはならないで消滅する。同じ位相で戻ってくるのが正帰還である。

　特定の周波数の信号だけが，同相循環するようにし，ゲインが1よりも大きいと発振が起きる。そしてある程度の振幅になるようにゲイン A_v を調整すると，一定の振幅で発振が持続する。

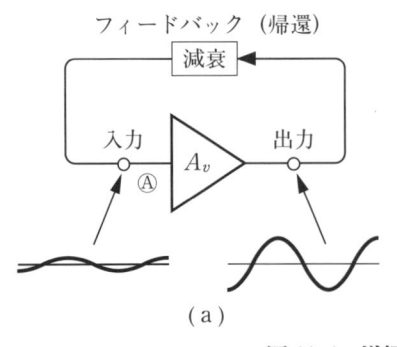

図11-4　増幅と正帰還によって発振

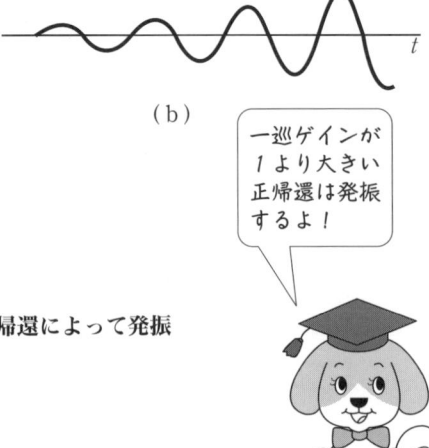

一巡ゲインが1より大きい正帰還は発振するよ！

Column　レジスタの読み方と公称値

発振周波数の設定など，回路に使うレジスタの抵抗値とコンデンサ容量の選定が重要なことが，しばしばある．

◆抵抗値の読み方

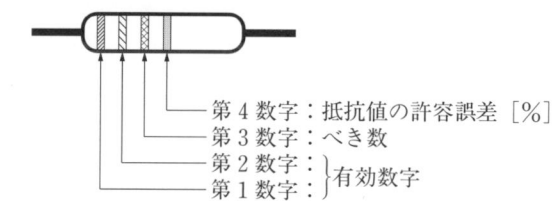

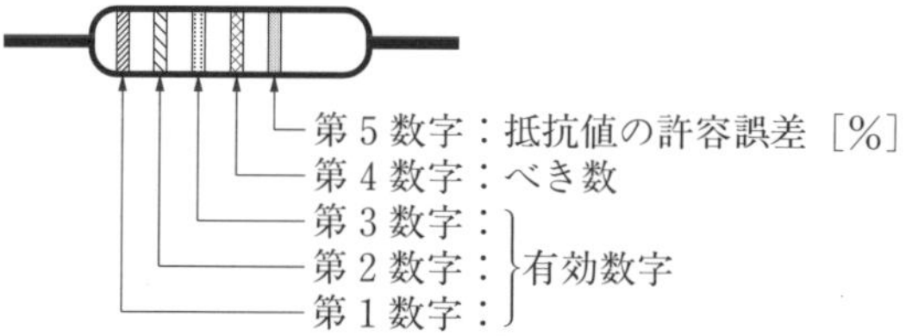

第4数字：抵抗値の許容誤差［％］
第3数字：べき数
第2数字：｝有効数字
第1数字：

第5数字：抵抗値の許容誤差［％］
第4数字：べき数
第3数字：
第2数字：｝有効数字
第1数字：

カラーコード

色	数値	誤差
黒	0	
茶	1	±1％
赤	2	±2％
橙	3	
黄	4	
緑	5	±0.5％
青	6	±0.25％
紫	7	±0.1％
灰	8	
白	9	
金	0.1	±5％
銀	0.01	±10％

◆レジスタのEシリーズ：E24シリーズが一般的である

E6	±20%	1.0		1.5		2.2		3.3		4.7		6.8	
E12	±10%	1.0	1.2	1.5	1.8	2.2	2.7	3.3	3.9	4.7	5.6	6.8	8.2
E24	±5%	1.0	1.1	1.2	1.3	1.5	1.6	1.8	2.0	2.2	2.4	2.7	3.0
		3.3	3.6	3.9	4.3	4.7	5.1	5.6	6.2	6.8	7.5	8.2	9.1
E96	±1%	1.00	1.02	1.05	1.07	1.10	1.13	1.15	1.18	1.21	1.24	1.27	1.30
		1.33	1.37	1.40	1.43	1.47	1.50	1.54	1.58	1.62	1.65	1.69	1.74
		1.78	1.82	1.87	1.91	1.96	2.00	2.05	2.10	2.15	2.21	2.26	2.32
		2.37	2.43	2.49	2.55	2.61	2.67	2.74	2.80	2.87	2.94	3.01	3.09
		3.16	3.24	3.32	3.40	3.48	3.57	3.65	3.74	3.83	3.92	4.02	4.12
		4.22	4.32	4.42	4.53	4.64	4.75	4.87	4.99	5.11	5.23	5.36	5.49
		5.62	5.76	5.90	6.04	6.19	6.34	6.49	6.65	6.81	6.98	7.15	7.32
		7.50	7.68	7.87	8.06	8.25	8.45	8.66	8.87	9.09	9.31	9.53	9.76

◆コンデンサ容量：E6，E12が多い

抵抗値と同じような表記法をとるが，カラーコードではなく数値表記が多い．単位は $pF = 10^{-12} F$ であり，文字は誤差を表す（☞P.273）．

［例］　$334J = 33 \times 10^4 \times 10^{-12} = 33 \times 10^{-8} = 0.33 \times 10^{-6} = 0.33 \mu F (5\%)$

アルファベットによる許容誤差
　J　±5％　　P　0〜100％
　K　±10％　　Z　−20〜+80％
　L　±20％

11.3 ウィーンブリッジ型発振回路

図 11-5(a)のウィーンブリッジとして知られている回路を考察する．交流回路ではコンデンサの両端の電圧と，そこに流れる電流の間には，90°の位相の違いがあることを説明した．それを念頭において，このブリッジ回路を考える．

11.3.1 ウィーンブリッジ（Wien bridge）の原理

Ⓐ点の電圧 $v_A(t)$ は，入力 $v(t)$ の $R_3/(R_3+R_4)$ 倍で同相である．一方Ⓑ点の電圧は，R と C の複雑な組み合わせのために位相がずれる．しかし，おもしろいことに $R_1=R_2$，$C_1=C_2$ のとき周波数 f が $1/2\pi R_1 C_1$ のときだけ同相になり，$v_B=(2/3)v_t$ となる．このとき R_3 と R_4 を 1：2 の比率に選ぶと，v_A と v_B は同じ電圧になって，ⒶとⒷの間には電圧は現れない．

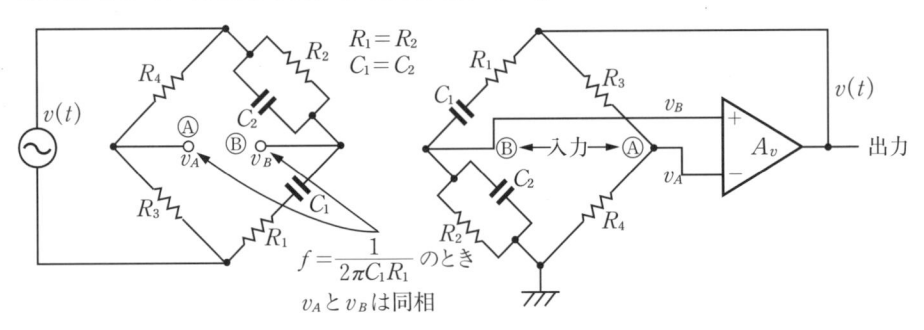

（a）ウィーンブリッジ回路　　　（b）ウィーンブリッジと増幅器の接続方法

図 11-5　ウィーンブリッジ回路とそれを利用した発振回路

11.3.2 正帰還との組み合わせ

図 11-5(b) では，この現象と増幅器を使った正帰還と組み込んで，$f=1/(2\pi R_1 C_1)$ の周波数の正弦波を発生させることを目的としている．これはウィーンブリッジ型発振器と呼ばれる．いま，増幅器の出力に適当な振幅 V の正弦波 $V\sin(t/RC)$ が現れているものとする．そして，もしコンデンサ容量と抵抗値の間に，今述べた理想条件が成り立っていれば，ⒶとⒷの間に電圧は現れない．

11.3 ウィーンブリッジ型発振回路

しかし，実際には，理想条件からはずれているので，Ⓐと®の間には，$V\sin(t/RC)$ の何分の1かの電圧が現れるだろう。この電圧を，$(V/A_v)\sin(t/RC)$ とする。ここでもし増幅率が A_v に等しければ増幅器の出力は $V\sin(t/RC)$ になる。これは，最初に仮定した信号と同じである。つまり，上のように考えると，$f=1/(2\pi RC)$ の周波数の発振が起きることになる。

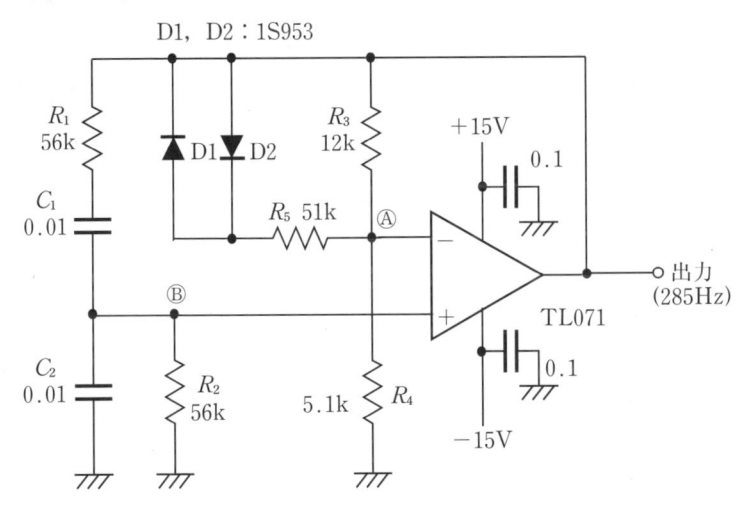

図 11-6 ウィーンブリッジ型発振回路

実際にこのようになるためには，図 11-5 の R_3 と R_4 がうまくコントロールされなくてはならない。発振条件を満足し，安定で歪みのない信号を得るためにはどちらかを調節する必要がある。図 11-6 のような実際の回路では，そのために並列ダイオードと R_5 を使っている。つまり，このウィーンブリッジ型発振回路では，ダイオードの非線形特性用いて振幅の安定化を行っている。この回路は，歪みは若干大きい（ただし目視ではきれいな正弦波に映じる）けれども，安定した振幅の信号が得られるので広く使用されている。より正確な正弦波を得るためのウィーンブリッジ型発振回路に関しては専門書を参照してほしい。

11.3.3 最初の条件はどのようにしてできるのか？

図 11-4 の回路に電圧が入ったとき，Ⓐと®の間にも瞬間的に変化する電圧が現れる。瞬間的に変化する電圧の中には，あらゆる周波数成分が含まれていて，当然 $f=1/2\pi RC$ 成分も入っている。これが，アンプを通して増幅されるのだ。ほかの周波数成分は，入力と出力の位相がちがうために，増幅されない。

11.4 ターマン発振回路とブリッジT型発振回路

そのほかの代表的な正弦波発振回路を二つ見ておこう。

11.4.1 ターマン発振回路

図 11-7 は先のウィーンブリッジの中の抵抗 R_3 と R_4 の接続部分に J-FET を置いて，オペアンプの代わりにトランジスタを用いて構成した回路である。この回路はターマン発振回路と呼ばれ，簡易な発振回路として広く用いられる。

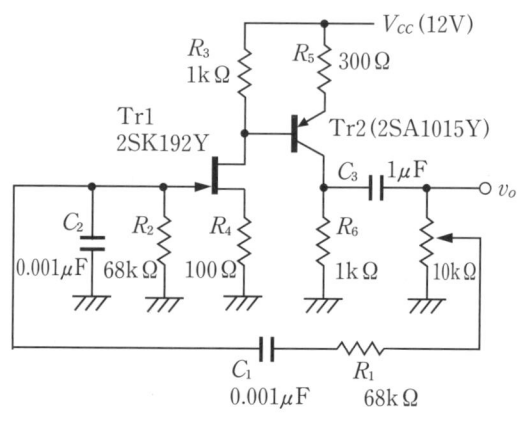

図 11-7 ターマン発振回路

11.4.2 ブリッジT型発振回路

この発振回路は，ブリッジT型と呼ばれるアクティブバンドパスフィルタに正帰還をかけた回路構成をしている（**図 11-8**）。ここでは定電圧ダイオードを用いたリミッタ回路によって振幅を一定にしている。この回路の発振周波数は次式で求められる。

$$f = \frac{1}{2\pi R_2 C_2 \sqrt{mn}} \tag{11.6}$$

ただし，$m = R_1/R_2$，$n = C_1/C_2$ とする。

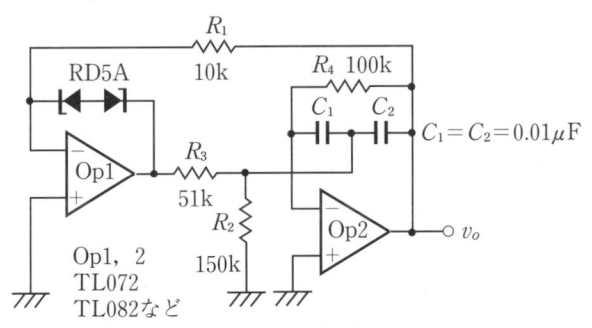

図 11-8　ブリッジT型発振回路

11.4.3　正弦波と方形波の違いはなぜ起きる

先の **図 11-4** で見たように，発振は一般的に，一巡ゲインが1のときには正弦波が発生するが，ゲインが大きくなると振幅が増大する。しかし回路形式による制限によって電圧の限界があれば **図 11-9** に示すようにプラス・マイナスに大きくなろうとするときに飽和が起きる。その極端な場合が方形波である。

実際に方形波になる回路では，必ずしも基本的な正帰還が使われるとは限らないので，上の説明は参考までである。

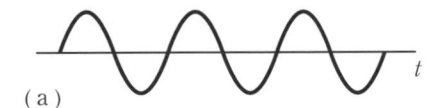

図 11-9　正弦波から方形波へ

重要用語

発振器　oscillator	周波数　frequency
発振回路　oscillation circuit	水晶発振器　crystal oscillator
正弦波　sine wave, sinusoidal wave	基準電圧　reference voltage
方形波　square wave	振幅　amplitude
三角波　triangular wave	変換　conversion
	圧電効果　piezo-electric effect

11.5 高周波発振回路

マイクロプロセッサやコントローラなどのクロック信号は，メガヘルツ領域の高い周波数である。いくつか代表的なものをみてみよう。

11.5.1 水晶発振回路

水晶発振子を用いた発振回路を水晶発振回路という。水晶発振子は水晶（石英，quartz，SiO_2）に与える微小な機械的振動によって電圧発生することを利用したものである。水晶の両面に電極を取り付けて電圧を加えるとわずかな歪みが生じる。また圧力や張力をかけると電圧が発生する。この現象は圧電効果あるいはピエゾ効果として知られている。印加電圧を交流にして周波数を調整すると，水晶板は固有振動数で共振振動を始める。ここに電子回路による正帰還を組み込むと水晶のサイズ固有の周波数で発振する。水晶発振子は，温度や経年変化による振動周波数の変化が少ないため，時計，通信機器，コンピュータ等で使用する基準周波数（クロック信号）として使用されている。

図 11-10 は水晶発振子とセラミック発振子の写真と，内部の性質を電気的回路で表したものである。図 11-11 には水晶発振回路を示す。

（a）水晶発振子　　　（b）セラミック発振子　　　（c）電気的等価回路

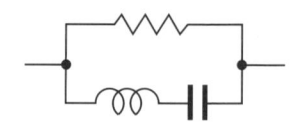

図 11-10　機械的振動を利用する発振子

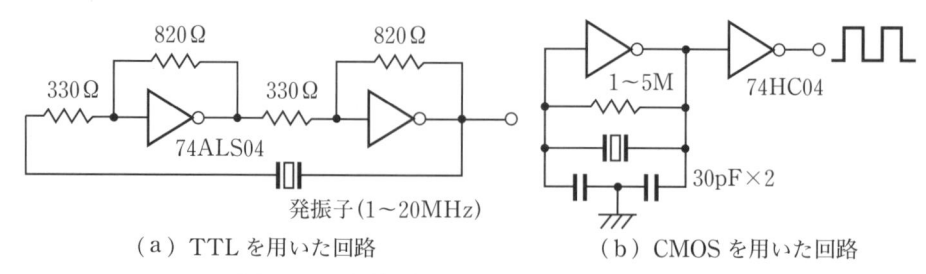

（a）TTL を用いた回路　　　（b）CMOS を用いた回路

図 11-11　水晶発振子とそれを使った発振回路

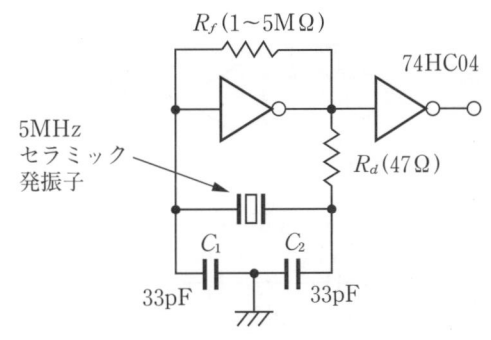

11.5.2 セラミック発振子とセラミック発振回路

圧電効果のある素材として広く利用されているのが PZT（チタン酸ジルコン酸鉛）である。水晶に代わって，PTZ を利用したのがセラミック発振子（セラロック等と呼ばれる商品）である。その特長を列挙すると以下のようになる。

(1) 発振周波数の安定性が良い

電気的共振を利用した R-C 発振器や L-C 発振器の温度係数は 10^{-3}〜10^{-4}／℃ 程度であるのに対して，セラミック発振子は 10^{-5}／℃ 程度である。前述の水晶振動子の温度係数は 10^{-6}／℃ 以下である。したがって，温度変化に対する発振周波数の安定度は水晶発振器より劣るものの R-C や L-C 発振器より 100〜1000 倍程度良い。

(2) 小型，軽量である

セラミック発振子のサイズは，水晶発振子の約 1/2 以下である。

(3) 発振回路の無調整化，低価格化が可能である

セラミック発振子は R-C，L-C 発振回路のように電気的共振を利用したものと異なり，水晶発振器と同様に機械的共振を利用しているため，回路定数や電源電圧の変動などの影響を受けにくく，調整が不要で高い安定性をもつ発振回路を作ることができる。

図 11-12 に CMOS インバータを用いたセラミック発振回路を示す。使用する CMOS は，74HC04 等の HC 型を使用するとよい。

回路中 R_f は発振回路のバイアスを決定する帰還抵抗（feedback resistor）であり，多くの場合 1MΩ〜5MΩ が使用される。R_d は高周波の異常発振を減衰させるためのものであり，多くの場合不要であるが，挿入するときは，発振周波数が 1MHz 以下の場合は数 kΩ，それ以上のときは数 10Ω〜数百Ω とする。C_1, C_2 は発振の安定度を左右するコンデンサである。この容量が小さいと歪みが大きくなり，大きいと発振しなくなる。通常は 33pF 程度を使うことが多い。高周波特性の良いセラミックコンデンサが適している。

図 11-12 セラミック発振回路

11.6 L-C 発振回路

　第1章では L と C の直列回路が正弦波を発生することを見た。ただしそれは直列に入っている抵抗が ゼロ の場合であり，実際にはありえないと思われた。ところが，正帰還現象が回路に組み込まれると実質的な抵抗が ゼロ となって発振が起きる。L と C を組み込んだ発振回路がいくつか考え出されているが，コルピッツ発振回路とハートレー発振回路を見よう。コルピッツ型は，水晶発振回路の振動子を L で置き換えた形をしている。

　これらは 図11-13 に示すように，オペアンプや CMOS のロジック・インバータを用いるもので，出力の方形波発振周波数 f は次式によって計算できる。

コルピッツ型　　$f = \dfrac{1}{2\pi\sqrt{L\dfrac{C_1 \times C_2}{C_1 + C_2}}}$ [Hz]

ハートレー型　　$f = \dfrac{1}{2\pi\sqrt{C(L_1 \times L_2)}}$ [Hz]

　コルピッツ型では C_1 と C_2 が直列で等価のコンデンサ容量 $[C_1 C_2/(C_1+C_2)]$ と L が共振を発生していると解釈される。またハートレー型では，L_1 と L_2 直列インダクタンス (L_1+L_2) と C による共振が起きている。ここでは，正帰還はロジックインバータの入力がある閾（しきい）値を超えたときに出力が反転して L あるいは C の両端の電圧の変化を加速する作用である。

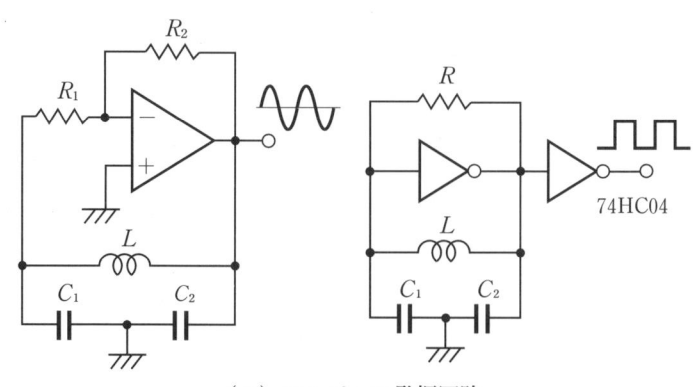

(a) コルピッツ発振回路

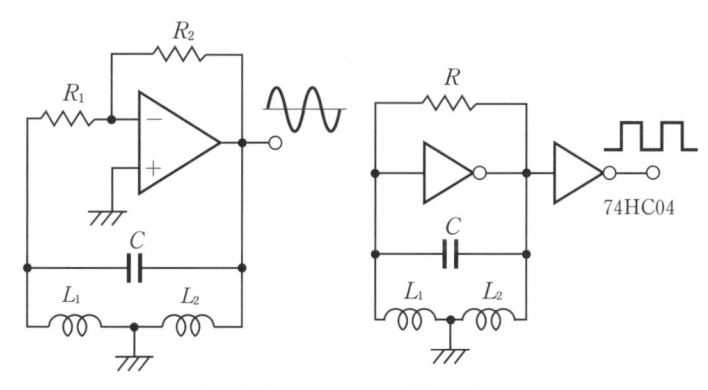

11.6 L-C 発振回路

(b) ハートレー発振回路

図 11-13　コルピッツ発振回路とハートレー発振回路

Column　振幅変調 (amplitude modulation) と復調 (demodulation)

第12章で解説するセンサ回路やその他の目的で，変調と復調というテクニックがよく使われる。変調の方式にはいくつかあるが，基本になるのが振幅変調である。その原理を描いているのが 図 11-14 である。ここでも第2章で基本回路として捉えた二つのレジスタの直列回路を応用している。R_B は通常のレジスタであるが，R_A は J-FET などを利用した電子的な可変抵抗である。直列回路に高い周波数の交流電圧を印加して，R_A を低い周波数で変化させると出力端子には振幅が変化する高周波が得られる。この機能の素子として，たとえば，新日本無線の NJM2172 (electronic-variable resistor 機能付きオペアンプ) がある。

振幅変調された信号波は電波，トランス，光などによって伝送され，受け取った側では振幅だけを取り出す。この作業を復調と呼ぶ。

復調の方法としては，たとえば，ダイオードを使って半波整流してからローパスフィルタを通過させて搬送波を除去する。

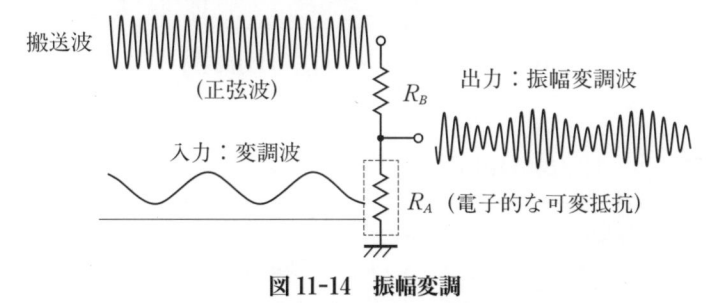

図 11-14　振幅変調

第11章 発振と変換

11.7 方形波と三角波を同時に発振させる

　図11-15は，2個のオペアンプを用いた方形波と三角波の発振回路である。Op1はヒステリシス特性を持たせたシュミット回路（第9.8.3項参照）として動作し，Op2は積分回路として動作している。

　この回路の動作原理は次のようになる。電源が入ると，シュミット回路（Op1）の出力 v_s は，プラスまたはマイナスのほぼ電源電圧，すなわち $+V_{cc}$ か $-V_{cc}$ かのどちらかの状態になる。そこで，$v_s=+V_{cc}$ とする。この電圧が積分回路（Op2）に印加されるので，積分回路の出力 v_t は，時間とともに減少する。

　シュミット回路の入力電圧 v_c は，v_t と v_s の電位差を抵抗 R_1 と R_2 で分圧した電圧である。今，この電圧は減少していく。やがて v_c が正から負になった瞬間にシュミット回路の出力電圧は反転し，$v_s=-V_{cc}$ になる。すると，v_c の値は一瞬に負の電圧になる。この瞬間から v_t は正の電圧に向かって上昇を始める。これに伴い v_c も増加してゆき，やがて負の電圧から正の電圧になった瞬間にシュミット回路の出力は反転して $v_s=+V_{cc}$ になり最初の状態になる。これら一連の動作を繰り返すことで，連続した方形波信号と三角波信号を発生する。

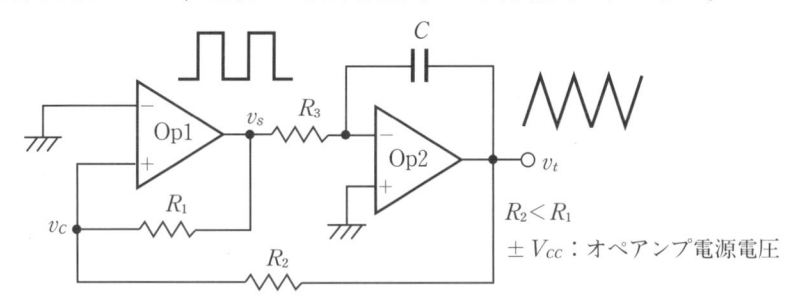

図 11-15　方形波と三角波の発振回路

$R_2 < R_1$
$\pm V_{cc}$：オペアンプ電源電圧

> **問題 11-1**　この回路の発振周波数 f を決定する数式を導け。

解答　v_s が反転したときの v_t は，$-V_{cc}$ に抵抗比 R_1/R_2 をかけた値である。これが三角波の振幅でもある。一方，三角波の勾配は $V_{cc}/(R_3 C)$ である。半周期 $(1/2f)$ に $-(R_1/R_2)V_{cc}$ から $(R_1/R_2)V_{cc}$ に変化するのであるから，

周波数は次式になる。

$$\frac{V_{CC}}{R_3 C} \times \frac{1}{2f} = 2\frac{R_1}{R_2} V_{CC} \tag{11.7}$$

これより次式が得られる。

$$f = \frac{1}{4R_1 C} \frac{R_2}{R_3} \tag{11.8}$$

> **Column　パルス幅変調 (pulse-width modulation)**
>
> 変調の方式でよく使われるものにパルス幅変調がある。これはすでに次の項目で見てきた。
> ① 第6章　6.7節：DC変換への応用
> ② 第9章　9.8節：オペアンプやコンパレータの使い方の一つとして，PWM信号の発生。
>
> そのほかの応用としては第12章で学ぶセンサ回路に見られる。
>
> 先の正弦波を使った振幅変調と対比する意味で図11-16にパルス幅変調の方法と意味を説明している。
>
> 変調された信号から，緩やかに変化するもとの信号を取り出すには，9.5.6項で見たようにローパスフィルタを使うのが一つの方法である。より高度な方法としては，後の11.11節でも指摘するようにパルス幅を検知する手法が利用される。
>
> 図11-16　パルス幅変調

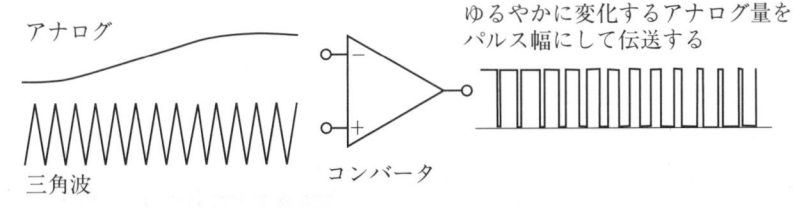

11.8 タイマーICを用いたマルチバイブレータ

　個別トランジスタを組み合わせた方形波発振回路は電子回路の学習としては意味があるが，実用的には，その類の目的に適したタイマー用ICが発達している。代表的なのが555の番号をもつ8端子ICである。その利用法を二例あげる。

◆無安定マルチバイブレータ

　回路の形と発振周波数の計算式を **図 11-17** に示す。

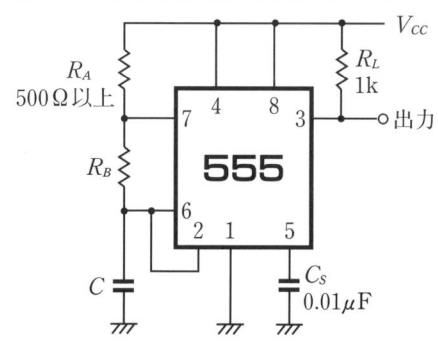

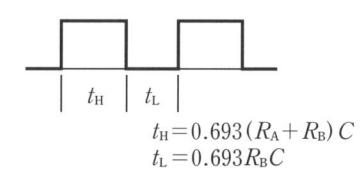

$$t_H = 0.693(R_A + R_B)C$$
$$t_L = 0.693 R_B C$$

問題 11-2 デューティ=0.6 で 1.6kHz の方形波発振回路を，タイマーIC を使って設計せよ。（解答は P.278）

図 11-17　無安定マルチバイブレータ

◆単安定マルチバイブレータ

　単安定マルチバイブレータは1個の入力パルスに対して1個のパルスを発生するものであるが，**図 11-18** に示すように出力パルスの幅 t_H を CR_A の値によって調整できるものである。

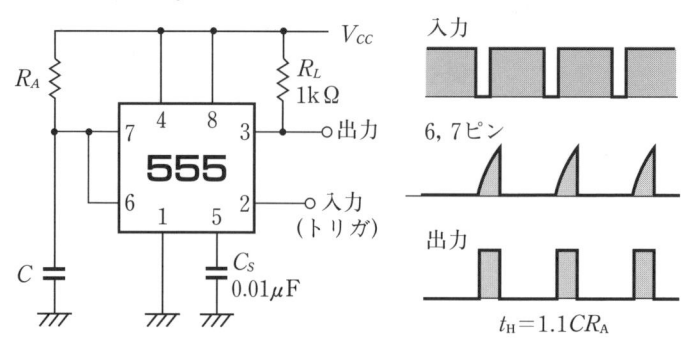

$$t_H = 1.1 CR_A$$

図 11-18　単安定マルチバイブレータ

11.9 電圧−電流変換

電子制御装置の中には，制御信号を電圧ではなく電流によって与えることがある。図 11-19 はオペアンプを使った電圧-電流変換回路であり，入力電圧 v_i を出力電流 i_o に変換して出力する。出力電流は負荷抵抗 R_L の大きさに無関係に制御できる。しかし，負荷に接続できる抵抗の大きさは，オペアンプが出力できる電圧と電流，電流検出抵抗 R_{ref} によって最大値が決まる。オペアンプを ± 15V で動作させ，最大電流を 10mA とすると，負荷に接続できる抵抗は $0 \sim 1000 \Omega$ である。

$R_1 = R_2 = R_3 = R_4 = 10 \mathrm{k}\Omega$，$R_{ref} = 1 \mathrm{k}\Omega$，

$R_L = 0 \sim 100 \Omega$ とすると，$v_i = 10$V のとき負荷には 10mA の電流が流れる。

ここで $R_4 > 100 R_{ref}$ を満足する場合は，ボルテージホロワ回路を用いなくても問題はないだろう。

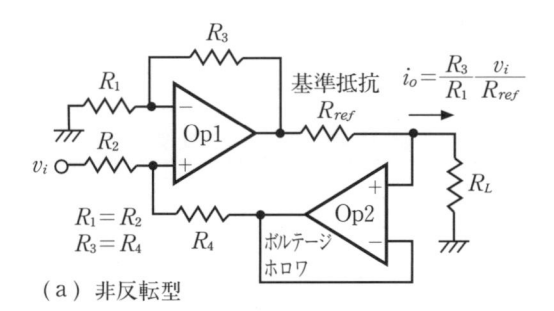

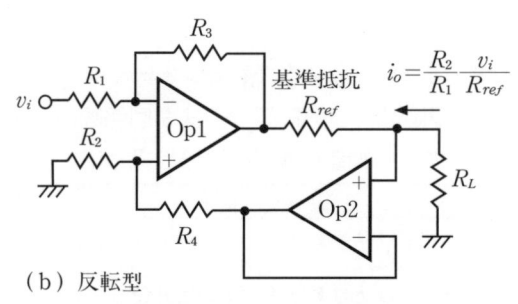

（a）非反転型 $i_o = \dfrac{R_3}{R_1} \dfrac{v_i}{R_{ref}}$

（b）反転型 $i_o = \dfrac{R_2}{R_1} \dfrac{v_i}{R_{ref}}$

図 11-19 電圧−電流変換回路

11.10 抵抗-電圧変換

抵抗値（レジスタンス）を電圧値にして読み取る回路の一例を，図 11-20 に示す。基本的な原理としては，正確な基準電圧源と基準抵抗を用意してオペアンプによる比例演算（増幅・減衰）を組み合わせるだけである。

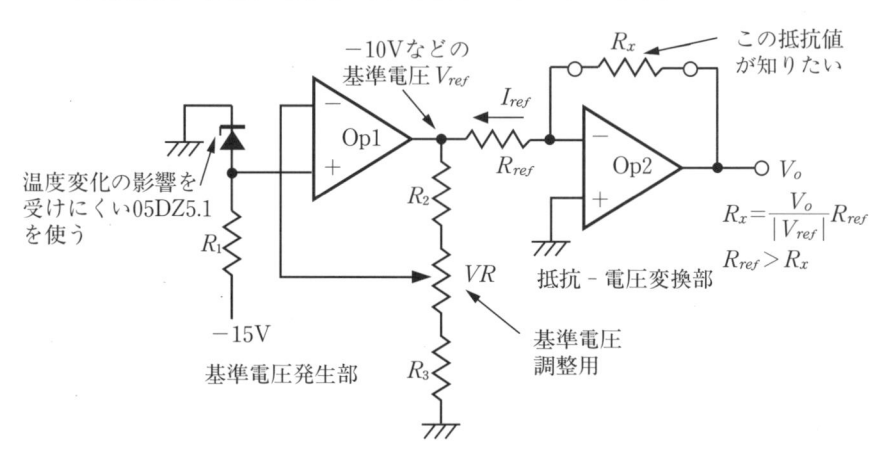

図中の注釈：
- $-10V$ などの基準電圧 V_{ref}
- この抵抗値が知りたい R_x
- 温度変化の影響を受けにくい 05DZ5.1 を使う
- R_1, R_2, R_3, VR
- $-15V$
- 基準電圧発生部
- 基準電圧調整用
- 抵抗-電圧変換部
- I_{ref}, R_{ref}, Op1, Op2, V_o

$$R_x = \frac{V_o}{|V_{ref}|} R_{ref}$$

$$R_{ref} > R_x$$

図 11-20　抵抗-電圧変換

問題 11-3　電流を電圧に変換するにはどのようにするか？

解答　これは第 10.4 節の D-A 変換の所で解説したので，参照してほしい。

Column　マルチバイブレータの種類

マルチバイブレータには二つのトランジスタ回路間のフィードバックの方式によって三種類あり，本書では表のように扱っている。

種　類	扱っている節	用　途
無安定マルチバイブレータ astable multivibrator	11.1 節；バイポーラ利用の場合	方形波発生
単安定マルチバイブレータ mono-stable multivibrator	11.8 節；タイマ IC 利用の場合	一定幅のパルス発生
双安定マルチバイブレータ bi-stable multivibrator	別名フリップフロップ；7.9 節；論理機能として	情報のディジタル記憶装置

11.11 周波数−電圧変換 (F-V 変換)

パルスの周波数(Frequency)を電圧(Voltage)に変換する回路を F-V 変換と呼ぶ。その方法としてはいくつかあるが，ここでは単安定マルチバイブレータとローパスフィルタを使う方法をあげる。

図 11-19(a) が構成図である。このように，入力のパルス列を一定幅のパルス列に直して，それをローパスフィルタに通す。理想的なローパスフィルタは信号に含まれる DC 成分を出力して変動成分を除去する。そのために周波数の高いときには出力が高く，周波数が低くなると DC 成分も低くなる。このような F-V 変換の特性は図(b)のようになる。

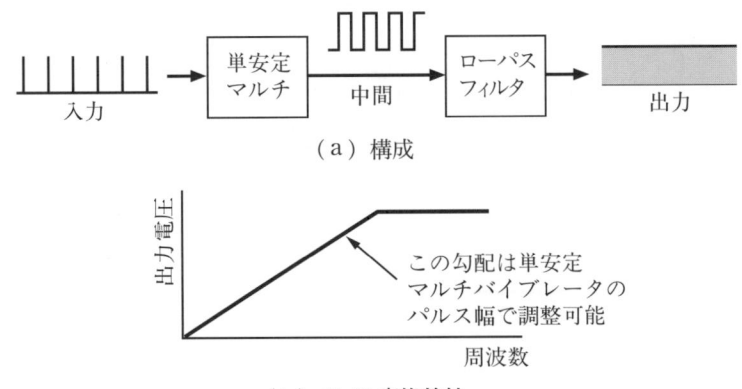

(a) 構成

(b) F-V 変換特性

図 11-21　単安定マルバイブレータとフィルタを使った F-V 変換の原理

この回路には大きな時間遅れが伴うので使用にあたって注意が必要である。そのために，これを制御系に使うと不安定現象の原因になりやすい。1 次系フィルタよりも 2 次系フィルタの方が変動成分の除去効果が大きいが，遅れの位相が 180°になり制御系の設計が困難になる。

遅れの少ない方式としてよく利用されるのが，短い時定数の回路とサンプルホールドのテクニックを利用したものがあり，IC 化されている（たとえば：東芝 TA7715P）。

第11章 発振と変換

♪第11章のまとめ

　本章では，電子回路の応用として各種の発振回路の形と基本原理を見てきた。それを総括する意味で**表 11-1** に各種発振回路の特徴比較をしてみた。種々の発振方式の中で，周波数の精度と安定性が要求される用途には水晶発振子の利用が勧められる。ただし水晶振動子の周波数は高いので，低い周波数が欲しいときには，ディジタルテクニックを使って周波数を低くすることができる。

　本章ではまた，オペアンプの応用として基本的な変換回路も見た。次章ではより高度な応用としてセンサ回路を学ぶことにしよう。

表 11-1　各種発振回路の特徴

発振回路の種類	形状	調整	発振精度	安定性	価格
L-C 発振回路	大	必要	±2%程度	良くない	安価
R-C 発振回路	中	必要	±2%程度	良くない	安価
水晶発振回路	中	不要	±0.001%程度	きわめて良好	高い
セラミック発振回路	小	不要	±0.5%程度	優れている	安価

問題 11-2 解答

　Duty＝0.4 ということは，t_H と t_L の比率 6：4 であると解釈する。t_H は

$t_H = (1/1600) \times 0.6 = 3.75 \times 10^{-4}$ sec

$t_L = (1/1600) \times 0.4 = 2.5 \times 10^{-4}$ sec

コンデンサ $C = 0.1 \mu F$ として抵抗値を次のように定める。

$R_B = 2.5 \times 10^4 \div 0.693 \div 10^{-7} = 3607.5 \Omega$

$R_A + R_B = 3.75 \times 10^{-4} \div 0.693 \div 10^{-7} = 5411.3 \Omega$

$R_A = 5411.3 - 3607.5 = 1803.8 \Omega$

　周波数の精度を問わないのであれば R_A と R_B の抵抗値は 1.8kΩ と 3.6kΩ でよい。

参考文献

[1] 見城・高橋：「実用電子回路設計ガイド」，総合電子出版社，

第12章
センサ回路

　温度，湿度，圧力，光，音などの大きさや属性を検出して電子回路や制御システムに取り込むものがセンサである。今日までに発展してきたセンサの種類は無数にある。またそれから適切な電気信号に直したり，利用する技術も発達した。ここでは，センサと電子回路との関連に関する基本的なサイエンスと回路技術の両方を学習する。ここには今までに学んだあらゆる電子回路の考え方とテクニックが利用される。そのような考え方を身に付けよう。

第 12 章 センサ回路

12.1 電圧センサ

電圧センサとは，測定対象の電圧を電子回路で扱いやすい別の電圧信号として取り出すものである。これには直流電圧を取り出すものと交流電圧を取り出すものがある。

12.1.1 交流電圧の検出

交流電圧の検出として測定対象と絶縁して信号を取り出す方法と直接取り出す方法がある。たとえば，家庭にきている100Vの50Hzや60Hzの交流電圧を得たい場合は，図 12-1(a) に示すように変圧器を用いて低い電圧に変換し，さらに絶縁して信号を取り出すことができる。

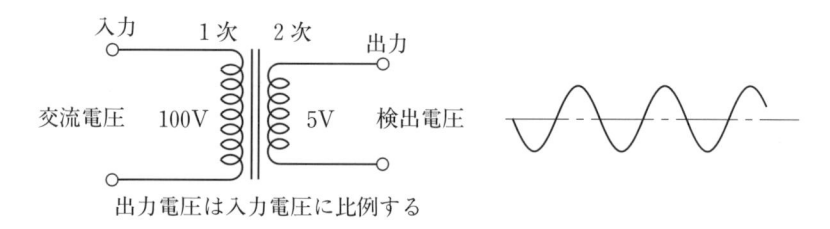

(a) 変圧器を用いた回路

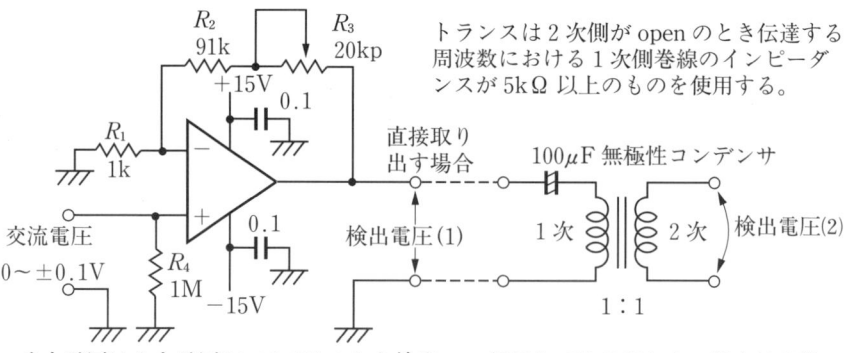

トランスは2次側がopenのとき伝達する周波数における1次側巻線のインピーダンスが $5k\Omega$ 以上のものを使用する。

出力電圧は入力電圧が $\pm 0.1V$ のとき検出電圧(1)または(2)が $\pm 10V$ になるように R_3 を調整する。

(b-1) 非絶縁で良い場合

絶縁して取り出したい場合は点線のように検出電圧の出力とトランスの入力を接続する。

(b-2) 絶縁して取り出したい場合

(b) オペアンプを用いた回路

図 12-1 交流電圧の検出

12.1 電圧センサ

一方，検出対象電圧が低い場合は 図 12-1(b) に示すようにオペアンプなどを用いていったん増幅して変圧器を介して取り出すこともできる．絶縁しなくてよい場合は，図 12-1(b) のオペアンプの出力（検出電圧(1)）を直接利用すればよい．

絶縁が必要な場合で，電圧の周波数が 30Hz より低い場合は，変圧器を経由して電圧情報を取り出すことが困難になる．そこで，第11章 P.271 のコラムで説明した振幅変調などを利用する．つまり，検出した電圧信号によって高い周波数の搬送波（キャリア）を変調する．そして変調された信号をフォトカプラや高周波トランスを用いて 2 次側に伝達し，復調回路を用いて元の電圧信号を取り出す．

図 12-2 は検出した電圧を増幅する回路，変調回路，信号を伝達する高周波トランス，伝達されてきた搬送波から検出電圧を取り出す復調回路から構成されている．ここでは変調方式としてラジオ放送などで使われている振幅変調（AM, amplitude modulation）や周波数変調（FM, frequency modulation）などが利用される．

これらいずれの場合も，測定体に接続する回路のインピーダンスは，測定体のインピーダンスより十分大きくして，測定回路の接続による電圧変化が無視できるようにすることが大切である．ここでは，オペアンプ回路の入力インピーダンスが高くなるように，FET 入力型オペアンプを使用している．

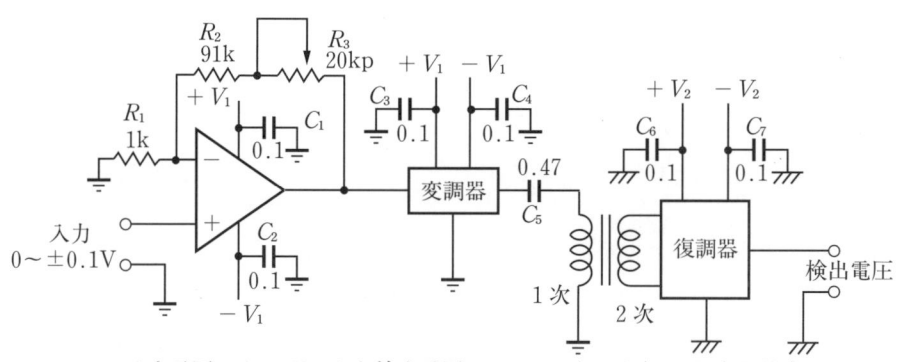

入力電圧が ± 0.1V のとき検出電圧が ± 10V になるように R_3 を調整する．
⏚ と ⏀ は異なるグランド電圧
$+V_1, -V_1$ と $+V_2, -V_2$ はいずれも15V であるが，GND が異なる電源

図 12-2　搬送波を用いた交流電圧検出回路

12.1.2 直流電圧の検出

　高い直流電圧の検出は，図 12-3 に示すように抵抗を用い分圧して取り出すのが一般的である。低い電圧の場合は，交流電圧の検出と同様にオペアンプ回路などを用いて増幅して得ることになる。先の交流の場合と同様に，測定体に接続する回路の入力インピーダンスは，測定体のインピーダンスより十分大きくして，測定回路の接続による電圧変化が無視できるようにすることが大切である。

　検出した電圧を絶縁して伝達する場合は，前項で見た手法と同様に搬送波を検出電圧で変調し，光や磁気を用いた回路を経由して伝達し，復調回路によって検出電圧を取り出す回路が使用される。直流電圧を絶縁して伝達する手法として最も簡単なのはフォトダイオードとフォトトランジスタを組み合わせ，検出電圧を直接光の明るさに変換して行う方式がある。しかし，この方式は伝達回路の線形性や安定性に問題があり実用的ではない。

　図 12-4 にフォトカプラを用いた回路と Agilent Technologies から発売されている光結合型アナログアイソレーションアンプを用いた回路を示す。図(a)は検出電圧の大きさによってパルスの幅を変化させ，そのパルス信号をフォトカプラで伝達している。伝達された信号は復調器を用いて検出電圧が取り出される。このパルス幅を制御する方式はモータの速度制御などで使用され，PWM 信号と呼ばれる。詳細は 6.7 節と第11章 P.273 のコラムを参照願いたい。

　図 12-4(b) は，HCPL7800 という光結合型アナログアイソレーションアンプを用いている。この IC は内部が光で結合されており，入力と出力が絶縁されている。ここでは，IC の出力をオペアンプで増幅して検出電圧を取り出している。

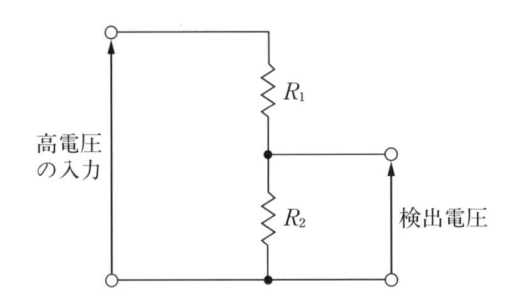

図 12-3　直流電圧の検出回路

12.1 電圧センサ

(a) フォトカプラを用いた方式

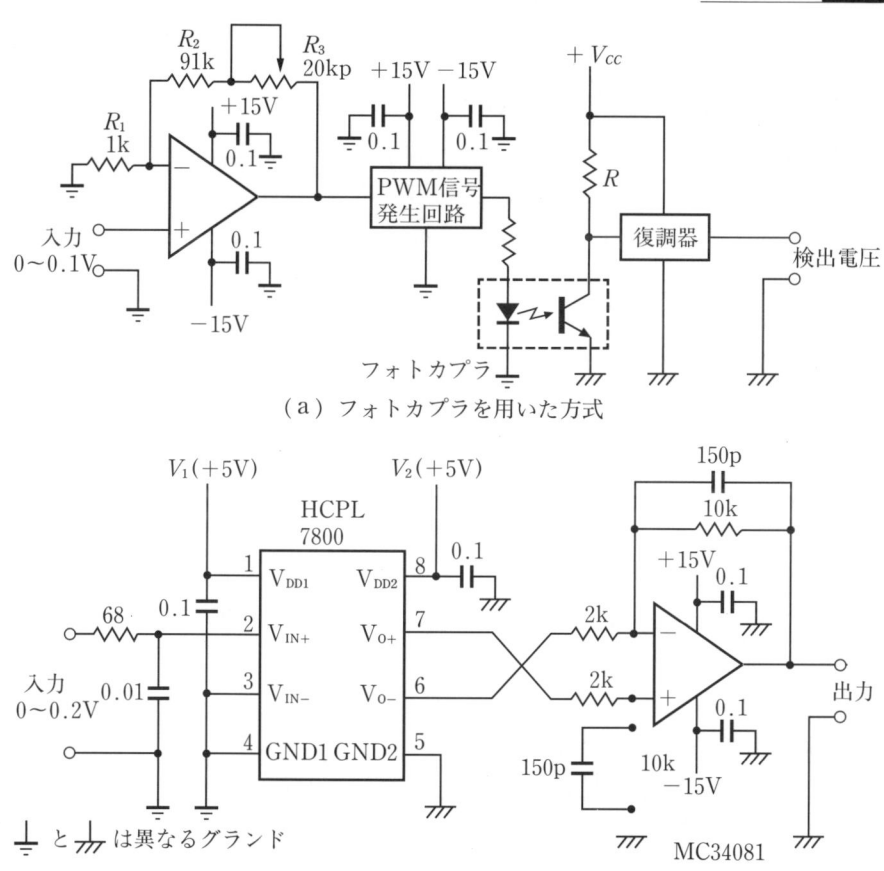

(b) アイソレーションアンプを用いた方式

図 12-4　絶縁型直流電圧検出回路

問題 12-1　100マイクロアンペアでフルスケールになる直流電流計がある。この電流計を用いて 0～100V の直流電圧を計測する回路を設計せよ。なお、直流電流計の内部抵抗は 0Ω とする。

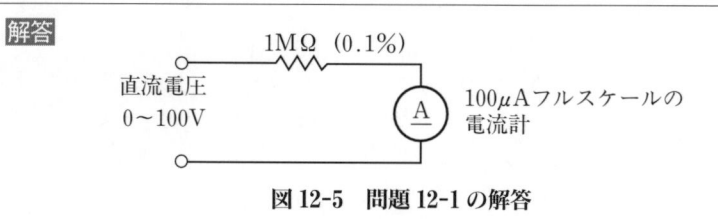

解答

図 12-5　問題 12-1 の解答

283

12.2 電流の検出

この電流の検出とは，電気回路やモータなどに流れている電流を検出して，電流の大きさに比例する電圧として変換して出力するものである。交流電流の検出と直流電流の検出，絶縁して出力するかどうかで回路方式が異なる。

12.2.1 電流検出器

電気回路に流れる直流電流や 50Hz や 60Hz といった交流電流を計測する場合は，図 12-6 に示すように直流電流計や交流電流計を計りたい箇所に挿入することで簡易に行うことができる。しかし，電子回路やモータなどに流れている電流の波形をオシロスコープで計測する場合は，回路に流れている電流を検出し，電圧に変換して取り出し，それをオシロスコープ(図 12-7 参照)のプローブに入力して観測することになる。また，電子回路によってモータやアクチュエータに流れる電流を制御したい場合も，電流検出器が必要である。ここでは，抵抗を用いた簡易な検出手法から，電流センサを用いた電流検出法，ホール素子を用いた電流検出手法について示す。

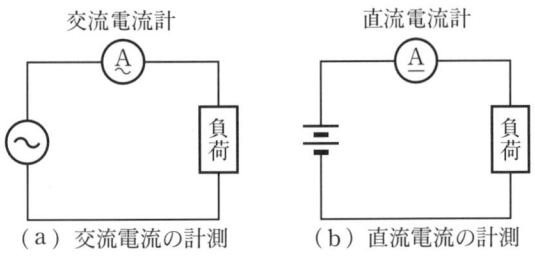

(a) 交流電流の計測   (b) 直流電流の計測

図 12-6 電流計を用いた電流の計測

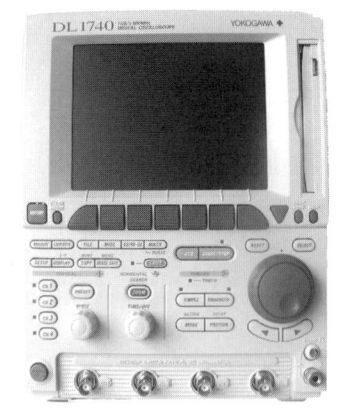

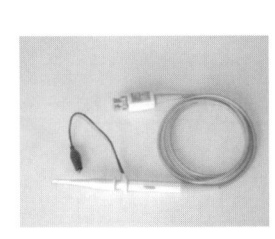

図 12-7 オシロスコープと直流電圧計

12.2.2 抵抗を用いた検出回路

図12-8に，抵抗を用いた電流検出回路を示す。回路に電流が流れると負荷に直列に挿入された電流検出用の抵抗の両端に電圧が発生する。この電圧を利用して電流を検出する方式である。この回路方式は，電気的な絶縁を施さなくてもよい場合に最も簡易に電流を検出できる手法として利用される。

検出のために挿入する抵抗値は，高いほど検出電圧が高くなるが，負荷に流れる電流や回路動作に影響を与えるので可能な限り小さい方が望ましい。また，電流検出用抵抗として巻線抵抗のようにインダクタンス成分が含まれているものを使うと，電流に高周波が含まれる場合は検出誤差が発生する。

高周波を含む電流を計測する場合には無誘導抵抗器やシャントと呼ばれる抵抗器を使わなければならない。また，検出用抵抗は電力を消費して発熱する。抵抗の定格電力が小さいと焼損したり，発熱のために抵抗器の温度が上昇し抵抗値が変化して正しい計測ができなくなる。したがって，可能な限り定格電力の大きい抵抗器を用いる。

なお，抵抗で消費される電力は次式によって計算できる。

$$消費電力 = (最大電流)^2 \times 検出抵抗値 \quad [W]$$

通常は，実際に消費される消費電力に対して，3倍以上の定格電力の抵抗器を使用することを勧める。

抵抗の両端に発生した電圧を電子回路に取り込むときは，ノイズの影響を受けないように2本の電線をよじったツイスト・ペアを用いて配線を行う。検出電圧と電流の関係は，オームの法則によって次式で示される。

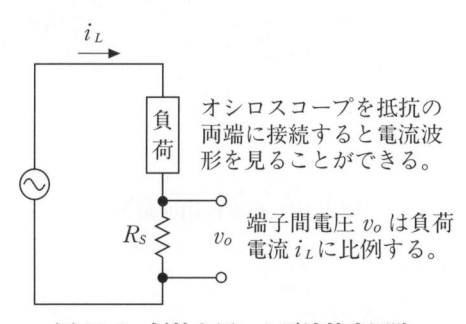

$$電流値 = \frac{検出電圧値}{検出抵抗値} \quad [A]$$

図12-8 抵抗を用いた電流検出回路

12.2.3 抵抗を用いたDCモータの電流検出回路

図12-9は直流（DC）モータに接続した電流検出用抵抗に発生した電圧をオペアンプを用いて増幅し，取り出すための回路である．この回路は，±10Aまでの電流を0.05Ωの抵抗で検出し，それをオペアンプで20倍に増幅して出力している．
つまり，

　　　+10Aの電流のとき，+10Vの電圧を出力
　　　　0Aの電流のとき，　 0Vの電圧を出力
　　　−10Aの電流のとき，−10Vの電圧を出力

する．

回路の調整順序として，まず負荷電流が0Aであるとき，出力電圧が0Vであることを確認する．もし，出力に電圧が出ているようであれば，オペアンプにオフセット調整回路を付加して電圧を0Vに調整する（9.2.2項参照）．次に負荷電流を10Aに設定し，出力電圧が10Vになるように2kΩの可変抵抗器（ポテンショメータ）を調整する．

ここでは，低ドリフト，低オフセットのJ-FET入力型のオペアンプであるナショナルセミコンダクタのLF411を使用している．オフセット調整回路については製品のカタログを参照してほしい．

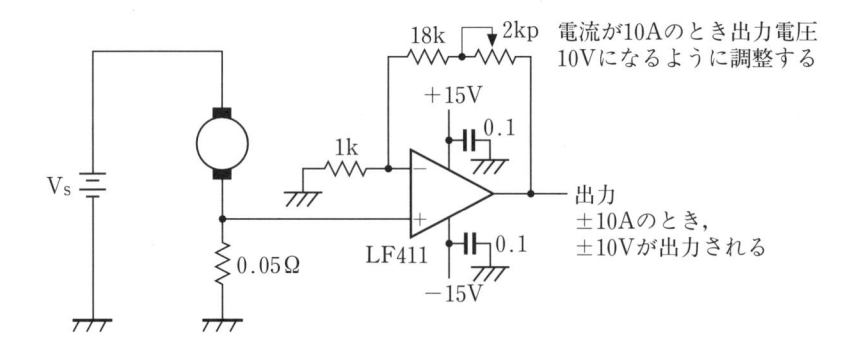

図 12-9　電流検出回路例

12.2.4 ホール素子を用いた電流検出回路

　ホール素子は磁界の強弱や磁極の検出ができる半導体デバイスである。ホール素子を用いた電流センサは，電線に流れる電流が作る磁束を集束し，ホール素子によって磁束の極性や強さを検出して電流を測定する。非接触で電流を計測することができるため，電流値を被測定体から絶縁して測定したいときに有効な検出器である。ホール素子を用いた電流検出手法には，磁気比例式と磁気平衡式があるが，図 12-10 は磁気比例式の検出原理を示している。

　これらのセンサは単電圧で動作するものと 2 電源で動作するものとがある。5 V 単一電源で利用するタイプは，マイクロコンピュータの AD コンバータとのインタフェースを簡単化するために，電流が 0A のとき出力電圧が 2.5V，正の最大定格電流で 4.5V，負の最大定格電流で 0.5V を出力する。両電源タイプでは，電流が 0A のとき出力電圧は 0V，±最大定格電流で ±4V の出力のものが一般的である。

　市販されている電流センサとしては，±1A 程度から ±5000A 程度のものまである。応答周波数は DC から 50kHz 程度，応答速度は数 ms 程度である。

　この方式は構造が簡単であり，小型軽量で安価な検出器を構成でき，さらに消費電流が小さいという特徴がある。しかし，ホール素子は磁場の大きさに対して検出感度の線形性がそれほど良くないために，検出精度を高めるために補償回路を含むことが多い。また，高周波では磁気損失が増加し発熱するという欠点がある。

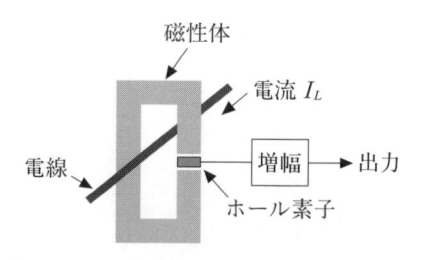

電流 I_L によって発生した磁束を磁性体で集束し
ホール素子によって磁気／電気変換している。
出力される電圧は電流 I_L に比例する。

図 12-10　ホール素子を用いた磁気比例型電流検出器と回路

12.2.5 電流センサを用いたDCモータの電流検出回路例

図 12-11 にナナ・レム社の電流検出器 HY15-P（外形寸法：W36mm×D12mm×H23mm）を用いた DC(直流)モータの電流検出回路を示す。この検出器は，±15A までの電流を連続して検出でき，±15A のときには ±4V の電圧を出力する。ここで示す回路では，直流モータは H 型ブリッジ回路で駆動されているので，モータ電流は絶縁して取り出さなくてはならない。また，検出した電流をパソコンやマイコンなどに取り込む回路例も示している。たとえば，電流値をパソコンに取り込みたい場合は，パソコンの空きスロットに A-D コンバータのボードを挿入し，センサの出力電圧をその入力端子に接続する。パソコンに接続して利用できる A-D コンバータとしては，たとえば株式会社インタフェースのアナログ入力ボード，PCI-3171A や PCI-3173A などがある。詳細については同社のホームページを参照してほしい。

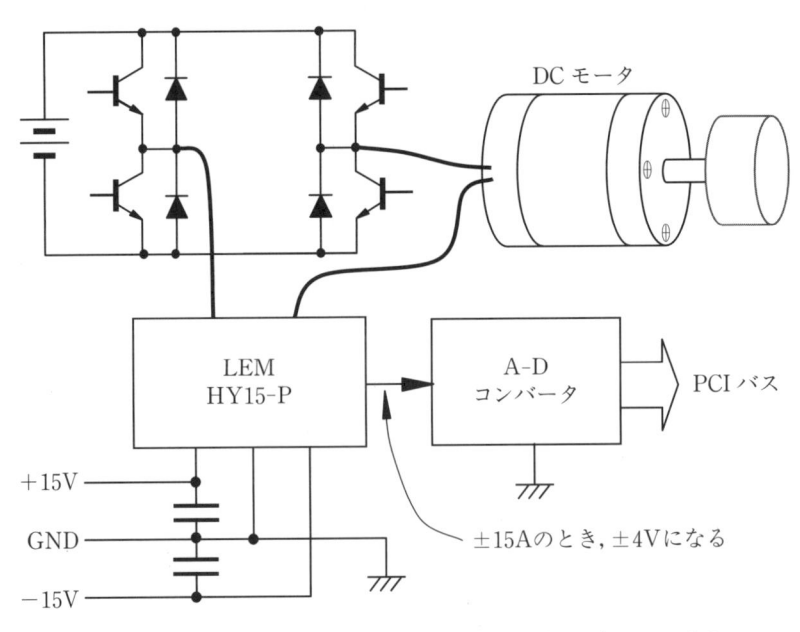

たとえば，A-D コンバータは12ビット型で，入力電圧が±5Vまたは±10Vの変換器を使う。ピーク電流が±15A以内であるときは±5V型を，±15Aを超え±30A以内であるときは±10V型を使う。
たとえば，株式会社インタフェースの PCI-3171A や PCI-3173Aが利用できる。

図 12-11　HY15-P を用いた電流検出回路

12.3 温度センサ

　温度の検出には，計測する温度範囲と精度によって，さまざまなセンサがある。たとえば熱電対を用いると，低温から高温まで精度の高い検出器ができるが回路が複雑になり，さらに0℃の基準温度が必要になる。また，サーミスタを用いれば比較的安価に温度検出回路を作ることができる。しかし，サーミスタは図12-12に示すように温度と抵抗値の関係が非線形であるために，リニアライザと呼ばれる回路が必要になる。また，サーミスタに電流が流れるため自己発熱によって正確な温度が測れないという問題もある。ここでは，ナショナルセミコンダクタより発売されている温度検出ICを用いた回路を紹介する。LM35と呼ばれる温度検出用ICは2電源動作であるが，−55℃から+150℃まで±0.75℃以下の精度で温度測定が可能な小形温度検出ICである。LM50は単一電源で動作し−40℃から+125℃まで±4℃の精度で温度検出可能なICである。

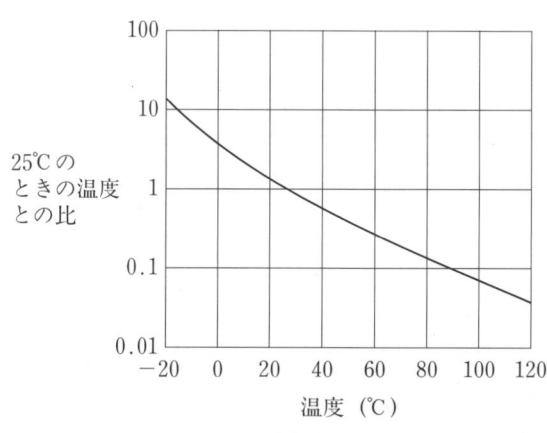

図12-12　サーミスタの温度特性

ぼくたちの体温計よりはモータなどの機械の温度計に向いていそうですね。

12.3.1 LM35を用いた温度検出回路（精度±0.75℃）

図12-13にナショナルセミコンダクタのLM35を用いた温度測定回路を示す。この回路の出力電圧は，1℃あたり10mV変化し，次のようになる。

　　　+150℃のとき，+1,500mV

　　　+25℃のとき，+250mV

　　　−55℃のとき，−550mV

ここでは，±5Vの電源を使用しているが，±4V～±30Vで使用することもできる。この場合，マイナス電源に接続されている抵抗R_1は，次式を用いて決定する。

$$R_1 = \frac{|V_S|}{50 \times 10^{-6}}$$

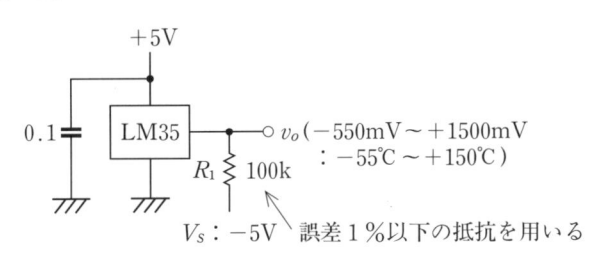

図12-13　LM35を用いた温度検出回路

図12-14は，LM35を単一電源で用いる回路である。この回路の温度検出範囲は，+2℃から+150℃である。電源電圧は4～20V程度で使用できる。

出力電圧は，1℃あたり10mV変化し，次のようになる。

　　　+150℃のとき，+1,500mV

　　　+25℃のとき，+250mV

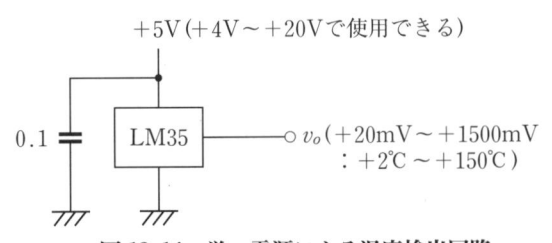

　　　+2℃のとき，+20mV

図12-14　単一電源による温度検出回路

12.3.2 温度検出回路（精度±4℃）

電子回路やコンピュータの異常温度の検出に使用するセンサは，高精度を必要としないことが多い．このような場合には，安価な温度検出用素子を利用できる．**図 12-15** はナショナルセミコンダクタの LM50 を用いた温度測定回路を示す．

この回路は−40℃から+125℃までの温度検出ができる．出力電圧は，1℃あたり 10mV 変化し，温度が $Temp$℃ であるとき，次式によって求めることができる．

$$V = 10\text{mV} \times Temp + 500\text{mV}$$

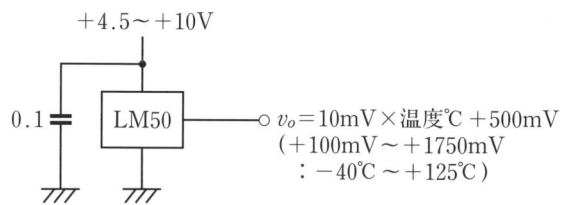

図 12-15　LM50 を用いた温度測定回路

したがって，温度と出力電圧の関係は次のようになる．

　　+125℃のとき，+1,750mV
　　+25℃のとき，　 750mV
　　−40℃のとき，+100mV

この回路の出力抵抗は代表値で 2kΩ，最大で 4kΩ である．したがって，電流が必要な負荷を接続する場合は，**図 12-16** に示すように，オペアンプを用いたバッファ回路（ボルテージホロワ回路）を付加して用いる．

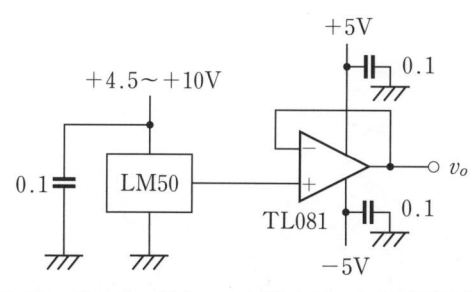

図 12-16　ボルテージホロワ回路を用いた温度検出回路

12.4 速度検出器・位置検出器

　ロボットをはじめとする位置決め制御装置では，制御対象の位置検出を行うことが必要であるが，第13章で見るように，同時に制御対象の速度情報も大変重要な要素である。速度検出法としてはさまざまな方式がある。最も簡単な方式は，モータ軸に速度センサを取り付けて検出することである。速度センサとしては，アナログ量で得られる方式とパルス情報で得られる手法がある。アナログ電圧で回転速度情報が得られるセンサはタコジェネレータと呼ばれる速度発電機である。一方，位置の検出器としては，アナログ信号で得られるものとして，ポテンショメータがある。ディジタル信号で位置情報を出力するセンサとしてはロータリーエンコーダやレゾルバなどがある。ここでは，ロボットなどに広く使用されている速度および位置センサについて解説する。

12.4.1 タコジェネレータ(tachogenerator)

　タコジェネレータとは，回転速度に比例した出力電圧を発生する一種の発電機である。タコジェネレータには交流型と直流型があるが，ここでは直流型のタコジェネレータ（DCタコジェネレータ，以下 DC-TG と記す）について解説する。その構造は次章の図 13-20 のブラシ付き直流モータとほぼ同じであるが，

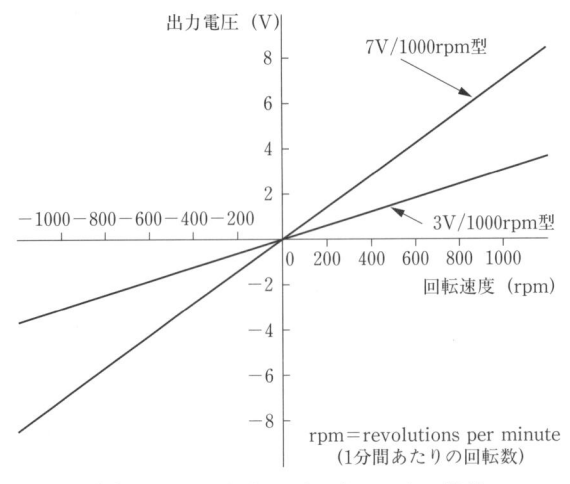

図 12-17　DC タコジェネレータの特性

速度検出器・位置検出器 12.4

逆起電力の脈動が発生しないような工夫がされている。市販の DC-TG には，1000rpm 時の出力電圧が約 3V のものと約 7V のものがあり，図 12-17 に回転速度と出力電圧の関係を示す。DC-TG は回転速度に比例した電圧がほとんど遅れなく得られる。用途によっては図 13-6(b)(P.304)のコアレスモータで代用できる。図 12-18 に写真を示す。

（a）DC サーボモータに取り付けられたもの　　（b）コアレスモータ

図 12-18　DC タコジェネレータの外形

12.4.2 ポテンショメータ(potentiometer)

モータの回転角やロボットのアームの位置を知るためのセンサは，さまざまあるが，絶対位置が最も簡単に得られる手法はポテンショメータを利用する方法である。ポテンショメータは，一種の可変抵抗器であり，位置に比例した電圧が簡易に得られる。また，このセンサは電源を切ったあと，再度電源を入れて利用しても，絶対位置が得られるので絶対位置センサとして利用されている。位置決めシステムに使用するポテンショメータは，信頼性が高く寿命が長いことが必要である。最近はロボットのハンドに組み込むための小形の製品も開発されている。図 12-19 は 3mm 厚のポテンショメータであり，寿命は100万サイクルである。

余談だが，もしこれをロボットの指関節に使ったとしよう。1秒で1サイクルの動きをすると1時間で3,600になり1日10時間動くとすると36,000サイクルとなる。1カ月で100万サイクルを超える。そのために，より耐久性に優れたポテンショメータが開発されている。

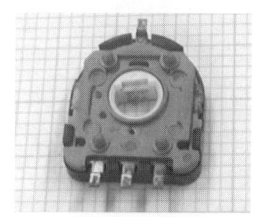

図 12-19　小型ポテンショメータ

12.5 音センサ

音を検出するセンサとして，マイクロフォンがある．通常使用されるマイクロフォンは人が聞くことのできる可聴周波数と呼ばれる周波数を対象としたものである．検出方式にはダイナミック型とコンデンサ型がある．一方，可聴周波数を超えた超音波（20kHz以上を周波数を指すことが多い）を検出するセンサもある．ここでは，これらの音センサについて解説する．

12.5.1 ダイナミック・マイクロフォン

ダイナミック・マイクロフォンは，図12-20に示す構造をしており，音波振動を受けるフィルムとそのフィルムの振動を検出するためのコイル，コイルに誘起電圧を発生するための永久磁石から構成されている．

マイクロフォンには音を検出できる範囲を表す表現として，無指向性型と単一指向性型，さらに超指向性型がある．無指向性型はマイクロフォンの全方位に対して音を検出できるタイプ，単一指向性型は一定の方向から来る音を捉えることのできるタイプ，超指向性型は，特定の狭い範囲の方向からの音のみを検出できるタイプである．単一指向性型や超指向性型のマイクロフォンを使うことで，周囲の雑音をとらえずに，目的とする音を検出することが可能である．また，外部からの電気的ノイズを受けないように，マイクロフォンと増幅器を接続する電線はシールド・ケーブルを用いるのが一般的である．

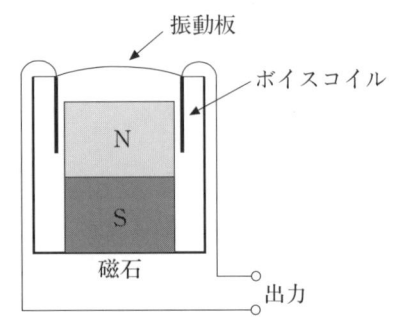

図12-20　ダイナミック・マイクロフォンの構造

このマイクロフォンの電気的特性を示すパラメータとして次のものがある。
① 周波数帯域　たとえば，20〜16000Hz
② 出力インピーダンス　150〜600Ω程度のものが多い
③ 指向性　無指向性型，単一指向性型，超指向性型など
④ 感度　−40〜−80dB程度

また，ダイナミック・マイクロフォンの出力電圧は，1から10mV程度のものが多い。

図 12-21 にオペアンプを用いたダイナミック・マイクロフォンの増幅回路を示す。この回路はナショナルセミコンダクターのLMV721という低ノイズ型のオペアンプを単一電源で使用している。回路のゲインは47倍（33dB）である。さらに増幅したい場合は，もう一段オペアンプを用いた増幅回路を追加する。回路に挿入されている $10\mu F$ の電解コンデンサは，直流電圧をカットするためのものである。

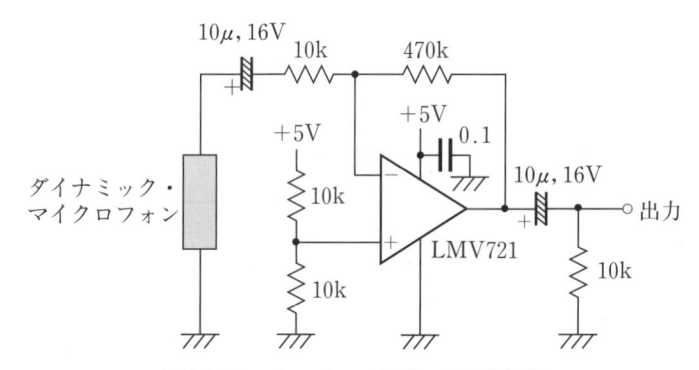

図 12-21　オペアンプを用いた増幅回路

12.5.2 コンデンサ・マイクロフォン

コンデンサ・マイクロフォンの構造は図 12-22 に示すように，金属を蒸着した薄い振動膜と電荷を保持する樹脂フィルムを融着した金属板を向かい合わせにしたコンデンサ構造をしている．音波によって膜が振動すると，向かい合わせになっている金属板との距離が変化し，コンデンサ容量が変化する．このマイクロフォンはコンデンサ容量の変化を電気信号に変換して取り出すもので，周波数特性が良いという特徴がある．

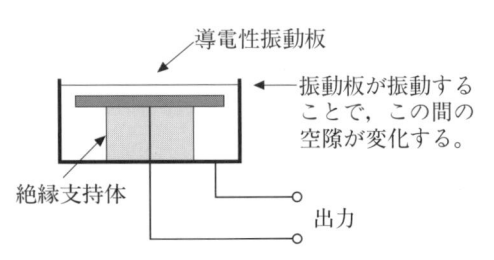

図 12-22　コンデンサ・マイクロフォンの構造

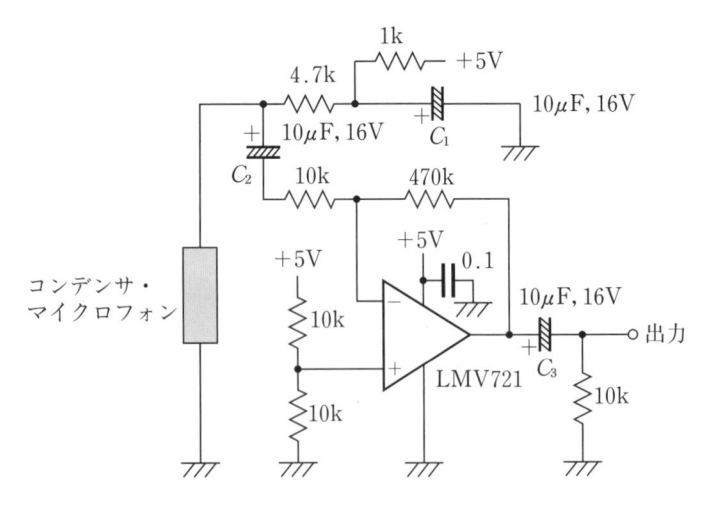

図 12-23　オペアンプを用いた増幅回路

12.5 音センサ

　図 12-23 にコンデンサ・マイクロフォンとオペアンプを用いた増幅回路を示す。コンデンサマイクに供給する電源にノイズが含まれると，そのノイズが増幅されるためノイズの少ない電源を構成して供給することが重要である。ここでは，図に示すように電源を抵抗とコンデンサによるローパスフィルタを通過させたのち，抵抗を介してマイクロフォンに供給している。マイクロフォンから出力される信号は，コンデンサ C_2 を用いて直流分を除去して取り出し，オペアンプで増幅している。ここで示す回路の増幅率は47倍（33dB）である。

Column　センサに求められる性質

　センサ（sensor）とは，温度，湿度，速度，位置，光，磁気などの物理量を電気量に変換するものである。これをトランスジューサと呼ぶこともあるが，最近は検出素子や変換回路を含む検出装置のことをセンサというようになった。電気量への変換といっても，ここで見てきたように，たいていは電圧への変換であり，しかも電子回路として扱いやすい範囲の電圧のことである。

　センサに要求される特性を一般的にいえば次のように要約できる。
① 入力と出力の間に比例関係が成立し，ヒステリシスがないこと。非線形性がある特性の場合には，その対策が必要になる
② 変換効率が良く，再現性が良好なこと
③ ドリフトが少ないこと（経時変化が少ないこと）
④ 測定対象に影響を与えないこと
⑤ 応答性が良いこと

　しかし，センサの中には，一つの物理量（たとえば温度）を検出し，その値が設定値より高いか，低いかを判断して，ON または OFF（たとえば 5V または 0V）というような2値信号を出力するものもある。

第12章 センサ回路

第12章のまとめ

　本章では，センサ回路の基本となる直流電圧，交流電圧，および交流電流の直接検出と間接検出法について解説し，非線形検出回路，絶縁検出回路についても解説した。そのあと，温度検出回路，速度や位置の検出回路，音の検出回路について学んだ。

　ここで学んだ事柄は制御回路を構成するときに必ず必要になる要素技術である。ここで見てきたようにセンサから得られた信号は，オペアンプ回路などで増幅されたり，コンパレータを用いて比較されて使用される。また，ディジタル回路やコンピュータで使用する場合には，センサから出力されたアナログ信号を電圧にしてから AD 変換器を用いてディジタル量に変換してコンピュータに取り込んで使用することになる。その方面には第10章の知識が役立つに違いない。

　次章では，ここで知ったいくつかのセンサを応用してモータを制御するモーションコントロール回路について学習する。

　さらに深い研究のために，参考文献[1]を挙げよう。

重要用語

- acoustic sensor, sound sensor　音センサ
- ammeter　電流計
- amplification　振幅
- amplifier　増幅器
- amplitude modulation　振幅変調
- conversion efficiency　変換効率
- demodulation　復調
- detection　検出
- dynamic microphone　ダイナミックマイクロフォン
- electric characteristics　電気的特性
- frequency modulation　周波数変調
- Hall element　ホール素子
- induced voltage　誘起電圧
- modulation　変調
- nonlinear　非線形
- potentiometer　ポテンショメータ
- response　応答
- responsibility　応答性
- tachogenerater　タコジェネレータ
- temperature　温度
- ultrasonic wave　超音波
- vibration　振動
- voltmeter　電圧計

参考文献

[1] 高橋久・菊池清明:「図解・使えるセンサ回路設計法」，総合電子出版社

第13章
モーションコントロール回路とシステム

　前章までに電子回路のさまざまな要素を勉強してきた。本章では総合的な応用としてモーションコントロールのための電子回路の基礎を説明する。モーションコントロールとは日本ではメカトロニクスとして知られる技術領域の中で，モータを使った速度や位置の制御技術である。ここでは電子回路のあらゆる可能性が利用される。またフィードバック制御のさまざまなテクニックだけでなくフィードフォワードまで使われている。このような制御技術がどんなものであり，電子回路とどのように結びついているのかも見ることにしよう。

第13章 モーションコントロール回路とシステム

13.1 モーションコントロール全体像

物の動きには動力が伴う．電気を使って動力を支配し制御することは見方を変えると電力（電圧と電流の積）を動力（力と速度の積）に変換することを意味する．このためのツールがアクチュエータとかモータと呼ばれるデバイスである．

13.1.1 電子回路の役割

電力・動力変換の制御のためには，電子回路が介在する．その意味を図式で表したのが**図 13-1** である．

電力は英語で electric power であり，動力を motive power という．両方を指すときにはパワーと呼ぶことにする．パワーに時間をかけたものがエネルギーである．モーションコントロールにおいては，電力が動力に変換されるだけではなく，時には動力が電力に変換されることがある．つまりエネルギーの流れが双方向に起きることを考えなくてはならない．またそれを可能にすることによって地球にやさしい省エネ設計が可能になる．モータ制御用電子回路がほかの領域の回路設計に比べて奥が深いのはこのためでもある．

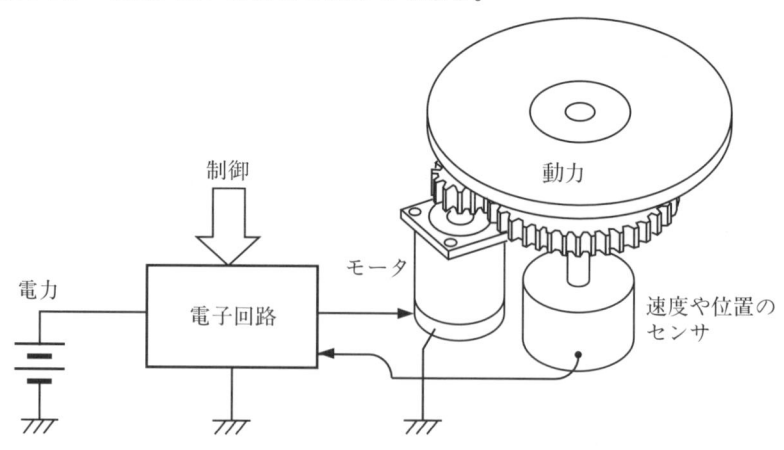

図 13-1　電力を動力に変換する部分での電子回路の役割

13.1 モーションコントロール全体像

13.1.2 閉ループ制御と開ループ制御

モーションコントロールでは，図 13-2 に説明しているように制御対象の速度と位置を検出して，それを電子回路にフィードバックするのかしないかの方式の選択がある。開ループ制御方式の典型がステッピングモータの制御であるが，本章では DC モータの簡単な開ループ制御についても提示する。

モータやアクチュエータの種類は大変に多い。それについては専門書 [1], [2] に譲ることにして，ここでは表 13-1 にあげる四種類に限定して語ることにする。中でも DC モータの閉ループ制御を本章の中心テーマとする。

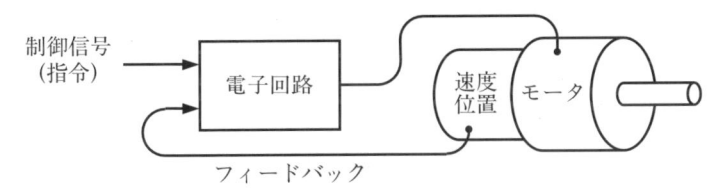

(a) 閉ループ制御（closed-loop control）：制御の対象になる物の位置や速度を検出して制御回路にフィードバックする。ときには，制御の指令にフィードフォワードを伴うこともある。

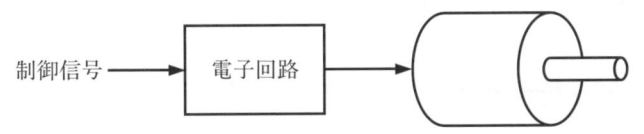

(b) 開ループ制御（open-loop control）：フィードバックもフィードフォワードもしない方式。

図 13-2　モーションコントロールの二つの制御方式

表 13-1　本書で扱うアクチュエータとモータ

アクチュエータ	利点・欠点	主な用途
ソレノイド (Solenoid)	ON/OFF制御，効率が低い 特性コントロールが難しい	自動化ライン ロボット
形状記憶合金 (Shape-memory alloy)	小さい，軽量，寿命が短い	福祉機器
直流モータ (DC motor)	効率が高い，端子が2本だけ 基本的にアナログ制御	ロボット PC，計測機器
ステッピングモータ (Stepping motor)	ディジタル制御が簡単	ロボット，PC 工作機械

第13章 モーションコントロール回路とシステム

13.2 電圧・電流のON/OFF

第6章ではスイッチング回路を学んだ。これを応用することによって，最も簡単なモーションコントロールができる。

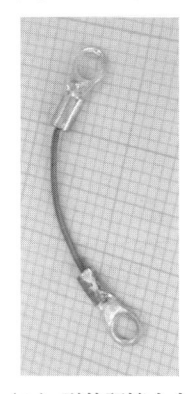

（a）形状記憶合金 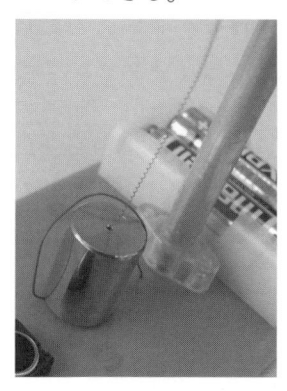　　（b）引き伸ばした状態 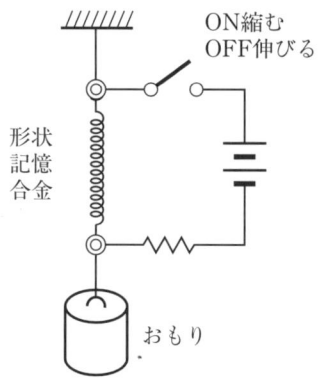　　（c）形状記憶合金がおもりを持ち上げるしくみ

図 13-3　形状記憶合金と形状記憶合金によって，おもりを持ち上げる

13.2.1 形状記憶合金

たとえば形状記憶合金の利用である。**図 13-3(a)** の写真はコイル型の形状記憶合金であるが，これを**(b)** のように引き伸ばしたあとで電流を流して加熱すると，元の形になろうとして張力を発生して縮む。**同図(c)** は形状記憶合金がおもりを持ち上げるしくみである。この場合，形状記憶合金に印加する電圧をON/OFFするのかそれとも電流をON/OFFするのかの問題がある。結論を言ってしまえば制御したいのは電流なので，電流をON/OFFするのであるが，この例として，**図 13-4** のような回路で制御するのが最も簡単である。この回路では電流が次式でほぼ決まる。

$$I = (v_i - V_{BE})/R_E \tag{13.1}$$

電圧 v_i を印加して合金を加熱すると合金が縮んでおもりが引き上げられる。その後電圧をゼロにして電流がなくなれば自然に温度が下がって形状記憶合金は張力を失って，またおもりが下がる。

簡単な制御のデモンストレーション事例として，光センサと組み合わせて，手

13.2 電圧・電流のON/OFF

によって部屋のランプの光をさえぎると電流が流れておもりが持ち上がるようにする。あるいは，11.7節で述べた単安定マルチバイブレータによって一定時間だけ電流が流れるようにするなどがある。

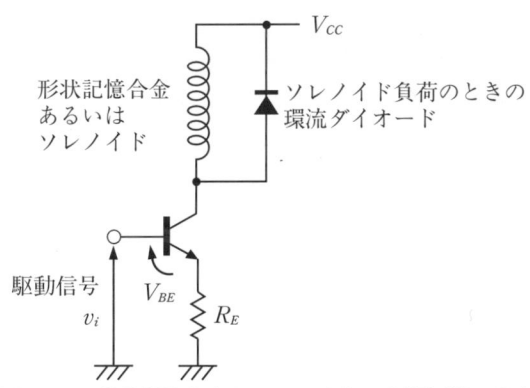

図 13-4　形状記憶合金やソレノイドの実験回路のうち最も簡単なもの

13.2.2　ソレノイド

　ON/OFF 利用のもう一つが，ソレノイドである。ソレノイドは電磁石の構造を特化設計して大きな吸引力を発揮するように設計されたデバイスである。これも 2 端子である。

　ソレノイドの可動部分をプランジャーと呼ぶ。ソレノイドは電気アクチュエータとしては最も簡単／便利ではあるが，永久磁石を利用していないために体格が大きいのが欠点である。また，吸引力をプランジャーの位置によって変化させるという特徴をもつ。この場合，プランジャーの位置が内側に引き込まれていればいるほど吸引力は上昇する。ただし中にはできるだけ均一な推力を発生するように設計された機種もある。直進型のほかに回転型もある。

　ソレノイドには永久磁石が使われていないので，形状記憶合金と同様に電流の向きを問わない。

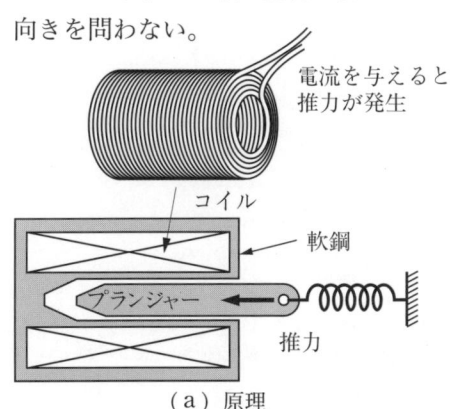

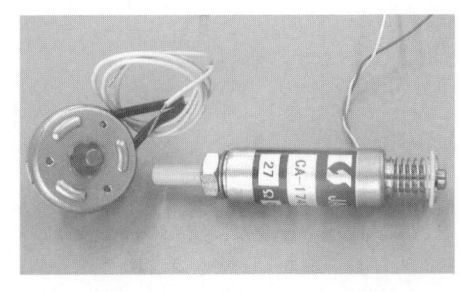

（a）原理　　　　　　（b）回転型(左)とチューブラ型(右)

図 13-5　ソレノイドの機能と二つのサンプル

303

13.3 電子部品としての DC モータ

2本のリード線から直流電流を与えることによって駆動するのがDCモータであり，典型的な構造として図13-6(a)，(b)がある。(a)の形式は歯と溝(slot，スロット)のある鉄心を使ってコイルをスロットに設置する形式であり，DCモータとしては圧倒的にこれが多い。ただし，特に小さなモータでは歯数が少なく，脈動トルク（コッギングトルク）が顕著になり，低い速度での定速駆動が困難になることがある。しかしロボットの制御には利用されている。(b)のコアレスモータはコッギングが少ないが高価である。

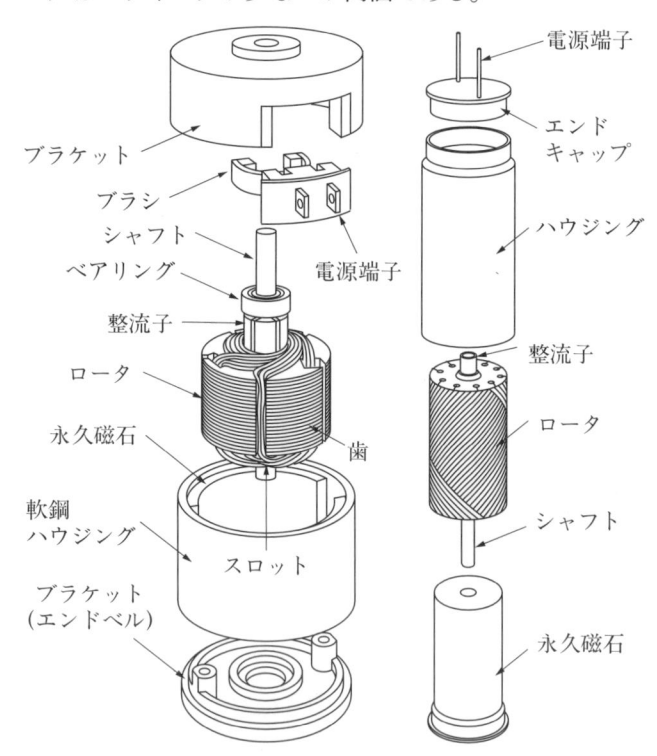

(a) 模型工作などで使われる典型的な直流モータ（鉄心付き）

(b) 計測器などで使われるコアレスDCモータ：鉄心をもっていない

図13-6 DCモータの構造

13.3.1　DCモータに関する法則

　DCモータは産業用ロボットの試作段階や競技用ロボットに最も適したモータである。DCモータにはユーザにとって重要ないくつかの法則がある。以下，主なことを列挙する。

(1) **トルク（回転力）は電流に比例する**

　トルク T は電流 i にほぼ比例する。その比例係数 K_T をトルク定数と呼ぶ。

$$T = K_T i \tag{13.2}$$

　空回しのときにも電流 I_{no} が流れるが，それは，モータ内部に発生する機械的および電磁的な制動力に打ち勝つための電流である。

(2) **無負荷速度は電圧にほぼ比例**

　DCモータのシャフトを外力によって回すと2端子間に電圧が発生している。これを逆起電力と呼ぶ。逆起電力 e は回転速度 ω に比例して，比例係数 K_E を使って次式で表される。

$$e = K_E \omega \tag{13.3}$$

　無負荷運転では，印加電圧は逆起電力にほぼ等しいので，回転速度に比例している。K_E を逆起電力定数と呼ぶ。

(3) **直線的特性**

　横軸に回転速度をとり縦軸にトルクをとると，これらは**図 13-7** のような直線関係になる。ここには交流モータとして典型のかご型誘導モータの特性と比較している。

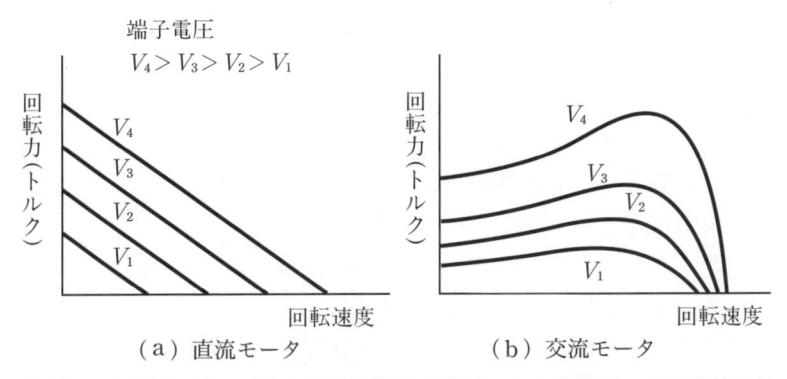

図 13-7　回転力（トルク）対速度特性を直流モータと交流モータで比較する

13.3.2 トルク定数と逆起電力定数

(13.2) と (13.3) 式で定義された二つの定数 (K_T と K_E) は電気力学としては同じものであることを指摘しておこう。

つまり、

$$K_T = K_E \tag{13.4}$$

モータメーカーのカタログでは、速度の単位として1分間あたりの回転数 (rpm) を使うことが多いので、見かけ上ではこれらは異なる定数に見えることがあるが、国際単位系 (SI) を用い、回転速度の単位を rad/sec にすると(13.4)が成り立っていることが確認できる。なお、1 rpm = 0.1047 rad/sec である。

13.3.3 時定数

モータの動きや位置(回転角)に制御を加えようとして電圧を変化させたとき、その結果が現れるまでに時間がかかる。このような時間の遅れを発生させる要素を時定数と呼ぶ。

DC モータには次の二つの時定数がある。

(電気的時定数) $\tau_E = L_a / R_a$ (13.5)

(機械的時定数) $\tau_M = J_M R_a / K_E^2$ (13.6)

ただし、R_a と L_a は巻線の端子間抵抗およびインダクタンスである。

時定数が複数あるとき、それぞれの時定数の意味を明快にかつ正確に表すのは容易ではない。

しかし次のように解釈して大きな間違いでない場合が多い。

- 電気的時定数は、電圧変化に対する電流の変化の時間的ファクタ。回転力 (トルク) は電流に比例するので、電圧の変換に対するトルクの変化に時間を要することを定量的に表す要素である。
- 機械的時定数は、トルクの変化に対して回転速度が応答するのに時間を要することを定量的に表す要素である。

さらに付記すると、もう一つの時定数として熱時定数がある。これはモータ内での電力損失と温度上昇に関する時間的な関係を表すパラメータである。熱時定数はモータ単体だけでなく、取り付け方にも関係する。本書では、この問題を割愛し専門書にゆだねる。

13.3.4 DC モータの電流は直流ではない

　これはパラドックス（逆説）である。DC モータは直流電圧によって回転するモータである。では DC モータに流れる電流はどんな電流だろうか。計測してみると，**図 13-8(a)** のような波形であることがわかる。直流のほかに大きな振幅の脈動成分が重なっている。この脈動成分の原因は二つある。まずブラシと整流子の接触によって電流をスイッチしているためである。もう一つは，ロータの歯と永久磁石のためにゴツゴツとした回転力のむらによっても起きる。制御回路を設計したりそれを利用したりするときには，電流脈動に関して次の配慮が必要なことがある。

① 直流成分がゼロに近いときには，あたかも交流電流が流れているように振る舞うので，電流が一方にしか流れないような回路が不適切なことがある。

② 電流制限回路が組み込まれているときに，脈動の山で制限回路にかかることがある。

③ 電流脈動は，回転むらの原因であるのか結果であるかについては複雑な問題がある。

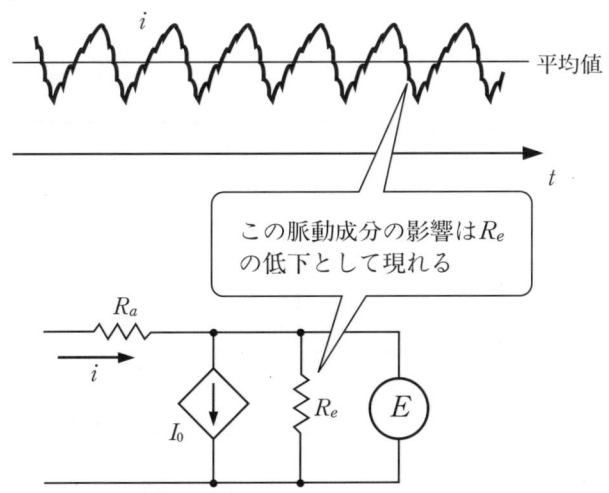

図 13-8 電流の DC 成分と脈動成分の扱い方（等価回路で）：DC モータといっても完全な直流が流れるわけではない。等価回路では直流成分を計算の対象とする。脈動成分の影響は損失として現れ，等価回路の R_e に反映される。歯数の少ない鉄心付き DC モータは脈動成分が大きいので R_e が低くなる傾向にありデメリットとなる。しかし，この脈動波形をカウントすることによって位置情報が得られるので，センサレス制御の可能性がある。

第13章 モーションコントロール回路とシステム

13.4 正転・逆転駆動 —ブリッジの利用—

　ギアヘッド付きモータの正転逆転駆動の最も簡単なものは，第6.5節で図6-10(a)を使って学んだブリッジ回路を使ったON/OFF制御である．たとえば，図13-9と表13-2のように2ビットのディジタル信号によって正転・逆転・短絡制動および自然制動ができる．最近はブリッジ回路を個別トランジスタによって自作するよりも，保護回路を組み込んだモジュール回路を使ってしまうのが簡便でコストも低い．代表的なモジュールとしては，東芝のTA7291P，TA7291S，TA7291Fなどがある．この類の素子の使用に際しては，電圧・電流の範囲と入出力の関係などの確認のためにデータシートを参照しなくてはならない．

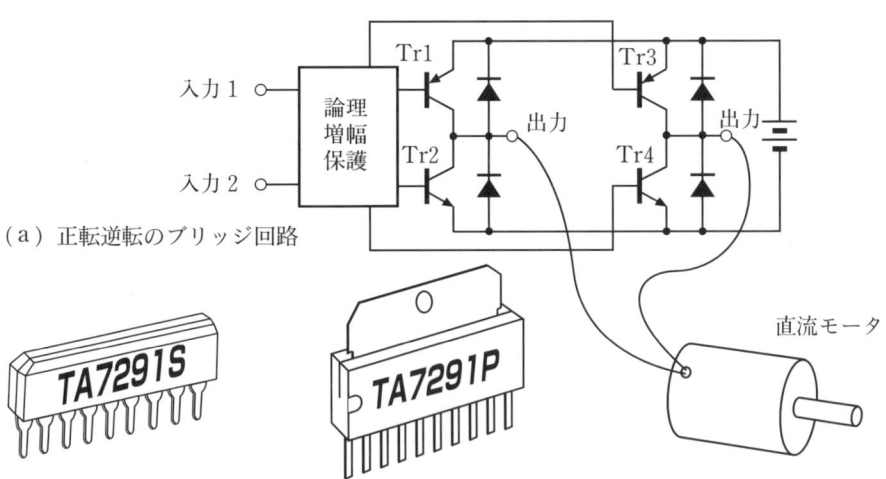

(a) 正転逆転のブリッジ回路

(b) モジュール化されたIC例

図13-9　正転逆転のブリッジ回路とモジュール化されたIC例

表13-2　2ビット入力によるDCモータの正逆転・制動・停止制御論理（例）

入力1	入力2	Tr1	Tr2	Tr3	Tr4	
H	L	ON	OFF	OFF	ON	DC正転(CW)
H	H	OFF	ON	OFF	ON	短絡制動
L	H	OFF	ON	ON	OFF	逆転(CCW)
L	L	OFF	OFF	OFF	OFF	自然制動

13.4.1 ロボットの手の制御への適用例

　この方法によって適切な位置でモータを回転・停止・逆転などをさせる方法としては，次のようにいくつかある：

① 試し運転から適切な駆動時間を定める。
② リミットセンサを利用する。
③ 自動車のパワーウインドーのように，閉まりきると電流が自然増大するのを検出してOFF信号を発生する。第9章において，ヒステリシスコンパレータを利用する方法を示した（**図9-31**参照）。この場合，過電流信号に1ビットを使うので，都合3ビットで1個のDCモータをディジタル制御することができる。

　図13-10は①と③を併用した応用例で，ジャンケンをしたり，ジェスチャをしたり，指文字を発信する実験をするロボットの手の試作中のものである。**図13-11**に伸びきったり縮みきったりしたときの過電流の意味を説明している。

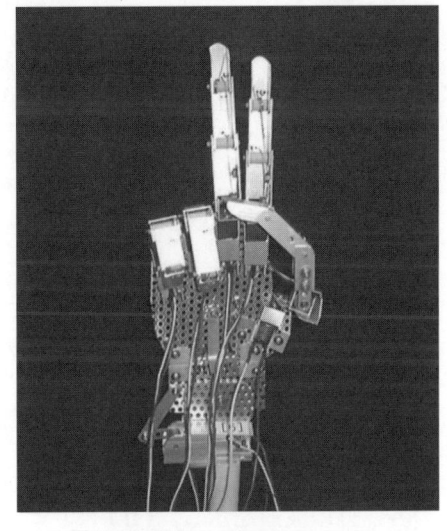

図13-10　ギアヘッド付きDCモータのON/OFF制御によってロボットの手指の制御をする。この実験では各手に8個のDCモータを使い24ビット制御をする。

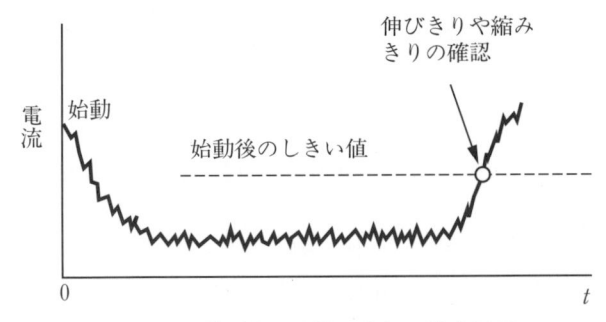

図13-11　伸びきりや縮みきりの検出原理

第13章　モーションコントロール回路とシステム

13.5　リニアかPWMか

　DCモータをアナログ的に制御するとき，トランジスタでの電力損失が大きいことが不都合なことがある．第6章で見たように，PWM（パルス幅変調）駆動ではこの損失が少なくてすむ．ただし，PWM周波数に関連した騒音や電磁ノイズが支障をきたすことがある．両方を必要に応じて切り替える方法がある．PWM信号はオペアンプ用いて発生できることを第9章で学んだので，これを利用してみる．

　図13-12が，同じ駆動回路と同じモータを用いながら，オペアンプの利用法を変えるだけでリニア方式（アナログ）にもPWM方式（ディジタル）にもなる方式の原理である．

　モータを駆動する信号端子と駆動回路の間に，オペアンプを1個利用しているのが，この回路の特徴である．図13-13(a)はこの回路をPWM駆動したときの各部分の波形を示し，(b)はリニアとPWMの比較を，単純なL-R負荷で代用して描いたものである．DCモータにはモータ構造や負荷の状態などによって複雑な波形になる．

　これらの図を参照しながら，この回路の要点を箇条書きに説明しよう．

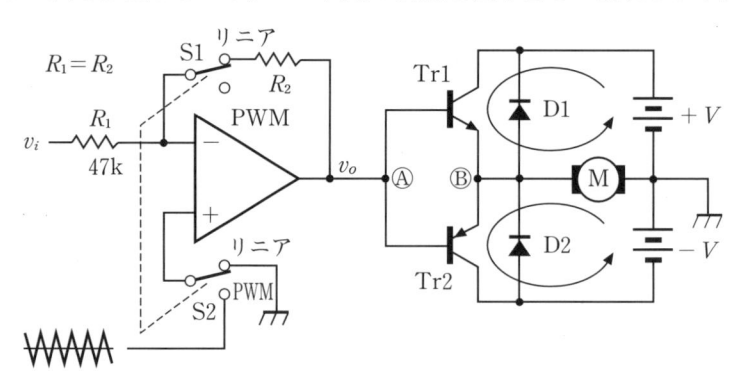

図13-12　リニアとPWMが切り替え駆動可能な方法

① スイッチS1とS2がリニア側に倒してあったとき，入力端子の印加電圧とほぼ同じ電圧がモータに印加するように回路が働く．（ただし，実際の回路を製作するときにはリニア駆動のときにⒶ点とⒷ点の電位が等しくなるよ

13.5 リニアかPWMか

うにする配慮などが必要である。第5章を参照。）

② PWM方式で利用するときは，三角波信号が必要だが，これは**図11-15**（P.272）を利用する。**図13-13**に説明しているように，この回路で発生されるPWM波形（モータに印加される電圧）は電圧が正負に変化する方形波である。たとえば**図6-17**で見たPWMは0Vと正電圧に変化する波形である。正負に変化するPWMの利点と欠点は入力 v_i が0Vをクロスする場合を考察すると明瞭である。通常の方式では，スイッチングのわずかな時間遅れなどのために，モータに印加される電圧の平均値に段差が現れる可能性がある。正負のPWMでは，平均値の段差が無い代わりに電流の脈動成分自体が大きくなりやすい。

③ モータに印加される電圧は，2個のバッテリーの電圧（例えば+15Vと-15V）の範囲内である。

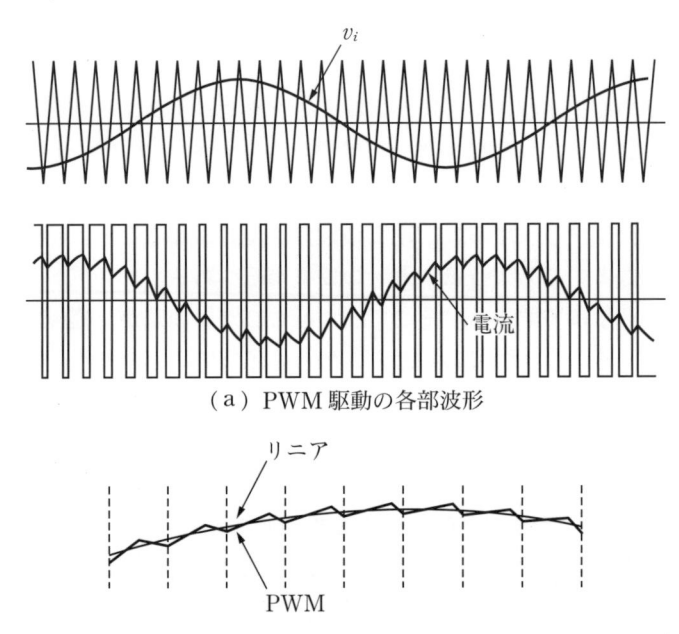

（a）PWM駆動の各部波形

（b）PWM周波数が高いほど電流の脈動は小さくなりリニア駆動に近づく

図13-13 PWM駆動の各部波形とリニア駆動の電流比較

13.6 電圧制御から電流制御へ

モーションコントロールの電子回路の設計において，モータに印加する電圧を制御するよりも，モータに流れる電流を制御する方式を採ることが多い。そのわけを理解することがシステム設計にとって重要である。モーションコントロールの中で最も多いのが位置の制御である。

たとえば工場の生産ラインの自動化機械の制御はたいてい位置決め制御である。また，速度の制御をしているように見えても，瞬時瞬時の位置を正確に制御しながら結果として速度が制御されていることもある。

ここで，DCモータを電子回路によって駆動して，物の位置決めまでの段階を次のように捉えてみる。

　　　　電圧→電流(トルク)→速度→位置

まず，電圧の変化が起きて電流が応答するときにインダクタンスによる時間遅れがある。(ここに電気的時定数 τ_E が関与する。トルクは電流に比例している。)次に，トルクの変換が起きてから速度の変化が起きるまでに機械的な慣性による遅れが発生する。さらに，速度の積分が位置になるときに時間的な積分という遅れが起きる。このように，遅れの要素が三つある。

遅れ要素の三つは多すぎる。そこで一つ減らしたいのだが，機械的な要素を電子回路で代行するのは困難であるから，最初の電気的な遅れを電子回路で解消してしまおうというのが電流制御方式である。これは電圧の調整ではなく電流の調整をする回路にするだけでよい。

第5章でバイポーラトランジスタを使った直流増幅器(図5-13, 14)を学んだ。この回路の負荷としてDCモータを接続して利用することができる。これが電圧制御方式の基本回路であった。これに対して**図13-14**には電流制御方式を3例示している。いずれも，モータ電流を低いレジスタンスの抵抗で $R_s i$ として検知して，これが入力信号 v_i に比例するように制御しようというものである。

パワー段に**図5-14**の方式を用いて，オペアンプを利用して電流が制御されるような仕組みをしたのが(a)である。個別トランジスタに代わってオペアンプを利用した方式が図(b)である。なお(c)はPWM方式の原理を示す。

13.6 電圧制御から電流制御へ

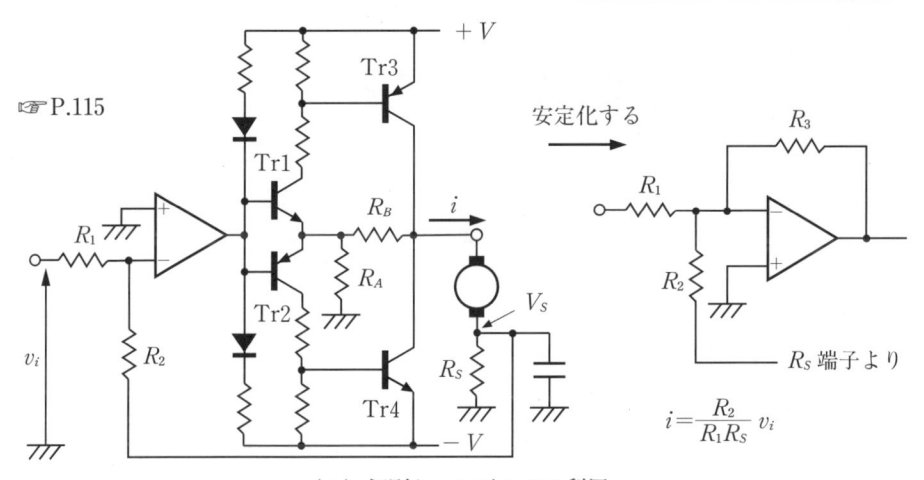

☞P.115

(a) 個別トランジスタの利用

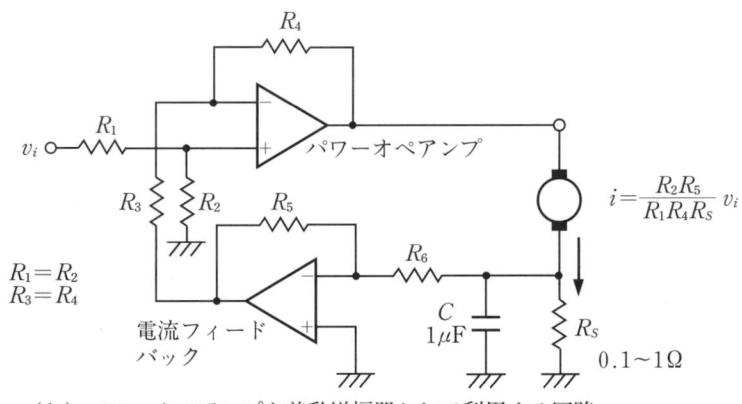

安定化する →

$$i = \frac{R_2}{R_1 R_S} v_i$$

R_S 端子より

(b) パワーオペアンプを差動増幅器として利用する回路

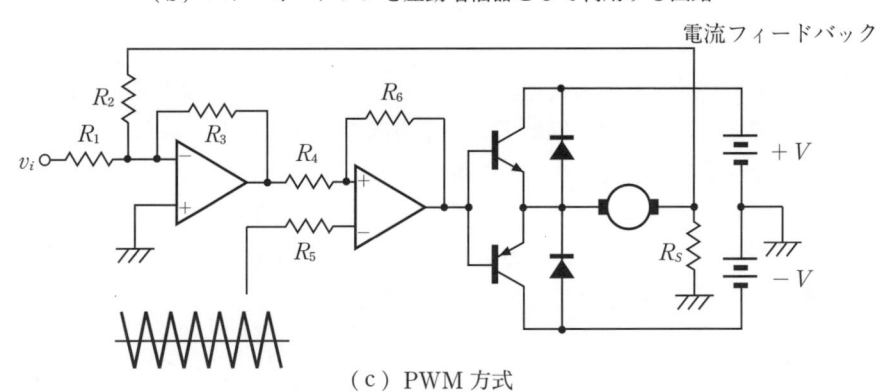

$R_1 = R_2$
$R_3 = R_4$

$$i = \frac{R_2 R_5}{R_1 R_4 R_S} v_i$$

$0.1 \sim 1 \Omega$

電流フィードバック

(c) PWM 方式

図 13-14　電流制御方式の回路例

13.7 速度センサと回路

モータの速度制御には速度センサが必要である。第13章で回転速度のセンサには，タコジェネレータとエンコーダが典型であることを学んだ。実際問題としてここで考えなくてはならないのがセンサの取り付け方である。

13.7.1 簡単な実験のために

簡単な実験のためならば図 13-15(a) のようにカップリングで接続できるのだが，取り付けの機械的精度を問題にするときには勧められない。最初からセンサがモータのシャフトに取り付けられている機種を選ぶのがよい。簡便な実験のためには，正式なタコジェネレータの代わりにコアレス型 DC モータを使ってもよい。

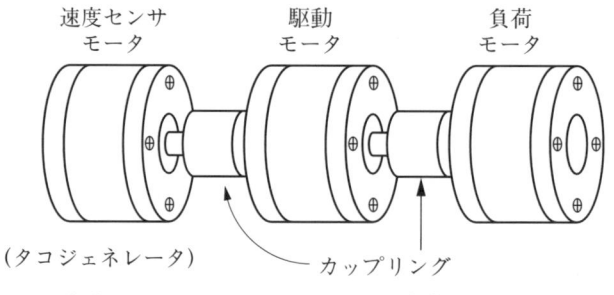

（a）モータ，タコジェネレータ，負荷の取り付け　　（b）カップリング

図 13-15　モータ，タコジェネレータ，負荷の取り付けとカップリング

タコジェネレータを使った速度制御の簡単な回路事例が図 13-16 である。速度制御を考えるときには，回転方向が単方向なのか反転もある双方向かによって，適切な回路形式が異なることを頭に入れていなければならない。この事例では，サーボアンプにパワーオペアンプを使っていて，電圧をプラス・マイナスに出すことができる。しかし，一方向運転の場合には個別トランジスタを利用したプラス電圧発生だけの回路でもよいことがある。

13.7.2 負帰還 (negative feedback) の意味

フィードバック制御を学ぶときに重要なテーマが，実際のテクニックである。ここでは，速度の指令を電圧 v_c で与えている。速度のフィードバック電圧 v_f はタコジェネレータの出力電圧である。負帰還のためには $v_c - v_f$ に比例した電圧を回路によって作り出す必要があり，第2.2節で学んだやり方である，2個のレジスタの方法を使う。このときタコジェネレータからマイナスの電圧をとるのは，2本の端子からの配線だけの問題である。ここでは $0.5(v_c - v_f)$ になる。これをオペアンプによって (R_4/R_3) 倍にしてモータに印加している。よって指令電圧とフィードバック電圧の差があると高い電圧がモータに印加して速度が上がり v_f が高くなり，その結果 $v_c - v_f$ が小さくなりモータの過度の加速を抑制する。このように回路は $v_c - v_f = 0$ になるように自動調整する。

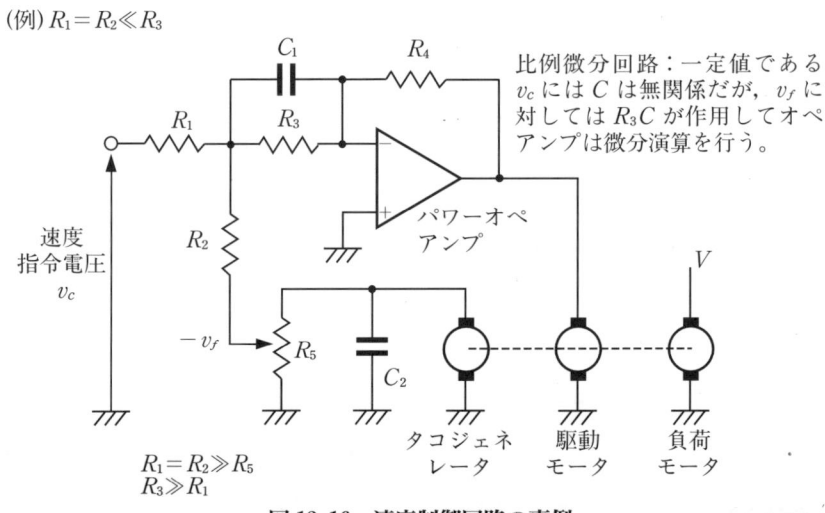

(例) $R_1 = R_2 \ll R_3$

比例微分回路：一定値である v_c には C は無関係だが，v_f に対しては $R_3 C$ が作用してオペアンプは微分演算を行う。

$R_1 = R_2 \gg R_5$
$R_3 \gg R_1$

図 13-16 速度制御回路の事例

13.7.3 微分補償

ここでは，過渡振動の少ない制御のためにコンデンサ C を R_3 と並列に置いている。これは，次の位置決め制御において速度のフィードバックが必要なことに似ている。このコンデンサのために，オペアンプ出力にはフィードバック値 $-v_f$ の微分が含まれるので過渡現象として起きる振動が減衰しやすくなる。

第13章 モーションコントロール回路とシステム

13.8 ポテンショメータを使った位置制御

直流モータを用いた位置の基本形を考えてみる。位置センサとしてポテンショメータを用いて 図 13-17 に描いた考え方でシステムを構成する。ポテンショメータは第12.4.2項で見たように，精密な可変抵抗器の一種で，回転角のアナログ的検出装置である。ポテンショメータの取り付け場所としては，図 13-1 に示すように歯車などの伝達機構を介していることが多いが，ここでは，わかりやすくするためにモータに直結している。

またここでは，ポテンショメータからの位置（回転角）信号を微分してフィードバック信号に重ねている。位置の時間的微分は速度である。なぜ速度のフィードバックを取り入れるのか，まずそれを理解しよう。そのあとで前章までに得た知識を使って回路を組み立ててみよう。

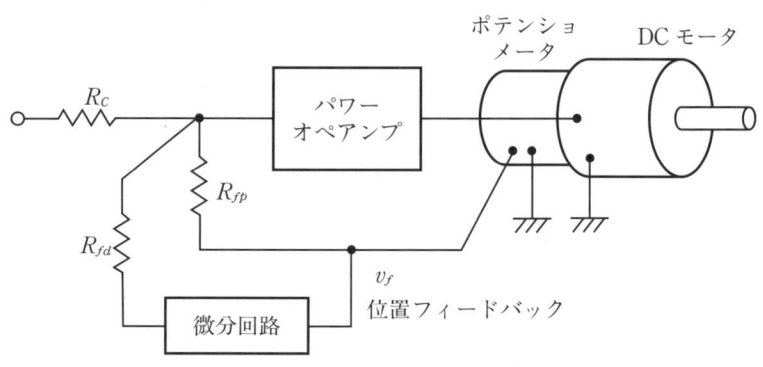

図 13-17 ポテンショメータを使う位置制御方式（概念図）

13.8.1 原理を考える

ここでも位置指令を電圧で与える。まず微分のループがない場合を考える。指令電圧とフィードバック電圧の差を発生する方法として2.3節で学んだテクニック（2個の抵抗を使うだけ）を使う。この差をパワーオペアンプを使って増幅して，モータに印加する。

さて，位置指令電圧を今5Vとする。また，ポテンショメータに印加されている電圧が15Vだとする。そして今，ポテンショメータの出力端子電圧が3Vと

しよう。すると，指令とフィードバック値の差は 2V になる。はじめにモータが止まっていたものとすると，速度フィードバック値はゼロで，この差の 2V に影響しない。

さて，この 2V が増幅されて（仮に 10 倍，つまり 20dB とすると）20V の電圧がモータにかかると，モータが回り始める。その方向は，ポテンショメータの出力端子電圧が高くなる方向だ。まもなく出力電圧は 4V になって，モータにかかる電圧は 10V になる。このようにして，ポテンショメータの出力が（位置指令電圧と同じ）5V になるように自動調整されるように思われる。

13.8.2 速度フィードバックの必要性

しかし，ここに速度のフィードバックがないと，具合の悪いことが起きる。それは，モータが目標点に近づいても減速しないために，目標を超えて行き過ぎを起こしてしまうことである。つまり，モータがポテンショメータの出力がたとえば 7V になるところまで回転し，そこでようやく停止するといった現象が起こるのである。このとき位置命令電圧との差は $-2V$ になり，その 10 倍の $-20V$ がモータにかかるので，モータはまもなく反対方向に加速し，再び逆方向から目標点に向かう。ところが，また行き過ぎが起こる。結局，目標点の近くを行ったり来たりして振動が発生する。

これを防止して安定な位置決め制御がなされるためには，速度のフィードバックを取り入れるとよい。位置決めを目指して速度が速くなり過ぎているときには早めに駆動電圧が下がるようにする。

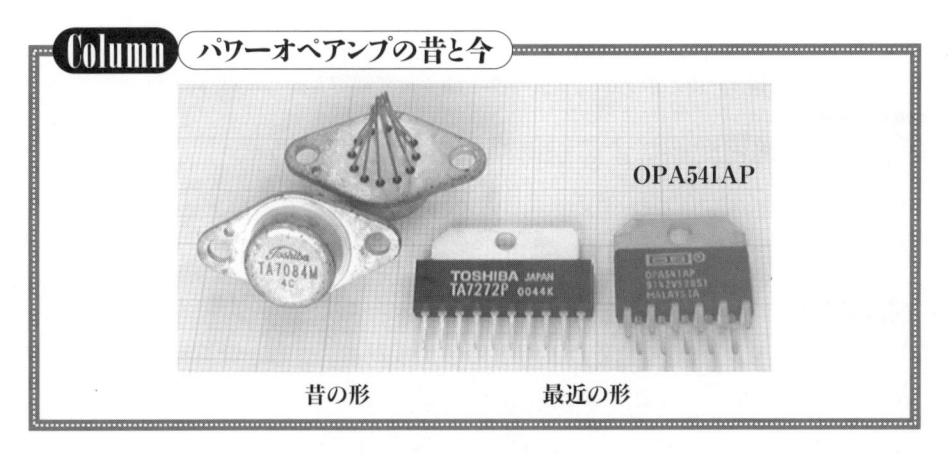

Column　パワーオペアンプの昔と今

昔の形　　　　　最近の形

13.9 オペアンプを利用したシステム設計

オペアンプを利用して制御システムを設計したのが **図 13-18** である。ここに具体的に記載されているパラメータは，ある特定のモータと負荷に適合する事例である。パラメータの決定はおおよそ以下のような指針によってなされるが，より詳細の勉強のためには専門書として参考書 [1] を勧める。

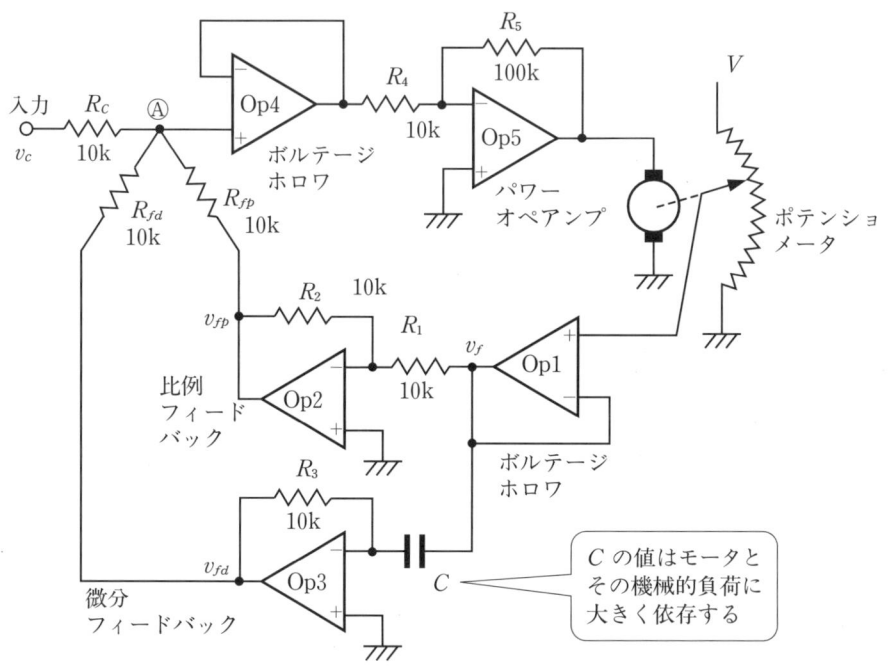

図 13-18 ポテンショメータを使う位置制御方式（回路図）

13.9.1 練習問題による制御回路の設計学習

この回路はモーションコントロール回路の設計に適した課題である。システム設計の訓練のために，次の五つの練習問題に挑戦してほしい。

> **問題 13-1** 電圧による位置指令，位置のフィードバック量，速度フィードバックの関係がこの回路では Ⓐ 点の電圧として現れる。これを計算せよ。ただし $R_2 = R_3 = R_1$，$R_{fp} = R_c$ とする。

解答 第2.3.4項では**図2-5(b)**(P.30)を使って三箇所の電圧が関係するノード電圧の計算を行った。そこで得た(2.8)式を利用する。また第9章オペアンプで学んだ微分回路や積分回路に関する伝達関数という表現法を使って簡便な計算をする。オペアンプ Op2 の出力には $v_{fp}=-v_f$ が現れ，Op3 の出力端子電圧は演算子 s を使うと $v_{fd}=-sCR_1v_f$ になる。よって(2.8)式より④点電位 v_A は次式になる。

$$v_A = \frac{R_{fp}R_{fd}v_c - (R_cR_{fd}+sCR_cR_{fp}R_1)v_f}{R_cR_{fd}+R_{fd}R_{fp}+R_{fp}R_c}$$

$$= \frac{R_{fd}v_c - (R_{fd}+sCR_1R_c)v_f}{R_c+2R_{fd}} \tag{13.7}$$

> **問題 13-2** この回路では，比例ゲインと微分ゲインを得るのに2個のオペアンプを使っているが，この重複を解消するために1個のオペアンプにまとめる方法を考案せよ。

解答 **図13-19** のようにすることができる。ここでは，問題の箇所を**(a)** と**(b)** で比較している。このとき，(2.7)式より Op6 の出力電圧は $-(R_7/R_6)(1+sC_2R_6)v_f$ である。よって v_A は次式になる。

$$v_A' = \frac{R_f v_c - R_c'(R_7/R_6)(1+sC_2R_6)v_f}{R_c'+R_f} \tag{13.8}$$

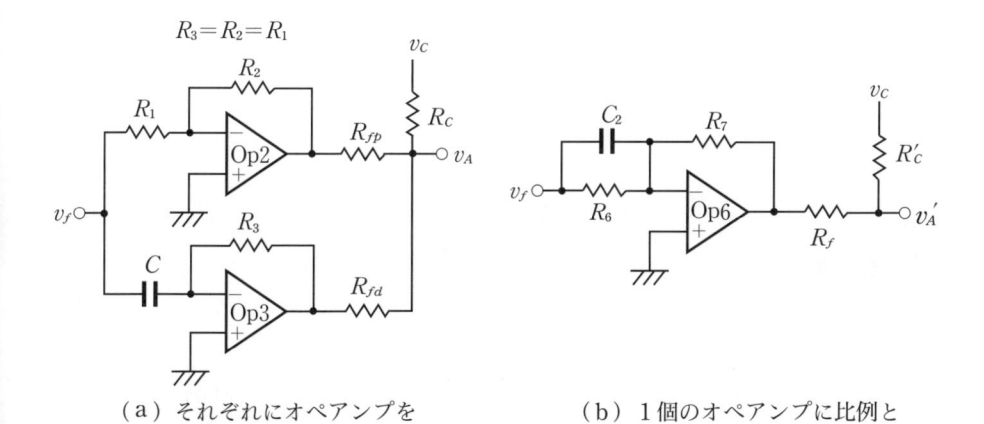

図 13-19 比例フィードバックと微分フィードバック回路

(a) それぞれにオペアンプを利用する方式

(b) 1個のオペアンプに比例と微分を組み込む方式

13.9.2 設計計算続き

ここで，(13.7)と(13.8)を比べて同じにする（$v'_A = v_A$）には抵抗のレジスタンスを次のように設定すればよい。

① $\dfrac{R_f}{R'_c + R_f} = \dfrac{R_{fd}}{R_c + 2R_{fd}}$ あるいは $R'_c = R_c \left(\dfrac{R_f}{R_{fd}}\right) + R_f$ (13.9)

② $C_2 R_6 = CR_1$ あるいは $C_2 = C\left(\dfrac{R_1}{R_6}\right)$ (13.10)

③ $R_f = R'_c \left(\dfrac{R_7}{R_6}\right)$ あるいは $R_7 = R_6 \left(\dfrac{R_f}{R'_c}\right)$ (13.11)

また，(13.9)，(13.11)両式より，次式が得られる。

$$\dfrac{R_6}{R_7} = \dfrac{R_c}{R_{fd}} + 1 \tag{13.12}$$

問題 13-3 図 13-18 において $R_c = R_{fp} = 1\mathrm{k}\Omega$，$R_{fd} = 500\Omega$，$C = 0.1\mu\mathrm{F}$，$R_1 = 1\mathrm{k}\Omega$ のとき，図 13-19(b) のパラメータを決定せよ。ただし R_f は $1\mathrm{k}\Omega$ に設定する。

解答 この場合には $R_c/R_{fd} = 2$ であるから，(13.12)式より，たとえば $R_6 = 3\mathrm{k}\Omega$，$R_7 = 1\mathrm{k}\Omega$ である。また，(13.10)式より，C_2 は

$$C_2 = 0.1 \times \left(\dfrac{1}{3}\right) = 0.033\mu\mathrm{F}$$

また R'_c は(13.11)式より

$$R'_c = R_f \left(\dfrac{R_6}{R_7}\right) = 1 \times \left(\dfrac{3}{1}\right) = 3\mathrm{k}\Omega$$

問題 13-4 次に，図 13-18 でボルテージホロワとして使われている Op4 の役割を考える。初歩的には，$v_c - v_f$ 演算とパワーオペアンプのパラメータを独立に定めることを可能にするためである。しかし，計算のルールがわかればオペアンプを1個減らすと同時に抵抗の数も減らすのがよい。それを考案せよ。

解答 図 13-20(a)，(b)の二つの回路を見比べる。(a)はボルテージホロワを介した方式で，(b)は直接の結合である。(a)の回路は第2章で学んだ図 2-5(a)が参考になる。また(b)は第9.4.3項で学んだ加算回路に

なっている．それぞれの出力を数式で表すと次のようになる．

$$回路（a）: v_o = -\frac{R_2}{R_1}\left(\frac{R_f v_c + R_c v_A}{R_c + R_f}\right) \tag{13.13}$$

$$回路（b）: v_o = -R_2'\left(\frac{v_c}{R_c} + \frac{v_A}{R_f}\right) = -R_2'\left(\frac{R_f v_c + R_c v_A}{R_c R_f}\right) \tag{13.14}$$

よって次式を満足するようにパラメータを選定すればよい．

$$R_2' = \frac{R_2}{R_1(R_c + R_f)} R_c R_f \tag{13.15}$$

これらの回路の v_A 端子には **図 13-20** の v_A が入力されると考える．そして，$R_c = R_f$ のときには $R_2' = \frac{1}{2}(R_2/R_1)R_c$ となる．

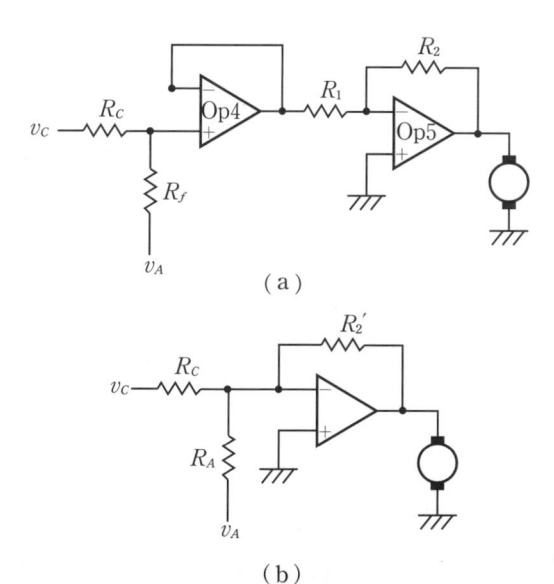

（a）

（b）

事例　$R_c = 1\text{k}$，$R_f = 1\text{k}$，$R_1 = 1\text{k}$，$R_2 = 20\text{k}$，$R_2' = 10\text{k}$，$R_A = 1\text{k}\Omega$

図 13-20　ボルテージホロワを解消する

第13章 モーションコントロール回路とシステム

13.10 電子部品としてのステッピングモータ

ステッピングモータ（Stepping motor）を使い方から説明しているのが**図13-21(a)**である。このように，ステッピングモータを回すためには制御・駆動回路が必要である。制御回路にパルスを1個入力するとモータ軸は一定の角度だけ回転する。これを「1ステップ回転する」という。この回転角の理論値をステップ角（step angle）と呼ぶが，これはモータの内部構造によって決まる。ただし，後に述べる1-2励磁と呼ばれる方式で駆動するとステップ角が1/2になる。

ステップ信号として2ビットを使うが，一つの方式が**(a)**のように一方をステップパルスとして，他方を方向信号とする。もう一つの方式が**同図(b)**のようにCW（Clockwise，時計方向）用パルスとCCW（Counter-clockwise，反時計方向）用パルス用に2ビットを使うものである。いずれの方式でもステップパルスがないときにはモータは強い反抗力によって定位置を保持しようとする。

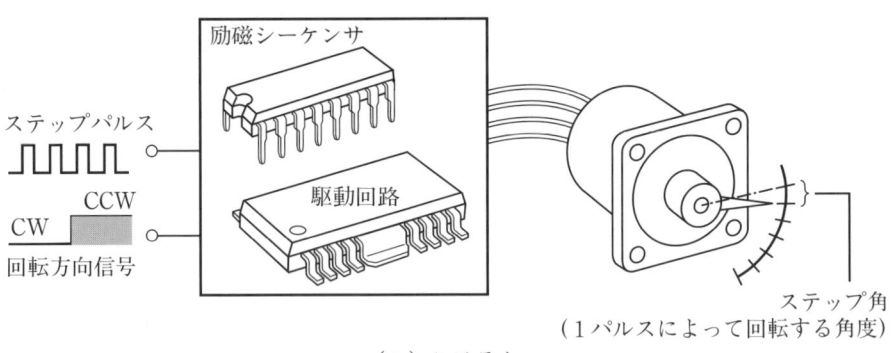

(a) システム

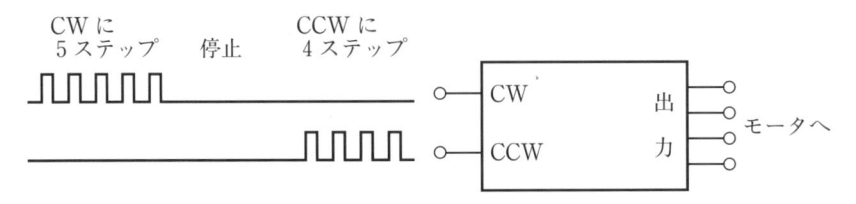

(b) ステップ信号パルスの入力法がこのような方式もある（2クロック方式）

図13-21　ステッピングモータを使い方から見る

13.10.1 ハイブリッド (Hybrid) 型

　ステッピングモータ内部の永久磁石の組み込み方として種々の形状と構造が考案されたが，現在ではハイブリッド型とクローポール型の二形式が実用的な構造として広い応用を得ている。ハイブリッドとは複合・組み合わせのことである。力強い回転力を発生する永久磁石の効果と細かな位置決めができる軟鋼の歯の効果を複合させた原理のモータのことである。FA用ハイブリッドモータのほとんどが **図 13-22** のように，ロータの芯に円筒形あるいはディスク（円盤）状の永久磁石を入れている。

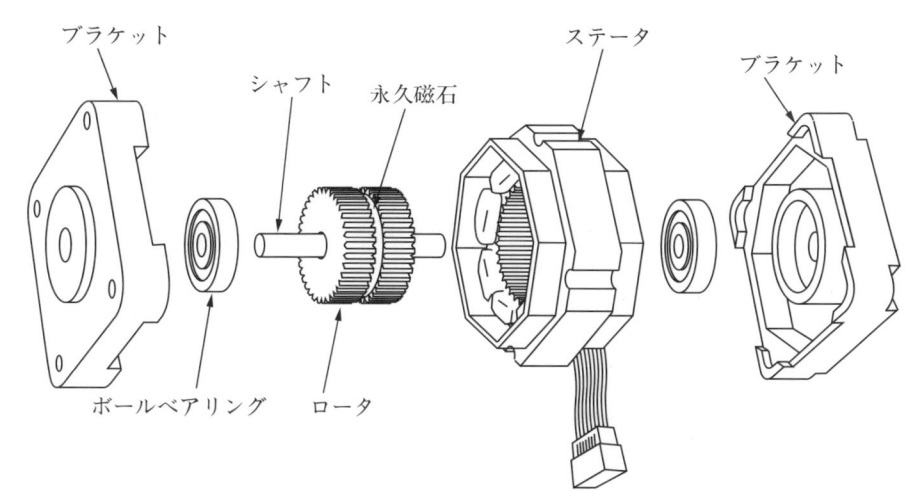

図 13-22　ハイブリッド型ステッピングモータの構造

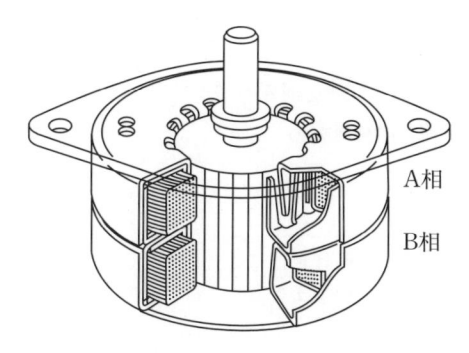

図 13-23　クローポール型ステッピングモータの構造と実物例

13.10.2 クローポール (Claw-pole) 型

図13-23(a)に示す形式ではリング状の巻線とクローポールによってN，Sの磁極を発生させることができる。ロータの永久磁石は円周にそってNSNS…と着磁されている。このモータも2相モータであり，A相とB相が独立に組み立てられ，1/2歯ピッチをずらして組み付けられている。同図(b)にはこの形式を小型化したものを示している。

最近は共通のハウジングの中にステータの2段構造を構成した設計が多い。

13.10.3 パルス間隔の制御

ステッピングモータはDCモータに比べると，大きさの割に効率が低く，応答性においても若干劣る。しかし，ステッピングモータの利点は開ループ制御が容易なことであり，その特徴をできるだけ活かして動きの速い制御をする方法として，パルス間隔を微妙に調整して行う加減速駆動がある。

図13-24には，常に一定周波数で駆動するためのパルス間隔と，加減速駆動のためのパルス間隔を比較している。(a)の定周波数方式では，ミスステップをしないでモータが安全に起動・停止できるためは，周波数に限界がある。しかし(b)のように，負荷に合わせて起動・加速・定速・減速・停止させることによって動きを速めることができる。詳細は参考文献[1]を参照してほしい。

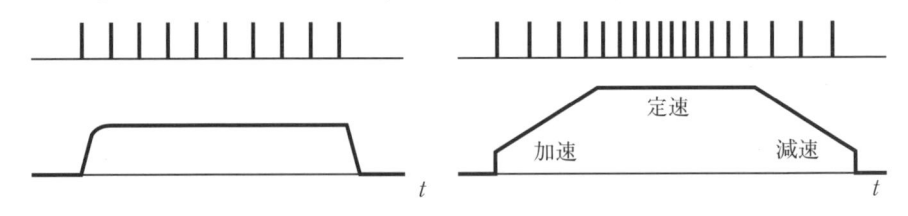

(a) 定速駆動のパルス列　　(b) 加減速運転のパルス列

図13-24　定周波数駆動と加減速駆動

加減速のかけ足はぼくたちの方が上手かも。

13.11 2相ステッピングモータの結線

手元にあるステッピングモータをとにかく動かしてみたい。そのときにまず遭遇するのがステッピングモータのリード線と駆動回路をどのように結線したらよいかの問題である。DCモータと違って，ステッピングモータには4本以上のリード線が出ているのでとまどう。

13.11.1 結線とリード線

広く使われている2相モータのリード線を図式で描いたものが**図13-25(a)**〜(c)である。(a)は6本のリード線が出ている機種である。A相に3本とB相に3本である。コイルで描いた中央のリード線をA_cおよびB_cとする。これらがモータ内部で結線されて5端子の機種もある。その場合には共通線をCで示す。共通線のあるモータは**表13-2**に示すように4相モータと見なすことができる。このときのオーババー（ ̄）は逆極性で励磁されていることを示す。4端子の場合は明らかに2相モータである。

表13-3　2相（4相）ステッピングモータの相の記号

2相モータと解釈したときの巻線相の記号	A	B	$\overline{A}$	$\overline{B}$
4相モータと解釈したときの巻線相の記号	Ph1 $\phi1$	Ph2 $\phi2$	Ph3 $\phi3$	Ph4 $\phi4$

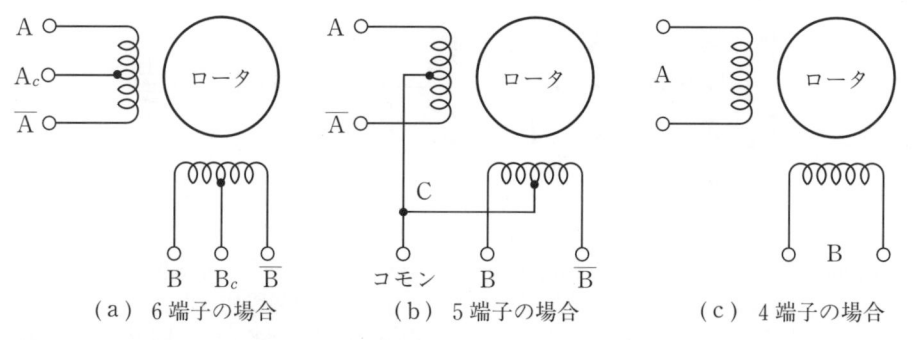

(a) 6端子の場合　　(b) 5端子の場合　　(c) 4端子の場合

図13-25　2相ステッピングモータの端子：リード線の色の統一規格がないのでメーカーの資料を参照する必要がある。

13.11.2 電子回路と結線図の描き方

このようなモータを駆動する回路の描き方はいくつかあるが，代表的なのが図 13-26(a)～(c) である。(a) は単に 4 相モータと見て，しかもコイルには 1 方向の電流が ON/OFF することを示唆するものであるのに対して，(b) はモータが 2 相巻きであることを示すと同時に，コイルの記号に • 印を付けている。それは A 相を励磁したときと，$\overline{A}$ を励磁したときでは発生する極性が互いに逆になることを意味するものである。

励磁順序については　$(A, B) \rightarrow (\overline{A}, B) \rightarrow (\overline{A}, \overline{B}) \rightarrow (A, \overline{B}) \rightarrow (A, B)$

あるいは逆の　$(A, B) \rightarrow (A, \overline{B}) \rightarrow (\overline{A}, \overline{B}) \rightarrow (\overline{A}, B) \rightarrow (A, B)$ である。

このように，常に両方の相が励磁されているのが普通である。これを 2 相励磁と呼ぶ。

モータによっては，共通端子を使わないで図 13-25(c) のように 4 本端子のものがある。その場合の回路は図 13-26(c) のように A，B 相にブリッジ回路を使う。

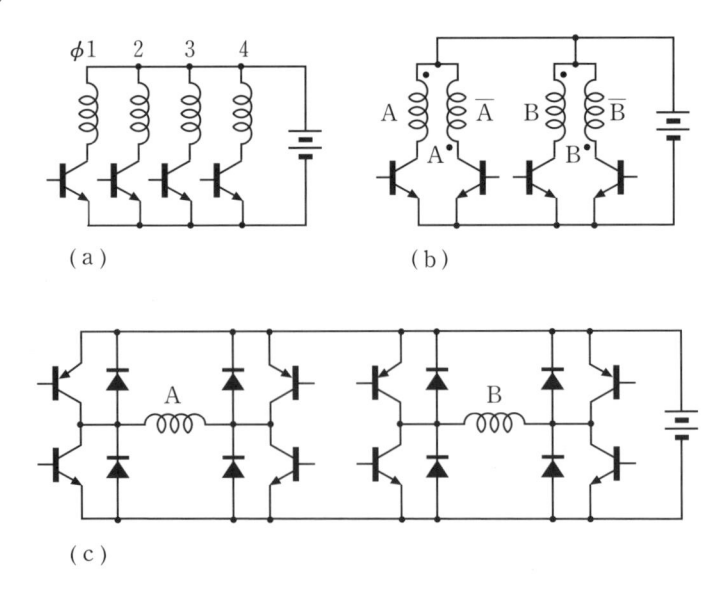

図 13-26　ステッピングモータの駆動回路とその描き方：(a)(b) 巻線電流を 1 方向で ON/OFF する方法の場合，(c) 2 個のブリッジ回路を使う場合。(a)(b) の場合，実際には図 13-28 のように巻線の周辺に抵抗やダイオードが接続される。

13.12 ステッピングモータの回転原理

ステッピングモータが回転する原理の説明のために,リニアモータ構造のハイブリッド型を**図 13-27**示す。これは2相モータであり,巻線(コイル)をA相とB相とする。ここではA相あるいはB相巻線のどちらかが励磁される方式(1相励磁運転)で見てみよう。

(a)ではA相が励磁されて一つの歯のもとでは永久磁石の磁束と励磁による磁束が強めあっている。磁力線は伸びたゴムひものように強い張力を発生し,これが斜めであると真っ直ぐになろうとして大きな力を発生する。そのために,磁束が通過する部分のステータとロータの歯が整列する。

ここでは,直流電源から供給される電流を1対の電磁石のどちらに流すのか,またどの向きに流すのかの順序をうまく制御することによって,磁力線が発生する歯を選択し,さらにその後の回転を経て所望の位置に停止させることができる。

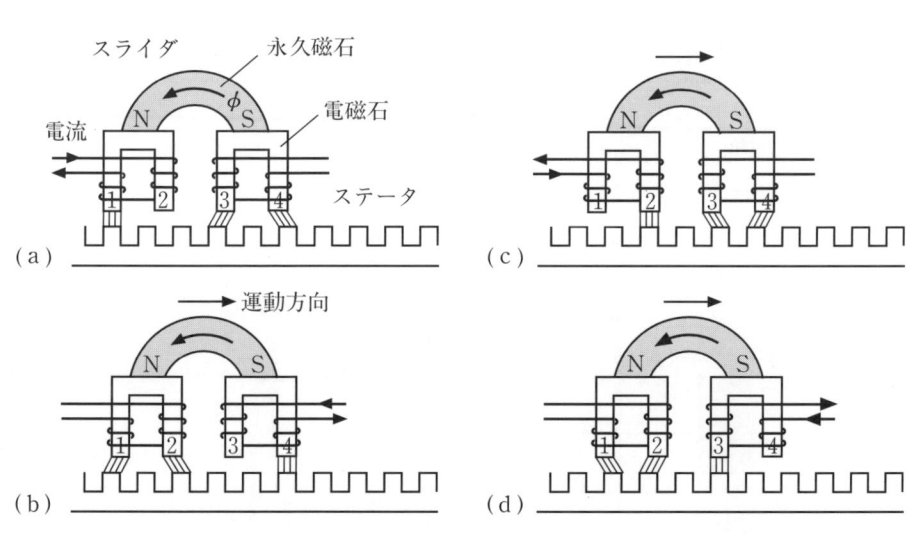

図 13-27 リニアモデルによるハイブリッド型ステッピングモータの原理説明:(a)→(b)→(c)→(d)の順に巻線電流を切り替えながらスライダ(ロータに対応するもの)が右に移動する。

第 13 章 モーションコントロール回路とシステム

13.13 ステッピングモータ駆動回路

ステッピングモータは構造は簡単で堅牢であるが，これを駆動・制御する回路やシステムを語ろうとすると，かなりの紙数を要する．その背景の詳細は専門書[1]に譲ることにして，ここでは実用的な最小限のことを記すことにする．

13.13.1 実際に使われる2相励磁駆動

図 13-27 で説明した原理では，励磁は A，B 相のうち一つの相だけが励磁されていたが実際には，このような1相励磁方式はほとんど使われない．代わって2相励磁方式が多い．それは A 相と B 相を同時に励磁する方式であって，二つの相が励磁されている状態で静止することが多い．この方式では歯の整列は重要な問題ではなくなる．それは，この場合にはステータの歯とロータの歯の整列した状態ではなく，二つの相で整列しようとして均衡している状態を位置決めに使うためである．

13.13.2 マイクロコントローラとの結線

マイクロプロセッサ（CPU）との種々の結線の方式を描いているのが図 13-28 である．CPU の出力端子から供給できる電流だけで駆動回路のトランジスタを ON できれば①の方式でよい．駆動回路が MOSFET の場合には抵抗が不要になる．より詳しい理解のためには専門書の参照が望ましい．

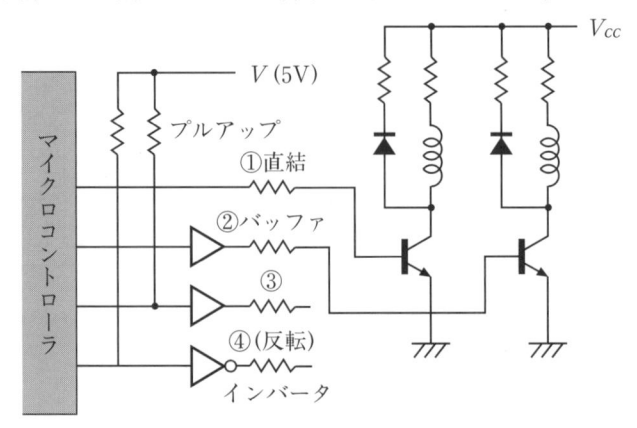

図 13-28 ステッピングモータ駆動回路と PIC との接続例（4方式）

13.13.3 専用回路の利用法

ステッピングの実際の駆動法は，個別トランジスタなどで回路を自作するよりは専用 IC を利用するのがよい．次ページの表 13-4 に典型的な IC を挙げている．また図 13-29 には，回路を 2 例提示してみた．

いずれも 2 個の端子から励磁法として 3 方式を指定できるものである．

詳細はメーカー資料 (東芝) を参照してほしい．

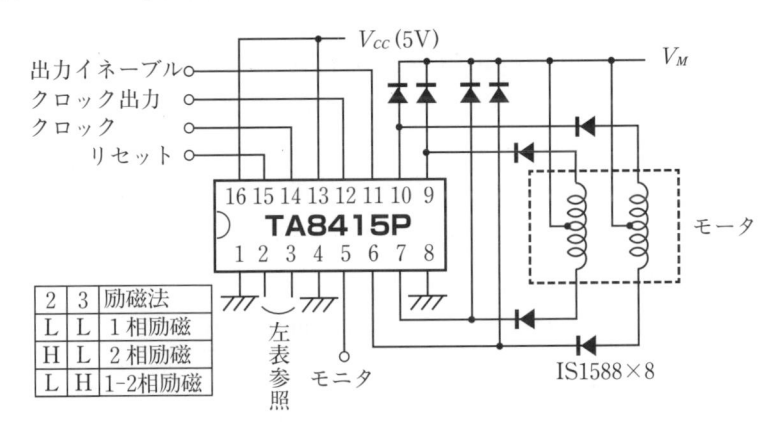

（a）ユニバーサルコントローラだけの利用

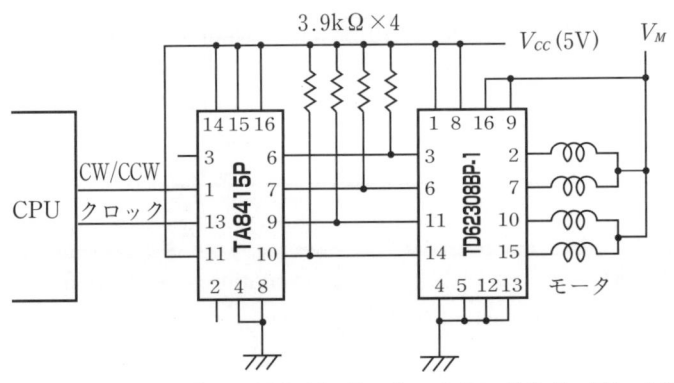

2	3	励磁法
L	L	1相励磁
H	L	2相励磁
L	H	1-2相励磁

（b）ユニバーサルコントローラとダーリントントランジスタ・アレイの併用

図 13-29　ステッピングモータ駆動用 LSI の使い方事例：端子 2 と 3 は (a) の表に従って，GND(L) あるいは V_{CC}(H) に接続する．

13.13.4 専用システムの利用法

　さらに言うと，特別な用途の特殊設計をする必要がない場合の実用的な手段は，パルスのタイミングを発生する機能はもちろんのこと，過負荷保護，短絡保護機能などを含んだ専用制御装置を使うのがよいかもしれない．その理由は，ステッピングモータの内在する能力をできるだけ発揮させるためには，負荷に応じてステップのタイミングの調整と同時の調整が必要だからである．電流の調整法には種々あるが，一般的にはPWMを使う．国内のステッピングモータメーカー（オリエンタルモータ，山洋電気，日本サーボ等）から種々のものが得られる．国外の代表例として，スイスのPorescap社の精密ステッピングモータのドライバとして，たとえば下記型式がある．

- Portescap ESD-1200/1300　バイポーラ駆動用
- Portescap EDM-453　通常の2相励磁から細かなマイクロステップまで8段階の分解能に設定できる

表13-4　ステッピンモータ用IC（例）

機　能	型　番	備　考
非反転型ダーリントン・ドライバ	TD62308BP-1（DIP16ピン） TD62308BF（図13-21(a)下の形）	4回路トランジスタアレイ 図13-26(a)(b)の回路に利用
ユニバーサルコントローラおよびドライバ	TA8415P（DIP16ピン）	3相・4(2)相選択，1相励磁，2相励磁，1-2相励選択
2相バイポーラ	TA7774P，TA7774F	図13-26(c)の方式駆動回路
2相バイポーラ （定電流）	TA84002F	電流制御方式は高いパルス（つまり高速運転）での使用に適する．

重要用語

AC motor, alternating-current motor　交流モータ
alignment　整列
connection　結線
DC motor, direct-current motor　直流モータ
discrete transistor　個別トランジスタ
position control　回転角制御
excitation, energization　励磁
speed error　速度偏差
speed control, velocity control　速度制御
stepping motor　ステッピングモータ
single-phase-on drive　1相励磁駆動
two-phase-on drive　2相励磁駆動
half-step drive　1-2相励磁駆動

第13章のまとめ

本章では，DCモータの駆動制御法を主テーマとして語り，その他にステッピングモータの駆動回路，ソレノイドや形状記憶合金アクチュエータ利用のための回路について解説した。もっと詳しく知るためには下記の参考書を挙げる。

電子回路部品の多くは一般市場で入手できる。それに比べると，モーションコントロールに必要なモータやアクチュエータの入手は容易ではないが数少ないながらもいくつかの入手方法がある。

ここでは交流モータを割愛したのだが，FA用の交流モータは(株)オリエンタルモーターがシリーズ化し品揃えをしていて，少数の短期納品を可能にしている。制御装置も同様の扱いをしている。FA用のハイブリッドステッピングモータも同社が同様のサービスをしている。

一方，コアレス型DCモータの分野ではスイスのメーカー（ポルテスキャップ，マクソン，ミニモーター）がシリーズ化している。コア付きモータについては模型玩具用としてはマブチモーターがある。

プロフェッショナルな用途で使えるギアヘッド付きで，簡単に入手できるギアヘッド付きモータがS. T. L. Japanの栄モーターである。

参考文献

[1] 見城・菅原：「ステッピングモータとマイコン制御」，総合電子出版社
（ステッピングモータ全般と加減速駆動のタイミング計算）
[2] 見城・佐渡友：「モータのすべて」，技術評論社（モータ全般，ステッピングモータのVB制御）
[3] 加藤・見城・高橋：「図解・わかる電子回路」，講談社ブルーバックスシリーズ（モータ結線のハードウェア）
[4] 高橋：「パワーデバイスの使い方と実用制御回路設計法」，総合電子出版社
[5] 見城・他：「実験とシミュレーションで学ぶモータ制御」，日刊工業新聞社（DCモータの簡単な駆動方式，ブラシレスDCモータの駆動回路，シミュレーション）

これからの電子回路技術

　テキサス・インスツルメンツが1954年にシリコントランジスタの量産化を始め，1958年に集積回路（IC）のデモンストレーションを公表し，1962年にディジタルICの発表を行った．やがてSN7400シリーズとともディジタル技術が急速に発達した．

　1980年頃になると，中小企業でワークステーション（現在はパソコン）を用いてディジタル回路の設計を行い，作成したデータをネットワーク経由で大企業の汎用大型計算機に転送し，コンピュータが自動的にスケジュールを立てICを製作するようなことにさえなった．

　近年は，CPLD（Complex Programmable Logic Device）というデバイスが出現し，個人でも専用ロジックICを簡単にパソコンを使って作れるようになってきた．つまり，さまざまな種類の論理ICをプリント基板におき，はんだ付けによって回路を製作する代わりに，パソコンに向かって回路を描き，それをコンパイル（翻訳）してICに転送することで複雑なシステムの頭脳が実現できるのだ．そこでは，エンジニアは，製品の必要条件を満たすまで設計や検証をパソコンで繰り返し行うことができるため，短時間に新しい製品を市場に送り出すことができるようになった．

　さらに，最近の電子回路はディジタル化に向かうとともに組み込み機器と呼ばれるボードが使われるようになってきた．ボードにはCPUやCPLDのハードとLinuxやITRONなどのOSが搭載されて，ネットワークにつながるようになってきた．さらに，大量の機器を接続できるIPv6と呼ばれるプロトコルや自動車制御ネットワークの世界標準となったコントローラ・エリア・ネットワークCANなどの出現とともに，装置を動かすプログラムやCPLDで作成された回路もネットワークを経由していつでも変更・改良できる時代になりつつある．

　ひょっとすると，近い将来，アナログ回路の専用ICもパソコンで簡易に作れるようになるかもしれない．そこでは，温度，速度，位置などの制御対象はアナログであり，これらのアナログ量をどのようにセンシングしてディジタル回路に取り込むかなどの問題は重要である．

　21世紀の電子回路技術を支えるエレクトロニクス技術者――それはアナログ回路がわかる"ディジタリスト"である．

高橋　久

付録

電源回路

　電子回路自体あるいは電子回路を含むシステムを働かせるには直流電源が必要である。システムのための電源のほかに局所的な電源もある。低い電圧の直流から高い電圧の直流を発生されるような電源回路も可能である。また，過電圧，過電流保護対策をした電源が必要になる。ここでは，電子回路を駆動するときに役立つ簡単にできる種々の電源をいくつかあげる。ただしスイッチングレギュレータは，本書の範疇とは考えず，あげていない。

付録 | 電源回路

A.1 3端子レギュレータを使った両極定電圧電源 （図 F-1）

第 4 章のコラムで 3 端子レギュレータの利用を取り上げた。ここでは 7815 と 7915 を用いて，オペアンプの電源などに利用するための両極電源を示す。

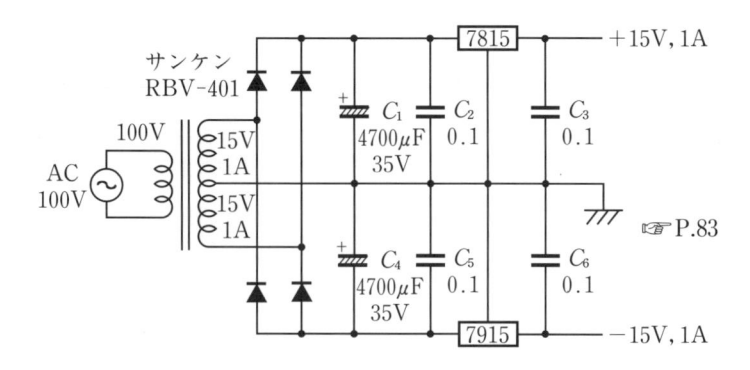

図 F-1　3 端子レギュレータを使った両極性定電圧電源

A.2 トランジスタを用いた定電圧電源回路 （図 F-2）

　この回路は，ツェナーダイオード電圧（V_z）と抵抗 R_3, R_4, R_5 で分圧された電圧をトランジスタ Tr2 で比較している。比較された結果は，トランジスタ Tr1 のベースに供給され電力増幅されて出力されている。出力電圧は可変抵抗 R_4 を調整することで可変。ただし，出力電圧範囲は，ツェナーダイオードのツェナー電圧から Tr1 のコレクタ供給電圧を超えない程度。ツェナー電圧より低い電圧に設定することは不可。Tr1 は 1.5℃/W 程度のヒートシンクを要する。

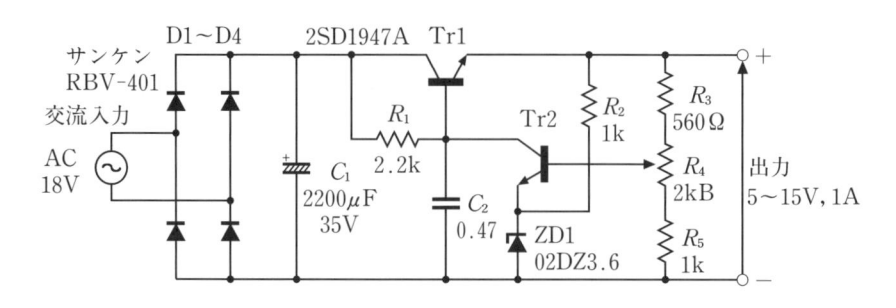

図 F-2　トランジスタを使った定電圧電源

A.3 オペアンプを用いた定電圧電源回路（図 F-3）

電圧指令 V_i は，3端子レギュレータ 78L15 を用いて基準電圧を作成し，その電圧を可変抵抗 R_1 を用いて分圧して 0〜15V に設定可能。Ⓐ Ⓑ 点の電位が一致するように作動する。許容電流はトランジスタに依存する。

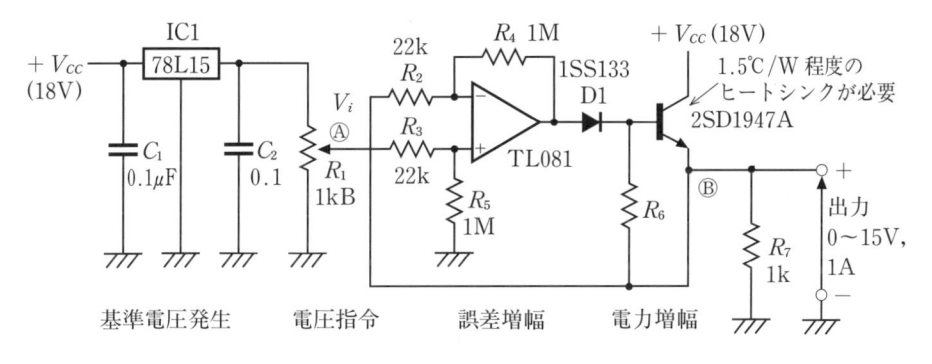

図 F-3　オペアンプを用いた定電圧電源回路

A.4 オペアンプを用いた定電流電源回路（図 F-4）

ここでは R_8 を用いて電流検出してオペアンプとトランジスタによって電流を一定値にしている。電流値は V_i/R_8 に設定される。V_i は 78L05 を用いて 5V の基準電圧を作成し，その電圧を R_1 と可変抵抗 VR_1 で分圧して得ている。

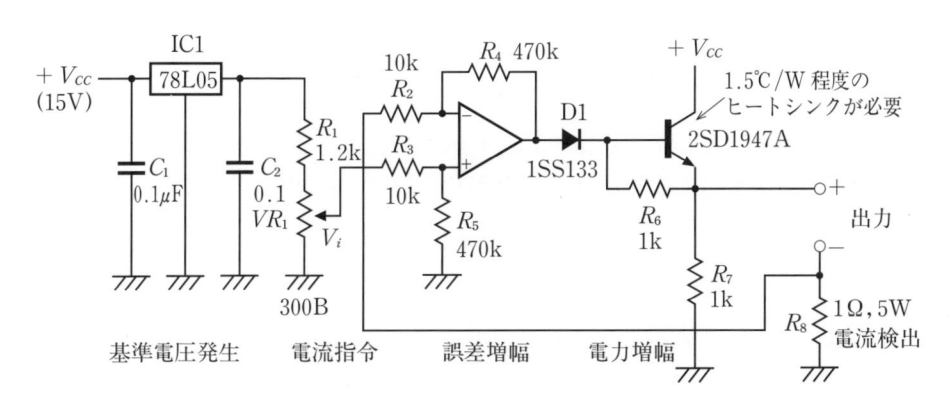

図 F-4　オペアンプを用いた定電流電源回路

付録 電源回路

A.5 オペアンプを用いた定電圧・定電流電源回路 （図 F-5）

次に定電圧と定電流の両機能を備えて，状況によって一方を自動的に選択する回路を考える。つまり，電圧指令が与えられているとき，負荷に流れる電流が電流指令値よりも小さいときには定電圧動作を行うが，電流が指令値を超えようとすると出力電圧が調整されて電流は指令値に制御される回路である。

図 F-5 はシステムのブロック線図であるが，このように定電圧回路と定電流回路を組み合わせて構成している。

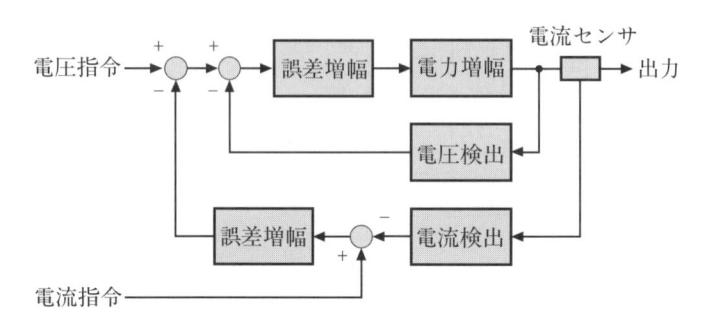

図 F-5　システムのブロック線図

図 F-6 はオペアンプを 4 個使った設計例である。この回路の機能の要点を箇条書きにすると次のようになる。

- R_7 で検出した負荷電流を Op4 を使った差動増幅を介して R_{10} にフィードバックしている。
- 出力（負荷）電圧を R_2 にフィードバックし，Op3 を使った差動増幅によって電圧指令と比較増幅。
- VR_1 を用いて電圧指令を供給，VR_2 を用いて電流指令電圧を供給。
- 電流が指令値を超えると Op1 の出力が負になり D2 を経て電圧指令を減じる。
- 負荷電圧が電圧指令を超えると Op3 の出力が低くなり出力電圧が低くなる。
- ただし Op3 の出力が負になったとき，D1 は Tr1 のベースに負電圧が印加するのを防止。
- オペアンプのプラス電源は IC1 の出力（15V）を利用する。
- マイナス電源は −5V でよいのだが，図 F-9 に説明する負電圧発生回路を利用するとよい（図 F-11 参照）。

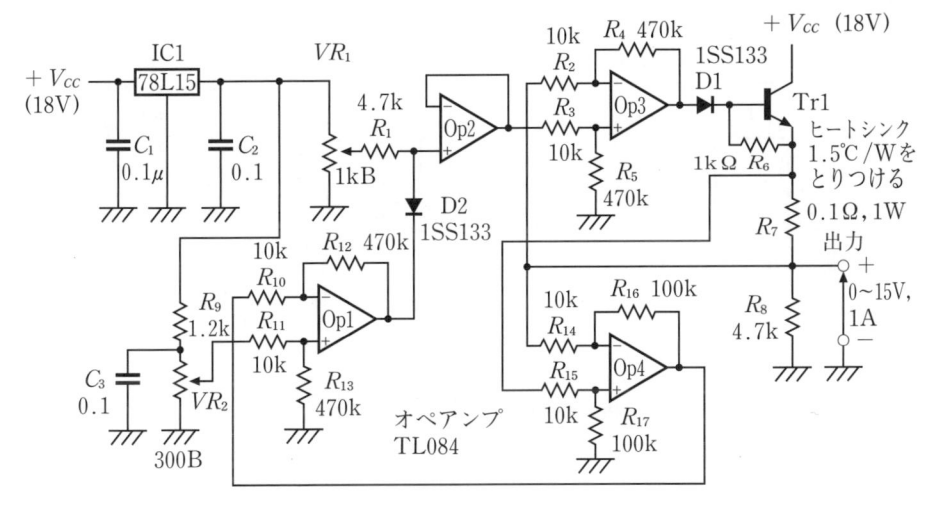

図 F-6 オペアンプを使った定電圧・定電流回路

A.6 昇圧回路 ― チャージポンプ（図 F-7）

第6.8節はインダクタとスイッチによって低い電圧源から高い電圧を作る回路を論じている。ここではインダクタンスを使用しないチャージポンプ方式を示す。図 F-7 はリニアテクノロジーの LTC3200 を用いた昇圧回路で，1.5V の乾電池から安定した 5V を得るのに便利である。

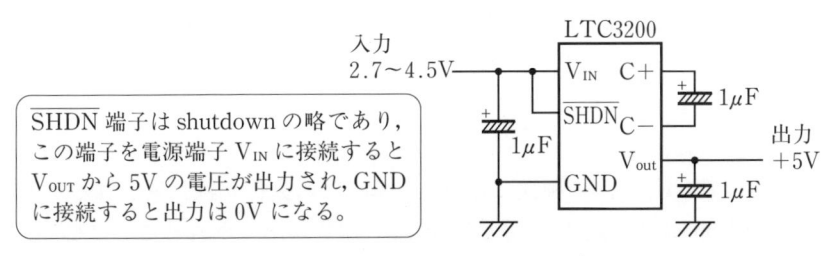

SHDN 端子は shutdown の略であり，この端子を電源端子 V_{IN} に接続すると V_{OUT} から 5V の電圧が出力され，GND に接続すると出力は 0V になる。

図 F-7　LTC3200 を用いた昇圧回路（チャージポンプ）

図 F-8 はタイマー IC として知られている 555 を利用した回路例である。(a) は倍電圧を得る回路で，(b) は 3 倍電圧を得る方式である。

この回路方式は第 7 章で学んだ L を使う方式とは違って可変電圧にはならない。用途として電子回路に必要な高い電圧を低い電圧から得ようとするときに便利な回路である。

付　録　電源回路

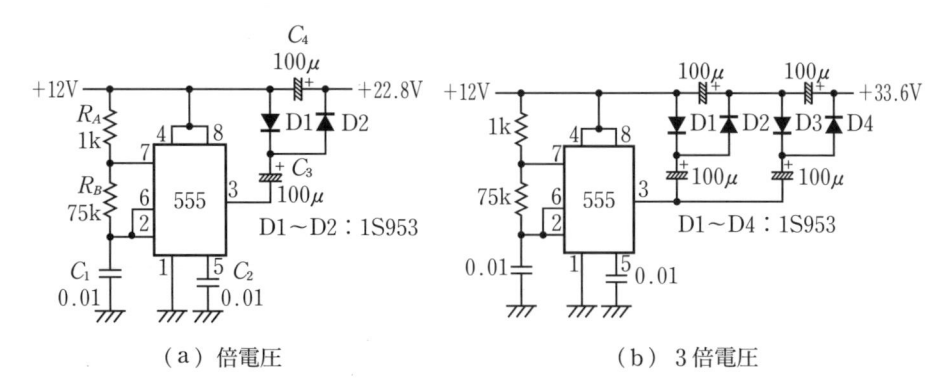

(a) 倍電圧

(b) 3倍電圧

メーカー	STMicroelectronics	Maxim	ナショナル セミコンダクタ	テキサス・ インスツルメンツ	東　芝	日本無線
バイポーラ型	NE555		LM555	NE555	TA7555	NJM555
CMOS型	ST555	ICM7555	LMC555	TLC555		

図 F-8　タイマー IC を用いた昇圧回路：555 の記号をもつ IC が数社で製造されている。

A.7　負電圧発生回路（図 F-9）

　正電圧から負電圧を発生する方式として，インダクタを使う方法は第6.8節で学んだ。もう一つがコンデンサとスイッチングを利用する方法であり，タイマ IC 555 を用いる回路を図 F-9 に示す。この回路では，タイマ IC の電源端子に供給していた電圧とほぼ等しい負の電圧が出力される。

動作原理：電源電圧が 12V とする。このとき 555 の出力電圧が H レベル，つまり 12V であれば，コンデンサ C_3 はダイオード D1 を通して図中の極性で充電される。次に，出力が L レベル（0V）になると C_3 の電荷は D2 を通って C_4 に移動して，C_4 は図の極性に充電される。この動作が繰り返されると C_4 の端子電圧は 555 の出力電圧に等しくなり，$-12V$ が出力されることになる。

　実際の回路では，555 の出力電圧が電源電圧よりは少し低い。また D1 と D2 の順方向電圧 V_F のために，回路の出力電圧の絶対値は電源電圧よりもすこし低くなる。また，この電圧は電流にも関係し図 F-10 のような特性である。

　先の図 F-6 に使っているオペアンプの負電源（$-5V$）を得るための応用として図 F-11 を例示する。

電源回路 付　録

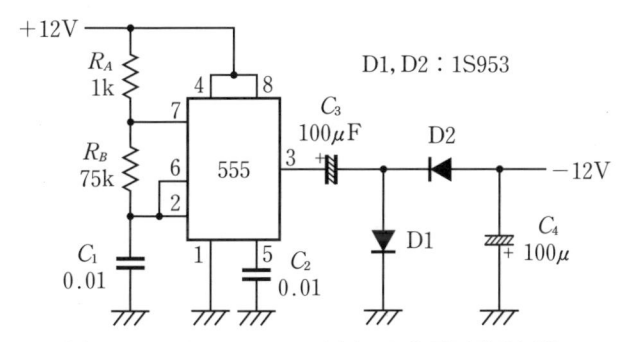

図 F-9　タイマー IC 555 を用いた負電圧発生回路

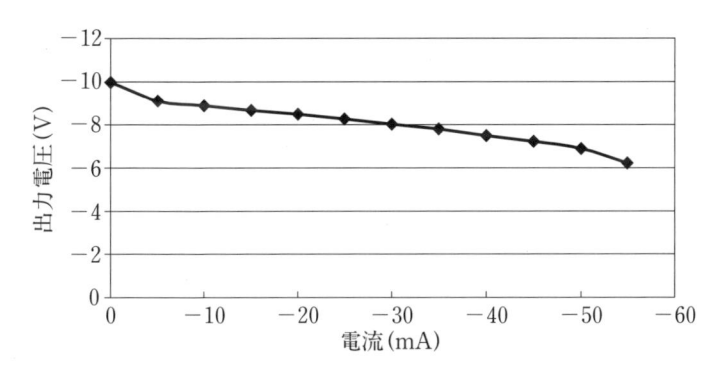

図 F-10　出力電流と電圧の関係(実験値)

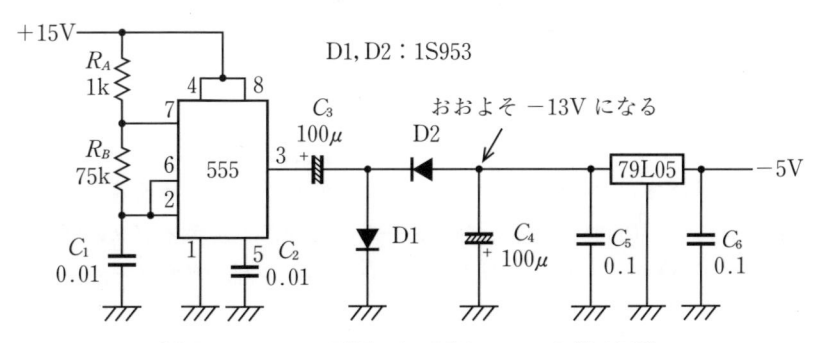

図 F-11　+15V 電源から正確な −5V を得る回路

エピローグ

　電子回路のベストセラーといえば Sedra/Smith の Microelectronic Circuits (Oxford University Press) であり，北米の多くの大学の教科書になっている。手元の third edition を改めて手に持ったところ，いかにもアメリカの教科書らしくずっしりとした重さを感じている。内容はアナログの基礎だけであり応用もない。代わりに練習問題はふんだんにある。この本をマスターした者の中から高度な IC を設計し，回路設計シミュレータを開発する人材が出てくるのかもしれない。けれども，若いとはいえ学生が1100ページの教科書を何冊も読みこなさなくてはならない気力と労力はどんなものだろうか？

　国内では，筆者らと加藤肇で書いた『図解・わかる電子回路』(講談社)がベストセラーだった。新書判の400ページに豊富な図面を用いて，はんだ付けのテクニックまで含めていろいろなことを書いたので，電子回路とはどんなものかをすばやく知って即座に活用するためには便利である。

　筆者には Oxford University Press の author と series editor の経験があり，Sedra/Smith 版を補完するような電子回路の実用書の制作について英国のエディタと検討したことはあるのだが，実現の難しいことを悟った。不思議なことに英語圏の技術書のマーケットが案外小さい。アメリカの場合には本の売り方が日本とは違うことが一つの要因である。それに対して日本では電子回路のテキストや実用書のニーズがかなり高いし，そのマーケットにより良い専門書を提供することが日本の工業力の維持・発展にとって必要なことである。筆者らの上記の書はその要求に応えたものである。しかしそれは，電子回路設計の本当の考え方の提供を役割としていたわけではなかった。より優れた資質の技術者を育成するための教科書は，電気回路の基本からスタートしてシステマティックに展開しながら近代の電子回路を語るものでなくてはならない。今回，本書はそれを目指したつもりである。

見城尚志

索 引

数字

02DZ(diode) ……83
4000(IC) ……161
555(IC) ……274
7400(IC) ……161
74HC00(IC) ……162
74HC4000(IC) ……162

A

A-D ……248
AND ……150

B

BCD ……188, 200
Bi-MOS ……149, 163
binary ……151
binary-code decimal ……188
bit ……151
byte ……151

C

CMOS ……68, 149, 161〜164, 168, 175
collector follower ……108
complementary ……74
converter ……136
Count A. Volta ……3

D

D-A ……248, 251
Delay flip-flop ……173
digit ……151
DTL ……161

E

EIAJ ……75
electric current ……26
electric power ……26
emitter follower ……108
energy ……26
Excel ……23, 85

F

Flip-Flop ……171
fly-back diode ……135
forward ……73
full adder ……154
F-V ……277

G

gate ……151
GND ……36

H

half adder ……154

341

h_{fe}, h_{FE} ·················· 73, 104, 109, 124
hole ·· 57
HY15-P ·· 288
hybrid ·· 73

I

IGBT (insulated-gate bipolar transistor) ··· 125
insulation ······································ 37
Intelligent power module ·············· 137
inverter ······································ 136
IPM ·· 137
isolation ······································· 37

J

J-FET ······································ 53, 66
JK-FF ·································· 172, 178

L

LAN ·· 167
latch ··· 171
L-C ··· 270
LED ····················· 53, 63, 88, 199, 201
light-emitting diode ················· 63, 88
LSB ································ 248, 250, 256
LSI ······································ 163, 234

M

Michael Farady ································· 2
MOSFET ········ 53, 68, 120, 127, 132, 148
MPU ··· 234
MSB ································ 241, 248, 250, 256
multimeter ····································· 26

N

NAND ·································· 150, 165
NMOS ·································· 68, 163
noise margin ································ 169
NOR ·· 150
NOT ···································· 149, 165
NPN ·· 128
NXOR ··· 150

O

offset ·· 207
OR ·· 150

P

photo-diode ··································· 63
photomultiplier tube ······················· 60
PIC16F84 ····································· 234
PMOS ··· 163
PNP ·· 128
potential ······································· 26
primary side ·································· 36
pulse-width modulation ················ 138
push-pull ····································· 110
PWM ······························ 138, 145, 310

R

R-C ··· 258
RCA ·· 161
rectifier ······································· 136
reset ··· 171

RS-FF	171, 172

S

Schmitt trigger	174
secondary electron	60
secondary side	36
set	171

T

TC9235	163
Texas Instruments	161, 164
toggling	173
triode	55, 64
truth table	150
TTL	149, 161, 162, 164, 165, 168, 175

V

Visual Basic	81
voltage	26

X

XOR	150, 153

あ

アイソレーション	36
アイソレーションアンプ	283
アイソレーション回路	37
アーク	94
アクチュエータ	303
アクティブ	218
Up カウンタ	180
Up/Down カウンタ	163, 178, 182
アナログ	253, 310
アナログスイッチ	86
アナログ量	240
アノード	54, 59, 64
アノードコモン	199
アンペア	4, 26

い

位置検出	292
1 次側	36
位置制御	316
陰極	54, 64
インダクタ	14
インダクタンス	312
インタフェース	133, 234
インバータ	90, 136, 149
インバータ駆動信号	195
インピーダンス	49
インヒビット	166

え

A 級増幅器	116
A-D コンバータ	248
H 型ブリッジ	134
エッジ	173
エッジトリガ	174, 174
N 型半導体	57
エネルギー	26, 300
エミッタ	70, 132
エミッタホロワ	108, 110, 113, 159
L-R-C 回路	143

343

LED 駆動回路 ……………………………201
LED 表示回路 ……………………………199
LSI の分類 …………………………………163
エンハンスメント ……………………68, 132

お

音センサ …………………………………294
オフセット ………………………………207
OFF の信号 ………………………………126
オープンコレクタ ……………………165, 166
オープンドレイン ………………………239
オペアンプ ………………………………312
オームの法則 …………………………10, 38
オン抵抗 …………………………………133
温度検出 …………………………………290
温度センサ ………………………………289
ON の信号 ………………………………126

か

回転原理 …………………………………327
回転力 ……………………………………305
開ループゲイン …………………………205
開ループ制御 ……………………………301
回路網 …………………………………27, 28
回路網計算 ………………………………44
カウンタ ……………………………178, 183
角周波数 …………………………………20
重ね合わせの理 ……………………44, 47, 48
加算回路 ……………………………156, 215
加算・減算回路 …………………………158
過剰電流 …………………………………144
カスケード ……………………74, 131, 144

カソード ……………………………54, 59, 64
カソードコモン …………………………199
型式番号 …………………………………75
カップリング ……………………………314
荷電粒子 …………………………………58
可変抵抗器 ………………………………29
仮数部 ……………………………………244
慣性モーメント …………………………49
環流ダイオード …………………………94

き

機械的時定数 ……………………………306
機械的摩擦 ………………………………39
寄生ダイオード …………………………146
起電力 ………………………………3, 6, 28
逆起電力 ……………………………12, 28
逆起電力定数 ……………………………306
逆バイアス ………………………………58
逆変換器 …………………………………136
逆方向 ……………………………………59
キャパシタンス …………………………17
キャリー ……………………………154, 155
共通エミッタ ……………………………108
共通エミッタ回路 ………………………127
共通ベース ………………………………71
共通ベース接続 …………………………164
行列式 ……………………………………46
極性反転 …………………………………140
キルヒホッフの法則 …………………27, 44
均衡型直流増幅 …………………………115
金属 …………………………………10, 56

索 引

く

空調機 …………………………………137
駆動回路 ………………………………322
組み合わせ論理 ………………………152
グランド …………………………………36
グリッド …………………………………64
クロック信号 ……………………172, 235
クローポール型 ………………………324
クーロン …………………………………4

け

形状記憶合金 …………………………302
ゲイン …………………………………103
結線(接続)記号 …………………………9
ゲート ………………………55, 132, 151
減算 ……………………………………157
減算回路 …………………………157, 216

こ

コアレスモータ ………………………304
コイル ……………………………………14
高速ダイオード …………………………95
交流負荷線 ………………………107, 117
コッギング ……………………………304
コルピッツ ……………………………270
コレクタ …………………………70, 132
コレクタ特性 …………………………102
コレクタホロワ ………………………108
コンデンサ ………………………16, 142
コンデンサ・マイクロフォン ………296
コンパレータ …………………………229

コンプリメンタリ ………74, 110, 128, 133

さ

鎖交磁束 …………………………………14
雑音余裕 ………………………………169
差動増幅回路 …………………………208
差動増幅器 ……………………………204
サーボアンプ …………………………314
サーミスタ ……………………………289
サム ……………………………………154
三角波 …………………………………272
三極真空管 …………………………53, 64
3相交流電圧 …………………………195
3相ブリッジ回路 ……………………136
3端子レギュレータ …………………334

し

磁気的摩擦 ………………………………39
指数部 …………………………………244
実数型 …………………………………244
時定数 …………………………………306
自動リセット …………………………184
自動リセット回路 ……………………186
シミュレーション ……………………224
CMOSインバータ ……………………269
10進カウンタ …………………………185
充電 ………………………………142, 143
周波数信号 ……………………………100
周波数－電圧変換 ……………………277
16進数表示 ………………………199, 200
16進非同期カウンタ …………………179
出力ポート ……………………………238

345

受動素子 ……………………………19
シュミットゲート …………………239
シュミットトリガ …………………174
ジュール ……………………………26
順バイアス …………………………58
順方向 ………………………………59
順方向電圧 …………………………159
昇圧回路 ……………………………337
消費電力 ……………………………142
ショットキーバリアダイオード …95
真空管ダイオード …………………54
シンク電流 …………………………48
信号遅れ ……………………………180
信号増幅 ……………………………124
信号の分離 …………………………196
信号発生回路 ………………………195
真性半導体 …………………………57
振幅変調 ……………………………281
真理値表 ……………………………150

す

水晶発振回路 …………………268, 278
水晶発振子 ……………………268, 278
スイッチング速度 …………………130
スイッチング回路 …………………144
スイッチング信号 …………………100
スイッチング素子 …………………126
スイッチング損失 …………………142
数値計算 ……………………………23
ステッピングモータ ………………322
ステップアップ ……………………140
ステップ角 …………………………322

ステップダウン ……………………140
スルーレート ………………………227

せ

整数データ …………………… 241, 243
静電エネルギー ……………………143
正転・逆転駆動 ……………………308
整流回路 ………………………… 78, 92
整流作用 ……………………………54
積分回路 ……………………………214
絶縁 …………………………………36
絶縁体 ………………………… 5, 18, 56
接合型 ………………………………66
接合型電界効果トランジスタ …53, 120
絶対値回路 …………………………93
接点 …………………………………27
セット ………………………………171
セットリセット ……………………171
セラロック …………………………235
セレン整流器 ………………………56
全加算器 ………………………154, 156
全波整流 ………………………… 78, 93
専用システム ………………………330

そ

相互コンダクタンス ………………120
増幅率 ………………………………103
相補形式 ……………………………133
速度検出 ……………………………292
速度センサ …………………………314
速度フィードバック ………………317
ソース ……………………… 55, 66, 132

索引

ソレノイド …………………139, 303
損失 ……………………………143

た

ダイオード ……………53, 58, 143, 159
ダイオード回路 …………………78
ダイオードスイッチ ……………86
ダイオードブリッジ ……………78
ダイナミック・マイクロフォン ……294
タイマー IC ……………………274
ダイヤモンド構造 ………………56
Down カウンタ ………………181
タコジェネレータ ………………292
多段増幅 ………………………130
立ち下がり ……………………173
多入力論理 ……………………152
ダーリントン ………………109, 130, 133
ダーリントントランジスタ ……130
短絡防止 ………………………144

ち

遂次比較型 ……………………255
チャージポンプ ………………337
チャネル ……………………64, 133
超伝導体 ………………………21
直流増幅回路 …………………114
直流動作点 ……………………116
直流負荷線 …………………116, 119
直流モータ ……………………38
直列接続 ………………………7, 29

つ

追従比較型 ……………………254
ツェナーダイオード ……………62
ツェナー電圧 ……………………62

て

D-A コンバータ ……………248, 251
D-A 変換 ………………………248
D 型 FF …………………………171
T 型 FF …………………………171
D 型フリップフロップ …………173
T 型フリップフロップ ……173, 178
抵抗器 ……………………………10
抵抗-電圧変換 …………………276
抵抗網 ……………………………43
DC コンバータ ………………140
DC モータ ……………………288, 304
ディジタル ………………126, 253, 310
ディジタル-アナログ変換 ………247
ディジタルオシロスコープ ……167
ディジタルスイッチ ……………167
ディジタル制御 …………………309
ディジタル量 …………………240
ディジタル論理素子 ……………163
TTL の出力段の 3 形式 ………166
TTL の入力 ……………………164
TTL レベル ……………………126
定電圧回路 ………………………82
定電圧ダイオード ………53, 62, 82
定電圧・定電流電源回路 ………336
定電圧電源回路 …………334, 335

347

定電流回路	84	電流制限	144
定電流電源回路	335	電流増幅係数	104, 109, 124
デシベル	101	電流脈動	307
デッドタイム	144	電力	26
デューティ	260, 274		
Δ結線	137	**と**	
電圧	6, 26	等価回路	43, 49, 307
電圧ゲイン	119	同期化	196, 198
電圧源	40, 42	同期カウンタ	178, 190
電圧信号	100	動作点	107
電圧制御	312	動力	300
電圧−電流変換	275	トーテムポール	165, 166
電位	30	トライステート	166
電位勾配	32	トランジスタ	55, 120, 128, 160
電界	32	トリガパルス	174
電界強度	32	トルク	305, 312
電界効果型	120	トルク定数	305, 306
電界効果トランジスタ	66	ドレイン	55, 66, 132
電解コンデンサ	16		
電気信号	100	**な**	
電気的時定数	306	内部抵抗	41
電源記号	74	なだれ走行ダイオード	75
電子	5, 58	74HC00シリーズ	162
電子ボリューム	163	74HC4000シリーズ	162
電磁誘導	2, 28	7進カウンタ	190, 191
電池	2	7進同期カウンタ	193
伝搬遅延時間	169	7セグメント	199
電流制限回路	145, 145	7400シリーズ	161
電流	6, 26	ナノ(nano)	50
電流源	39, 40, 42, 45, 84	NANDラッチ	172
電流信号	100		
電流制御	312		

に

2^n カウンタ	183
二極真空管	54
2 次側	36
2 次電子	60
2 進数	246
2 相励磁駆動	328
2 値	148
日本電子機器工業会	75
入力回路	128
入力ポート	238

ね

熱起電力	3
熱損失	43
熱電子	53

の

NOR ラッチ	172
ノイズマージン	169, 170
NOT 回路	160
ノード	27

は

バイアス	112
バイアス回路	121
バイステート	166
排他的論理和	153
倍電圧整流	79
バイト	151
ハイブリッド型	323
バイポーラ	102, 127, 128, 130, 132
バイポーラ出力	251
バイポーラトランジスタ	53, 70, 128
パスコン	185
裸ゲイン	204
発光ダイオード	63, 88
パッシブ	218
ハートレー型	270
バネ	49
ハーフアダー	154
バリコン	16
パルス幅変調	138, 273
パワーオペアンプ	317
パワーフィルタ	81
半加算器	154, 156
反転	126, 134
半導体	56
半波整流	78

ひ

PN 接合	58, 89, 111
BCD カウンタ	188, 200
比較回路	31
P 型半導体	57
光電子増倍管	60
ピコ (pico)	50
ヒステリシス	230
ビット	151
ビット数	156
非同期カウンタ	178, 183
非同期信号	198
ヒートシンク	334

火花	52, 94
非反転増幅回路	210
微分回路	212
微分補償	315
非飽和型	163
表示回路	199
標準ロジック	149

ふ

ファラディ	2
$V\text{-}I$ 特性	38, 41
フィードバック	112, 301
フィラメント	4, 53
フィルタ	81, 217
フォトカプラ	37, 90, 131
フォトダイオード	53, 63
フォトトランジスタ	90
負荷線	102
負帰還	112, 315
不均衡型直流増幅	114
複数電源回路	30
復調	271, 281
符号付き	156
符号付き整数	242
符号無し	156
不純物	57
プッシュプル	74, 168
負電圧発生回路	338
浮動小数点	245
フライバックダイオード	135
ブリッジ	308
ブリッジ回路	34

フリップフロップ	171, 178, 189, 191
フルアダー	154
プルアップ	159
ブレークダウン	60
ブレークダウン電圧	62
プレート	54, 64
分離回路	196

へ

平滑化回路	80
平均値回路	31
閉ループ制御	301
並列接続	7, 29
ベース	70, 132
ベースブリーダ方式	116

ほ

方形波	272
放電電流	184
飽和型	163
保護対策	144
補償	89
ポテンショメータ	293, 316
ホール	57, 58
ホール素子	287
ボルテージホロワ	211
ボルト	3, 26

ま

マイクロコントローラ	234, 328
マジョリティキャリア	71
マトリックス	45, 46

索引

豆電球の記号 …………………………… 9
マルチバイブレータ ………… 258, 274, 276

み

脈動成分 …………………………… 307
脈動波形 …………………………… 307

む

無安定マルチバイブレータ ………… 258
無負荷運転 …………………………… 38

め

メガ(mega) …………………………… 50
メータ ……………………………… 26

も

モジュール …………………………… 308
モーションコントロール …………… 300
モスフェット …………………… 68, 120

ゆ

誘電体 ……………………………… 18
ユニバーサルコントローラ ………… 329
ユニポーラ出力 …………………… 251

よ

陽極 …………………………… 54, 64
余剰電子 …………………………… 57
より線 ……………………………… 5
4000シリーズ ……………………… 161

ら

ラッチ ……………………………… 171
ラッチアップ ……………………… 170

り

リセット ………………… 171, 180, 191
リセット回路 ………… 184, 186, 189
リニア …………………………… 310
リニアライザ ……………………… 289
リングカウンタ …………………… 194

れ

励磁シーケンサ …………………… 322
レオスタット ……………………… 29
レジスタンス ……………………… 49
レベルトリガ ……………………… 174

ろ

ロジックIC ……………………… 181
ロジックデバイス ………………… 149
ローパスフィルタ ………………… 218
論理解析 ………………………… 192
論理回路 ………………………… 159
論理ゲート ……………………… 168
論理素子 ………………………… 163

わ

Y結線 …………………………… 137
ワイヤードOR …………………… 166
ワット ……………………………… 26

351

[著者略歴]

見城尚志（けんじょう たかし）
- 1940年　静岡県生まれ。
- 1962年　東北大学工学部電子工学科卒業，大学院修士課程に進学。
- 1964年　ティアック（株）入社，情報機器用モータの設計。
- 1965年　職業能力開発総合大学校講師。
- 1970年　職業能力開発総合大学校助教授，1971年東北大学工学博士取得，1981年教授。
- 現在　　職業能力開発総合大学校電気工学科教授。
- 著書：「モータのABC」，「図解・わかる電子回路」（講談社ブルーバックス），「モータのすべて」（技術評論社），「ステッピングモータとマイコン制御」，「Brushless motors」（総合電子出版社），「Electric motors and their controls」（Oxford University Press），「実験とシミュレーションで学ぶモータ制御」（日刊工業新聞社）など多数。

高橋 久（たかはし ひさし）
- 1953年　宮崎県生まれ。
- 1975年　職業能力開発総合大学校電気工学科卒業，助手，講師を経て現職。
- 1997～1999年　中華人民共和国天津市，技術師範大学に制御技術の専門家として派遣。
- 現在　　職業能力開発総合大学校電気工学科助教授，マイクロコンピュータや電子回路を用いたシステム制御，ロボット制御に関する研究に従事。
- 著書：「実用電子回路設計ガイド」，「パワーデバイスの使い方と実用制御回路設計法」，「図解・使えるセンサ回路」（総合電子出版社），「図解・わかる電子回路」（講談社ブルーバックス）など多数。

電子回路入門講座　　　　　　　　　Ⓒ見城尚志・高橋 久 2003

2003年10月10日　第1版第1刷発行
2004年2月20日　第1版第2刷発行

　　　　著　者　　見 城 尚 志
　　　　　　　　　高 橋　　久
　　　　発行者　　平 山 哲 雄
　　　　発行所　　株式会社　電波新聞社
　　　　〒141-8715　東京都品川区東五反田1-11-15
　　　　電話　03-3445-8201（販売部ダイヤルイン）
　　　　振替　東京00150-3-51961
　　　　URL http://www.dempa.com/

　　　　本文デザイン・DTP　㈱タイプ アンド たいぽ
　　　　印刷所　奥村印刷株式会社
　　　　製本所　株式会社　堅省堂

Printed in Japan　　　　　　落丁・乱丁本はお取替えいたします
ISBN4-88554-746-6　　　　　定価はカバーに表示してあります